中国石油科技进展丛书（2006—2015年）

非常规油气勘探开发

主　编：邹才能

副主编：王红岩　董大忠　赵　群

石油工业出版社

内 容 提 要

本书着重反映中国石油"十一五""十二五"期间非常规油气勘探开发领域取得的新进展。概况介绍了中国石油在致密气、致密油、页岩气、煤层气、天然气水合物、油砂和油页岩等方面的发展现状、资源潜力和技术进展、挑战与前景。

本书适合石油勘探开发人员及大专院校相关专业师生参考使用。

图书在版编目（CIP）数据

非常规油气勘探开发 / 邹才能主编. —北京：
石油工业出版社，2019.1
（中国石油科技进展丛书. 2006—2015 年）
ISBN 978-7-5183-3014-0

Ⅰ. ①非… Ⅱ. ①邹… Ⅲ. ①油气勘探②油气田开发
Ⅳ. ① P618.130.8 ② TE3

中国版本图书馆 CIP 数据核字（2018）第 300742 号

审图号：GS（2018）6914 号

出版发行：石油工业出版社
　　　　　（北京安定门外安华里 2 区 1 号　100011）
　　　网　　址：www.petropub.com
　　　编辑部：（010）64523736　图书营销中心：（010）64523633
经　　销：全国新华书店
印　　刷：北京中石油彩色印刷有限责任公司

2019 年 1 月第 1 版　2019 年 1 月第 1 次印刷
787×1092 毫米　开本：1/16　印张：19.75
字数：480 千字

定价：160.00 元
（如出现印装质量问题，我社图书营销中心负责调换）
版权所有，翻印必究

《中国石油科技进展丛书（2006—2015年）》
编委会

主　任：王宜林

副主任：焦方正　喻宝才　孙龙德

主　编：孙龙德

副主编：匡立春　袁士义　隋　军　何盛宝　张卫国

编　委：（按姓氏笔画排序）

于建宁　马德胜　王　峰　王卫国　王立昕　王红庄
王雪松　王渝明　石　林　伍贤柱　刘　合　闫伦江
汤　林　汤天知　李　峰　李忠兴　李建忠　李雪辉
吴向红　邹才能　闵希华　宋少光　宋新民　张　玮
张　研　张　镇　张子鹏　张光亚　张志伟　陈和平
陈健峰　范子菲　范向红　罗　凯　金　鼎　周灿灿
周英操　周家尧　郑俊章　赵文智　钟太贤　姚根顺
贾爱林　钱锦华　徐英俊　凌心强　黄维和　章卫兵
程杰成　傅国友　温声明　谢正凯　雷　群　蔺爱国
撒利明　潘校华　穆龙新

专　家　组

成　员：刘振武　童晓光　高瑞祺　沈平平　苏义脑　孙　宁
　　　　高德利　王贤清　傅诚德　徐春明　黄新生　陆大卫
　　　　钱荣钧　邱中建　胡见义　吴　奇　顾家裕　孟纯绪
　　　　罗治斌　钟树德　接铭训

《非常规油气勘探开发》编写组

主　　编：邹才能

副 主 编：王红岩　董大忠　赵　群

编写人员：

　　　　于荣泽　王雪帆　邓　泽　朱如凯　刘洪林　刘德勋
　　　　孙钦平　孙莎莎　孙　斌　李易隆　李贵中　杨　智
　　　　杨焦生　位云生　张国生　张金华　陈振宏　武　瑾
　　　　周兆华　周尚文　孟德伟　姜馨淳　郭　雯　黄金亮
　　　　程　峰　鲍清英　魏　伟

序

习近平总书记指出,创新是引领发展的第一动力,是建设现代化经济体系的战略支撑,要瞄准世界科技前沿,拓展实施国家重大科技项目,突出关键共性技术、前沿引领技术、现代工程技术、颠覆性技术创新,建立以企业为主体、市场为导向、产学研深度融合的技术创新体系,加快建设创新型国家。

中国石油认真学习贯彻习近平总书记关于科技创新的一系列重要论述,把创新作为高质量发展的第一驱动力,围绕建设世界一流综合性国际能源公司的战略目标,坚持国家"自主创新、重点跨越、支撑发展、引领未来"的科技工作指导方针,贯彻公司"业务主导、自主创新、强化激励、开放共享"的科技发展理念,全力实施"优势领域持续保持领先、赶超领域跨越式提升、储备领域占领技术制高点"的科技创新三大工程。

"十一五"以来,尤其是"十二五"期间,中国石油坚持"主营业务战略驱动、发展目标导向、顶层设计"的科技工作思路,以国家科技重大专项为龙头、公司重大科技专项为抓手,取得一大批标志性成果,一批新技术实现规模化应用,一批超前储备技术获重要进展,创新能力大幅提升。为了全面系统总结这一时期中国石油在国家和公司层面形成的重大科研创新成果,强化成果的传承、宣传和推广,我们组织编写了《中国石油科技进展丛书(2006—2015年)》(以下简称《丛书》)。

《丛书》是中国石油重大科技成果的集中展示。近些年来,世界能源市场特别是油气市场供需格局发生了深刻变革,企业间围绕资源、市场、技术的竞争日趋激烈。油气资源勘探开发领域不断向低渗透、深层、海洋、非常规扩展,炼油加工资源劣质化、多元化趋势明显,化工新材料、新产品需求持续增长。国际社会更加关注气候变化,各国对生态环境保护、节能减排等方面的监管日益严格,对能源生产和消费的绿色清洁要求不断提高。面对新形势新挑战,能源企业必须将科技创新作为发展战略支点,持续提升自主创新能力,加快构筑竞争新优势。"十一五"以来，中国石油突破了一批制约主营业务发展的关键技术，多项重要技术与产品填补空白，多项重大装备与软件满足国内外生产急需。截至2015年底，共获得国家科技奖励30项、获得授权专利17813项。《丛书》全面系统地梳理了中国石油"十一五""十二五"期间各专业领域基础研究、技术开发、技术应用中取得的主要创新性成果，总结了中国石油科技创新的成功经验。

《丛书》是中国石油科技发展辉煌历史的高度凝练。中国石油的发展史，就是一部创业创新的历史。建国初期，我国石油工业基础十分薄弱，20世纪50年代以来，随着陆相生油理论和勘探技术的突破，成功发现和开发建设了大庆油田，使我国一举甩掉贫油的帽子；此后随着海相碳酸盐岩、岩性地层理论的创新发展和开发技术的进步，又陆续发现和建成了一批大中型油气田。在炼油化工方面，"五朵金花"炼化技术的开发成功打破了国外技术封锁，相继建成了一个又一个炼化企业，实现了炼化业务的不断发展壮大。重组改制后特别是"十二五"以来，我们将"创新"纳入公司总体发展战略，着力强化创新引领，这是中国石油在深入贯彻落实中央精神、系统总结"十二五"发展经验基础上、根据形势变化和公司发展需要作出的重要战略决策，意义重大而深远。《丛书》从石油地质、物探、测井、钻完井、采油、油气藏工程、提高采收率、地面工程、井下作业、油气储运、石油炼制、石油化工、安全环保、海外油气勘探开发和非常规油气勘探开发等15个方面，记述了中国石油艰难曲折的理论创新、科技进步、推广应用的历史。它的出版真实反映了一个时期中国石油科技工作者百折不挠、顽强拼搏、敢于创新的科学精神，弘扬了中国石油科技人员秉承"我为祖国献石油"的核心价值观和"三老四严"的工作作风。

《丛书》是广大科技工作者的交流平台。创新驱动的实质是人才驱动，人才是创新的第一资源。中国石油拥有21名院士、3万多名科研人员和1.6万名信息技术人员，星光璀璨、人文荟萃、成果斐然。这是我们宝贵的人才资源。我们始终致力于抓好人才培养、引进、使用三个关键环节，打造一支数量充足、结构合理、素质优良的创新型人才队伍。《丛书》的出版搭建了一个展示交流的有形化平台，丰富了中国石油科技知识共享体系，对于科技管理人员系统掌握科技发展情况，做出科学规划和决策具有重要参考价值。同时，便于科研工作者全面把握本领域技术进展现状，准确了解学科前沿技术，明确学科发展方向，更好地指导生产与科研工作，对于提高中国石油科技创新的整体水平，加强科技成果宣传和推广，也具有十分重要的意义。

掩卷沉思，深感创新艰难、良作难得。《丛书》的编写出版是一项规模宏大的科技创新历史编纂工程，参与编写的单位有60多家，参加编写的科技人员有1000多人，参加审稿的专家学者有200多人次。自编写工作启动以来，中国石油党组对这项浩大的出版工程始终非常重视和关注。我高兴地看到，两年来，在各编写单位的精心组织下，在广大科研人员的辛勤付出下，《丛书》得以高质量出版。在此，我真诚地感谢所有参与《丛书》组织、研究、编写、出版工作的广大科技工作者和参编人员，真切地希望这套《丛书》能成为广大科技管理人员和科研工作者的案头必备图书，为中国石油整体科技创新水平的提升发挥应有的作用。我们要以习近平新时代中国特色社会主义思想为指引，认真贯彻落实党中央、国务院的决策部署，坚定信心、改革攻坚，以奋发有为的精神状态、卓有成效的创新成果，不断开创中国石油稳健发展新局面，高质量建设世界一流综合性国际能源公司，为国家推动能源革命和全面建成小康社会作出新贡献。

2018年12月

丛书前言

石油工业的发展史，就是一部科技创新史。"十一五"以来尤其是"十二五"期间，中国石油进一步加大理论创新和各类新技术、新材料的研发与应用，科技贡献率进一步提高，引领和推动了可持续跨越发展。

十余年来，中国石油以国家科技发展规划为统领，坚持国家"自主创新、重点跨越、支撑发展、引领未来"的科技工作指导方针，贯彻公司"主营业务战略驱动、发展目标导向、顶层设计"的科技工作思路，实施"优势领域持续保持领先、赶超领域跨越式提升、储备领域占领技术制高点"科技创新三大工程；以国家重大专项为龙头，以公司重大科技专项为核心，以重大现场试验为抓手，按照"超前储备、技术攻关、试验配套与推广"三个层次，紧紧围绕建设世界一流综合性国际能源公司目标，组织开展了50个重大科技项目，取得一批重大成果和重要突破。

形成40项标志性成果。（1）勘探开发领域：创新发展了深层古老碳酸盐岩、冲断带深层天然气、高原咸化湖盆等地质理论与勘探配套技术，特高含水油田提高采收率技术，低渗透/特低渗透油气田勘探开发理论与配套技术，稠油/超稠油蒸汽驱开采等核心技术，全球资源评价、被动裂谷盆地石油地质理论及勘探、大型碳酸盐岩油气田开发等核心技术。（2）炼油化工领域：创新发展了清洁汽柴油生产、劣质重油加工和环烷基稠油深加工、炼化主体系列催化剂、高附加值聚烯烃和橡胶新产品等技术，千万吨级炼厂、百万吨级乙烯、大氮肥等成套技术。（3）油气储运领域：研发了高钢级大口径天然气管道建设和管网集中调控运行技术、大功率电驱和燃驱压缩机组等16大类国产化管道装备，大型天然气液化工艺和20万立方米低温储罐建设技术。（4）工程技术与装备领域：研发了G3i大型地震仪等核心装备，"两宽一高"地震勘探技术，快速与成像测井装备、大型复杂储层测井处理解释一体化软件等，8000米超深井钻机及9000米四单根立柱钻机等重大装备。（5）安全环保与节能节水领域：

研发了 CO_2 驱油与埋存、钻井液不落地、炼化能量系统优化、烟气脱硫脱硝、挥发性有机物综合管控等核心技术。(6) 非常规油气与新能源领域：创新发展了致密油气成藏地质理论，致密气田规模效益开发模式，中低煤阶煤层气勘探理论和开采技术，页岩气勘探开发关键工艺与工具等。

取得 15 项重要进展。(1) 上游领域：连续型油气聚集理论和含油气盆地全过程模拟技术创新发展，非常规资源评价与有效动用配套技术初步成型，纳米智能驱油二氧化硅载体制备方法研发形成，稠油火驱技术攻关和试验获得重大突破，井下油水分离同井注采技术系统可靠性、稳定性进一步提高；(2) 下游领域：自主研发的新一代炼化催化材料及绿色制备技术、苯甲醇烷基化和甲醇制烯烃芳烃等碳一化工新技术等。

这些创新成果，有力支撑了中国石油的生产经营和各项业务快速发展。为了全面系统反映中国石油 2006—2015 年科技发展和创新成果，总结成功经验，提高整体水平，加强科技成果宣传推广、传承和传播，中国石油决定组织编写《中国石油科技进展丛书（2006—2015 年）》（以下简称《丛书》）。

《丛书》编写工作在编委会统一组织下实施。中国石油集团董事长王宜林担任编委会主任。参与编写的单位有 60 多家，参加编写的科技人员 1000 多人，参加审稿的专家学者 200 多人次。《丛书》各分册编写由相关行政单位牵头，集合学术带头人、知名专家和有学术影响的技术人员组成编写团队。《丛书》编写始终坚持：一是突出站位高度，从石油工业战略发展出发，体现中国石油的最新成果；二是突出组织领导，各单位高度重视，每个分册成立编写组，确保组织架构落实有效；三是突出编写水平，集中一大批高水平专家，基本代表各个专业领域的最高水平；四是突出《丛书》质量，各分册完成初稿后，由编写单位和科技管理部共同推荐审稿专家对稿件审查把关，确保书稿质量。

《丛书》全面系统反映中国石油 2006—2015 年取得的标志性重大科技创新成果，重点突出"十二五"，兼顾"十一五"，以科技计划为基础，以重大研究项目和攻关项目为重点内容。丛书各分册既有重点成果，又形成相对完整的知识体系，具有以下显著特点：一是继承性。《丛书》是《中国石油"十五"科技进展丛书》的延续和发展，凸显中国石油一以贯之的科技发展脉络。二是完整性。《丛书》涵盖中国石油所有科技领域进展，全面反映科技创新成果。三是标志性。《丛书》在综合记述各领域科技发展成果基础上，突出中国石油领先、高端、前沿的标志性重大科技成果，是核心竞争力的集中展示。四是创新性。《丛书》全面梳理中国石油自主创新科技成果，总结成功经验，有助于提高科技创新整体水平。五是前瞻性。《丛书》设置专门章节对世界石油科技中长期发展做出基本预测，有助于石油工业管理者和科技工作者全面了解产业前沿、把握发展机遇。

《丛书》将中国石油技术体系按15个领域进行成果梳理、凝练提升、系统总结，以领域进展和重点专著两个层次的组合模式组织出版，形成专有技术集成和知识共享体系。其中，领域进展图书，综述各领域的科技进展与展望，对技术领域进行全覆盖，包括石油地质、物探、测井、钻完井、采油、油气藏工程、提高采收率、地面工程、井下作业、油气储运、石油炼制、石油化工、安全环保节能、海外油气勘探开发和非常规油气勘探开发等15个领域。31部重点专著图书反映了各领域的重大标志性成果，突出专业深度和学术水平。

《丛书》的组织编写和出版工作任务量浩大，自2016年启动以来，得到了中国石油天然气集团公司党组的高度重视。王宜林董事长对《丛书》出版做了重要批示。在两年多的时间里，编委会组织各分册编写人员，在科研和生产任务十分紧张的情况下，高质量高标准完成了《丛书》的编写工作。在集团公司科技管理部的统一安排下，各分册编写组在完成分册稿件的编写后，进行了多轮次的内部和外部专家审稿，最终达到出版要求。石油工业出版社组织一流的编辑出版力量，将《丛书》打造成精品图书。值此《丛书》出版之际，对所有参与这项工作的院士、专家、科研人员、科技管理人员及出版工作者的辛勤工作表示衷心感谢。

人类总是在不断地创新、总结和进步。这套丛书是对中国石油2006—2015年主要科技创新活动的集中总结和凝练。也由于时间、人力和能力等方面原因，还有许多进展和成果不可能充分全面地吸收到《丛书》中来。我们期盼有更多的科技创新成果不断地出版发行，期望《丛书》对石油行业的同行们起到借鉴学习作用，希望广大科技工作者多提宝贵意见，使中国石油今后的科技创新工作得到更好的总结提升。

2018年12月

前 言

近年来，随着人们对石油、天然气需求的不断增加，常规石油、天然气资源已不能满足油气需求的快速增长，于是，人们纷纷把目光转向非常规油气资源。

非常规油气资源指不能用常规的方法和技术手段进行勘探开发的油气资源，其埋藏、赋存状态与常规油气资源有较大的差别，开发难度大，费用高。非常规油气资源主要指油页岩、油砂矿、煤层气、页岩气、致密砂岩气、水合物等。

中国非常规油气资源十分丰富，发展非常规油气对国家能源安全、环境改善等具有重要的战略意义。《国家中长期科学和技术发展规划纲要（2006—2020年）》中提出，要对能源领域"复杂地质油气资源勘探开发利用"进行重点支持，特别是"复杂环境与岩性地层类油气资源勘探技术、大规模低品位油气资源高效开发技术、大幅度提高老油田采收率的技术、深层油气资源勘探开采技术"。致密气、煤层气、页岩气、致密油、油砂、油页岩、天然气水合物等非常规油气在成藏、开发、工程等各方面与常规油气存在较大差异，属于大规模低品位的油气资源，是国家科技发展优先支持的重点领域。

美国在非常规油气开发方面走在世界前列，水平井钻完井、多分支水平井与分段压裂改造等技术的突破，使非常规油气得到迅速发展，并改变了世界能源格局。中国非常规油气资源潜力很大，借鉴美国油气发展经验，发展非常规天然气是中国的必然选择。与常规石油天然气相比，非常规油气在成藏机制、分布规律等方面有其特殊之处，在勘探开发中尚有诸多理论技术难题需要进行攻关。

中国石油天然气集团公司（以下简称中国石油）高度重视非常规油气研发工作，为更好地推动非常规油气勘探开发快速发展，分别于2006年和2011年，专门组织编制了"十一五"和"十二五"非常规油气产业发展和科技发展规划。2008年在中国石油勘探开发研究院成立非常规油气重点实验室，2006

年和2011年分别设立了"十一五"和"十二五"中国石油重点项目"非常规油气勘探关键技术研究",并分别设立煤层气、致密油、致密气、页岩气等重大专项和非常规工程技术重点攻关项目。

通过十年的不懈努力,中国石油在非常规油气资源落实、技术攻关、示范区建设、人才培养和实验室建设等方面取得了重要进展。十年内开展了两轮非常规油气资源评价,摸清了资源家底,提交非常规石油储量超过1×10^8t,非常规天然气储量超过$10000\times10^8m^3$。十年内建成和启动苏里格致密气、沁水煤层气、保德煤层气、蜀南页岩气等产业化示范工程,开展了油砂资源落实和分离试验,以及油页岩干馏试验,形成了致密油、天然气水合物、油页岩勘探开发技术,为下一步发展奠定了基础。十年内形成的非常规地质理论、多分支水平井、水平井压裂改造等理论技术成果,极大丰富了中国石油天然气勘探开发理论和技术体系。同时装备了含气量测定、三轴应力测试、纳米孔隙表征等核心测试仪器200多台套,建成国家级和省部级研发平台4个,形成了中国石油层面、地区公司层面共计1000余人的两级非常规专家技术团队。

本书介绍、概括和反映了中国石油"十一五""十二五"期间非常规油气勘探开发技术进展,包括中国石油在致密气、致密油、页岩气、煤层气、天然气水合物、油砂、油页岩和页岩油国内外发展现状、资源潜力、理论和技术进展、案例分析、挑战与前景。考虑到非常规油气各矿种具有一定的相似性,因此,本书在第二章中集中描述非常规油气内涵、地质理论和开发理论等的共性问题和理论基础。

本书由邹才能主持编撰,邹才能、王红岩、董大忠、赵群负责全书统稿工作。邹才能、王红岩、邓泽、王雪帆负责前言的编写;邹才能、张国生、王红岩、邓泽负责第一章的编写;杨智、黄金亮负责第二章的编写;位云生、刘洪林、周兆华、孟德伟、李易隆负责第三章的编写;朱如凯、陈振宏负责第四章的编写;孙斌、鲍清英、李贵中、杨焦生负责第五章的编写;董大忠、孙莎莎、于荣泽、郭雯、武瑾负责第六章的编写;魏伟、张金华负责第七章的编写;刘洪林、刘德勋、周尚文负责第八章的编写;邹才能、赵群、孙钦平、姜馨淳负责第九章的编写。

康玉柱、王慎言、顾家裕对本书的编撰提供了宝贵的意见,撒利明、李峰对内容框架进行了指导。在此，谨向他们表示衷心的感谢。

本书汇集了"十一五"和"十二五"期间中国石油非常规油气业务由无到有、由弱到强的发展历程和理论技术实践，具有脉络明晰，内容广泛的特点。本书重点介绍了中国石油在相关矿种取得的理论、技术进步和产业化过程，可为非常规油气勘探开发工作者提供参考。

由于国内对非常规油气认识不同，编撰时间有限，书中难免存在不足之处，敬请广大读者批评指正。

目 录

第一章　绪论 ········· 1
　第一节　非常规油气战略地位与发展背景 ········· 1
　第二节　中国石油非常规发展布局及主要科技进展 ········· 6
　参考文献 ········· 11

第二章　非常规油气理论基础 ········· 12
　第一节　非常规油气基本概念 ········· 12
　第二节　非常规油气地质学产生 ········· 16
　第三节　非常规油气地质学内涵 ········· 20
　参考文献 ········· 25

第三章　致密气 ········· 28
　第一节　国内外勘探开发现状 ········· 29
　第二节　资源潜力 ········· 33
　第三节　主要理论与技术进展 ········· 37
　第四节　典型案例——苏里格气田 ········· 61
　第五节　面临的挑战与发展前景 ········· 67
　参考文献 ········· 71

第四章　致密油 ········· 72
　第一节　国内外勘探开发现状 ········· 73
　第二节　中国致密油资源潜力 ········· 76
　第三节　主要理论与技术进展 ········· 82
　第四节　典型案例——新安边致密油田 ········· 103
　第五节　面临的挑战与发展前景 ········· 107
　参考文献 ········· 111

第五章　煤层气 ········· 113
　第一节　国内外勘探开发现状 ········· 114

第二节　资源潜力 122
　　第三节　主要理论与技术进展 125
　　第四节　典型实例 153
　　第五节　面临的挑战与发展前景 161
　　参考文献 164

第六章　页岩气 166
　　第一节　国内外勘探开发现状 167
　　第二节　页岩气资源潜力 179
　　第三节　主要理论与技术进展 183
　　第四节　典型案例 207
　　第五节　面临的挑战与发展前景 217
　　参考文献 222

第七章　天然气水合物 224
　　第一节　国内外勘探开发现状 224
　　第二节　资源潜力 232
　　第三节　主要理论与技术进展 239
　　第四节　典型案例 246
　　第五节　面临的挑战与发展前景 253
　　参考文献 256

第八章　其他非常规油气资源 260
　　第一节　油砂 260
　　第二节　油页岩 267
　　第三节　页岩油 277
　　参考文献 285

第九章　发展规划与远景 288
　　第一节　面临的机遇与挑战 288
　　第二节　非常规油气开发前景 291
　　第三节　非常规油气科技攻关方向 294
　　参考文献 296

第一章 绪 论

"十一五"和"十二五"期间，伴随着国民经济的持续高速增长，中国已成为世界第一大能源生产国和消费国。2015年，中国煤炭和水电生产量分别占世界总量的48%和32%，石油、天然气产量分别占世界总量的5%和4%，是世界第一大煤炭和水电生产国、第五大产油国和第六大产气国[1]。

目前，国内能源生产量远赶不上消费需求增速，中国一次能源对外依存度不断攀升，其中石油、天然气对外依存度已达60%和30%，成为制约国民经济和社会发展的重要瓶颈。此外，中国能源消费长期依赖煤炭，能源结构迫切需要优化。因此，加大国内各种能源资源开发利用，加快能源结构优化调整，对保证能源供应安全、保障国民经济发展和提高人民生活水平具有十分重要的战略意义。

近10年来，在大油气田发现个数与储量规模明显下降、勘探开发关键技术不断创新的背景下，非常规油气勘探开发取得了战略性突破，特别是微纳米级孔喉页岩系统油气成为油气资源接替的重要新领域，对勘探领域的拓展和油气工业的发展产生了深远影响。

非常规油气在能源格局中的地位越发重要，致密气、煤层气、油砂等已成为勘探开发的重点领域，致密油成为亮点领域，页岩气成为热点领域。非常规油气已成为油气工业发展的重要组成部分，急需广泛吸收相关学科的新成果，发展新的石油与天然气地质理论及勘探开发技术。

第一节 非常规油气战略地位与发展背景

国内外学者普遍认为非常规油气用传统技术无法获得自然工业产量、需用新技术改善储层渗透率或流体黏度等才能经济开采，往往是连续或准连续型聚集的油气资源[2-5]，主要类型包括致密油气、页岩油气、煤层气、油砂、天然气水合物等（图1-1）。

21世纪以来，在纳米级孔喉系统储层"连续型"油气聚集的地质理论创新，水平井规模压裂"人造渗透率"的核心技术创新，平台式多井"工厂化"的开采模式创新等三大非常规油气标志性科技创新的推动下，全球非常规油气勘探开发取得一系列重大突破。特别是美国的致密油气、页岩气、煤层气，加拿大的油砂，委内瑞拉的重油，发展非常迅速，导致全球非常规油气产量大幅增长。

借鉴国外经验，大力发展非常规油气成为中国油气工业必然的战略选择和必由之路。随着研究与勘探开发实践的快速推进，非常规油气将逐步成为中国油气生产的重要组成部分，为国民经济的发展提供重要保障。

一、非常规油气资源潜力

全球剩余油气资源丰富，发展潜力仍然很大。据美国地质调查局（United States Geological Survey，简写为USGS）2007年评价结果，全球常规石油可采资源量为

4878×10^8t，常规天然气可采资源量为$471\times10^{12}m^3$。截至2013年底，全球常规石油已累计采出1772×10^8t，尚有剩余探明可采储量1756×10^8t，待发现可采资源量1351×10^8t，分别占总量的36.3%、36.0%和27.7%；全球常规天然气已累计采出$82.5\times10^{12}m^3$，尚有剩余探明可采储量$185.7\times10^{12}m^3$，待发现可采资源量$202.5\times10^{12}m^3$，分别占总量的17.5%、39.5%和43.0%（表1-1）。可见，目前全球仍有64%的常规石油资源和82%的常规天然气资源有待开发与发现。

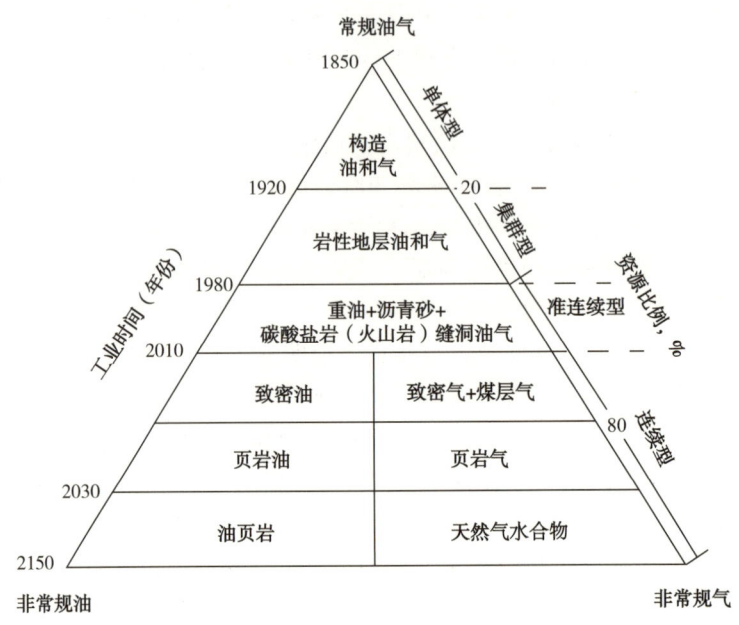

图1-1　油气资源类型特征三角图[6]

表1-1　全球常规油气资源分布

地　区	石　油				天然气			
	剩余探明可采储量 10^8t	占比 %	待发现可采资源量 10^8t	占比 %	剩余探明可采储量 $10^{12}m^3$	占比 %	待发现可采资源量 $10^{12}m^3$	占比 %
北美	77	4.4	141	10.4	11.7	6.3	16.2	8.0
中—南美	157	9.0	204	15.1	7.7	4.2	13.9	6.9
欧洲	20	1.1	111	8.2	3.7	2.0	16.2	8.0
中亚—俄罗斯	179	10.2	316	23.4	52.9	28.5	79.9	39.5
中东	1094	62.3	377	28.0	80.3	43.2	49.7	24.5
非洲	173	9.8	113	8.4	14.2	7.6	13.4	6.6
亚太	56	3.2	88	6.5	15.2	8.2	13.2	6.5
合计	1756	100.0	1350	100.0	185.7	100.0	202.5	100.0

资料来源：USGS（2000，2007），IEA[7,8]，BP[1]，CAPP（2014）。

剩余常规油气资源分布十分不均衡，全球常规油气可采资源中71%分布于中东、俄罗斯、北美和拉美等地区，其中中东、中亚—俄罗斯两个地区的石油剩余探明可采储量分别占全球的62.3%、10.0%，待发现可采资源量分别占全球的27.9%、23.4%，天然气剩余探明可采储量分别占全球的43.2%、28.5%，待发现可采资源量分别占全球的24.5%和39.5%。

Masters提出了资源三角形的概念，认为自然界的油气资源通常呈对数分布[9]。据邹才能等的油气资源类型特征三角图[6]（图1-1），资源三角形顶部是常规的构造油气藏和岩性地层油气藏，资源品质高，但资源总量较小，大约只占资源总量的20%（图1-2）；中间是准连续型的重油、油砂、碳酸盐岩缝洞油气等；下部是连续型的致密油、致密气、煤层气、页岩油、页岩气、油页岩、水合物等，后两者为非常规油气聚集，资源总量远大于常规油气，大约占资源总量的80%，但资源品位相对较差，对技术要求更高。

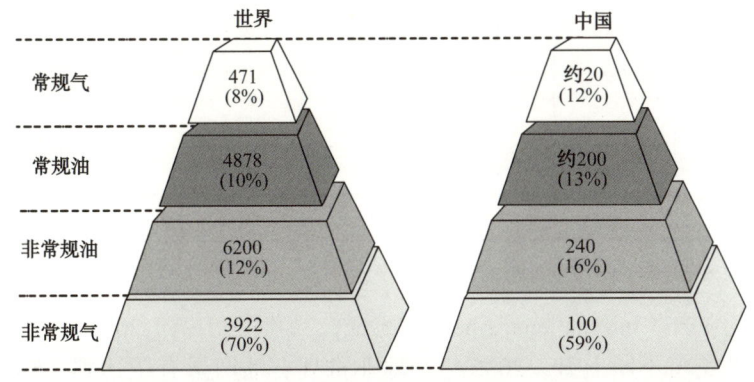

图1-2 常规与非常规油气资源及比例关系图（单位：油为10^8t，气为$10^{12}m^3$）

全球油砂、油页岩、页岩油等非常规石油资源量为$2200×10^8~9300×10^8$t，相当于常规石油资源的0.5~1.9倍；致密气、页岩气和煤层气等非常规天然气资源量为$800×10^{12}~6521×10^{12}m^3$，相当于常规天然气资源的1.7~13.8倍。天然气水合物在世界范围内广泛存在，地球上大约有27%的陆地，90%的大洋水域属于天然气水合物矿藏的潜在赋存区域，有机构认为天然气水合物资源量是所有已知化石燃料资源量的两倍多，大约为$2.1×10^{16}m^3$，相当于常规天然气资源量的45倍左右。随着研究认识程度与勘探开发技术进步，非常规油气技术可采资源量还会发生变化。

由此可见，非常规油气资源潜力远远超过常规油气资源，发展前景十分广阔。按照目前的油气生产趋势综合预测，全球常规石油产量将在2030年前后达到高峰，常规天然气产量将在2040年前后达到高峰。届时，非常规油气在未来油气工业发展中将会占据重要地位，全球油气需求将更加依赖于非常规油气资源的有效补充。

1. 全球非常规石油资源潜力

全球非常规石油主要包括致密油、油砂、油页岩、页岩油等，资源潜力大。据USGS和美国能源部的有关研究结果，全球非常规石油可采资源量约为$6200×10^8$t，与常规石油资源量大致相当。

全球油砂资源可采资源量大约为$1066.7×10^8$t（表1-2），其中81.6%分布于北美地区。加拿大的艾伯塔省是全球油砂最富集的地区。据BP公司2016年统计，加拿大油砂剩余探明可采储量达$270×10^8$t，占其剩余石油探明总储量的97%。目前，加拿大是世界上唯一进行大规模、商业化生产油砂的国家，2013年油砂产量约为$1.13×10^8$t。若油砂资源能够完全开发生产，加拿大有望成为仅次于沙特阿拉伯、俄罗斯和委内瑞拉的全球第四大石油生产国。

表 1-2　全球主要非常规石油可采资源分布情况

地区	致密油		油砂		油页岩		合计	
	资源量 10^8t	占比 %	资源量 10^8t	占比 %	资源量 10^8t	占比 %	资源量 10^8t	占比 %
北美	109.1	23.1	870.3	81.6	1011.1	67.3	1990.5	65.5
南美	81.4	17.2	0.2	0.0	39.1	2.6	120.7	4.0
非洲	58.5	12.4	70.5	6.6	77.7	5.2	206.7	6.8
欧洲	19.5	4.1	0.3	0.0	56.3	3.8	76.1	2.5
中东	0.1	0.0	0.0	0.0	46.8	3.1	46.9	1.5
亚洲	100.8	21.3	70.2	6.6	152.1	10.1	323.1	10.6
俄罗斯	103.4	21.9	55.2	5.2	118.2	7.9	276.8	9.1
全球	472.8	100.0	1066.7	100.0	1501.3	100.0	3040.8	100

注：据 USGS、美国能源部等相关资料整理。

根据国际能源署（International Energy Agency，简写为 IEA）2013 年预测[10]，未来全球非常规石油产量将不断上升，2035 年全球非常规石油产量有望达到 7.5×10^8t，将占全球石油总产量的 15.3%，为保证全球石油供应发挥更为重要的作用。

2. 全球非常规天然气资源潜力

全球非常规天然气主要包括致密气、煤层气、页岩气和天然气水合物等。全球非常规天然气资源量近 $3922 \times 10^{12} m^3$，大约是全球常规天然气资源量的 8.3 倍，展现出很大的发展前景。其中全球致密气、煤层气、页岩气资源合计约 $921.9 \times 10^{12} m^3$（表 1-3），是目前最为现实的勘探领域。据 IEA 预测[10]，2035 年全球非常规天然气产量将达到 $1.33 \times 10^{12} m^3$，占届时全球天然气总产量的 25.2%。

表 1-3　全球致密气、煤层气、页岩气资源分布情况（单位：$10^{12}m^3$）

地区	致密气	煤层气	页岩气	合计
北美	38.8	85.4	108.8	233.0
拉丁美洲	36.6	1.1	59.9	97.6
欧洲	12.2	7.7	15.5	35.4
苏联	25.5	112.0	17.7	155.2
中东和北非	23.3	0.0	72.2	95.5
撒哈拉以南非洲	22.2	1.1	7.8	31.1
亚太	51.0	48.8	174.3	274.1
世界	209.6	256.1	456.2	921.9

资料来源：Oil & Gas Journal，2007。

二、非常规油气作用与地位

进入 21 世纪，全球非常规油气勘探开发取得了一系列突破性进展，对全球油气领域、世界政治、经济和军事秩序产生了深远影响。主要体现在以下三方面：（1）突破了资源禁区，增加了资源类型与资源量，延长了石油工业的生命周期；（2）引发了油气科技革命，推动了整个石油工业理论技术升级换代和快速发展；（3）改变了全球传统能源格局，影响世界发展秩序。全球非常规油气的突破，推动全球正在形成以中东为核心的东半球"常规油气"及以美洲为核心的西半球"非常规油气"新版图，必然会导致世界大国作出政治、经济、军事等战略和布局调整。

以美国天然气生产为例（图 1-3），美国天然气年产量于 1970 年首次突破 $6000×10^8m^3$、1974 年达到 $6400×10^8m^3$ 的历史高峰，之后产量开始递减，1984 年产量降至 $5000×10^8m^3$ 以下。面对产量快速下降的形势，美国政府出台一系列政策措施，鼓励加强非常规油气的技术研发与生产，先后于 20 世纪 80 年代实现致密砂岩气、90 年代实现煤层气、21 世纪初实现页岩气的大规模发展，使得美国天然气产量于 2010 年再次超过 $6000×10^8m^3$，重新成为世界第一大天然气生产国，其中非常规天然气产量占比超过了 50%，扭转了美国天然气进口量不断攀升的局面，2015 年美国天然气自给率已超过 96%。据美国能源信息署（United States Energy Information Administration，简写为 EIA）预测[11]，2040 年美国致密气、煤层气和页岩气等非常规天然气产量为 $10287×10^8m^3$，大约占届时美国天然气总产量的 87%。

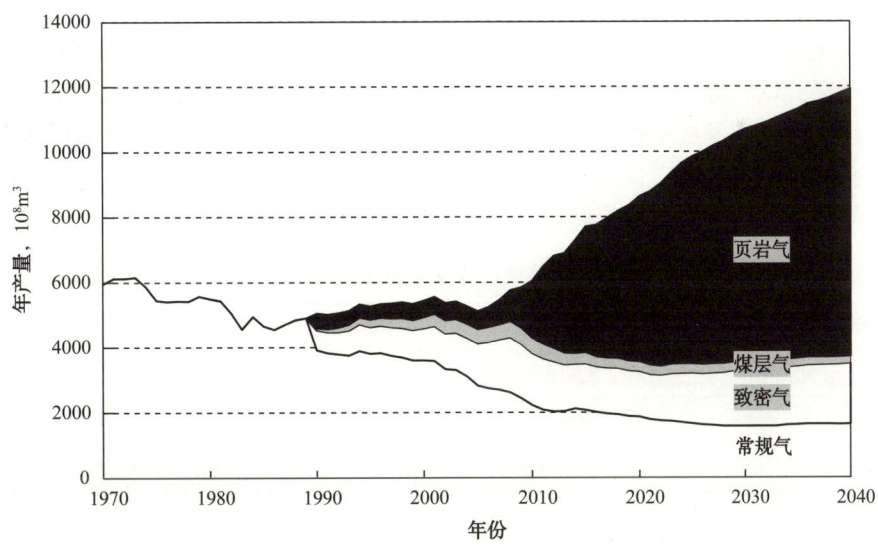

图 1-3　1970—2040 年美国天然气产量构成图[1, 11]

美国非常规油气的大发展，不仅改变了其自身能源供应格局，也带来了油气工业科技革命，推动了全球非常规油气加快发展，使得非常规油气资源在全球油气供应中的地位将越来越重要。据 EIA 2016 年的研究成果，在当前低油气价背景下，未来全球非常规天然气产量依然将保持快速增长，非常规天然气产量占总产量的比例将由 2012 年的 18.4%，上升到 2040 年的 35.1%，达到 $2.01×10^{12}m^3$；而全球非常规石油产量随着石油价格的回暖也将实现稳步增长,其中致密油的产量由 2015 年的 $2.6×10^8$t 增长至 2040 年的 $3.94×10^8$t,占总产量的比例由 5% 上升至 6%。

中国非常规油气类型多,资源潜力大,发展前景好。目前致密气、致密油、煤层气、页岩气已初步实现工业开发,油页岩、油砂等非常规油气资源开发试验初见成效。通过强化理论创新与技术攻关,加大工作力度,中国非常规油气资源有望实现规模发展。

总之,非常规石油将是未来石油产量稳定发展的重要领域,非常规天然气将是未来天然气产量增长的主力。

第二节 中国石油非常规发展布局及主要科技进展

鉴于全球非常规油气勘探开发新形势及其在能源结构、国际政治的突出地位,结合中国石油非常规油气资源潜力,中国石油形成了近期非常规油气"三个层次"发展战略,经过"十一五""十二五"开创性发展与探索,形成了致密油、致密气、煤层气、页岩气等核心领域的一系列科技进展。

一、中国石油非常规油气发展布局

中国非常规油气资源丰富,初步评价可采资源量为 $890×10^8$~$1260×10^8$t 油气当量,是常规油气的 3 倍左右。其中,非常规石油可采资源量为 $223×10^8$~$263×10^8$t,与常规石油资源量大致相当;非常规天然气可采资源量为 $84×10^{12}$~$125×10^{12}$m^3,是常规天然气资源量的 5 倍左右,发展潜力巨大。

不同类型的非常规油气资源,其储层性质、油气聚集特点和工艺技术要求不同,需要分层次勘探开发。近年来,全球非常规油气勘探取得重大突破,以美国非常规油气、加拿大油砂最为典型,发展迅速,从早期突破的致密气、煤层气、油砂,再到近年发现的页岩气和致密油。就国外而言,致密气、煤层气、页岩气是非常规天然气优先发展的勘探领域,美洲的油砂和致密油是非常规石油勘探的现实领域(表 1—4)。

表 1—4 中国与北美地区非常规油气发展战略定位对比表

特 征		中 国	北美地区
地质背景	构造演化	多旋回为主	单旋回为主
	沉积环境	陆相为主	海相为主
	储层特征	非均质性较强	均质性相对较好
开采条件	地形地貌	山地、丘陵、沙漠等	平原为主
	水源条件	缺乏	充足
	地面管网	不发达	发达
	政策扶持	未完全建立	已建立
发展序列	加快增储上产	致密气、致密油	油砂、致密气、煤层气、页岩气、致密油
	加大工业试验	页岩气、煤层气、油页岩	油页岩、页岩油
	加强技术探索	页岩油、天然气水合物等	天然气水合物

中国地质背景与国外差异较大，具有多旋回构造演化、以陆相地层为主、岩相变化大等特点，非常规油气聚集具有一定的特殊性，主要体现在构造动力学背景、沉积环境、烃源岩分布、沉积物分选性、储层非均质性、运聚机理和油气水关系等方面，这就决定了中国非常规油气开发不能照搬国外开发模式。中国发育与煤系地层广泛伴生的致密气、与生油岩大规模共生的致密油，资源潜力很大；而页岩气面临地表条件复杂、埋藏深度大、水源条件差、管网设施不完善等诸多不利因素，限制了中国页岩气的勘探开发速度。

中国石油近期非常规油气发展战略定位是：第一层次是加快致密气、致密油工业化速度，增储上产；第二层次是加大页岩气、煤层气、油页岩等工业化试验区建设，尽快实现大规模工业化经济性开采；第三层次是加强天然气水合物和页岩油等基础理论研究和技术攻关，力争形成接替资源。

二、中国石油非常规油气勘探开发攻关进展

"十一五""十二五"是中国石油非常规油气业务开创性发展的探索十年，致密油、致密气已成为中国非常规油气发展重点，海相页岩气、煤层气等将实规模化生产（表1–5、图1–4）。致密气是天然气增储上产的重要领域，平均年增探明地质储量$2760 \times 10^8 m^3$，约占同期探明天然气总储量的45%；在鄂尔多斯、准噶尔、松辽等盆地发现5×10^8~10×10^8t级的致密油储量规模区，在渤海湾、四川等盆地亦获重要发现；煤层气已初步建成沁水盆地南部、鄂尔多斯盆地东缘两个地面生产基地；页岩气在四川盆地南部和东部志留系龙马溪组海相页岩已初步实现工业突破。

表1–5 中国非常规油气资源量与探明储量情况

类 型		技术可采资源量	探明可采储量	典型地区
石油，10^8t	致密油	20~25	3.7	鄂尔多斯盆地延长组、松辽盆地扶杨
	油页岩	120	14.6	辽宁抚顺、广东茂名
	油砂	22.58	0.1	准噶尔盆地乌尔禾、松辽盆地图牧吉、四川盆地厚坝
	页岩油	200~250		鄂尔多斯盆地三叠系、松辽盆地白垩系
	小计	212~247	18.4	
天然气，$10^{12}m^3$	致密气	10	1.8	鄂尔多斯盆地苏里格、四川盆地须家河组
	煤层气	12.51	0.3	山西沁水、鄂尔多斯盆地韩城
	页岩气	11.10~14.18	0.1	四川盆地下古生界、三叠系页岩气
	水合物	50~70		南海海域、青藏高原冻土带
	小计	80~119	2.2	

1. 非常规石油

早在常规石油资源大规模开发之前，中国非常规石油资源开发利用就已取得重要进展，为新中国成立初期的经济发展作出了贡献。与常规石油相比，中国非常规石油资源比较丰富，具有一定的发展前景，可为保持中国石油产量的长期稳产发挥重要作用。

1）致密油

致密油在中国主要含油气盆地广泛分布，其发育主要与湖相生油岩共生或接触并大面积分布的致密砂岩油或致密碳酸盐岩油。目前，中国石油在鄂尔多斯盆地三叠系长6₃—长

7段、准噶尔盆地二叠系芦草沟组、四川盆地中—下侏罗统、松辽盆地青山口—泉头组等，都发育丰富的致密油资源，勘探也获得了一些重要发现，具有形成规模储量和有效开发的条件。初步预测中国致密油技术可采资源量为 $20 \times 10^8 \sim 25 \times 10^8 t$。截至2015年底，在鄂尔多斯、松辽、四川、准噶尔、渤海湾和柴达木等盆地，探明地质储量 $6.9 \times 10^8 t$。

中国石油按照致密油的勘探开发思路，开展"甜点区"预测、水平井分段压裂改造等关键技术攻关，进行试验区建设，已初见成效。随着关键技术的突破和工作力度的加大，致密油开发利用速度将进一步加快。"十二五"期间，中国在松辽盆地扶杨油层、鄂尔多斯盆地长7已实现规模开发，已建成中国第一个亿吨级致密油田——新安边油田，2014年提交探明地质储量 $1 \times 10^8 t$，长庆油田已具有 $100 \times 10^4 t$ 的产能规模。下一步中国石油将重点组织提高致密油采收率攻关技术与试验。

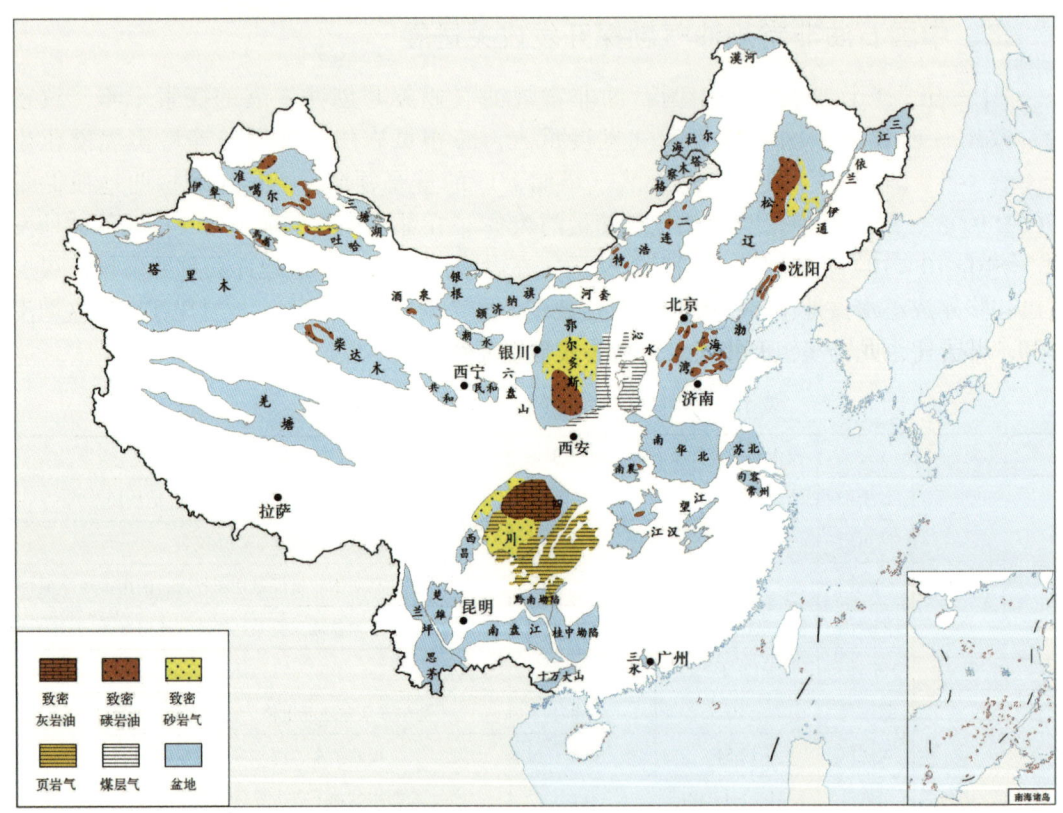

图1-4 中国陆上主要非常规油气有利区分布图

2）油页岩

油页岩在中国分布范围广泛，资源比较丰富。据中国新一轮资源评价，中国47个盆地共有油页岩地质资源量 $476 \times 10^8 t$，可采资源量约 $120 \times 10^8 t$，其中94%的资源分布在松辽、鄂尔多斯、伦坡拉、准噶尔、羌塘、茂名、柴达木等7个盆地中。

油页岩的开发主要以地面干馏为主，原位开采处于现场试验阶段，地面综合利用水平较低。大庆油田在吉林省牡丹江市柳树河矿区开展了油页岩资源储量勘查和干馏试验，并编制了产业化试验方案。中国石油勘探开发研究院联合大庆油田依托国家"十一五"重大专项开展油页岩原位开采技术研究。

3）油砂

据中国石油勘探开发研究院对 24 个盆地中的 100 余个油砂矿带的资源调查与评价，中国油砂油地质资源量约为 60×10^8t，可采资源量 23×10^8t，其中 88% 的资源分布在准噶尔、塔里木、羌塘、柴达木、松辽、四川、鄂尔多斯等 7 个盆地中。

2006—2010 年，中国石油勘探开发研究院在新疆风城地区开展了油砂资源勘查、干馏及水洗分离试验，并取得初步成功，但受低油价、高成本的影响，目前基本处于停滞状态。因此，从资源条件与开采试验情况看，中国油砂油开采技术尚不成熟，规模发展受限。

4）页岩油

页岩油主要赋存于湖相页岩中，广泛分布于鄂尔多斯盆地延长组、准噶尔盆地二叠系、四川盆地侏罗系、渤海湾盆地沙河街组、松辽盆地白垩系、柴达木盆地古近—新近系、酒西盆地白垩系和三塘湖盆地二叠系等层系中。

中国石油勘探开发研究院初步估算中国页岩油技术可采资源量可达 30×10^8~60×10^8t，具有广阔的勘探前景。近年来，辽河油田针对辽河探区西部凹陷沙三段页岩、长庆油田针对鄂尔多斯盆地三叠系延长组长 7 段开展钻探和开采试验，见到较好的效果。下一步中国石油将重点组织页岩油原位加热技术攻关。

2. 非常规天然气

中国非常规天然气在过去很长一段时间发展较慢，一方面是受勘探开发关键技术的制约，另一方面是成本高、产量低，技术尚未取得重大突破。近年来，中国石油高度重视致密气、煤层气、页岩气、天然气水合物等非常规天然气的研究和勘探开发工作，中国非常规天然气已进入新的发展阶段。

1）致密气

致密砂岩气藏在平面上大面积分布，纵向上多层叠置，具有丰度相对较低，井控储量较小的特点。致密气勘探领域广阔，中国石油已经形成 6 大现实致密气勘探领域：（1）鄂尔多斯盆地苏里格周边及盆地东部；（2）四川盆地川中、川西；（3）松辽盆地深层；（4）塔里木盆地塔西南山前带；（5）吐哈北部山前带；（6）渤海湾深层。有利勘探面积约 $11.8\times10^4km^2$，总资源量约 $10.4\times10^{12}m^3$，勘探开发潜力巨大，在天然气发展中具有重要地位。

随着压裂改造技术等核心技术进步和规模化应用，致密砂岩气勘探开发才取得重大进展，中国石油发现了以鄂尔多斯盆地苏里格、四川须家河组为代表致密砂岩大气区，在松辽、吐哈、塔里木、渤海湾等盆地发现了一批高产的致密砂岩气井，表明中国致密砂岩气分布广泛，资源相当丰富。

"十二五"期间，中国石油依托长庆油田和西南油气田，牵头开展致密气勘探开发技术攻关，主要包括地质选区评价、钻井完井、增产改造和井网加密等 4 项技术。特别是多层分压和井网加密技术是攻关试验的重点。

2）煤层气

煤层气以吸附气为主，孔隙结构表现为孔隙、裂隙特征，开发需要长期排水降压。据中国新一轮油气资源评价结果，埋深 2000m 以浅煤层气地质资源量为 $36.8\times10^{12}m^3$，其中埋深 1500m 以浅的煤层气可采资源量 $10.9\times10^{12}m^3$。随着煤层气开采技术不断进步与完善，煤层气将进入快速发展期，累计探明煤层气地质储量 $6292.7\times10^8m^3$，2015 年地面煤

层气产量已达 $44.3 \times 10^8 m^3$。

经过近10年的发展，中国石油初步形成了适合不同类型煤层气的勘探开发配套技术，在山西沁水、山西保德、陕西韩城等地成功实现了工业化开采，在鄂尔多斯盆地东缘、吐哈、准噶尔等盆地正在进行开发先导试验。除了在勘探工作取得较大进展外，开发技术日趋成熟，中国石油组建了中石油煤层气有限责任公司和华北油田煤层气分公司两大专业队伍，并储备了中国石油控股的国家煤层气工程中心和中国石油勘探开发研究院（廊坊分院）的煤层气研究所两支煤层气科研力量，还形成了地质选区、钻井完井和增产改造等配套技术，建成国内领先的煤层气专业实验室。

中国石油依托中石油煤层气有限责任公司、华北油田和中国石油勘探开发研究院开展关键技术攻关，包括地质选区评价、实验室测试、钻井完井、增产改造和排水采气等。中国石油将进一步扩大羽状水平井技术推广，并开展低煤阶煤层气勘探开发工作。

3）页岩气

页岩气藏具有吸附气与游离气并存、储层分布广泛、单层厚度大、含气量低和渗透率极低等的特征。中国石油勘探开发研究院通过类比法初步估算中国页岩气资源量为 $30.7 \times 10^{12} m^3$，其中三大地区海相页岩气资源量 $21 \times 10^{12} m^3$，占总资源的70%，成藏条件尤以南方海相页岩最为有利。页岩气主要分布在三大海相和五大陆相中。三大海相页岩分别是南方古生界页岩、华北地区下古生界页岩、塔里木盆地寒武—奥陶系页岩；五大陆相页岩分别为松辽盆地白垩系页岩、准噶尔盆地上二叠统侏罗系页岩、鄂尔多斯盆地上三叠统页岩、吐哈盆地中—下侏罗统页岩和渤海湾盆地新生界页岩。

中国石油在南方初选出威远区块、长宁区块、富顺—永川区块及昭通区块等4个海相有利目标区，并确定在富顺—永川区块、长宁区块和昭通区块的试验区开展现场试验。其中富顺—永川区块已经与壳牌公司合作，而长宁区块和昭通区块作为中国石油独立的页岩气勘探开发示范区，计划"十二五"期间建成 $15 \times 10^8 m^3$ 产业化示范区，形成页岩气勘探开发工程配套技术。

中国石油依托西南油气田分公司、浙江油田公司、中国石油集团川庆钻探工程有限公司、中国石油勘探开发研究院开展地质选区、致密岩心测试、水平井钻完井、增产改造和经济评价技术联合攻关。特别是依托中国石油勘探开发研究院国家能源页岩气研发（实验）中心研制高精度含气量测试技术，页岩微观孔隙评价技术及脉冲式低渗透岩石渗透率测试技术。依托西南油气田、浙江油田、中国石油集团川庆钻探工程有限公司，开展水平井钻完技术攻关和现场试验；实现通过采用三维地震资料进行水平井井位优化部署，设计井眼轨迹及方位；实现通过钻直井采集资料，并在原直井段套管开窗侧钻水平井，长井段完井基本能沟通天然裂缝；实现采用低密度高强度水泥固井的套管技术，减少了对储层的伤害，射孔采用长井段多簇射孔。下一步重点攻关大井段射孔、多簇改造等关键技术。

4）天然气水合物

天然气水合物在尚处于前期研究和资源调查阶段。与国外天然气水合物发展历程相比，天然气水合物研究工作起步较晚。中国石油重点依托中国石油勘探开发研究院开展跟踪调研研究，并在中国石油南海矿权区开展地震资料处理研究，初步发现了天然气水合物存在的证据。

参 考 文 献

[1] BP. Statistical review of world energy [R]. 2016.

[2] Gautier D L, Dolton G L, Takahashi K I, et al.National assessment of United States oil and gas resources—results, methodology, and supporting data [J]. U.S.Geological Survey Digital Data Series DDS-30, 1995.

[3] Schmoker J W.1995.Method for assessing continuous-type (unconventional) hydrocarbon accumulations [J]//Gautier D L, Dolton G L, Takahashi K I, et al. 1995.National assessment of United States oil and gas resources—results, methodology, and supporting data: U.S.Geological Survey Digital Data Series DDS-30.

[4] 邹才能,陶士振,袁选俊,等."连续型"油气藏及其在全球的重要性:成藏、分布与评价[J].石油勘探与开发,2009,36(6):669-682.

[5] 邹才能,杨智,张国生,等.常规—非常规油气"有序聚集"理论认识及实践意义[J].石油勘探与开发,2014,41(1):14-27.

[6] 邹才能,杨智,陶士振,等.纳米油气与源储共生型油气聚集[J].石油勘探与开发,2012,39(1):13-26.

[7] IEA. World energy outlook [R]. 2008.

[8] IEA. World energy outlook [R]. 2009.

[9] Masters J A.Deep basin gas trap, western Canada [J]. AAPG Bulletin, 1979, 63(2):152-181.

[10] IEA. World energy outloo [R]. 2013.

[11] EIA. Annual energy outlook 2016 early release overview [R]. 2016.

第二章 非常规油气理论基础

21世纪以来，在大油气田发现个数与储量规模明显下降、勘探开发技术不断创新和国际油价持续攀升的背景下，非常规油气资源勘探开发取得重大突破，对勘探领域的拓展和油气工业的发展产生深远影响。非常规油气具有与常规油气完全不同的特征，本章将阐述非常规油气的基本概念、主要类型，分析非常规与常规油气的主要差别，提出非常规油气相关概念及内涵，总结非常规油气勘探开发的理论基础。非常规油气理论的发展，在未来油气资源综合利用、能源结构科学预判、复杂问题创新解决等方面，仍有发展空间。

第一节 非常规油气基本概念

不同学者对非常规油气有不同的描述，一般认为非常规油气是指在现有经济技术条件下，不能用传统技术开发的油气资源。通常将其分为非常规石油和非常规天然气资源两大类。前者主要指致密油、油砂、页岩油、油页岩等，后者主要指致密气、煤层气、页岩气、天然气水合物等。

一、非常规油气定义

石油工程师学会（Society of Petroleum Engineers，简写为 SPE）、石油评估工程师学会（Society of Petroleum Evaluation Engineers，简写为 SPEE）、美国石油地质家协会（American Association of Petroleum Geologists，简写为 AAPG）、世界石油大会（World Petroleum Congress，简写为 WPC）[1]于2007年联合发布了非常规资源的定义：非常规资源存在于大面积遍布的石油聚集中，不受水动力效应的明显影响，也称为"连续型沉积矿"。常被认为非常规油气资源与连续型油气概念一致。

非常规油气指用传统技术无法获得自然工业产量、需用新技术改善储层渗透率或流体黏度等才能经济开采的连续型油气资源（图2-1）。非常规油气有两个关键标志和两个关键参数，两个关键标志为：（1）油气大面积连续分布，圈闭界限不明显；（2）无自然工业稳定产量，达西渗流不明显。两个关键参数为：（1）孔隙度小于10%；（2）孔喉直径小于1μm或空气渗透率小于1mD。非常规油气主要特征表现为源储共生或源内赋存，在盆地中心、斜坡大面积分布，圈闭界限与水动力效应不明显，储量丰度低，发育富集"甜点区/段"，主要采用水平井规模压裂或原位转化技术、平台式"工厂化"生产、纳米技术提高采收率等方式开采。主要类型有致密气、致密油、页岩气、煤层气、重油沥青、页岩油、天然气水合物等（图2-1）。

二、有关基本概念

非常规油气地质学内涵丰富、类型多样，以下重要概念从本质上揭示了非常规油气聚集机理和赋存状态。其中连续型油气聚集是非常规油气地质学的理论基础，源储共生型油气聚集揭示了非常规油气的关键条件和地质特征，纳米油气是非常规油气地质学的理论精髓，人工油气藏是非常规油气地质学的理论落地。

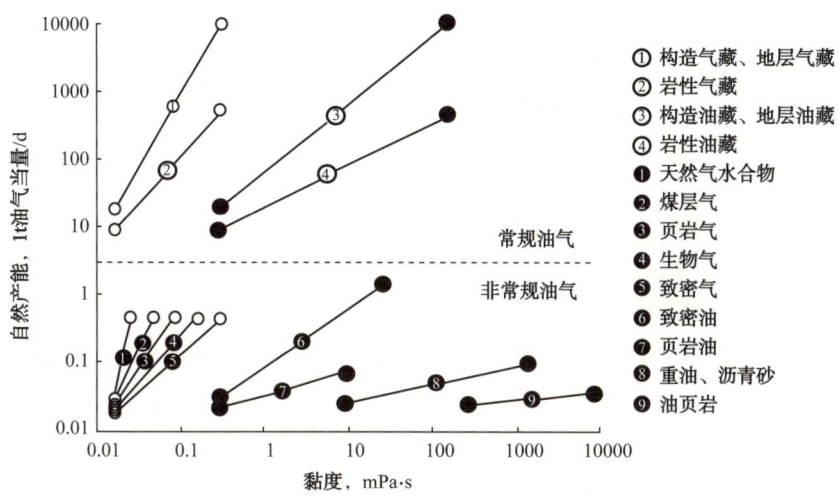

图 2-1 非常规油气资源黏度与自然产能相关性图版

1. 连续型油气聚集

连续型油气聚集指大面积广泛分布的一种石油聚集，它不受水动力效应的明显影响。这些聚集包括致密油和气、页岩油和气等，与传统意义的单一闭合圈闭油气藏有本质区别（图 2-2）[2, 3]。

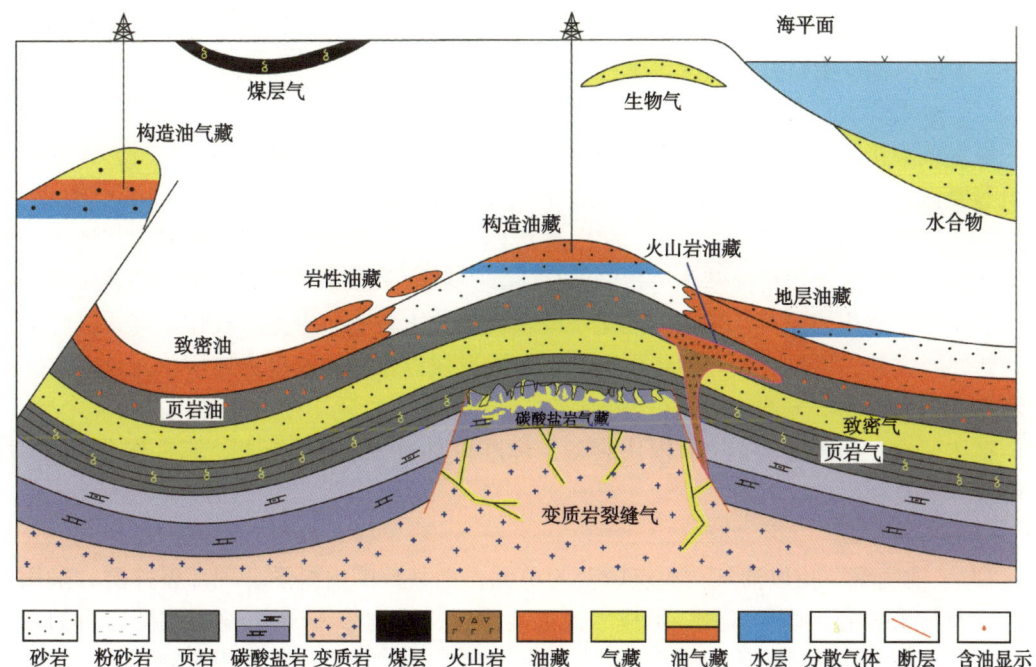

图 2-2 连续型油气聚集分布模式

2. 源储共生型油气聚集

源储共生型油气聚集指源岩层系,以及与源岩层系大面积紧密接触的致密储集层系中的油气,是非常规油气资源的主体,包括源储一体型和源储接触型两种基本类型[4](图2-2)。源储一体型油气聚集指烃源岩生成的油气没有排出,而滞留于烃源岩层内部,包括页岩气、页岩油和煤层气等。源储接触型油气聚集指与烃源岩层系共生的各类致密储层中聚集的油气,包括致密油和致密气。源储接触型油气经过短距离运移,储层岩性主要包括致密砂岩和致密灰岩等。

3. 纳米油气

纳米油气指采用纳米技术研究和开采聚集在纳米级孔喉储集系统中的油气,包括页岩油和气、致密油和气等,其储层孔喉直径一般为纳米级,局部发育微米—毫米级孔隙[4]。纳米油气的主要特征是:(1)源储共生,致密储层与油气连续分布;(2)源内滞留或短距离运移;(3)以扩散作用、分子作用等为主,非浮力聚集;(4)一般单井无自然工业产量,需开发纳米油气开采新技术。纳米技术是纳米油气聚集研究及勘探开发的关键,如采用纳米CT观测纳米级孔喉系统、纳米级驱油气剂提高采收率、纳米机器人作业等。

4. "甜点区"

"甜点区"指非常规油气分布中相对富集高产的有利区带[5]。评价优选"甜点区"是非常规油气勘探开发研究的核心,贯穿整个勘探开发过程。非常规油气"甜点"主要包括地质"甜点"、工程"甜点"、经济"甜点",地质"甜点"着眼于烃源岩、储层与裂缝等综合评价,工程"甜点"着眼于埋深、岩石可压性、地应力各向异性综合评价,经济"甜点"着眼于资源规模、地面条件等评价。致密油气、页岩油气的"甜点区"评价,主要着眼于烃源层、储层、裂缝、局部构造等地质"甜点"要素评价,以及压力系数、含油气饱和度、脆度、地应力特性、埋深等工程"甜点"要素评价。

5. 平台式"工厂化"生产

平台式"工厂化"生产指应用系统工程的思想和方法,集中配置人力、物力、投资、组织等要素,以现代科学技术、信息技术和管理手段,进行油气开发施工和生产作业[2]。国内外普遍使用的多井平台式"工厂化"生产模式,主要基于井间接替策略,在地质条件相似地区,或地下地质情况基本清楚的条件下,按照大平台布井方式,集中部署一批井身结构、完井方式相似的井,采用标准化、模块化的技术装备,以流水线作业方式进行数口井的钻井、完井、返排、生产同步作业。在地下形成以水平井长度为体积单元、人工压裂缝网为流动通道的"人造油气藏"。实现多井平台式"工厂化"生产,必须具备4个要素:(1)整体研究、批量布井;(2)模块装备、标准设计;(3)交叉施工、流水作业;(4)用料用水、重复利用。

6. 人工油气藏

"人工油气藏"指以油气"甜点区"为单元,在其范围内科学合理部署井群,采用压裂、注入与采出的一体化方式,形成"人造高渗区,重构渗流场"。这可改变岩石的亲油气性、应力场、温度场、化学场及其油气的流动性,构建地下油气产出机制,大幅改变地下流体渗流环境和补充地层能量,实现人工干预地下油气规模的有效开发[6]。

三、非常规油气主要类型

根据非常规油气的不同属性和特征，分别根据储集岩类型、油气成因、生储盖组合、赋存状态等因素，对非常规油气进行分类（表2-1）。如根据储集岩类型，可以分为致密砂岩油气、页岩油气、煤层气等。根据成熟度、密度和黏度，依次可分为油页岩、油砂、页岩油、致密油、页岩气、致密气。根据油气赋存载体及其耦合关系，可以分为流固耦合型（致密油气、页岩油气）、气水固合型（天然气水合物）。其他分类方案从不同方面揭示了非常规油气的多源、多类、多型特征（表2-1）。

表2-1 非常规油气不同划分方案及主要类型一览表

分类依据		主要类型
储集岩类型		致密砂岩油气、页岩油气、煤层气等
成熟度、密度黏度		油页岩、油砂、页岩油、致密油、页岩气、致密气
赋存载体与耦合关系		流固耦合型（致密油气、页岩油气）、气水固合型（天然气水合物）
油气成因	成熟度	热成因油气、生物成因油气、混合成因油气
	母质来源	有机成因油气、无机成因油气、混合成因油气
生储盖组合	源储关系	源储一体型、源储接触型、源储分离型
	生储组合	自生自储油气（煤层气、页岩油气等）、非自生自储油气（致密砂岩油气等）
	油气来源	自源型油气（煤层气、页岩油气等）、他源型油气（致密砂岩油气等）
油气赋存状态		吸附型、游离型、混合型

按照油气聚集方式，把常规油气和非常规油气，可分为单体型、集群型与连续型3种基本类型（表2-2）。常规油气包括单体型和集群型，严格受圈闭控制，其中，单体型主要为构造油气藏，油气聚集于构造高点，平面上呈孤立的单体式分布；集群型主要为岩性油气藏和地层油气藏，油气聚集于较难识别的岩性圈闭和地层圈闭中，平面上呈较大范围的集群式分布。非常规油气不严格受圈闭控制，平面上呈大面积连续型分布，包括致密砂岩油和气、页岩油和气、煤层气等。

表2-2 油气资源类型划分[7]

资源类型		分布特征	油气聚集类型	模式图	实例
常规油气		单体型	构造油气藏		波斯湾盆地P—T诺斯—南帕斯气田；松辽盆地K大庆长垣油田
		集群型	岩性油气藏		松辽盆地K岩性油藏
			地层油气藏		准噶尔盆地西北缘C—J油藏

续表

资源类型	分布特征	油气聚集类型	模式图	实例
非常规油气	连续型	油砂油		准噶尔盆地西北缘 J 油砂
		致密砂岩油气		鄂尔多斯盆地 C—P、T 致密油气
		致密碳酸盐岩油气		北美地区 Eagle Ford 致密油
		页岩油气		鄂尔多斯盆地 T 页岩油、四川盆地 ∈、S 页岩气
		煤层气		沁水盆地 C—P 煤层气
		油页岩		松辽盆地 K 油页岩
		水合物		南海北部斜坡区水合物

第二节 非常规油气地质学产生

伴随石油工业发展，油气地质基础研究呈现新趋向：(1) 生烃评价研究从生烃高峰期，向生烃全过程扩展；(2) 储层目标研究从发现微米—毫米级孔喉的优良储层，向纳米级孔喉的储层扩展；(3) 油气成因机制研究从具有碳酸盐岩缝洞型储层的"管流"聚集、微米—毫米级孔喉储层的"渗流"运聚，延伸至致密条件的纳米级孔喉储层的"滞留"储集；(4) 油气运移动力研究从浮力驱动，向压差驱动、扩散等多类型动力方式扩展；(5) 油气聚集研究从圈闭、连续或准连续分布的大油气区或层系，向揭示常规—非常规不同类型油气资源空间共生与伴生分布扩展；(6) 资源分布研究从远景与地质资源量评价，向技术可采资源量与经济可采资源量空间预测转变。因此，非常规油气地质学是非常规油气资源勘探开发实践的需求产物，是石油与天然气地质学的一个重要分支学科，也是推动非常规油气工业实现跨越式发展的理论基础[7,8]。

一、非常规与常规油气区别

非常规油气开发，是从常规的寻找圈闭，向寻找大面积储层转变，颠覆了传统圈闭油气聚集理论；从常规的直井开发，向水平井规模压裂转变，突破了直井传统的开采方法；从常规的单井开采，向平台式多井"工厂化"开采转变，打破了一个井场单井开采的模式。非常规油气与常规油气勘探开发工作在地质研究、技术攻关、勘探方法、开发方式与开采模式等方面存在明显区别（表2-3）。

表2-3 非常规与常规油气勘探开发工作的主要区别

序号	工作重点	非常规油气		常规油气
1	地质研究	优选核心区		优选圈闭
		确定富集"甜点"		确定有效聚集油气圈闭
2	技术攻关	水平井体积压裂		地震目标预测
		纳米技术提高采收率		直钻井
3	勘探方法	突破"甜点"		获得发现
		确定连续型油气区边界		确定圈闭边界
4	开发方式	平台式"工厂化"生产试验区建设		产能目标建设
		探索降低成本工艺		探索开发方式
5	开采模式	单井累计产量		单井高产稳产
		井间接替		注气液提高采收率
6	关键图表	三图一表	成熟烃源岩厚度平面分布图	圈闭平面构造分布图
			储层厚度平面分布图	两图一表	油气藏剖面图
			储层顶面构造图		
			核心区评价表		圈闭要素表

1. 地质研究

非常规油气是以连续型或准连续型油气聚集为研究对象，源储配置是核心，学科基础是连续型油气聚集理论。非常规油气突破了储层物性下限与传统圈闭找油理念，针对大面积展布的非常规储集体，关键在于大规模纳米级孔喉储层的致密背景与油气生成、排聚过程的时空匹配。重点研究烃源岩和储集体评价条件、油气充注下限及有效性、运移和渗流机理、核心区评价指标等，油气运移为初次运移或短距离二次运移，生烃增压和毛细管压力差是油气运移和聚集的主要动力，通常遵循非达西渗流定律。油气地质研究的目标是圈定核心区、筛选"甜点区"，关键是编制出"三图一表"，即成熟烃源岩厚度平面分布图、储层厚度平面分布图、储层顶面构造图和核心区评价表。

常规油气是以圈闭和油气藏为研究对象，圈闭是核心，学科基础是圈闭成藏理论。传统石油地质研究强调从烃源岩到圈闭的油气运移，寻找有效聚油圈闭是油气勘探的核心。圈闭是油气聚集的基本单元，生、储、盖、圈、运、保等6要素是评价圈闭有效性的关键，即油气生成、运移、聚集和保存等多种地质条件的时空配置，是常规油气勘探实践的重要内容。按照圈闭定型时间与大规模油气排聚时间的匹配关系，可分为早圈闭型、同步圈闭型和晚圈闭型3种类型。只有那些在油气区域性运移以前或同时形成的圈闭，即早圈闭型与同步圈闭型对油气的聚集才有效。油气地质研究的目标是优选有利圈闭，关键是编制出"两图一表"，即圈闭平面构造分布图、油气藏剖面图和圈闭要素表。

2. 技术攻关

非常规油气储集体物性差，如致密油和气、页岩油和气、煤层气储层主体孔隙度小于10%，地下渗透率小于0.1mD，一般无自然工业产能。需要采取某种增产措施和特殊的钻井技术，目前生产实践中多采用水平井钻井技术和"体积"压裂技术，最大限度增大油层接触面积与油气流动通道。

体积改造技术是在水平井最大限度增加泄油气面积的基础上，通过压裂形成一条或多条主裂缝的同时，使用分段多簇射孔及转向技术等，实现对天然裂缝、岩石层理的沟通，以及在主裂缝的侧向强制形成次生裂缝，在次生裂缝上继续分支形成二级次生裂缝，以此类推，形成主裂缝与多级次生裂缝交织形成的裂缝网络系统，实现对储层在长、宽、高三维方向的全面改造。体积改造技术既能大幅提高单井产量，又能降低储层有效动用下限，是实现页岩油和气、致密油和气等非常规油气经济开发的重要技术。在储层岩性及力学特性评价、裂缝复杂性控制因素评价、液体与支撑剂体系优选、压裂施工参数优化、裂缝改造体积现场监测以及压后数值模拟反演等各种技术集合的基础上，不断攻关完善水平井套管完井、分段多簇射孔、快速可钻式桥塞、滑溜水多段压裂等关键技术。未来攻关重点可能是通过多分支水平井、羽状水平井、丛式水平井等钻井技术与多井、多段同步压裂技术的结合，实现更大体积范围内同时压裂改造，形成更为复杂的裂缝网络体系。未来通过纳米等技术提高采收率，实现纳米级孔喉系统中的油气极限采出，不断提高非常规油气的采收率。

对于常规油气勘探，如何有效识别地下圈闭、评价圈闭的有效性、发现油气藏是勘探工作的核心。圈闭评价主要依靠地震勘探技术，高精度地震采集、处理、解释一体化技术以及烃类监测技术是攻关重点。钻井技术攻关重点是发展完善针对不同地区、不同地层、不同类型油气藏的优快钻井配套技术系列。

3. 勘探方法

非常规油气主要分布于前陆盆地坳陷—斜坡、坳陷盆地中心及克拉通向斜部位等负向构造单元中，油气分布并不局限于二级构造单元，而是涵盖了盆地中心及斜坡，呈大面积连续型或准连续型分布。非常规油气勘探，关键是寻找大面积层状储集体，核心工作是突破"甜点区"，确立连续型油气区边界与空间展布。第一步，按照核心区评价标准，评价优选出核心区，结合储层、局部构造、断裂与微裂缝发育状况，筛选出"甜点区"；第二步，在"甜点区"进行开采试验，力争取得工业生产突破，同时探索适合本区的技术路线；第三步，外甩扩大评价范围，探索连续型含油气边界，确定油气资源潜力。

常规油气主要发育在断陷盆地大型构造带、前陆冲断带大型构造、被动大陆边缘以及克拉通大型隆起等正向构造单元，二级构造单元控制油气分布。油气聚集于构造高点，平面上呈孤立的单体式分布；或聚集于岩性圈闭、地层圈闭中，平面上呈较大规模的集群式分布。常规油气勘探，关键是寻找有效聚油圈闭，核心工作是预探获取发现，评价确定圈闭边界。第一步，进行圈闭识别、圈闭优选和圈闭精细描述，落实有利钻探目标；第二步，选择最有利目标、最佳钻探位置进行预探，力求获得油气发现；第三步，开展评价钻探，落实油气藏油气水界面，确定含油气范围与储量规模。

4. 开发方式

非常规油气资源经济有效开发的关键是不断探索低成本开采工艺与开采方式。平台式钻井+同步压裂或交叉压裂的"工厂化"作业方式，可大幅减少土地占用量、设备动迁次数和作业时间，减少地面管线与集输设备。在多口井控制范围内整体产生更为复杂的裂缝网络体系，增加油气聚集单元改造体积，既能大幅提高初始产量和最终采收率，又能降低生产作业成本，是目前非常规油气资源实现经济有效开发的最有效手段。如美国在宾夕法尼亚州 Marcellus 页岩气开发中，通过广泛使用多井平台钻探生产井，大幅降低了生产成本，实现了 Marcellus 页岩气产量的快速增长。北美地区已实现"平台式"钻井、"工厂化"生产，创建了"多井低产""多井低成本"的非常规油气有效开发的典范。中国在鄂尔多斯盆地致密油、致密气、煤层气开采方面，开始探索"平台式"钻井与"工厂化"生产的开发方式，已取得重要进展。

常规油气开发需要根据油气藏特点，选取合理的开发方式，按照确定的产能目标建设。一般先依靠油层自身能量进行开采；当天然能量不足时，再通过人工向油层注水、注气或注其他溶剂，保持油层压力进行开采。针对不同油气藏类型与特点，探索更加合理的开发方式，最大限度地提高油气采收率仍将是攻关重点。

5. 开发模式

非常规油气一般初始产量较高，但递减很快，后期递减速度较慢，稳产期很长。例如，美国已投入开发的页岩气井，一般初期产量较高但递减很快，第一年往往递减60%~70%，经 5~6 年后递减速度减慢，一般只有 2%~3%，开采寿命可达 30~50 年，甚至更长。独特的开采特征，决定了非常规油气开采追求累计产量，实现了全生命周期的经济效益最大化。生产区油气产量的稳定或增长，只能通过井间接替来实现。

常规油气开采追求在较长时间内实现高产和稳产，为此开发模式选择需遵循如下原则：一是最充分地利用天然资源，保证获得较高的油气采收率；二是在尽可能高的产量水平上，油气田稳产时间长；三是具有最高的经济效益。选准合适时机，采取合理注气或注水方式，不断推动油气流向井筒，既提高油气采收率，又延长油气井的生产寿命。

二、国外非常油气地质理论发展

非常规油气的研究始于 20 世纪 30 年代，Wilson[9] 油气藏分类中的开放性油气藏，虽然当时认为该类油气藏没有勘探价值，但已预测到非常规油气藏的存在。20 世纪 80 年代以来，盆地中心气、煤层气、页岩气、致密砂岩气、页岩油[10-15]等非常规油气资源逐渐成为全球油气勘探开发重要领域之一，在涵盖非常规油气资源内涵、种类、地质特征、资源评价方法、开发技术等方面研究也已取得长足进展。

USGS 的 Gautier 和 Schmoker 等[12, 14]针对含油气盆地非常规储层中油气大面积聚集分布、圈闭与盖层界限不清、缺乏明确油气水界面的特点，提出了"连续型油气聚集"的概念，并对致密砂岩气、页岩气、盆地中心气、煤层气、浅层微生物气及天然气水合物等非常规天然气资源进行了评价[12, 14, 15]。

Law 等[10] 提出了非常规油气系统的概念，指出非常规油气系统与构造圈闭无关，基本上不受重力分异的影响，区域上存在大规模普遍含油气区带，并对煤层气、深盆气及天然气水合物等非常规天然气资源做了分析。2007 年 SPE、SPEE、AAPG、WPC 在《油气资源管理系统》中定义了非常规油气资源相关概念[1]，认为连续型沉积矿（Continuous-Type Deposit）和非常规资源（Unconventional Resources）基本等同，都定义为大面积连续分布、受水动力影响很小的油气聚集，包括盆地中心气、页岩气、天然气水合物、天然沥青及油页岩等，同时强调了其技术难度及经济可行性。

Harris基于渗透率和流体黏度，将非常规油气资源定义为：通过技术改变岩石渗透率或流体黏度，使得油气渗透率与黏度比值变化，从而获得工业产能的油气资源[16]。针对非常规储层微观孔喉特征，美国学者利用场发射扫描电镜实验观测分析表征了得克萨斯州沃斯堡盆地Barnett页岩储层的有机质孔隙特征[17]，其后多位学者针对非常规储层微观孔喉系统进行了研究。研究表明，不同的孔隙结构决定了非常规储层性质差异，孔隙类型、尺寸与排列影响油气原地赋存与聚集，也影响页岩的封盖能力。孔隙成因与分布的差异性，将对储层的渗透率和物性产生影响。

非常规油气聚集理论正引起越来越多的石油地质学家关注，已经成为目前石油地质学研究的前沿。

三、中国非常油气地质理论发展

随着石油勘探开发从常规油气延伸到非常规油气领域，非常规油气地质研究日益受到重视[18-21]。20世纪90年代以来，中国出现深盆气、根源气、深盆油、向斜油、非稳态成藏、致密油、致密气、页岩气、页岩油、源岩油气等概念[18-34]。

中国学者引入并发展连续型油气聚集理论，总结提出连续型油气聚集具有10项重要特征[35]。通过纳米CT、场发射等先进手段，发现了致密油和气、页岩油和气等非常规油气储层中纳米级孔喉系统[4, 36]，研究了不同类型非常规储层地质特征、油气形成与分布规律、"甜点区"主要控制因素。提出了含油气单元（盆地、坳陷或凹陷）内常规与非常规油气在时间域持续充注、空间域有序分布，二者成因有先后、相互依存、紧密共生与伴生的关系，形成了常规—非常规油气"有序聚集"体系[37, 38]。初步评价出不同类型非常规油气资源潜力，明确提出中国不同类型非常规油气发展策略与定位，指出基础地质研究的创新，具有形成非常规石油地质学的趋势[7, 37]。

第三节 非常规油气地质学内涵

非常规油气突破对石油天然气地质学创新和世界石油工业发展均具有重大战略影响。以发现致密储层纳米级孔喉系统、建立"甜点区"评价方法、创新"连续型"油气聚集、提出"人工油气藏"开发等为核心的非常规油气地质学理论的建立，是对经典石油天然气地质学的重大突破，也为中国乃至世界油气从常规油气向非常规油气发展战略提供了理论指导，有重大的科学价值和经济意义[8]。

一、非常规油气地质学概念

非常规油气地质学是一门研究非常规油气类型、形成机理、分布特征、富集规律、产出机制、评价方法、核心技术与发展战略的新兴油气地质学科，是传统石油地质学的创新和发展，为现代矿床学的一个分支学科（图2-3）。

资源类型	分布特征	聚集类型	聚集形态	聚集机理	聚集方式	资源比例	关键技术	实例
常规油气	单体型	构造油气藏		远源浮力	常规圈闭	20%左右	二维或三维地震	松辽盆地长垣白垩系
	集群型	岩性、地层油气藏					直井或水平井	准噶尔盆地西北缘二叠—侏罗系
非常规油气	连续型	油砂+重油		近源压差	非常规储层	80%左右	三维地震	辽河西斜坡新近系
		致密油					微地震监测	鄂尔多斯盆地三叠系
		页岩油						
		致密气					水平井体积压裂	鄂尔多斯盆地石炭—二叠系
		煤层气+页岩气		源内滞留			平台式"工厂化"开采	四川盆地寒武—志留系
		页岩气						

图 2-3 常规—非常规油气资源形成分布与关键技术

非常规油气地质学的理论基础是连续型油气聚集理论，学科研究的核心是"储层是否含油气"，重点研究烃源性、岩性、物性、脆性、含油气性与应力各向异性"6特性"及匹配关系，评价"生油气能力、储油气能力、产油气能力"，勘探寻找油气连续分布边界与"甜点区"，开发寻找低成本开采技术与发展模式。而常规油气地质学核心是研究"圈闭是否成藏"，重点是研究"生、储、盖、圈、运、保"6要素及最佳匹配关系。

二、非常规油气地质学内涵

非常规油气地质学理论内涵是以大面积连续型"甜点区/段"评价为核心，重点研究细粒沉积、微纳米级储层、油气富集规律、产出机制、评价方法、发展战略的油气地质理论，是传统石油地质学的创新和发展，为现代矿床学的一个分支学科。2006—2015年间，通过构建细粒沉积学、非常规油气储层地质学、非常规油气成藏地质学、非常规油气开发地质学、常规—非常规油气"有序聚集"发展战略等5方面内容，基本形成了非常规油气地质学理论体系框架。

非常规油气地质学科研究的核心是评选"甜点区"和"甜点段"，重点评价烃源性、岩性、物性、脆性、含油气性与应力各向异性"6特性"及匹配关系，以及"生油气能力、储油气能力、产油气能力"；勘探寻找油气连续分布边界与富集"甜点区/段"，开发一般通过水平井改造或加热等技术形成"人造渗透率"，将"甜点区"整体作为一个单元进行平台式"工厂化"开发，一次性提高最大采收率，形成"人工油气藏"开采。常规油气地质学核心是评选"油气藏"和"目的层"，重点是研究"生、储、盖、运、圈、保"6要素及最佳匹配关系；一般直井开采，遵循达西渗流规律，多次提高采收率。

1. 细粒沉积学

细粒沉积学是研究细粒沉积岩的物质成分、结构构造、分类和成因，以及沉积过程与分布模式的学科。陆相敞流湖盆大型浅水三角洲砂体、湖盆中心砂质碎屑流沉积、海陆相富有机质页岩细粒沉积等研究新进展，为盆地中心储集体形成和分布提供了理论依据。敞流湖盆浅水三角洲沉积模式，明确了以河流作用为主的浅水湖泊中，三角洲平原及前缘水下分流河道较发育的储集体分布方式；陆相深水砂质碎屑流理论，是对现行经典浊流理论的部分否定与补充，明确了深水砂体是很多深水盆地中砂质碎屑流的产物；提出了四川盆地南部及邻区晚奥陶世—早志留世半深—深水陆棚富有机页岩沉积模式、陆相湖盆中心细粒沉积模式等，揭示了五峰组—龙马溪组、延长组7段等重点页岩层系岩相古地理与富有机质页岩成因机理，为海陆相黑色页岩的分布预测提供了依据。

2. 非常规油气储层地质学

非常规油气储层地质学是研究非常规储层类型、形成机理、储集性能、分布特征、评价方法与预测技术的新学科。2010年，应用场发射扫描电子显微镜与Nano-CT技术，首先发现并系统表征四川、鄂尔多斯等盆地页岩与致密砂岩中，广泛发育具有工业价值的纳米级孔隙（图2-4），厘定了页岩气、页岩油与致密油充注孔喉直径下限为5nm、20nm和50nm，为非常规油气资源工业评价提供了科学依据。目前致密储层研究方法、多尺度数据融合、地层条件物理模拟等技术取得重大进展，在致密砂岩、页岩储层中发现微米—纳米级孔喉系统，多方法多尺度整体表征非常规储层已成为研究热点。

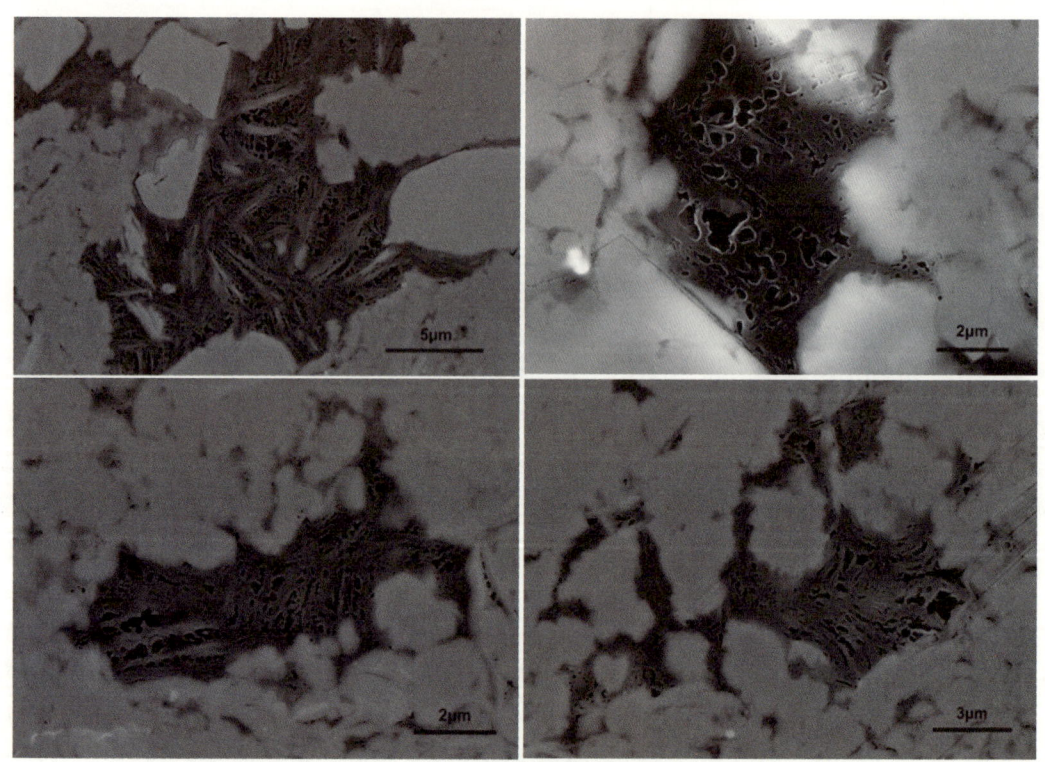

图2-4 四川盆地威201井志留系龙马溪组页岩有机质纳米级孔隙微观照片

3. 非常规油气成藏地质学

非常规油气成藏地质学是研究非常规油气地质特征、运聚机理与赋存规律的新学科，连续型油气聚集理论是其理论内核。系统总结了非常规油气不同于常规油气的10项特征，明确了非常规油气地质学科是非常规油气发展的基础理论,科学论述了大面积连续分布是非常规油气的标志特征,建立了不同储层油气充注运聚模型和理论公式[3, 7],揭示了非常规油气大面积"连续型"聚集规律(图2-5),打破了传统圈闭局部成藏的概念,推动勘探从寻找常规"单体型"油气藏,向非常规"连续型""甜点区"转变,开辟了页岩油和页岩气、致密油和致密气新领域。

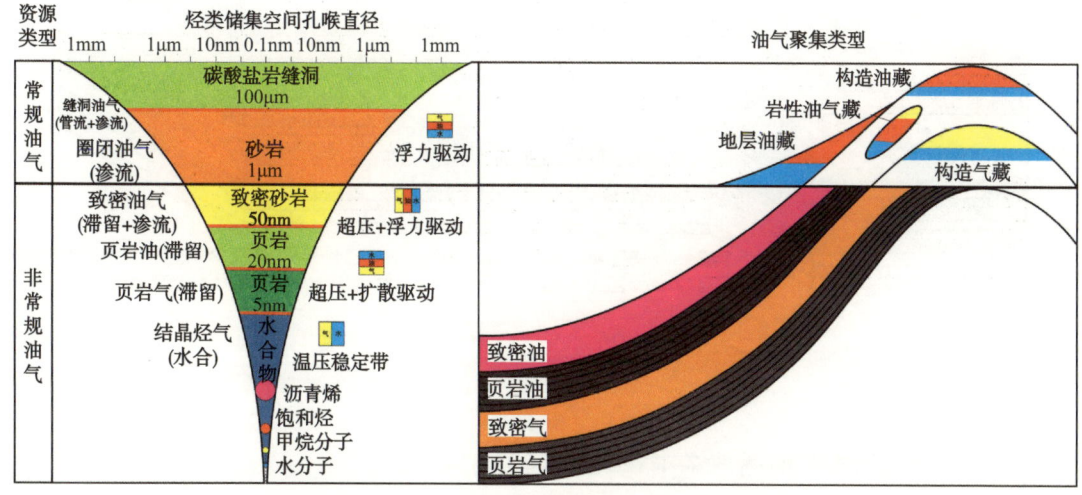

图2-5 常规—非常规油气储层孔喉结构与油气聚集类型

4. 非常规油气开发地质学

非常规油气开发地质学是研究非常规油气"甜点区/段"评价预测、"人工油气藏"开发理念、L形生产曲线模型、经济评价方法、配套关键技术的新学科。提出非常规油气"甜点区/段"概念与评价指标体系,首创"人工油气藏"开发概念,为非常规油气有效开发提供理论基础。提出优质页岩层系发育油气富集"甜点区",建立以高有机碳含量(TOC)、高孔隙度等8个指标评价体系,创新研发"甜点区/段"地质工程评价预测方法;阐明以应力场、渗流场等为核心的"人工油气藏"开发内涵(图2-6),建立了非常规油气开采L形生产曲线与产量理论预测模型[3, 7],揭示了非常规油气形成机理与开采规律,引领非常规油气效益开发;倡导推广微地震监测、水平井钻完井、平台式布井、"工厂化"生产等关键技术,推动非常规油气勘探开发技术方法快速发展。

5. 常规—非常规油气"有序聚集"

常规—非常规油气"有序聚集",指含油气单元内,常规—非常规油气成因上关联,空间上共生,常规油气供烃方向有非常规油气共生、非常规油气外围可能有常规油气伴生,形成统一的油气聚集体系。常规—非常规油气"有序聚集、协同发展"理念,突破了传统只专注常规或只专注非常规油气的思路,为新时期全方位利用油气资源的战略考虑提供了战略方案。为增强常规—非常规油气协同发展工业价值,提出勘探方式、开发模式、地面建设、政策支持和人才培养等6方面协同发展路线,两种资源"同步研究、同步部署、同步勘探",多井平台"同步开采",多层系、多类型油气"整体规划、整体建设、整体开发",加快勘探开发节奏,提高资源开发利用效率和经济效益。

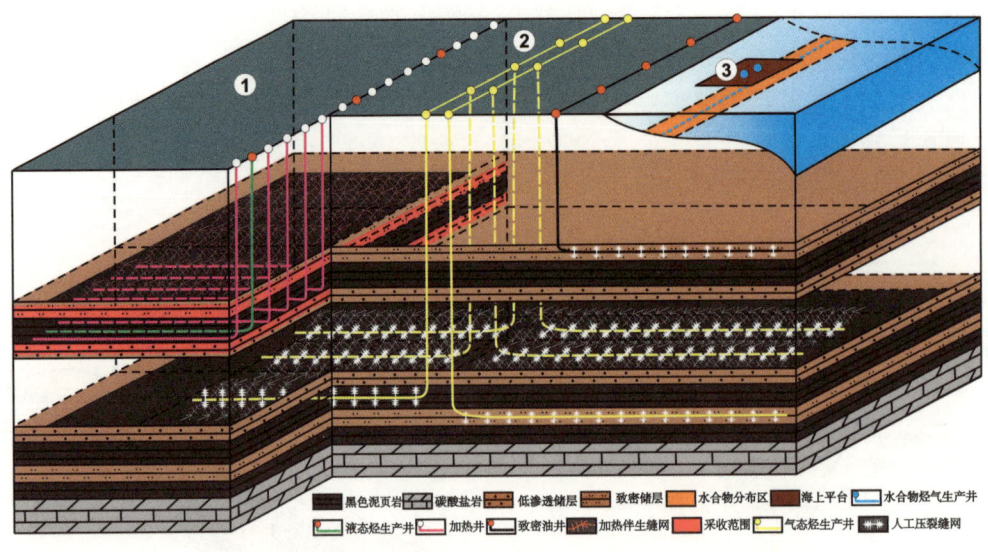

图 2-6 非常规油气"人工油气藏"开发模式

①—页岩层系液态烃"人工油藏";②—页岩气/致密油气"人工油气藏"③天然气水合物"人工气藏"。

三、非常规油气地质学在中国的实践应用

非常规油气地质学理论,引领推动了石油地质学科发展、行业标准制定、国家实验室建设和专业人才培养。2006—2015年间,依托国家"973"计划、国家油气重大专项等科研项目,中国石油在非常规油气地质学理论研究方面取得一系列成果:一是出版了《非常规油气地质学》(中英文版),被认为是第一本综合地对非常规油气勘探开发潜力进行判断、分类和评价的专著,标志着非常规油气地质学作为一门新兴学科的诞生;二是发表发行了有代表性的论文和国家标准,4篇论文获中国百篇最具影响国内学术论文,1篇论文获中国科技期刊优秀论文,3项致密气、页岩气、致密油国家标准;三是倡导并致力实验基地建设与专业人才培养,主持建成"国家能源致密油气研发中心",推动"国家能源页岩气研发(实验)中心"发展,在中国石油勘探开发研究院研究生部开设"非常规油气地质学"研究生必修课程,在石油系统内外培训和传播非常规油气理论与实践新成果,培养了一大批从事非常规油气理论与实践的专门人才。

非常规油气地质学理论,有效推动了中国致密油和气、页岩油和气等非常规油气资源的工业勘探开发。2006—2015年间,非常规油气地质理论的传播和应用,支撑了致密气、页岩气、致密油等的"战略突破"和页岩油的科学探索,非常规油气已基本实现工业化发展。一是非常规天然气已实现整体规模快速发展。致密气已形成以鄂尔多斯盆地苏里格、四川盆地须家河组为代表的万亿立方米、千亿立方米级大气区,2015年产量 $340 \times 10^8 m^3$;页岩气已提交探明地质储量 $5441 \times 10^8 m^3$,发现了涪陵、长宁、威远3个千亿立方米级海相页岩大气田,2015年产量 $45 \times 10^8 m^3$;煤层气规模开发初见成效,形成沁水、鄂尔多斯两个生产基地,累计探明地质储量 $6293 \times 10^8 m^3$,2015年产量 $44 \times 10^8 m^3$。二是非常规致密油初步实现工业化。致密油已进入储量序列,落实了鄂尔多斯盆地新安边、松辽盆地扶余、准噶尔盆地吉木萨尔3个亿吨级致密大油田,2015年产量约 $90 \times 10^4 t$;页岩油资源

潜力巨大，基本明确"甜点区/段"，目前正开展原位加热转化现场先导试验可行性论证与非水压裂等科学探索，有望在中国率先实现陆相"页岩油革命"。

非常规油气地质学理论，有力支撑了非常规油气的成功工业化，突破了传统石油地质学的5个传统认识，是新时期石油地质学的创新和发展：（1）源内滞留页岩油气形成工业性聚集，突破了页岩是烃源岩而非储层的传统认识；（2）近源微纳米级储层致密油气有效开采，突破了毫微米级孔隙是储层充注下限传统认识；（3）油气"甜点区"大面积连续型分布，突破了依靠浮力油气成藏受圈闭边界限制的传统认识；（4）非常规油气水平井平台式体积压裂"人造渗透率"，突破了依靠达西渗流开发的传统认识；（5）常规—非常规油气系统共生有序整体开发，突破了只针对单一油气类型评价和开采的传统认识。

非常规油气地质学研究的意义在于要用非常规思想，不断探索油气的新理论、新方法、新技术、新管理，解决非常规油气勘探开发快速发展的理论技术和生产需求。"非常规油气地质学"发展不仅在于解决人类社会发展的能源需求，更重要的是培育非常规思维、引领非常规创新，使人类认识世界有非常规思想、改造世界有非常规方法、推动世界有非常规人才。

参 考 文 献

[1] SPE, SPEE, AAPG, WPC. Petroleum resources management system [R]. Washington D C: IEA, 2007: 1–47.

[2] 邹才能，张国生，杨智，等. 非常规油气概念、特征、潜力及技术——兼论非常规油气地质学 [J]. 石油勘探与开发，2013, 40（4）: 385–399.

[3] Zou C N, Yang Z, Tao S Z, et al. Continuous hydrocarbon accumulation over a large area as a distinguishing characteristic of unconventional petroleum: The Ordos Basin [J]. Earth-Science Reviews, 2013, 126: 358–369.

[4] 邹才能，杨智，陶士振，等. 纳米油气与源储共生型油气聚集 [J]. 石油勘探与开发，2012, 39（1）: 13–26.

[5] 杨智，侯连华，陶士振，等. 致密油与页岩油形成条件与"甜点区"评价 [J]. 石油勘探与开发，2015, 42（5）: 555–565.

[6] 邹才能. "人工油气藏"理论、技术及实践 [J]. 石油勘探与开发，2017, 44（1）: 144–154.

[7] 邹才能，陶士振，侯连华. 非常规油气地质学 [M]. 北京：地质出版社，2014.

[8] 贾承造. 论非常规油气对经典石油天然气地质学理论的突破及意义 [J]. 石油勘探与开发，2017, 44（1）: 1–11.

[9] Wilson W B. Proposed classification of oil and gas reservoirs [C] // Wrather W E, Lahee F H. Problems of petroleum geology. AAPG Memoir, 1934, 69: 433–445.

[10] Law B E, Curtis J B. Introduction to unconventional petroleum systems [J]. American Association of Petroleum Geologists bulletin, 2002, 86（11）: 1851–1852.

[11] Law B E. Basin-centered gas systems [J]. AAPG Bulletin, 2002, 86（11）: 1891–1919.

[12] Gautier D L, Mast R F. US geological survey methodology for the 1995 national assessment [J]. American Association of Petroleum Geologists Bulletin, 1995, 78（1）: 1–10.

[13] Collett T S, Johnson A H, Knapp C C, et al. Natural gas hydrates: A Review, in Collett T // Johnson A, Knapp C, Boswell R, ed al. Natural gas hydrates–energy resource potential and associated geologic hazards

[C]. American Association of Petroleum Geologists Memoir, 2009: 146-219.

[14] Schmoker J W. National assessment report of USA oil and gas resources [DB/CD]. Reston: USGS. 1995.

[15] Schmoker J W. Resource-assessment perspectives for unconventional gas systems [J]. AAPG Bulletin, 2002, 86 (11): 1993-1999.

[16] Cander H. Sweet spots in shale gas and liquids plays: prediction of fluid composition and reservoir pressure [J]. AAPG Search and Discovery Article, 2012.

[17] Loucks R G, Reed R M, Ruppel S C, et al. Morphology, genesis, and distribution of nanometer-scale pores in siliceous mudstones of the mississippian barnett shale [J]. Journal of Sedimentary Research, 2009, 79 (11/12): 848-861.

[18] 胡见义, 等. 非构造油气藏 [M]. 北京: 石油工业出版社, 1986.

[19] 贾承造, 郑民, 张永峰. 中国非常规油气资源与勘探开发前景 [J]. 石油勘探与开发, 2012, 39 (2): 129-136.

[20] 关德师, 牛嘉玉, 郭丽娜, 等. 中国非常规油气地质 [M]. 北京: 石油工业出版社, 1996.

[21] 胡文瑞, 翟光明, 李景明. 2010. 中国非常规油气的潜力和发展 [J]. 中国工程科学, 2010, 12 (5): 25-29.

[22] 戴金星, 倪云燕, 黄士鹏, 等. 中国天然气水合物气的成因类型 [J]. 石油勘探与开发, 2017, 44 (6): 837-848.

[23] 戴金星, 倪云燕, 吴小奇. 中国致密砂岩气及在勘探开发上的重要意义 [J]. 石油勘探与开发, 2012, 39 (3): 257-264.

[24] 董大忠, 程克明, 王世谦, 等. 页岩气资源评价方法及其在四川盆地的应用 [J]. 天然工业, 2009, 29 (5): 33-39.

[25] 侯启军, 赵占银, 黄志龙. 松辽盆地深盆油成藏门限及勘探潜力 [J]. 石油勘探与开发, 2011, 38 (5): 523-529.

[26] 贾承造, 郑民, 张永峰. 非常规油气地质学重要理论问题 [J]. 石油学报, 2014, 35 (1): 1-10.

[27] 邱中建, 邓松涛. 中国油气勘探的新思维 [J]. 石油学报, 2012, 33 (S1): 1-5.

[28] 邱中建, 赵文智, 邓松涛. 致密气与页岩气发展路线图 [J]. 中国石油石化, 2012, 17: 18-21.

[29] 孙龙德, 江同文, 徐汉林, 等. 非稳态成藏理论探索与实践 [J]. 海相油气地质, 2008, 13 (3): 11-16.

[30] 孙赞东, 贾承造, 李相方. 常规油气勘探与开发 [M]. 北京: 石油工业出版社, 2011.

[31] 童晓光, 郭建宇, 王兆明. 非常规油气地质理论与技术进展 [J]. 地学前缘, 2014, 21 (1): 9-20.

[32] 翟光明. 关于非常规油气资源勘探开发的几点思考 [J]. 天然气工业, 2008, 28 (12): 1-3.

[33] 赵文智, 胡素云, 李建忠, 等. 我国陆上油气勘探领域变化与启示——过去十余年的亲历与感悟 [J]. 中国石油勘探, 2013, 18 (4): 1-10.

[34] 邹才能, 翟光明, 张光亚, 等. 全球常规—非常规油气形成分布、资源潜力及趋势预测 [J]. 石油勘探与开发, 2015, 42 (1) 13-25.

[35] 邹才能, 陶士振, 袁选俊, 等. 连续型油气藏形成条件与分布特征 [J]. 石油学报, 2009, 30 (3): 324-331.

[36] 杨智, 邹才能, 吴松涛, 等. 含油气致密储层纳米级孔喉特征及意义 [J]. 深圳大学学报 (理工版), 2015, 32 (3): 257-265.

[37] 邹才能, 杨智, 张国生, 等. 常规—非常规油气"有序聚集"理论认识及实践意义 [J]. 石油勘探与开发, 2014, 41 (1): 14-27.

[38] Caineng Zou, Zhi Yang, Jinxing Dai, et al. The characteristics and significance of conventional and unconventional Sinian-Silurian gas systems in the Sichuan Basin, central China [J]. Marine and Petroleum Geology, 2015, 64: 386-402.

第三章 致 密 气

致密气是中国重要的天然气资源类型,早在 20 世纪 70—80 年代,就开始在川西地区探索致密砂岩气的开发利用,但当时采用的是常规气藏勘探开发思路,理论认识和工艺技术均受到常规思维的限制,未取得规模性的突破,一直处于探索起步期。直到 2000 年 8 月 27 日,鄂尔多斯盆地钻探的苏 6 井,压裂后测试井口日产天然气 $26.8 \times 10^4 m^3$,标志着苏里格致密气田的发现,2005 年之前又陆续发现了大牛地、东胜、新场等致密气田,奠定了中国"十一五"至"十二五"期间致密气快速发展的基础,同时这一时期建立了致密气大面积成藏地质理论,提出了低成本开发战略,为中国致密气规模化发展奠定了理论技术基础。2006 年开始,苏里格气田采用"5+1"合作开发模式,正式拉开了中国致密气规模化发展的序幕。"十一五"至"十二五"期间形成了"富集区评价、分压合采、井下节流、中低压集输"等 12 项开发配套技术,实现了中国致密气地质理论和开发技术的突破,推动致密气成为近 10 年中国天然气储量和产量增长最快的气藏类型(图 3–1)。同时带动了鄂尔多斯盆地东部、四川盆地川中和川西地区、松辽盆地南部等领域致密气的规模化发展。

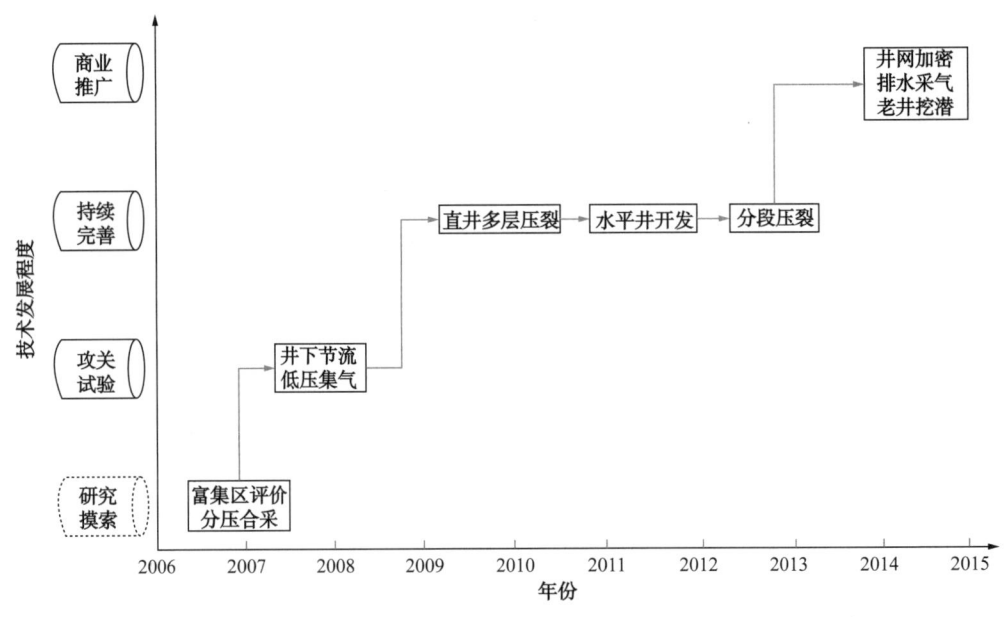

图 3-1 致密气技术研究历程图

中国致密气地质资源量 $23.78 \times 10^{12} m^3$,可采资源量 $12.13 \times 10^{12} m^3$。到 2015 年底,累计探明地质储量达到 $3.3 \times 10^{12} m^3$,占天然气总探明地质储量的近 30%,年产量突破 $300 \times 10^8 m^3$,达到天然气总产量的 20% 以上。建成了鄂尔多斯盆地和四川盆地两个致密气主力产区:鄂尔多斯盆地主要包括苏里格气田、大牛地气田、神木气田、东胜气田等;四川盆地主要包括新场气田、广安气田、合川气田等。这些致密气田的勘探开发实践奠定了中国致密气的发展基础，逐步形成了中国特色的致密气勘探开发技术。强力支撑了中国天然气工业的快速发展。

致密气作为中国非常规天然气的主力，"十一五""十二五"期间在勘探开发技术研发与应用方面共荣获国家一等奖 1 项，中国石油特等奖两项、一等奖 3 项。

中国致密气的勘探开发还处于局部地域地质认识清楚与整个领域尚不明朗的状态。勘探开发领域，在区域和层位上还存在很多认识盲区。工程技术领域，对大面积低丰度资源和含水饱和度较高的区域，规模效益开发的工程技术仍需优化。同时，开发任务也由上产向稳产转变，提高采收率和低产低效井挖潜是面临的主要挑战。总体上，中国致密气通过已开发致密气田的稳产和多类型盆地致密气新领域的突破，将迎来致密气新一轮的规模增长。

第一节 国内外勘探开发现状

致密气已经成为全球非常规天然气勘探开发的重要领域之一，特别是美国致密气大规模开发利用，不仅助推美国天然气产量快速回升，也推动了许多国家包括中国进行致密气勘探开发的进程。

一、全球致密气勘探开发现状

全球致密气的勘探开发始于 20 世纪 70 年代，得益于储层改造技术的突破和大规模应用，致密气已成为全球天然气勘探开发的重要领域之一。美国、加拿大、澳大利亚、墨西哥、委内瑞拉、阿根廷、印度尼西亚、中国、俄罗斯、埃及、沙特等十几个国家均进行了致密气的勘探开发。但受资源潜力、消费需求和技术发展影响，全球致密气发展不均衡，美国、加拿大和中国是全球致密气的主要生产国，其中，美国致密气资源的大规模开发利用，不仅助推美国天然气产量平稳回升，也带动了全球致密气快速发展。

1. 致密气标准

目前对致密气还未形成全球统一的定义和划分标准，不同国家根据不同时期资源状况、技术经济条件、税收政策来制定划分界限。致密气概念最早出现于美国，1980 年美国联邦能源管理委员会（Federal Energy Regulatory Commission，简写为 FERC）根据"美国国会 1978 年天然气政策法（Natural Gas Policy Act of 1978，简写为 NGPA）"的有关规定，确定致密气藏的注册标准是其地层原始基质渗透率低于 0.1mD（不包含裂缝渗透率），这一划分标准的制定主要目的是以此作为是否给予生产商税收补贴的标准，而 1980—2002 年期间美国对致密气的财政补贴沿用了这一标准，对致密气的财政补贴也促进了致密气的迅速发展，发挥了重要的资源接替作用。

其他国家对致密气界定的工业标准基本沿用了美国的方法，除英国以渗透率小于 1mD 为标准外，其他国家一般以地层原始基质渗透率小于 0.1mD 作为划分标准，但是在划分时也加入了其他限定条件，如澳大利亚定义致密气的限定条件是岩石基质孔隙度小于 10%，欧洲地区限定条件是孔隙度小于 20%，埋深大于 4500m。经过数十年的发展，目前国际地质与工程领域基本形成了对致密气定义的共识：致密砂岩气指基质的覆压渗透率小于 0.1mD，无自然产能或产能很低，应用常规开发技术无法经济有效开发的砂岩储层中赋存的天然气。

中国对致密划分标准与国际基本一致，在2014年4月1日实施的国家标准《致密砂岩气地质评价方法》（GB/T 30501—2014）中，定义致密砂岩气为：覆压基质渗透率不大于0.1mD的砂岩类气层，单井一般无自然产能或自然产能低于工业气流下限，但在一定经济条件和技术措施下可获得工业天然气产量。值得一提的是，0.1mD以下的砂岩储层，岩心渗透率应力敏感性极强，覆压渗透率比空气渗透率低一个数量级，因此不能以空气渗透率作为划分的标准。

2. 勘探开发概况

全球已发现或推测发育约70个致密气盆地，IEA推测全球致密气资源量约为$210\times10^{12}m^3$，主要分布于亚太、北美、南美、中东—北非、苏联等地区，其中亚太地区、北美地区、南美地区拥有致密气资源量分别为$51.0\times10^{12}m^3$、$38.8\times10^{12}m^3$、$36.6\times10^{12}m^3$，占全球致密气资源的60%以上。全球致密气剩余技术可采资源量$81\times10^{12}m^3$，主要分布在亚太地区、拉美地区、欧洲/欧亚大陆、美洲经济合作组织等地区[1]。对致密气资源量的估计较为保守，主要是因致密气在许多国家和地区被当作低渗—特低渗常规气进行勘探开发，相关统计数据与资源评价结果缺失，全球致密气实际资源潜力非常大，具有很好的发展前景[2]。

北美地区致密气关键技术突破及勘探开发的快速发展，引发了全球致密气勘探开发热潮，目前美国和加拿大在致密气领域仍全面处于全球领先地位。其中加拿大致密气主要分布于西部的艾伯塔盆地，另外，在新斯科舍、魁北克及安大略湖等盆地也发现了致密气藏。加拿大致密气勘探开发略晚于美国，于1976年钻成第一口工业致密气井，目前具有代表性的致密气田包括埃尔姆霍斯、霍得利、牛奶河等，其中埃尔姆霍斯和霍得利两大致密气田的可采储量就达到了6490×10^8~$6780\times10^8m^3$，目前，加拿大致密气面积达6400km²左右，地质储量大约为$42.5\times10^{12}m^3$。

3. 美国致密气勘探开发现状

20世纪90年代初期，美国常规天然气产量开始下滑，而致密气因得益于多种勘探开发扶持政策，产量开始快速增长。从1990年的$602\times10^8m^3/a$快速增长到2001年的$1205\times10^8m^3/a$，10年时间产量增长一倍，并自2001年起维持于$1200\times10^8m^3/a$以上，占美国天然气总产量的比例常年高于20%，更是在2008年达到了$1913\times10^8m^3$的历史最大年产量。美国致密气的快速发展，对常规气形成有效接替，有力保证了美国天然气年产量在$5000\times10^8m^3$以上稳产。

1）资源分布与勘探开发特征

美国本土现有含气盆地113个，其中发现致密砂岩气藏的盆地达到23个，主要分布在落基山地区。据EIA评估结果，美国致密砂岩气资源量为19.8×10^{12}~$42.5\times10^{12}m^3$，为常规气资源量（$66.5\times10^{12}m^3$）的29.8%~63.9%，美国致密气可采资源量为$13\times10^{12}m^3$，剩余可采资源量达$5\times10^{12}m^3$，2015年产量为$1400\times10^8m^3$，生产井数超过10×10^4口。美国致密气田主要分布于落基山脉西侧，向北与加拿大艾伯塔盆地西侧致密气发育区相对应，主要的含致密气区域包括美国得克萨斯州东部棉花谷盆地、科罗拉多州皮申斯盆地、新墨西哥州圣胡安盆地、得克萨斯州西部二叠纪盆地、犹他州尤因塔盆地以及怀俄明州绿河盆地。

美国致密砂岩气经过数十年的发展，积累了丰富的地质认识和工程技术经验，虽然不同盆地致密气田的气藏类型多样,但美国致密砂岩气具有致密气的一些共性,如气藏规模大、储量丰度低、普遍具有异常压力;源储一体、大面积连续分布;气水关系复杂,物性"甜点"区、裂缝发育区与气藏富集、高产密切相关;自然产能低、井控面积小、递减快、长期低产。

同时,美国致密砂岩气藏也具有一些有别于其他地区致密气的一些特性[3],如:异常高压,压力系数一般为 1.4~1.7,导致异常高压的主要原因是活跃的烃类生成和高地形补给区引起的承压状态;气水倒置现象较常见,盆地斜坡区无明显的气水界面;天然气主要富集于盆地凹陷区,纵向层系跨度小。

2)勘探开发扶持政策

致密气作为美国最早投入规模开发的非常规气类型,发挥了重要的资源接替作用,这与美国持续多年的致密气勘探开发扶持政策是密不可分的,政策支持主要包括直接补贴、价格担保和研发投入。

1980 年,美国国会通过《能源意外获利法》,明确利用对常规燃料征税收入补贴非常规燃料发展,对致密砂岩气实施税收抵免,抵免额 1.81 美分 $/m^3$,并根据经济形势和通货膨胀不断调整,最高补贴达到 4.95 美分 $/m^3$。该政策从 1980—2002 年连续实施了 23 年,补贴占当时天然气价格的 20%~35%。

二、中国致密气勘探开发历史与现状

"十一五""十二五"期间是中国致密气发展的关键时期,致密气勘探取得重大发现,产量实现了跨越式增长,2015 年,致密气产量接近全国天然气产量的 25%。中国致密气资源丰富,主要分布于鄂尔多斯、塔里木、四川等盆地,具备较好的潜力。目前已建成鄂尔多斯盆地苏里格气田、大牛地气田、神木气田,四川盆地新场气田、须家河气田,以及吐哈盆地巴喀、松辽盆地登娄库等一批致密气田。

1. 发展历史

中国致密气发现较早,1971 年就在川西发现了中坝致密砂岩气田,发展至今,已在鄂尔多斯和四川等盆地实现了规模开发,中国致密气勘探主要经历了探索起步、快速发现和快速发展三个阶段。其中"十一五""十二五"期间是中国致密气快速大发展的重要时期。

1)探索起步阶段(2000 年以前)

中国致密气发端于四川盆地中坝致密气田,随后发现多个小型致密气田,在鄂尔多斯盆地也发现了致密砂岩气资源,但由于缺乏有效的评价标准,加上受工程技术水平的限制,致密砂岩气长期没有得到重视,长期按照低渗、特低渗气藏进行勘探开发,发展进程缓慢。

2)快速发现阶段(2000—2005 年)

2000 年,鄂尔多斯盆地上古生界勘探获得重大突破,标志着中国致密气进入快速发现阶段,这一时期发现的苏里格、大牛地等致密气田,至今仍是中国致密气的生产主体,但此时期受技术经济条件制约,致密气产量增长缓慢。

3)快速发展阶段(2006 年至今)

2006 年以来,随着压裂改造技术的突破和推广应用,鄂尔多斯盆地、四川盆地等的致密砂岩气勘探开发获得重要进展，对致密砂岩气的重视程度和勘探开发力度超过了以往任何时候。2006年开始的苏里格"5+1"合作模式，拉开了苏里格致密气大开发的序幕，经过10年的发展，苏里格气田年产量于2015年达到$233.9\times10^8m^3$；同一时期，大牛地气田达产$41\times10^8m^3$。可见这期间中国致密气产量实现了快速增长，并于"十二五"期间实现了上产$300\times10^8m^3$以上。

2. 资源分布与基本特征

1）资源分布

中国低渗致密砂岩气分布广泛，资源潜力巨大，中国石油第四次油气资源评价表明，中国致密砂岩气有利勘探面积$32\times10^4km^2$，总资源量$20\times10^{12}m^3$，可采资源量$10\times10^{12}m^3$。其中，鄂尔多斯盆地上古生界、四川盆地须家河组和塔里木盆地库车坳陷致密砂岩气地质资源量位列前三，分别为$5.88\times10^{12}\sim8.15\times10^{12}m^3$、$4.3\times10^{12}\sim5.7\times10^{12}m^3$和$2.69\times10^{12}\sim3.42\times10^{12}m^3$，三者总和占全国致密砂岩气资源总量的75%。

目前，具有现实勘探开发的盆地有两个，一是鄂尔多斯盆地，盆地面积$25\times10^4km^2$，目的层C—P，有利面积$10\times10^4km^2$，资源量$8.15\times10^{12}m^3$；二是四川盆地，盆地面积$20\times10^4km^2$，目的层三叠系须家河组，有利面积$5\times10^4km^2$，资源量$5.7\times10^{12}m^3$。具有风险勘探开发的盆地有两个，一是松辽盆地，盆地面积$26\times10^4km^2$，目的层白垩系，有利面积$5\times10^4km^2$，资源量$2.53\times10^{12}m^3$；二是吐哈盆地，盆地面积$5.5\times10^4km^2$，目的层侏罗系，有利面积$1.0\times10^4km^2$，资源量$0.94\times10^{12}m^3$[4]。

2）基本特征

中国致密砂岩气具有与北美地区致密砂岩气的共性，但与北美地区致密气对比，中国致密气具有多个方面的特性。不同于北美地区致密气的普遍异常高压，中国致密气异常压力更加多样化，鄂尔多斯盆地致密气为异常低压，压力系数0.85~0.95，四川盆地与库车前陆盆地为异常高压，压力系数分别为1.2~1.5和1.5~1.8。在沉积特征方面，北美致密储层以海相—海陆过渡相为主，中国致密气以陆相为主。在气水关系方面，中国致密气更加复杂，受储层非均质性和构造作用等因素的影响，表现为气水倒置、气水间互和气水界面不明的多样性与复杂性。北美地区致密气含气饱和度较高，一般为55%~70%，中国致密气含气饱和度相对较低，介于50%~65%。在气藏富集规律方面，不同于北美地区致密气以盆地凹陷区为主要富集区，中国致密气主要分布在斜坡区和山前构造带，不同盆地分布规律差异大。北美地区致密气纵向层系跨度小、厚度大，而中国致密气纵向层位跨度大、不同盆地横向分布规律差异大[5]。

3. 勘探开发现状

2000年以来是中国致密气储量规模增长期，至2015年底，发现致密气田16个，累计探明致密气地质储量$3.6\times10^{12}m^3$，占天然气总探明储量的30%，形成鄂尔多斯分地、四川盆地两个致密气主力探区。"十一五""十二五"期间，中国石油成为中国致密砂岩气资源主体，建成了以苏里格、神木、米脂为代表的鄂尔多斯上古生界致密气田群，截至2015年底中国石油鄂尔多斯盆地探明地质储量总计达到$1.81\times10^{12}m^3$，另外在苏里格气田形成致密砂岩气基本探明储量$2.87\times10^{12}m^3$；建成了川中须家河组致密气田，累计探明储量为$0.57\times10^{12}m^3$；此外，在松辽盆地建成长岭致密砂岩气田，探明储量$0.03\times10^{12}m^3$，在吐哈盆地建成巴喀致密砂岩气藏，探明储量$0.01\times10^{12}m^3$。中国石油化工集团公司（以下简称中国石化）致密砂岩气主力气田为鄂尔多斯盆地大牛地气田和四川盆地新场侏罗系气田，"十二五"末累计探明储量分别为 $0.45×10^{12}m^3$ 和 $0.48×10^{12}m^3$。中国海油陆上致密气处于勘探评价阶段，分布在鄂尔多斯盆地的横山堡、神府、临兴及柳林区块；海上致密气开发处于起步阶段，主要分布在东海、珠江口和莺歌海盆地。延长石油致密气集中在鄂尔多斯盆地南部探区。

经过"十一五"与"十二五"10年的发展，尤其是"十二五"以来12个致密气田先后投入开发，产量快速增长，2015年中国致密气产量达到 $330×10^8m^3$，占天然气总产量的近25%，成为中国天然气生产的主体之一。中国石油成为中国致密气生产的主体，2015年，中国石油致密气总产量达到 $249×10^8m^3$，总井数10101口，平均单井日产 $0.7×10^4m^3$，其中苏里格气田产量于2015年达到 $234×10^8m^3$，占全国致密气产量的71%。中国石化2015年致密气产量 $55×10^8m^3$，总井数2646口，平均单井日产气 $0.53×10^4m^3$。

第二节 资 源 潜 力

致密气与页岩气、煤层气并称为世界三大非常规天然气，致密气储量位居三大非常规天然气之首，资源潜力巨大。与其他非常规天然气相比，致密气的开发更具有现实意义和可期效益。

一、全球致密气资源量分布

全球致密气资源丰富，分布范围十分广泛。据美国联邦地质调查局研究结果，全球已发现或推测发育致密气的盆地大约有70个，主要分布在北美地区、欧洲和亚太地区。全球已开发的大型低渗致密砂岩气藏主要集中在美国西部和加拿大西部，即落基山及其周围地区。美国落基山地区西侧以逆掩断层带开始，向北与加拿大艾伯塔盆地西侧逆掩带对应，向东、向南依次散布着数十个盆地，蕴含着丰富的低渗透致密气资源。根据EIA最新的数据显示，世界范围内致密气技术可采储量 $75×10^{12}m^3$，按照 $1×10^{12}ft^3=283.17×10^8m^3$ 换算，美洲大陆、亚洲大陆、欧洲大陆、非洲大陆的致密气技术可采储量分别为 $27×10^{12}m^3$、$28×10^{12}m^3$、$13×10^{12}m^3$、$7×10^{12}m^3$。全球非常规天然气可采资源量近 $4000×10^{12}m^3$，其中致密气 $210×10^{12}m^3$，2015年全球致密气产量 $2450×10^8m^3$[6]。

因致密气在许多国家和地区中往往作为一种低渗透—特低渗透的常规天然气藏进行勘探开发，相关统计数据与资源评价结果严重缺失，除北美之外可利用的评价资料均很少，难以比较准确地得出全球资源储量数据[2]。近年来，有关研究机构和学者对全球致密气资源储量重新进行过估算，部分预测结果较上述资源量有较大幅度的增加。不同机构数据差异比较大，但都表明全球致密气资源潜力非常大，具有很好的发展前景。

目前，全球已有美国、加拿大、澳大利亚、墨西哥、委内瑞拉、阿根廷、印度尼西亚、中国、俄罗斯、埃及、沙特阿拉伯等十几个国家和地区进行了致密气藏的勘探开发。其中，美国和加拿大在致密气资源勘探开发方面处于世界领先地位。

美国致密气勘探开发大致起始于20世纪70年代末。当时面临天然气产量大幅下滑、供需失衡不断加剧等形势，美国政府出台一系列税收优惠和补贴政策以鼓励非常规气体能源和低渗透气藏的开发。在政策的扶持下，美国致密气勘探开发率先取得重大突破,并迅速进入快速发展阶段,1990年美国致密气产量就已突破$600 \times 10^8 m^3$,1998年突破$1000 \times 10^8 m^3$。2010年,美国已在23个盆地大约发现900个致密气田,剩余探明可采储量超过$5 \times 10^{12} m^3$,生产井超过10×10^4口。EIA发布资料显示2014年统计的美国致密气探明储量$2.3 \times 10^{12} m^3$,未探明储量$7.1 \times 10^{12} m^3$,总技术可采储量(探明+未探明)为$9.4 \times 10^{12} m^3$。致密气产量历年变化趋势如图3-2所示,随着页岩气的大量开发,致密气产量有所减少,但基本维持稳定发展。世界能源展望统计美国2015年产量为$1200 \times 10^8 m^3$[6]。目前,美国进行致密气开发的盆地主要是落基山地区的大绿河盆地、丹佛盆地、圣胡安盆地、皮申斯盆地、粉河盆地、犹因他盆地、阿巴拉契亚盆地和阿纳达科盆地。

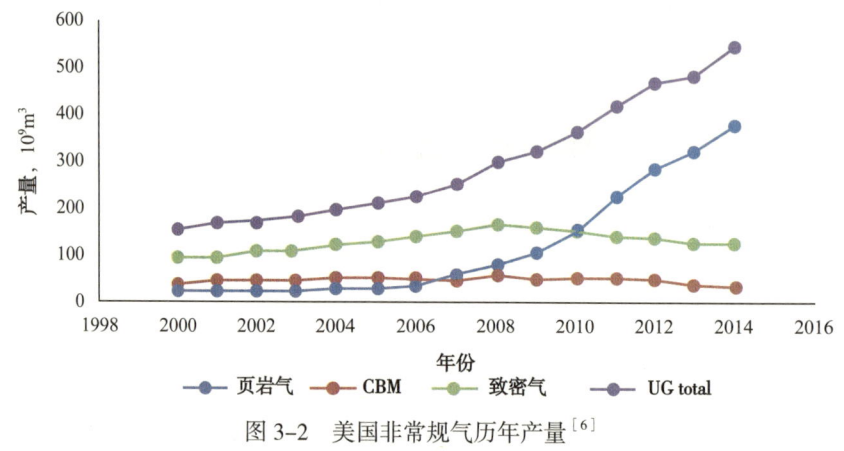

图3-2 美国非常规气历年产量[6]

加拿大致密气主要储集在西部地区艾伯塔盆地深盆区,故称深盆气。1976年加拿大钻成第一口工业致密气井,从而揭开了致密气勘探开发新局面,同时开辟了一个新的含油气领域。随后发现的霍得利气田、牛奶河气田进一步证实了该区致密气良好的发展前景,最终促使了特大型致密气田的发现。仅艾尔姆沃斯、霍得利两大致密气田的可采储量就达到了$6490 \times 10^8 \sim 6780 \times 10^8 m^3$。2014年,加拿大致密气分布面积达$6400 km^2$左右,地质储量大约为$42.5 \times 10^{12} m^3$,致密气产量$729.27 \times 10^8 m^3$。

二、中国致密气资源量分布与潜力

致密气已成为中国天然气增储上产的重要领域,在天然气工业发展中占有非常重要的地位。相对于页岩气、煤层气而言,中国致密气勘探程度较高,储量情况相对清楚,开发技术相对成熟,具备加快开发利用的优先条件。作为快速增加天然气供应的政策选项,促进致密气开发更为现实。中国的致密砂岩气资源主要集中分布在鄂尔多斯盆地、四川盆地、松辽盆地、塔里木盆地、渤海湾盆地、吐哈盆地以及准噶尔盆地等。其中鄂尔多斯盆地、四川盆地和塔里木盆地是中国近期主要的增储领域。

1. 致密气资源潜力巨大

中国致密气主要分布鄂尔多斯、四川、松辽、塔里木、吐哈、渤海湾、准噶尔等盆地,有利面积$32 \times 10^4 km^2$,地质资源量$21.9 \times 10^{12} m^3$,技术可采资源量约$10.9 \times 10^{12} m^3$,预计2015—2035年可新增探明$4.5 \times 10^{12} \sim 5.5 \times 10^{12} m^3$(表3-1)。

表 3-1　各盆地致密气地质资源、可采资源、新增探明一览表

盆地	层　　系	岩性	面积 km²	地质资源 $10^{12}m^3$	可采资源 $10^{12}m^3$
鄂尔多斯	山西组、石盒子组等	砂岩	180000	14.4	7.7
四川	须家河组	砂岩	129000	3.9	1.75
塔里木	库车东部阿合组	含砾砂岩	3669	1.4	0.7
松辽	大庆：沙河子组、营城组四段	砂砾岩	3400	0.53	0.24
	吉林：营城组、沙河子组、火石岭组	砂砾岩	12533	1.96	0.98
	合计		15933	2.49	1.22
准噶尔	佳木河组	角砾岩	1373	0.15	0.07
渤海湾	霸县—廊固 Es_3 中	砂岩	700	0.25	0.15
	辽河坳陷	Es_4 砂岩	930	0.12	0.06
	歧口坳陷	Es_{1-3} 砂岩	2390	0.37	0.2
	南堡坳陷	Es_3 砂岩	605	0.19	0.09
	合计			0.93	0.5
吐哈	水西沟群	岩屑砂岩	2176	0.51	0.19
总计				23.78	12.13

（1）中国石油在鄂尔多斯盆地上古生界勘探面积 $12×10^4km^2$，致密气总资源量约 $12.6×10^{12}m^3$，探明储量（含基本探明）$4.7×10^{12}m^3$，未来潜力区主要是苏里格气田周边、鄂尔多斯盆地东部、西南部。按照勘探规划，2020 年前可新增探明储量 $7500×10^8m^3$，2021—2030 年可再新增探明 $6000×10^8m^3$。具有潜力的区域主要为：苏里格气田南区，勘探面积 $1.9×10^4km^2$，成藏特点与苏里格气田主体类似，有望探明 $5000×10^8～10000×10^8m^3$；盆地西南部，面积 $1.5×10^4km^2$，勘探程度低，在陇东地区发现高产富集区，有望探明 $5000×10^8～10000×10^8m^3$；盆地东部，面积 $1.5×10^4km^2$，埋藏浅、含气层系多、但产量低，近年分层压裂攻关大幅提高了单井产量，通过进一步勘探，有望探明 $5000×10^8～10000×10^8m^3$。

气藏主要分布在上古生界石炭系本溪组和二叠系太原组、山西组、石盒子组及石千峰组碎屑岩中，发育 19 个含气层组，含气层系多；区域构造整体平缓，致密气主要分布在盆地中部斜坡部位，气藏埋深从西向东逐渐变浅，西部地区 2800～4000m，东部地区 1900～2600m。气层纵向上相互叠置，平面上叠合连片分布，在大面积含气背景下，局部相对富集，钻井证实盆地含气范围达 $18×10^4km^2$。煤系烃源岩发育，气藏甲烷含量高。上古生界煤系烃源岩大面积分布，西部最厚，东部次之，中部薄而稳定，煤岩厚 6～20m、有机碳含量 50%～90%，与煤岩伴生的暗色泥岩厚 40～120m，有机碳含量 1.0%～5.0%。烃源岩热演化程度已普遍进入高成熟阶段，成熟度 R_o 为 1.3%～2.5%。计算总生烃量 $563.11×10^{12}m^3$，生烃强度大于 $10×10^8m^3/km^2$ 的区块占含气范围总面积的 75% 以上，具有广覆式生烃的特征，丰富的气源条件为大面积致密气藏的形成提供了物质基础。

（2）四川盆地须家河组最新评估资源量为 $2.6×10^{12}m^3$，目前探明储量 $6809×10^8m^3$，探明率 25%，待探明资源近 $2×10^{12}m^3$，大川中地区合川—安岳、广安—营山、仁寿—射

洪是当前勘探现实区。预计至2030年可新增探明储量 $2500 \times 10^8 m^3$。①合川—安岳：面积 $1.34 \times 10^4 km^2$，已发现气藏及含气构造9个，储层平均孔隙度8.0%左右。截至2015年底，累计探明 $4381 \times 10^8 m^3$；②广安—营山：面积 $1.12 \times 10^4 km^2$，资源量 $4700 \times 10^8 m^3$。已发现广安气田和鲜渡河、罗渡溪、营山、龙岗4个含气构造，储层总体表现为低孔低渗透、非均质性强。累计探明储量 $1356 \times 10^8 m^3$，探明率28.8%，勘探潜力较大；③仁寿—射洪：面积 $1.55 \times 10^4 km^2$，资源量 $3000 \times 10^8 m^3$。已发现含气构造3个，储层具有低孔、低渗透、强不均质等特点，近期蓬莱地区蓬莱4水平井勘探取得新发现；④川西地区：台1井、邛崃1井须家河组都获高产，坚定了川西地区寻找高效规模储量的信心，储量潜力在 $1000 \times 10^8 m^3$ 以上。

（3）其他致密气开发领域主要有松辽、吐哈和塔里木等盆地，已探明3个气田，累计探明地质储量 $623 \times 10^8 m^3$，资源探明率不足1%；已建成年生产能力 $7.5 \times 10^8 m^3$，当年产气量 $4.5 \times 10^8 m^3$，总体上尚处于勘探开发起步阶段。预计至2020年可新增探明地质储量 $8500 \times 10^8 m^3$，2021—2030年可再新增探明地质储量 $1.1 \times 10^{12} m^3$。

2. 致密气资源量比较可靠

截至2015年底，中国石油致密气累计探明地质储量 $2.634 \times 10^{12} m^3$，技术可采储量 $1.3262 \times 10^{12} m^3$，已开发地质储量 $1.4131 \times 10^{12} m^3$，技术可采已开发储量 $7309 \times 10^8 m^3$，2015年中国石油致密气年产量为 $279 \times 10^8 m^3$，前期累计产气 $1634 \times 10^8 m^3$。仅鄂尔多斯盆地乌审旗境内的苏里格气田，致密气探明地质储量即达 $1.33 \times 10^{12} m^3$，2015年产量达 $237 \times 10^8 m^3$，分别占全国致密气储、产量的50.6%、84.9%（表3-2）。

表3-2　中国石油各盆地致密气地质资源、开发统计一览表（2015年）

气田名称	探明储量 $10^8 m^3$		已开发储量 $10^8 m^3$		年产气 $10^8 m^3$	累计产量气 $10^8 m^3$	控制储量 $10^8 m^3$	预测储量 $10^8 m^3$
	地质	技术可采	地质	技术可采				
苏里格	13337	7009	9770	5165	237	1255	32303	3524
神木	3334	1673	690	349	9	12	134	2451
子洲米脂	1510	885	782	469	14	84	130	0
川中须家河	6809	3094	2636	1225	10	256	2536	2295
长岭I登娄库	491	205	227	92	3	16		
巴喀	132	50	26	10	0	3	0	281
鄂东+大吉	726	345			5	8	284	
合计	26340	13262	14131	7309	279	1634	35387	8551

3. 致密气勘探开发迎来了高速发展阶段

2010年以来中国年新增天然气探明储量 $8000 \times 10^8 m^3$ 以上，致密气是储量增长的主体，占近40%，中国致密气产量保持占天然气总产量1/4左右。

以鄂尔多斯盆地为例，苏里格气田的有效开发推进了致密气大规模勘探开发的步伐。盆地内天然气总资源量 $14.7 \times 10^{12} m^3$，其中致密气资源量达到 $12.6 \times 10^{12} m^3$。2007年在盆地东部探明了神木气田，探明储量 $934\times10^8m^3$。2007—2011 年，天然气勘探在苏里格气田东部、北部和西部取得重大突破，连续 5 年新增储量超 $5000\times10^8m^3$。目前已发现苏里格、大牛地、乌审旗、神木、米脂 5 个大型致密气田，累计地质储量达到 $3.78\times10^{12}m^3$，其中苏里格气田地质储量达到 $3.17\times10^{12}m^3$。在致密气勘探取得重大突破的同时，开发也取得重大进展。2006—2008 年，针对致密气田在前期评价中暴露的问题，通过对 12 项开发配套技术的不断完善，使开发阶段建井综合成本明显降低，实现了对苏里格气田的规模有效开发。2009 年以来，以提高单井产量为核心，深化低成本开发战略，着力转变发展方式，开发方式由"单一直井"转变为"直井控制，丛式井、水平井开发"的新方式，致密气产量实现了跨越式发展，截至 2011 年底，鄂尔多斯盆地已建成致密气生产能力近 $200\times10^8m^3$[7]。

4. 致密气开发技术成熟，配套设施完善

目前，中国开发致密气技术较为成熟，已基本掌握致密气开发的系统配套自主知识产权技术，且致密气已具有一定规模的产量。据中国石油勘探开发研究院预测，2035 年前中国致密气储量将保持稳定增长态势，致密气产量将进入规模发展阶段，2035 年致密气产量预计可达 1000×10^8~$1500\times10^8m^3$。

致密气开发利用配套设施相对完善。中国大部分致密气资源分布在中国石油、中国石化两大国有公司的现有油气区块内，在开发上可以有效利用已有的天然气输送管道、储气设施、液化天然气接收站、天然气液化设施、天然气压缩设施等，有效降低开发成本，缓解投资压力。而煤层气、页岩气区块往往需要新建大量配套设施。因此，发展致密气是现阶段中国发展非常规天然气最现实的选择。

第三节 主要理论与技术进展

致密气与常规气在成藏特征与地质规律上的较大差异直接导致了其勘探开发理论与工艺技术的特殊性。借鉴国外致密砂岩气开发经验，结合中国致密砂岩气自身地质特征，通过十多年来的攻关研发和技术创新，形成了针对中国致密气的理论认识和开发关键技术，并随着更多不同类型致密砂岩气的发现和开发而不断发展和丰富，有力支撑了致密气的规模有效开发。理论认识主要有三方面：广覆式、高成熟煤系源岩持续生气理论，源储大面积紧密接触、近源运聚理论，致密气"多级降压"开发理论。关键技术进步可概括为 4 个方面：致密气藏精细描述技术、提高单井产量技术、提高采收率技术和低成本开发技术。

一、广覆式、高成熟煤系源岩持续生气理论

鄂尔多斯盆地上古生界的主要气源岩为煤系气源岩，包括煤岩和暗色泥岩。伊陕斜坡煤层分布稳定，是大面积煤成气生成的主要烃源岩基础，从本溪组、太原组到山西组煤系地层累计厚度 6~15m，有机碳含量高于 70%；暗色泥岩在全盆地也广泛分布，厚度在 30~50m，有机碳含量为 2.0%~3.0%。煤系气源岩可以全天候"连续"生气，模拟实验显示，如图 3-3 所示，煤在 R_o 为 0.6%~3.0% 的热演化范围，可持续生成天然气。大面积展布的煤系气源岩是"连续型"致密砂岩油气藏形成的物质基础，具有有机质丰度高、类型好、中高成熟度、可持续生气的特征。

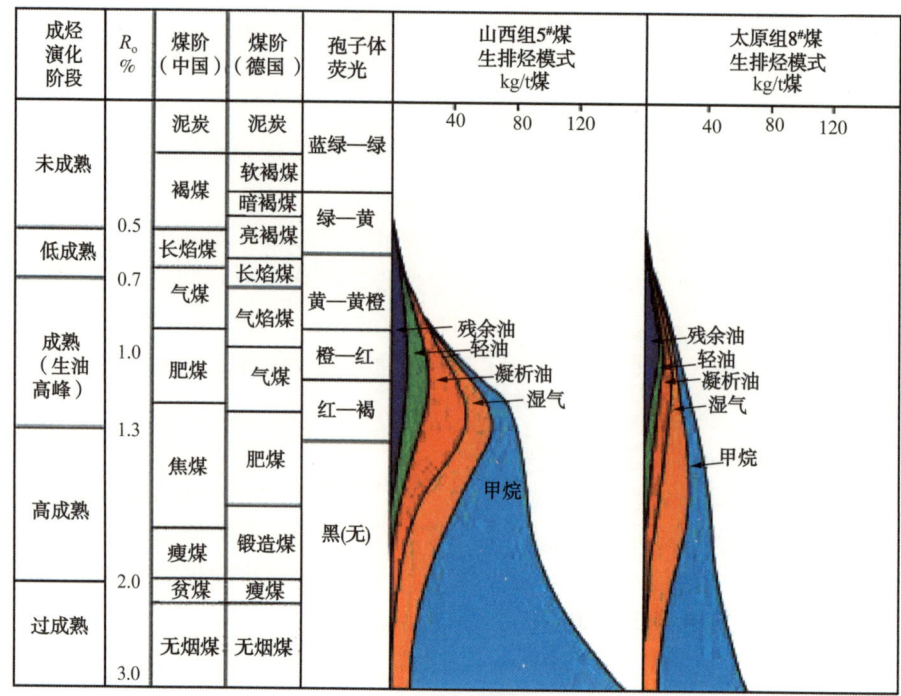

图 3-3 鄂尔多斯盆地上古生界主要煤系源岩生排烃模式

二、源储大面积紧密接触，近源运聚理论

鄂尔多斯盆地上古生界中高成熟煤系源岩大面积、蒸发式、连续型排烃是形成"连续型"致密砂岩气藏的前提条件，非常规致密砂岩储集体大范围连续展布是形成"连续型"致密砂岩气藏的根本原因。广覆式分布的大范围煤系烃源岩与大规模连续分布的大型浅水三角洲、低特低孔渗砂体大面积紧密接触，宏观上呈下生上储结构，对苏里格气田天然气的分布有重要的控制作用。研究区生气强度大于 $16 \times 10^8 \ m^3/km^2$、砂体厚度大于 15m 的源储接触面积可达 $2.35 \times 10^4 km^2$，占苏里格气田面积的 78%（图 3-4）。

三、致密气"多级降压"开发理论

针对致密气有效储层连续性差、渗透率低、压降传导能力弱的特点，利用小井距密井网，单井分压合采，实现由人工裂缝区向基质区、由有效砂体向表外砂体、由微米级孔隙向纳米级孔隙多级次压降，逐步扩大压降波及体积，实现不同部位气体的分级动用。

"多级降压"理论从气藏（井网）—砂体及有效砂体（单井）—孔隙裂缝系统（流体与喉道尺寸）三个层级表征了致密气开发过程及开发特征。第一个层级描述了井网控藏，井网的稀疏控制气藏压力降的快慢和程度，表征气藏整体的压力变化规律；第二个层级描述了单井控储，气井生产控制所钻遇储集体的压降特征，包含近井缝控区域、远井基质区域与表外储集体三部分，表征了压力降落传播的宏观源头与接替补给次序；第三个层级描述了孔喉结构控制流体流动，进而影响压力降的特征，从微观层面表征了压力降落率先发生在流体参与流动的大孔喉道，进而小孔喉道，孔喉尺寸小于流体流动的临界值，将为无效孔隙，压力传播停止。三个层级压降理论从宏观气井开采到微观流体渗流，全面反映了天然气开发过程理论，为提高气井产量和气藏采收率具有指导作用（图3-5至图3-7）。

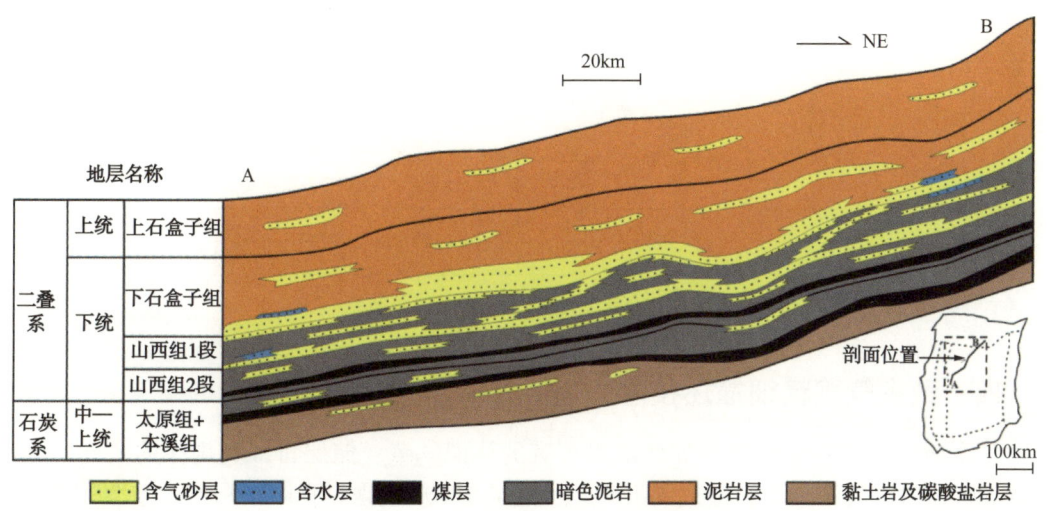

图3-4 苏里格气田源储共生配置关系

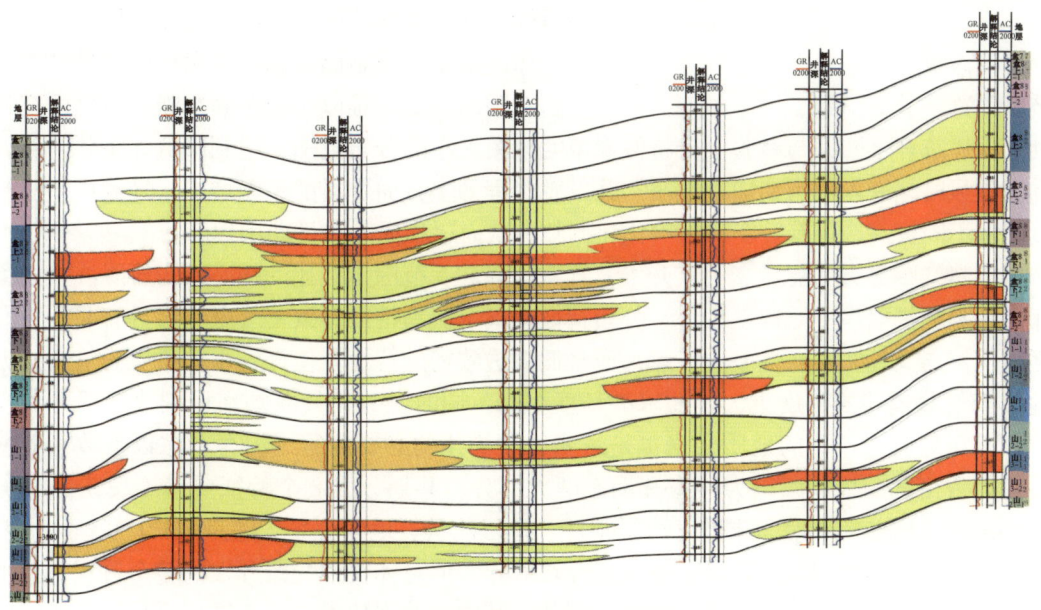

图3-5 苏里格气田东区气藏剖面图

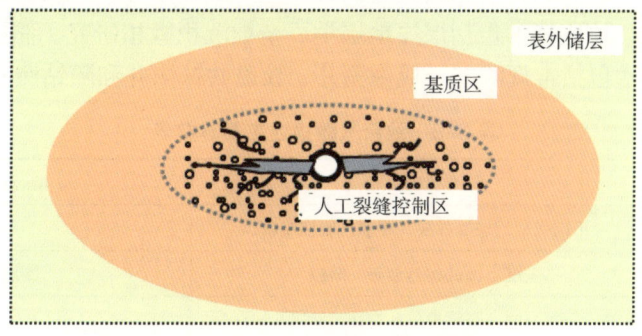

图3-6 气井控制储集体示意图

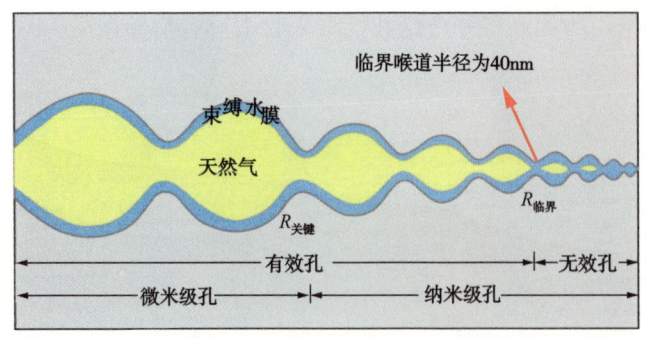

图 3-7 储集体微观孔喉示意图

四、致密气藏精细描述技术

气藏精细描述技术是解决如何准确客观的认识气藏、储层特征和规律的关键,相比常规气藏,致密气藏具有气藏边界不明显、储层非均质性强、孔隙结构、渗透性和含气性差的特点,气藏描述认识是一个滚动评价的过程,通常从区域到局部、从复合砂体到单砂体,逐步细化来不断提高描述精度。核心目标是准确判断储层的连续性和连通性,客观评价"储渗单元"的规模大小和分布频率,进而明确单井控制储量和单井累积产气量是否经济有效这一关键问题。评价早期往往受资料有限的约束,难以实现精确判断,但仍可充分利用地质统计学知识与经验,分析储渗单元规模大小的分布范围,达到降低井距井网部署的失误风险;开发中后期随着地质、开发及工程等多方面资料的不断增加,气藏描述的精度得到不断提高,可有效支撑井网优化调整,从而逐步提高储量动用程度。

天然气藏靠天然能量衰竭式开发,气藏压降波及范围是描述的核心,与压降波及范围相关的参数是储渗单元规模大小、分布特征及气水流动特征。致密气藏储层具有非均质性强、储层连续性和连通性差的特点,而且低渗透致密的特性会使得气水关系更为复杂,因此致密气藏描述的难度更大、要求的精度更高。同时,致密气藏须在压裂改造后才可投产,与压裂改造相关的地质要素也是致密气藏描述的必要内容。综合考虑以上致密气特性,将致密气藏描述归纳为静态和动态两大部分,共划分成 8 个特征要素(表 3-3),分别为地层、构造、储层、流体、边界条件、地层能量、地应力场、储量。8 个气藏特征要素描述在气田不同的开发阶段,侧重点存在差异,但总体覆盖气藏开发的整个过程。技术手段可概括为三个方面:地震、地质与测井。其中,地震技术包括三维地震精细解释、地震反演、地震属性分析和老资料重新处理及含气性检测技术等;地质和测井技术在气藏描述中应用最为广泛,地质技术包括层序地层学、精细沉积微相研究、储层构型分析、流动单元研究;测井技术包括常规测井、成像测井、核磁共振测井和随钻测井技术等。

表 3-3 致密气藏描述主要参数表

气藏特征要素	静态描述参数	动态描述参数
地层	不同级别的地层界线,厚度,岩性组成	—
构造	关键层面的构造形态,断层	断层封闭性
储层	岩性,储集空间,裂缝参数,物性,储层几何形态与连通性,净毛比	应力敏感性,出砂,多重介质渗流特征

续表

气藏特征要素	静态描述参数	动态描述参数
流体	流体组分，地层水产状	相渗，相态，气体物性，水侵方式及能量
边界条件	圈闭边界，气水界面，储渗单元地质边界	压降边界/流动边界
地层能量	地层压力，温度，边底水能量	压力场分布
地应力场	弹性模量，主应力方位	—
储量	储能系数、丰度，未开发探明储量	动态储量、EUR，储量动用程度和剩余储量

1. 致密气储层地震预测及含气性检测技术

致密气储层砂体通常广泛发育，但针对具体的目的层位，具有相对富砂带与贫砂带的差异。开展富砂带预测将有助于含气富集区的预测及水平井井轨迹设计。

1）地震河道带预测

致密储层含气富集区是储层发育的有利区。致密气藏储层发育受到沉积、成岩作用的双重控制，沉积作用控制储层的分布，成岩作用控制储层的质量。储层主要分布于高能河道的心滩和河道底部，而在低能的废弃河道及河道间洼地储层不发育。河道带的分布控制了有效储层的分布，有效砂体的展布方向与河道带的分布具有很大的相关性。河道带的预测有助于致密气储层预测。

国内典型致密气储层多为薄互层砂泥岩组合，单砂体厚度多小于地震垂向分辨率，预测难度大。在现有分辨率条件下，地震可以识别出一个多旋回叠加的砂体，即可以确定河道带。利用地震资料进行河道预测，一般是在信噪比高、地质信息丰富的地震资料的基础上，采用地震古地貌分析、波形归类与定性评价、地震属性分析等技术进行综合预测。

（1）地震古地貌分析技术，根据目的层段在其顶部附近的沉积特征来确定等时沉积界面，然后利用已知井进行地震地质层位的精细标定和地震精细追踪解释，并得到古构造剖面，最后进行河道识别。

（2）地震反射波形储层定性评价技术，对目标储层段反射同相轴的纵向、横向变化进行分析，找出异常反射段，通过已知井标定异常反射段所代表的地质意义，利用储层附近的反射波形波组特征，归纳典型井的反射模式，根据有利储层反射模式进行横向识别。

（3）地震属性分析技术，地震属性信包含4类：时间属性、振幅属性、频率属性和吸收衰减属性，时间属性提供构造信息，振幅属性提供地层和储层信息，频率属性和吸收衰减属性提供渗透率等其他储层信息。其中，振幅属性是最稳健和最有价值的信息，频率属性更有利于揭示地层细节，混合属性更有利于地震特征的测量。

2）地震叠后反演储层预测

在河道带预测的基础上，采用地震叠后反演进行储层预测，可以更准确描述富砂带，减小预测多解性。由于致密砂岩岩性致密，砂泥岩在速度、密度、波阻抗等地球物理参数上区分度较小，常规反演方法多解性问题突出，因此在地震预测上多采取一些特殊方法。

自然伽马是区分致密气储层中砂泥岩较为有效的特征参数。例如苏里格气田某工区盒8—山1段砂泥岩很难用波阻抗曲线来区分，但可用自然伽马数值进行区分。经统计分析，该区砂岩自然伽马分布范围为20~90API，泥岩层自然伽马大多大于90API。利用随机反演和分频反演等一些特殊的反演方法，建立起地震道和自然伽马曲线的相关关系，把地震道反演成伽马曲线后,再区分砂泥岩。

其中,随机地震反演利用井约束开展绝对波阻抗反演,然后利用随机反演技术预测伽马或其他岩性指示参数在三维空间上的分布,再利用岩性指示模拟技术实现对岩性剖面的划分。随机反演的关键技术主要有子波提取、储层标定、波阻抗反演约束参数的选取、储层参数的空间分布特征、岩性曲线的产生等。分频反演对地震资料进行频谱分析(图3-8),根据有效频带范围设计合适的尺度进行分频处理,提取相应频段的分频属性,利用神经网络方法计算不同厚度下振幅与频率之间的关系(AVF),将 AVF 关系加入反演过程,反演泥质含量分布范围,对砂体富集区进行预测。

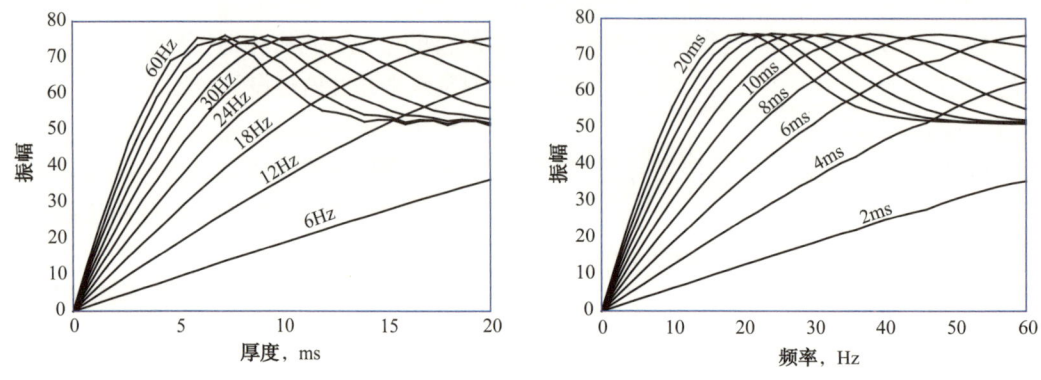

图3-8　不同时间厚度振幅随频率变化关系图

3)致密气储层含气性检测

致密气藏勘探开发实践表明,致密气储层的含气性检测是优选含气富集区和高效布井的关键。致密气藏具有分布面积广、丰度低,有效储层薄,储层非均质性强,物性纵横向变化大,气水关系复杂,储层含气性检测难度大等特点。在致密气储层地震响应研究的基础上,致密气储层含气性检测以叠前方法为主,叠后方法为辅,综合多种技术开展预测,主要包括 AVO 气层检测、叠前反演气层检测、地震属性分析气层检测。

2. 致密气测井评价及气层识别

在致密砂岩气藏中,以河流—三角洲砂体为储集空间的气藏占主体地位。气藏通常经历了较为强烈的沉积和成岩作用。储层表现为岩性复杂、孔隙结构复杂、非均质性强、气水分布多变等特点。致密砂岩气藏的这些复杂特性导致测井响应复杂,测井解释结果多解,给测井评价带来许多困难与挑战。

针对致密砂岩气藏的这些特点,测井评价工作应该从储层成因和岩石物性特征研究入手,综合分析岩性、岩石物性、含油性和电性之间的关系,在准确识别岩性的基础上,建立储层参数的精细模型、识别流体、确定有效储层下限、进而进行气井分类和产能级别评估。

1)"四性"关系分析

储层"四性"(岩性、物性、电性、含气性)关系研究是建立储层测井参数解释模型和确定气层有效厚度下限的基础。测井采集到的物理信息是地下储集岩矿物组合、物性、孔喉结构和流体类型,及其相互作用的综合反映。对于岩性气藏,岩性控制物性,物性控制含气性,是该类气藏的一般规律[9]。例如,苏里格气田盒8段、山1段储层岩性主要为岩屑石英砂岩、石英砂岩和岩屑砂岩，储层孔隙类型主要为溶蚀孔和微孔。储层物性与岩性密切相关，一般石英含量越高，物性越好。

2）岩性识别与储层分类

致密砂岩气藏在剖面上多表现为砂泥岩互层，测井评价首先需开展岩性识别，排除泥岩层和致密层，识别具有一定孔隙度且电阻率相对较高的储层段。砂岩储层类型复杂，有石英类、长石类、岩屑类以及其他的混杂类。各种砂岩物性差异大，石英类组分含量对储层物性具有明显的控制作用；石英砂岩的孔隙度比岩屑砂岩高 3%~8%，渗透率则高出几个数量级，因此，利用测井资料确定砂岩类型有助于储层参数的精细建模。

3）储层参数精细建模

储层参数计算是致密砂岩气藏测井评价的主要内容之一。致密砂岩气藏评价对孔隙度、渗透率、饱和度计算的精度要求高，建立储层参数模型时，须立足于岩心刻度测井的思想力争做到精细。其中，孔隙度模型主要应用密度、中子和声波时差曲线获得。密度测井对有效储层的分辨能力强，计算精度高，但受井眼影响较大。声波测井采用双发双收补偿技术可有效地减小测井仪器在井筒中不对称及井壁不规则影响，计算精度和有效储层分辨能力差于密度测井。中子孔隙度测量值是孔隙流体和泥质中氢原子的共同响应，地层泥质含量较高时，计算结果误差较大。因此，建立储层孔隙度参数模型时，须考虑地层实际情况，在进行岩心孔隙度和测井孔隙度之间相关关系分析的基础上，选择合适的测井曲线建立孔隙度参数模型。同时，可进行储层分类，分别建立相应储层类型的孔隙度解释模型，并进行泥质校正，提高孔隙度的解释精度；渗透率模型，采用 Herron 模型将岩性组分与渗透率相联系，适应性好，精度高，对致密储层渗透率解释具有较好的适应性。致密砂岩储层，孔隙结构差异大，孔隙度分布范围不同，其渗透率与孔隙度之间的关系也不同。因此，在孔隙度储层分类建模基础上，针对不同的孔隙度分布范围，建立不同的渗透率解释模型，更加科学合理；饱和度模型，阿尔奇公式仍是致密气饱和度模型计算应用最为广泛的方法。但由于致密砂岩储层孔隙结构复杂，岩电参数取值范围大，因此在符合地下实际情况的前提下，在深入系统的岩电实验基础上，需要对阿尔奇公式中的参数进行适当修正，从而提高饱和度的计算精度[10]。

4）流体性质识别

测井解释识别油气层的方法主要有取心、试油（气）法和交会图法。前者准确、直接，但成本较高。交会图技术仍是最常用、最基本的油、气、水层识别方法。致密砂岩气藏、水层在测井曲线响应上存在一定差异，因此，通过制作各种交会图版，可以把大部分致密砂岩气层筛选出来。

电性—物性交会图法：电性—物性交会图法是当前砂岩气层测井识别的主要方法，它以储层的岩性、水性基本一致为基础，在实际应用中可以通过对复杂的致密储层划分不同区域、不同沉积储层而得到满足（图 3-9）。

基于钻井液侵入原理的识别方法：在复杂孔隙结构的致密砂岩储层中，水层在淡水钻井液侵入条件下由于高侵剖面的存在，冲洗带电阻率对双侧向测井电阻率影响较大，测量值比地层实际电阻率会偏高很多，使得油层与水层的测井电阻率差别变小。受气层低侵剖面的影响，双感应测井值在气层段会有所下降，但气层与水层的双感应测井电阻率的差别要远大于油层与水层的双侧向电阻率的差别。淡水钻井液在气层和水层形成的侵入剖面的差别，使其对双感应测井和双侧向测井响应的影响不同，因此，可以根据气层和水层侵入剖面的差异，应用测量原理不同的感应测井和侧向测井联合识别储层流体（图3-10）。这种方法在物性较差的致密砂岩储层中应用效果也很好，因此，致密储层应该加强感应测井和侧向测井联测[11]。

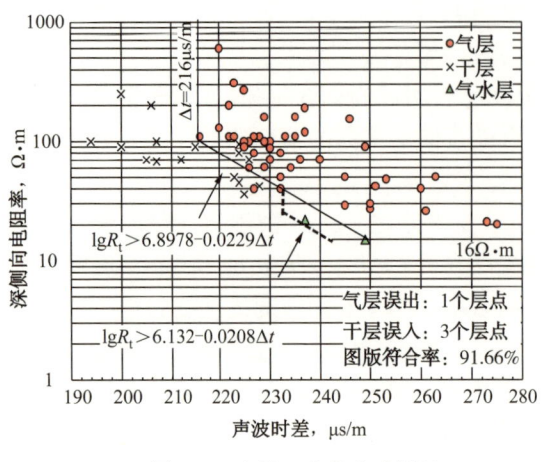
图3-9 电性—物性交会图法

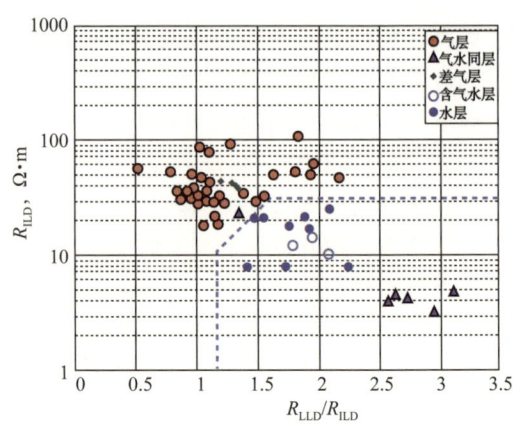
图3-10 感应测井（R_{ILD}）和侧向测井（R_{LLD}）交会图识别气层

5) 有效厚度下限

制定储层物性标准、确定有效厚度下限基于岩心、试油（气）和测井资料，有多种方法。(1) 测试法：根据单层试气资料作每米采气指数与渗透率关系图，外推每米采气指数降为零点的渗透率值即为渗透率下限。(2) 经验统计法：对于致密砂岩储层，将全气田储层平均渗透率乘以5%作为渗透率下限。(3) 丢失法：用丢失法做孔隙度、渗透率累计储能和产能丢失曲线，以致密段累计储产能力丢失量占总累计量的5%左右确定为储层的孔渗下限。(4) 相渗透率曲线与含水饱和度—渗透率关系组合法：在相渗透率曲线上，找到气相渗透率接近零时所对应的含气饱和度，然后在含水饱和度—渗透率关系图上，取相应含水饱和度所对应的渗透率即为储层可动气的绝对下限。

6) 新测井技术应用

致密砂岩气藏岩性、孔隙结构与气水分布复杂，鉴于常规测井响应所建立的模型一般不能满足高精度的要求，测井解释向常规测井、成像测井、核磁共振测井及地层测试器有机结合、多方法互补并结合区域地质资料综合解释的方向发展[12]。测井新技术与常规测井相比具有独特的技术优势，它们以全新的理论提供全新的信息，通过全新的响应关系，更加直接的确定储层孔隙度、渗透率和饱和度。

(1) 电缆地层测试：通过各测点的压力梯度数据可以准确地判断油、气、水层及油、气、水界面；电缆地层测试记录随时间变化的压力曲线，利用压降法和压力恢复法估算地层渗透率。由于具有探测深度大的优势，通常比常规测井方法精度更高。针对致密地层，存在增压效应，须确定增压大小再利用地层测试资料进行解释。同时，致密储层渗透率低导致压力恢复到原始地层压力需要时间较长，为发挥电缆地层测试技术在确定致密储层渗透率、地层压力、流体类型、判断油气水界面、判断储层连通性等方面的重要作用，需开展低渗储层增压问题、增压资料评价与解释、最优工作方式等研究。

（2）成像测井：对来自井下和地面的多学科、多种类、多形态测量数据体进行处理、分析和解释，并用可视化方法把地层的各种信息，如岩石结构、矿物含量、地层孔隙、流体组分及空间分布以图像的形式表示出来。成像测井分辨率要显著高于常规测井，进而结合其他测井资料可以定量计算储层岩性、物性及含气性参数。成像测井技术主要解决识别低孔隙、低渗致密油气藏以及裂缝型气藏的难题。

（3）核磁共振测井：在复杂岩性地层中计算的孔隙度比传统的依赖于骨架参数评价的孔隙度更为准确，已成为复杂储层重要测井评价手段之一。核磁共振技术可进行双孔隙模型可动流体评价和含气饱和度定量评价，获得地层有效孔隙度、渗透率、自由流体和束缚流体体积、孔隙结构等与储层物性和产能有关的地质信息，正确评价气藏开发潜力。

（4）阵列测井：不同探测深度的多条测量曲线能较好判断侵入剖面和侵入性质，对复杂地层特别是在测量地层电阻率、反演地层真电阻率、定量评价薄层、评价地层侵入特征、计算含水饱和度和识别油水界面等方面具有重要作用，已能够有效分辨0.3m的薄层。

3. 复合砂体分级构型与井网优化部署

中国致密砂岩气藏类型多样，富集区主要受构造及圈闭条件、沉积动力分异造成的砂岩结构差异、沉积分异引起的后续成岩差异、沉积微相以及流体分布等因素的控制。针对控制因素，采取相应的储层预测方法，优选开发井位，为获得高产气井创造基本条件。

大面积、低丰度致密砂岩气田，如苏里格气田主力含气砂体小而分散，埋藏深度大，使用地球物理信息进行准确识别和定量预测的难度大。在气田范围内大面积布井，需要采取滚动描述的思路，综合应用地质与地球物理手段，并随着资料的增多，分级控制、逐级加密，以提高相对高效井的成功率。

1）复合砂体分级构型划分

大型复杂油气田需要在不同尺度上认识沉积特征与储层分布模式及砂体的规模尺度[13]，以满足开发概念设计、富集区优选、井网设计和井位确定的需要。根据沉积体的生长发育过程，由小到大可划分为不同的成因单元，以河流相为例，可划分为纹层（组）、层（系）、单砂体、单河道、河道复合体、河流体系、盆地充填复合体等，其规模尺度由毫米级发展到数千米级。在实际应用过程中可根据具体地区的地质特征和研究需要进行相应调整，建立适应该地区的构型划分方案。

总体上气藏描述重要的储层构型可以分为4个级别。

一级构型与沉积盆地地层组内充填复合体相对应，主要是气藏勘探到早期评价阶段研究的对象，用以确定气藏开发层系。

二级构型对应于地层组段内发育的沉积体系。比如河流体系发育带、滩坝发育带、重力流水道发育带等，一般是地层组内以段为单元进行研究，反应的是主要沉积体系的分布规律。二级构型是气藏评价阶段气藏描述的重点对象，以寻找富集区带为目标，落实优先建产区块，主要依据有利沉积体系的发育带，比如苏里格气田评价期对辫状河体系发育带的描述有效解决了气田富集区优选问题。

三级构型指单河道沉积级次，研究目标是刻画河道叠置带内的沉积特征，即单河道规模、叠置样式等。进入气田开发早期和中期，重点在气层富集区内开展储层分布规律研究，获得有效气层的规模尺度、发育模式，预测气层分布，为井位优化部署提供依据。

四级构型描述规模更小,以单一沉积体内的构成单元为描述对象,相当于河道沉积中点坝、心滩坝的描述。四级构型的描述是气藏开发后期的重点任务,井数较多、井距较小,具备了精细刻画气层分布特征的基础资料条件。同时,为提高气藏储量动用程度,生产上需要进一步刻画气层分布的井间非均质性,为优化井网井距提供较为精细的地质模型。

以苏里格气田为例,苏里格砂质辫状河体系由大量的小透镜状砂体多期切割叠置而成,按照尺度的不同可划分为4级构型:一级构型,辫状河体系与体系间洼地(Miall 的7级);二级构型,河道叠置带和过渡带(Miall 的6级);三级构型,单河道(Miall 的5级);四级构型,河道砂坝(Miall 的4级)(表3-4、图3-11)。

表3-4 苏里格气田复合砂体4级构型划分

构型划分	地层单元	构型尺度			平面几何形态
		厚度	宽度	长度	
一级(辫状河体系)	组—段	几十米级	十千米级	上百千米级	宽带状
二级(河道叠置带)	段	十几米级	千米级	几十千米级	条带状
三级(单河道)	小层	米级	百米级	千米级	条带状
四级(心滩)	小层	米级	百米级	百米级至千米级	椭圆状

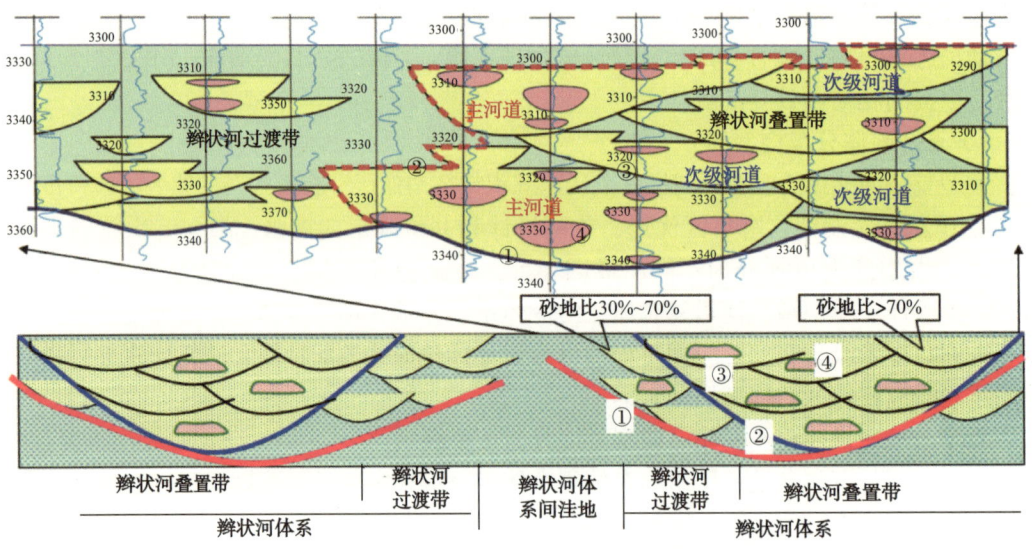

图3-11 苏里格气田辫状河沉积体系构型分级示意图

辫状河体系以段为研究单元,厚度一般在几十米以上、宽度达数千米、长度可达上百千米,呈宽条带状分布,形成了宏观上"砂包泥"的地层结构。辫状河体系间以泥岩、粉砂质泥岩细粒岩性为主,所含沉积微相类型主要为泛滥平原,夹有薄层溢岸沉积,偶尔可见小型河道粗砂岩相的发育,测井曲线表现为低幅钟形,储层不甚发育,有效储层多为孤立小薄层。平均砂地比小于30%。

辫状河叠置带发育于古地形低洼处,坡降相对最大,水动力较强,古河道持续发育,

A/S 值（可容空间 / 沉积物供给）低。纵向上多期河道反复切割叠置形成厚层砂泥岩，泥岩夹层不发育，砂地比值较高，横向上砂岩连续性和连通性较好。平面上呈条带状，剖面呈顶平底凸的透镜复合体，厚度一般十几米至几十米，宽度可达数千米，长度可达几十千米。叠置带以心滩沉积的厚层粗砂岩和河道充填沉积的薄层中、粗砂岩呈互层状出现，岩相总体较粗，以含砾粗砂岩、粗砂岩为主，可划分为单期厚层块状型和多期垂向叠置泛连通型两种砂体叠置样式，统计平均砂地比值一般都大于70%。

辫状河过渡带位于古地貌中等低洼处，平面上位于叠置带边部，呈片状分布。只有洪水到达中等或中等以上水位时候才会发育河道砂岩沉积，低水位期暴露不沉积，剖面岩性呈现砂泥岩互层沉积。相比于叠置带，过渡带发育的砂体规模小，连续性差，侧向迁移快、岩性粒度粗到中等，可形成频繁单层出现的粗砂岩，测井曲线表现为齿化箱形或中高幅钟形。有效砂体单体发育，沉积厚度较大，平均砂地比为30%~70%。

单河道是同一沉积时期多个微相单元的组合体，相当于曲流河的单河道级次。平面上，辫流带和辫流带之间可以发育泛滥平原、溢岸，垂向上，可能有高程差或者规模差。单河道剖面上呈顶平底凸的透镜状，平面呈条带状分布。槽状交错层理砂岩相在整个河道岩相组合中占有主导地位，其次为板状交错层理砂岩相，滞留含砾砂岩相仅在河道底部发育。辫状河道的自然伽马或电阻率曲线表现为中高幅度微齿化钟形，底部突变，顶部突变或渐变。

河道砂坝，即心滩坝沉积是辫状河道内主要的沉积砂体，是洪水沉积的结果。厚度大，分布范围广；平面上呈土豆状或不规则椭圆形，剖面主要呈底平顶凸状；以板状交错层理为主；内部发育泥质夹层（落淤层），单井垂向上有几个夹层存在。心滩坝沉积垂向上正韵律不明显，自然电位和自然伽马曲线为箱形，微电极曲线幅度差大。由于心滩坝内部有夹层，微电极曲线会有明显回返，自然伽马和自然电位也有回返，夹层较薄时自然电位回返不明显。

2）分级构型分布预测与井位优化部署

将复合砂体分级构型描述与开发井位部署有机结合，采用评价井、骨架井、加密井滚动布井方式可有效提高钻井成功率。以苏里格气田中区为例进行分析（图3-11）。

利用探井、早期评价井和地震反演资料，结合宏观沉积背景，研究区域上一级构型即辫状河体系的展布和砂岩分布特征。针对苏里格气田中区盒8下亚段，可将其划分为3个辫状河体系[图3-12（a）]，呈南北向展布，砂岩厚度在15m以上的区域可作为相对富集区，以此为依据部署区块评价井，落实区块含气特征。

在一级构型分布研究基础上，可将气田分解为多个区块开展二级构型分布预测[图3-12（b）]。主河道叠置带分布在辫状河体系地势相对较低的"河谷"系统中，河道继承性发育，一定的地形高差和较强水动力条件有利于粗岩相大型心滩发育，主力含气砂体较为富集，沉积剖面具有厚层块状砂体叠置的特征，泥岩隔夹层不发育。主河道叠置带两侧地势相对较高部位发育辫状河体系边缘带，以洪水期河流为主，心滩规模一般较小，沉积剖面为砂泥岩互层结构。在已钻评价井砂体叠加样式约束基础上，研究沉积相分布特征，利用目的层时差分析、地震波形分析、AVO含气特征分析等方法可以预测辫状河体系中主河道叠置带的分布，进而部署骨架井。

在二级构型研究基础上，可进一步细化到小层，开展三级、四级构型，即单河道和单砂体的分布预测。在评价井和骨架井约束下，通过井间对比，利用沉积学和地质统计学规律，结合地球物理信息，进行井间储层预测，并编制小层沉积微相图，指导加密井的部署[图3-12（c）]。根据加密井试验区和露头资料解剖，苏里格气田心滩砂体多为孤立状分布，厚度主要为2~5 m、宽度主要为200~400 m、长度主要为600~800 m，单个小层中心滩的钻遇率为10%~40%。加密井位的确定优先考虑3方面因素：骨架井的井间对比处于主河道叠置带砂体连续分布区，地震叠前信息的含气性检测有利，与骨架井的井距大于心滩砂体的宽度和长度。

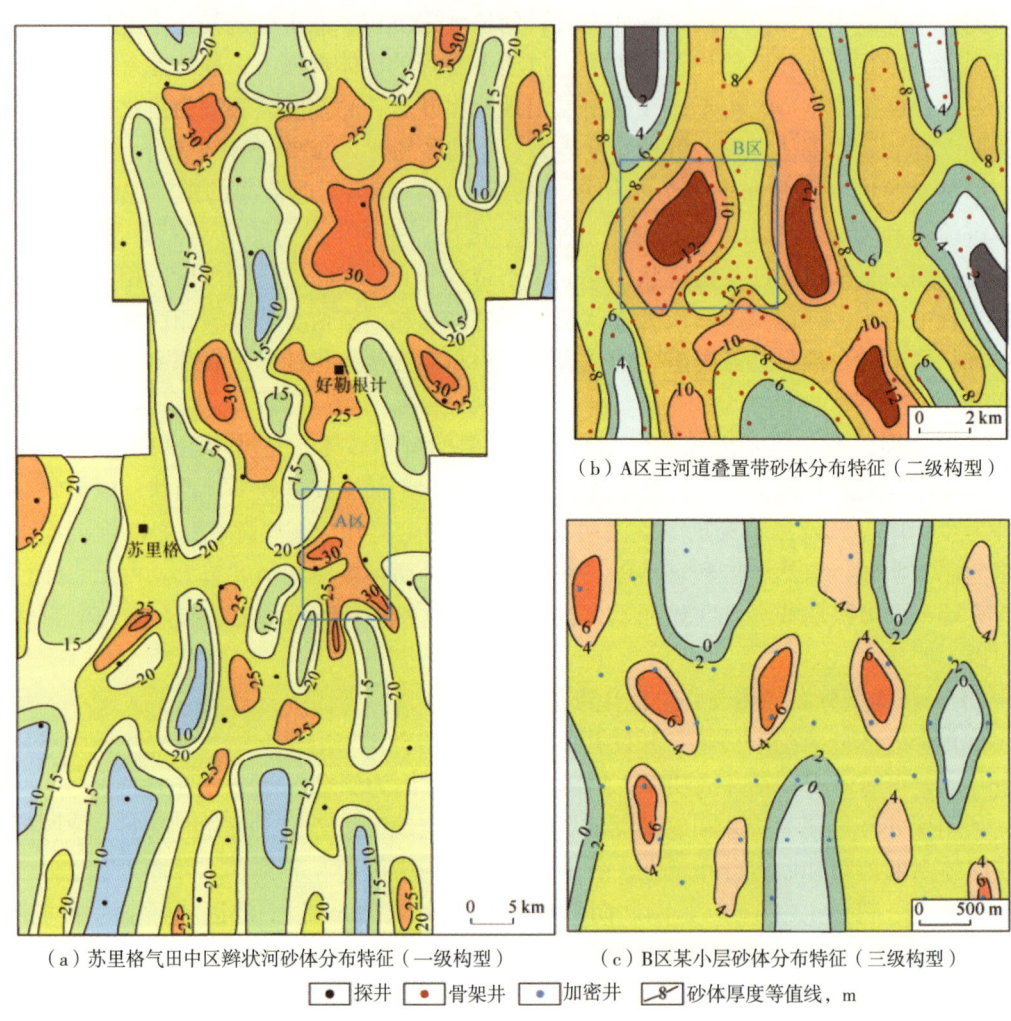

图3-12 苏里格气田典型区块复合砂体分级构型砂体分布特征

五、提高单井产量技术

致密砂岩气藏，储层品质和储量品位差，通常无自然产能或自然产能极低，多数气井在自然条件下无法达到工业产量标准，必须采取有效的技术措施，提高单井产量，从而获得一定的经济效益。目前提高致密气井单井产量的主要技术方法包括直井分层压裂技术、水平井优化设计部署技术、水平井多段压裂技术。

1. 直井分层压裂技术

按照分层工具的方式可分成机械分层和非机械分隔分层两类。

机械分层按工具和工艺技术类型可分成有限级数分层压裂技术,主要为封隔器+滑套分压工艺技术。无限级数分层压裂技术包括"水力喷砂射孔+环空加砂"、套管滑套、桥塞分压工艺技术。国内致密气常用的直井分层为封隔器分层压裂工艺技术,"十二五"末封隔器分层压裂占比近95%,直井分层压裂技术单井最高达到13层,最大分压井深已达到6969m(图3-13、图3-14)。

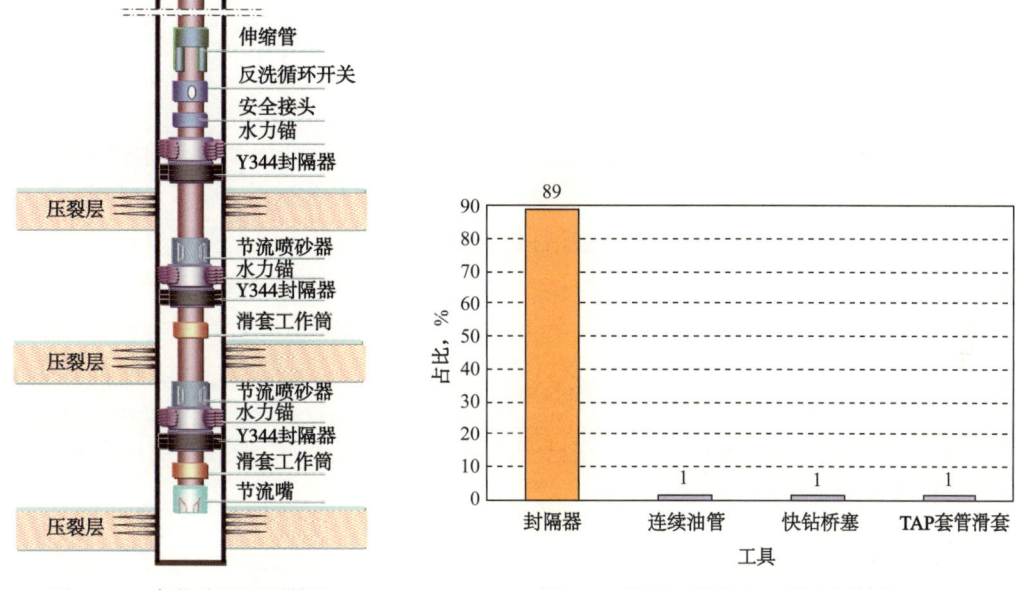

图3-13 直井分层压裂管柱　　　图3-14 分压5层以上工具应用情况

非机械分隔分层主是通过投暂堵材料封堵射孔孔眼进行分层的工艺技术。非机械分隔分层属于选择性分层技术,材料依据投递时孔眼的流动状态,优先封堵流量大的孔眼,通过层间应力和射孔孔眼摩阻双重作用,迫使流体转向流量小或者未开启的孔眼,实现层段的分压。典型的包括投球分层、纤维暂堵分层、蜡球分层、液体胶塞分层等,依据层间应力和现场实施情况,可进行一次投堵分层和多次投堵分层。一般在无法采用或采用机械分层经济效益不佳的储层采用非机械分隔分层。

国内近些年机械类分层压裂方法中有较大进步的是滑套分压技术。该技术按照分压管柱能够实现的分压级数,可分为无限级和有限级两类。中国石油长庆油田在这方面进行了多年攻关,研发形成的无限级和有限级套管滑套技术系列,现场扩大应用84口井381层段,实现了气田直井多层压裂技术的更新换代。

无限级套管滑套技术分压层数不受限制,可满足$8 \sim 10 m^3/min$注入排量需求,工具具有$3\frac{1}{2}in$、$4\frac{1}{2}in$两种规格。有限级套管滑套技术可满足4~7层分压,注入排量$6 \sim 10 m^3/min$,工具具有$3\frac{1}{2}in$、$4\frac{1}{2}in$、$5\frac{1}{2}in$三种规格。

2015年,苏里格气田丛式井组3层以上井开展无限级套管滑套完井3口井,其中苏东53-5井改进工具在长期高温条件下(入井121d,井底温度105℃),分压4层获得成功,各级球座顺利形成。

2. 水平井优化设计

近些年水平井技术的成功应用有效提高了直井单井控制储量和单井产量，在大幅减少开发井数和管理工作量的情况下，建成规模产能并保持长期稳产，提高了开发效益。

水平井开发技术在储层横向稳定的致密砂岩气藏中应用获得了很好的效果，并积累了一定的经验，如榆林气田长北区块与壳牌公司合作开发，采用双分支水平井，水平井段设计长度为2km，已投产14口双分支水平井平均单井产量达到$63\times10^4m^3/d$，达到直井产量的3倍以上。然而，非均质性强的储层特征对水平井的应用提出了更大挑战，在水平井地质设计方面主要有，如何通过地质目标优选和轨迹设计提高气层钻遇率，如何确定最佳的水平段方位、长度、压裂段数和水平井井网，如何将水平井地质设计与改造工艺有机结合提高气藏采收率等。

1) 地质目标优选

多期次辫状河河道的频繁迁移与叠置切割作用，使得含气砂体多以小规模的孤立状形态分布在垂向多个层段中，单层的气层钻遇率低。但在整体分散的格局下，局部区域存在多期砂体连续加积形成的厚度较大、连续性较好的砂岩段，其中气层分布也相对集中，有利于水平井的实施。

水平井地质目标优选需满足以下条件：(1) 处于主河道叠置带，砂岩集中段厚度大于15m，横向分布较稳定，邻井可对比性强；(2) 主力层段气层厚度大于6m，储量占垂向剖面的比例大于60%；(3) 地球物理预测储层分布稳定，含气性检测有良好显示；(4) 邻井产量较高，水气比小于$0.5m^3/10^4m^3$，在已开发区加密部署时，应选取地层压力较高的部位；(5) 构造较为平缓。

根据较密集井网区的地质解剖，可以建立5种适应水平井的地质模型：厚层块状型、物性夹层垂向叠置型、泥质夹层垂向叠置型、横向切割叠置型、横向串糖葫芦型（图3-15、表3-5）。其中厚层块状型、横向切割叠置型、横向串糖葫芦型气层与井眼直接接触，物性夹层垂向叠置型、泥质夹层垂向叠置型可以通过人工裂缝沟通井眼上下的气层。根据实钻情况统计，厚层块状型、物性夹层垂向叠置型、泥质夹层垂向叠置型是三种主要的目标类型。

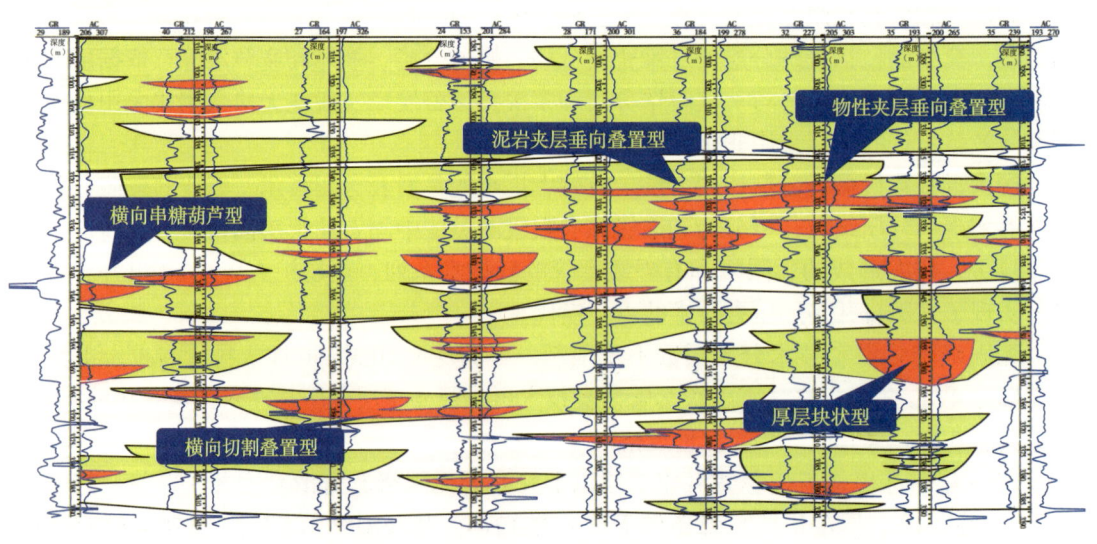

图3-15 适于水平井的五种地质模型

表 3-5 水平井地质模型定量评价参数

类 型		样品数 个	占样品总数 百分比，%	有效砂体长度，m		
				最大值	最小值	平均值
厚层块状型	气层厚度 >6m	27	24	350	1300	670
物性夹层垂向叠置型	气层厚度 6~15m	38	34	350	1800	980
泥质夹层垂向叠置型	气层厚度 6~15m 泥岩隔层厚度 <3m	23	21	600	1500	870
横向切割叠置型	气层厚度 >3m	17	16	1000	3500	1600
横向串糖葫芦型	气层厚度 >3m，有效砂体间距 <100m	5	5	800	1900	1300

2）水平井参数优化设计

水平段方位：水平井水平段方位主要取决于砂体走向和地层最大主应力方向，前者可以保证水平段较高的气层钻遇率，后者保证了水平井的压裂改造效果。

水平段长度：水平井产能随水平段长度的增加呈非线性增大，水平段长度达到一定值后产能的增幅会逐步减小。随着水平段长度的增加，对钻井技术、钻井设备以及钻井成本的要求会越来越大。所以水平段长度的优化应从技术、成本、效益三方面综合考虑，选取最优值。

裂缝间距：致密气藏水平井采用分段压裂方式完井投产。那么一定长度水平段的压裂段数或压裂间距是水平井优化设计的关键参数之一。压裂规模和压裂间距是影响水平井产能的关键因素。理论上，应以每条裂缝控制的泄压范围不产生重叠为原则来确定最小间距。但实际上这个最小间距是很难确定的，而且由于储层的变化，即使在同一井中，这个最小间距也是变化的。目前通用做法，压裂间距的优化与水平段长度的优化相似，也需要综合考虑技术、成本、效益三方面的因素，通过建立水平段长度—压裂段数—产能—钻井成本—压裂成本多参数关系模型，将水平段长度和压裂间距的优化统一考虑。

3. 水平井分段压裂

水平井分段压裂按照分压工艺类型可分成机械分压和非机械分压两种方式。其中机械分压包括裸眼滑套封隔器分段压裂技术、水力喷射分段压裂技术、桥塞分段压裂技术、固井滑套分段压裂技术、双封单卡套内滑套封隔器分段压裂技术。致密气中除双封单卡套内滑套封隔器分段压裂技术外，其他技术都有应用。

"十二五"期间主体的分段压裂以裸眼封隔器和水力喷射压裂技术为主，应用比例分别为44.7%和43.1%。国内也开展了套内滑套封隔器、分簇射孔桥塞、固井滑套等分压工艺技术的研究和应用，并取得了较大的进展。

2011—2014年裸眼封隔器可开关滑套压裂配套技术在长岭气田登娄库组致密气藏和红90-1区块致密油藏现场应用140口水平井1450段，压裂施工成功率95.7%，完井压裂工艺管柱一次下入到位率96.5%，封隔器密封有效率98%，可开关滑套一次开关成功率100%。

长庆油田已研发并应用 $4\frac{1}{2}$in 套管滑套分压技术。研发套管滑套分压工具耐温120℃、耐压100MPa，可满足气田多段（层）改造需求。定压滑套耐压100MPa，启动压力15MPa。套管滑套压裂端口长度750mm保证了其与水泥环接触面积，通过工具内部结构优化提高了测井仪器等工具的通过性。为了避免第一级采用常规电缆射孔作业，提升施工效率，通过爆破片击穿压力来控制滑套启动，与地层形成通道，完成第一级压裂。针对部分储层起裂压力高，采用两段式注入酸液，中间加注隔离液方式投放可溶球，现场施工各层起裂压力平均降低约7MPa。

在苏东2X井定压滑套下深3044m，爆破片设计压力80MPa，现场井底压力达75MPa时打开滑套成功起裂。2014年，在苏东地区、鄂尔多斯盆地东部致密气规模应用 4$\frac{1}{2}$in 套管滑套压裂技术实施31口井133层，最高试气无阻流量达 $83 \times 10^4 m^3/d$，单井产量较往年提高35%以上。

长庆油田针对水平井分段压裂技术需求，以多簇射孔、大排量压裂、套管内封堵、压后全通径及免钻快速投产为目标，研发了套管定位球座多段压裂技术。该技术的关键部件球座承压能力70MPa，$5\frac{1}{2}$in 套管压裂后内通径112.5mm。2015年，在前期室内研究及评价基础上，成功开展了两口直井现场压裂先导试验。

较以往相比，不动管柱水力喷射技术得到了进一步发展。长庆油田公司油气工艺研究院设计了1种水平井水力喷射分段多簇压裂管柱。该管柱通过安置2~5个喷砂器，1次射孔压裂可以形成2~5条裂缝[10-11]。

六、提高采收率技术

1. 剩余气分类评价

提高气藏采收率，首先要明确剩余气的分布特征，对剩余气开展分类评价，研究制订针对性的提高采收率技术对策，有效提高气藏剩余储量的动用程度和采收率。以苏里格气田为例，在600m×800m主力开发技术井网下，仅能控制主力含气砂体，次级以下含气砂体很难得到控制，在井间和层间形成剩余储量。综合地质、地球物理、气藏工程方法，从区块、井间、层位逐级描述剩余储量，根据成因不同，总结了井网未控制型、水平井漏失型、射孔不完善型、复合砂体内阻流带型和气水同层型等5种剩余气分布类型（图3-16）。

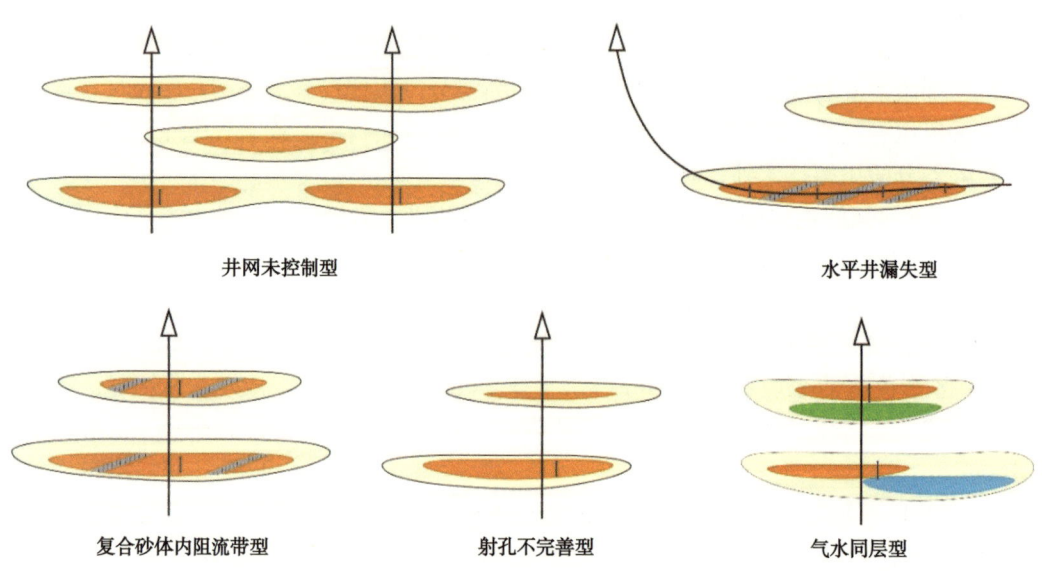

图3-16　不同类型剩余储量模式图

1）井网未控制型

主体开发井网对有效砂体控制不足，导致气田采收率低。例如苏里格气田，井网未控制的孤立储层中存在大量的剩余气，该类型占剩余储量的80%以上，是最主要的一类剩余气挖潜对象。通过密井网精细解剖认识到，600m井距仅能动用50%~60%的储层，500m井网可动用70%~85%的储层，400m井距能动用90%以上的储层。考虑到实际的密井网解剖会漏失小于300m的砂体（40%~50%），对统计结果进行校正：600m井距条件下动用35%的储层，500m井距条件下动用43%的储层，400m井距条件下动用53%的储层。将主体开发井网密度从2口$/km^2$整体加密至4口$/km^2$，可对井间剩余气进行有效挖潜。

2）复合砂体内阻流带型

复合砂体内部不连通，一般发育多个"阻流带"，多为垂直水流方向展布，宽度10~30m，间隔50~150m。试气资料表明，直井在砂体范围内存在流动边界，证实"阻流带"可影响复合砂体渗透能力和直井储量动用程度。复合砂体由于阻流带的制约可形成一定规模的剩余气。水平井多段压裂后可克服阻流带的影响。

3）射孔不完善型

气田有效砂体根据物性及含气性差异可分为差气层及纯气层两种类型。差气层与纯气层相比，物性差，含气饱和度小，含水饱和度高，储层内气体相对渗透率小，流动性差。气藏部分差气层没有进行射孔或压裂改造不完善形成了剩余气。井均射孔不完善型剩余储量占井均控制储量的14%左右，仅占剩余储量的2%，说明通过查层补孔提高采收率潜力有限。

4）气水同层型

致密气藏产水是较普遍的现象。开发过程中，有效砂体射孔层段与气水同层及临近含气水层沟通，可动地层水流出，产生气水两相渗流。由于致密气藏气水两相共渗区小，水相封闭易产生滞留剩余气，使得部分储量难再动用。

5）水平井漏失型

致密气藏表现为多层段含气的特点，水平井通过增加与储层接触面积及多段压裂改造可突破阻流带的限制，提升主力层段的储量动用程度。多层含气的地质特点决定了水平井纵向多层储量动用不充分，不可避免地造成部分储量漏失。经统计，水平井仅能控制区域地质储量的60%~70%，形成30%~40%的剩余储量。苏里格气田投产水平井1000余口，水平井漏失型剩余储量占总剩余储量的3%~5%。

2. 致密气提高采收率技术

针对致密气藏5种类型的剩余气，采用直井加密井网与直井—水平井联合井网两项主体开发技术挖潜井网未控制砂体中的剩余气，可将富集区采收率从当前井网控制的30%提高到45%。针对其余4种剩余气分布类型，通过相关配套技术开展挖潜，主要形成了老井挖潜、新井工艺技术优化、合理生产制度优化、排水采气、降低废弃产量等5种提高采收率的配套技术措施，以增加非主力剩余气的有效动用，预计可提高采收率5%左右。

1）开发井网优化技术

井间未钻遇砂体和复合砂体内阻流带约束区是苏里格气田剩余储量分布的主体，因此优化井网井型、提高当前储量动用程度是提高采收率的主体技术,主要包括直井井网加密提高采收率技术、直井与水平井联合井网提高采收率技术。

(1)直井井网加密提高采收率技术。

定量地质模型法:定量地质模型法的核心是确定有效单砂体的规模尺度、分布频率,根据有效单砂体的主体规模尺度评价当前井网有效控制的砂体级别及储量动用程度。有效单砂体规模尺度分解主要包括厚度、宽度、长度、宽厚比及长宽比等[16-18],其中厚度、宽度、长度分析是关键。岩心精细描述是有效单砂体厚度分析的重要手段,在岩电关系准确标定的基础上,结合测井资料对非取心井进行有效单砂体厚度解剖,分析表明,苏里格气田孤立型有效单砂体厚度主要范围为2~5m。有效单砂体宽度、长度规模分析的主要依托密井网解剖、野外露头观察,分析表明,气田孤立型有效单砂体主要宽度范围为200~400m,占比65%;主要长度范围为400~800m,占比69%(图3-17、图3-18)。气田有效单砂体展布面积主要范围0.08~0.32km^2,平均为0.24km^2。当前600m×800m主体开发井网下,气井覆盖的开发面积为0.48km^2,是气田有效单砂体的平均规模的两倍,当前井网难以充分控制全部有效砂体,井间遗漏大量有效砂体,因此储量动用程度较低。基于定量地质模型法,分析认为需要进行开发井网调整以提高储量动用程度,目前井网具备加密一倍的潜力。

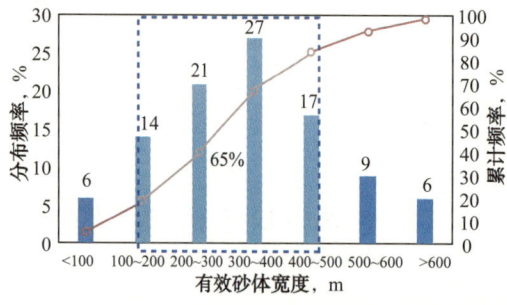

图3-17 苏里格气田有效单砂体厚度分布频率　　图3-18 苏里格气田有效单砂体长度分布频率

动态泄气范围法:动态泄气范围法是通过选取生产时间超过500d、基本达到拟稳态的气井在充分考虑人工裂缝半长、储层物性等参数的基础上拟合确定气井泄气半径、气井泄压面积等重要指标,统计分析气井泄气范围的分布频率,最终评价当前井网对储量动用程度。苏里格气田气井泄气半径范围为100~400m,平均为250m(图3-19);泄气面积范围为0.03~0.50km^2,平均为0.27 km^2。结合平均单井泄气面积,每平方千米需要4口井才能有效覆盖开发区,当前600m×800m主体开发井网下井网密度为2口/km^2,储量动用程度总体偏低,分析认为当前井网密度可提高1倍左右至4口/km^2。

产量干扰率法:气田生产现场主要根据井间干扰试验是否产生干扰来判断能否进行井网加密。由于干扰试验没有做分层测试,因此不能解决仅有部分层产生干扰的问题。如果井间仅少部分有效砂体连通,井间干扰试验表现为存在干扰,若以此判断不能加密,则会导致井间大部分储量遗留。针对这个问题,提出"产量干扰率"指标用以合理评价井网加密的可行性。产量干扰率定义为加密前后平均单井累计产量差值与加密前平均单井累计产量的比值,可以更客观评价加密井新增动用储量。

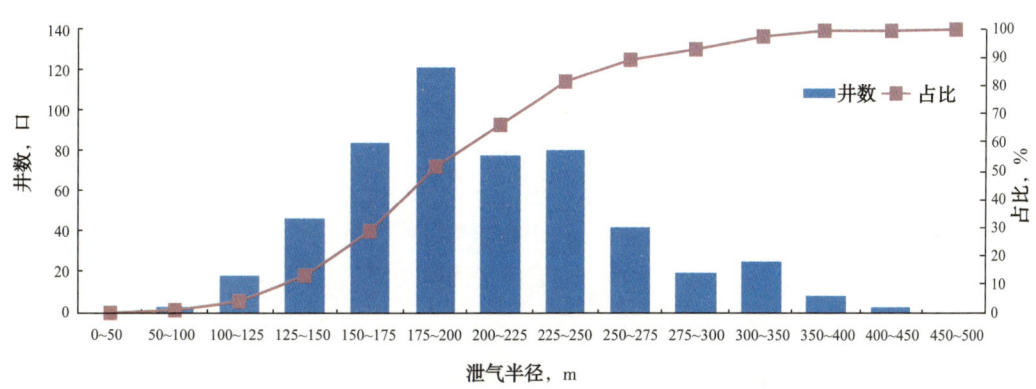

图 3-19　苏里格气田有效单砂体厚度分布频率

$$产量干扰率(I_R) = \frac{加密前后平均单井累计产量差(\Delta Q)}{加密前平均单井累计产量(Q)} \times 100\%$$

结合气田 42 个井组的井间干扰试验进行产量干扰率分析，当井网密度达到 4 口 /km²，约 50% 的气井产生干扰，对应产量减少率不足 20%。苏里格气田平均单井最终采气量为 $2300 \times 10^4 m^3$，井网密度达到 4 口 /km² 后，平均气井产量约 $1800 \times 10^4 m^3$，仍基本满足开发方案要求的效益要求（表 3-6）。

表 3-6　苏里格气田苏 6 井区加密前后产量预测表

井型	加密前单井累计产量，$10^4 m^3$	加密后单井累计产量，$10^4 m^3$	减少量，$10^4 m^3$	减少率，%
Ⅰ类	4441	3829	612	13.8
Ⅱ类	2397	2098	299	12.5
Ⅲ类	1375	1227	148	10.8

经济技术指标评价法：经济技术指标评价法是结合当前经济技术条件，在气井产能指标评价的基础上，采用数值模拟手段，建立"井网密度—单井最终累计产量 EUR—采收程度"关系模型，明确井间开始产生干扰时对应的最优技术井网密度、最小经济极限产量对应的最小经济极限井网密度，两者之间为井网可调整加密的区间范围，通过确立加密调整基本原则最终明确合理加密井网（图 3-20）。随着井网密度增加，井间干扰程度愈加严重，单井累产降低，采收率增加幅度越来越慢。井网稀，储量得不到有效动用，采出程度低；井网密，受控于地质条件和产能干扰，影响开发效益。避免严重干扰、所有井整体有效益、新钻加密井保证成本是判断加密调整是否可行的 3 条基本原则：

①较高的产量规模和采收率，确定可调整加密的井网密度区间范围，即 a（最优技术井网密度，刚产生干扰）< 合理加密井网密度 < b（最小经济极限井网密度，产生严重干扰井，所有气井整体 0% 内部收益率，平均单井最终累产为 $1073 \times 10^4 m^3$）；

②所有井整体 12% 内部收益率（平均单井最终累计产量大于 $1504 \times 10^4 m^3$），即合理加密井网密度 ≤ c（平均单井累产为 $1504 \times 10^4 m^3$ 时对应的井网密度）；

③每口加密井能够自保，即合理井网密度 ≤ d，加密井增产气量（加密井产量高低与加密时间有关，加密井增产气量产自井间非连通有效储层，与加密时间无关）大于 $1073 \times 10^4 m^3$。

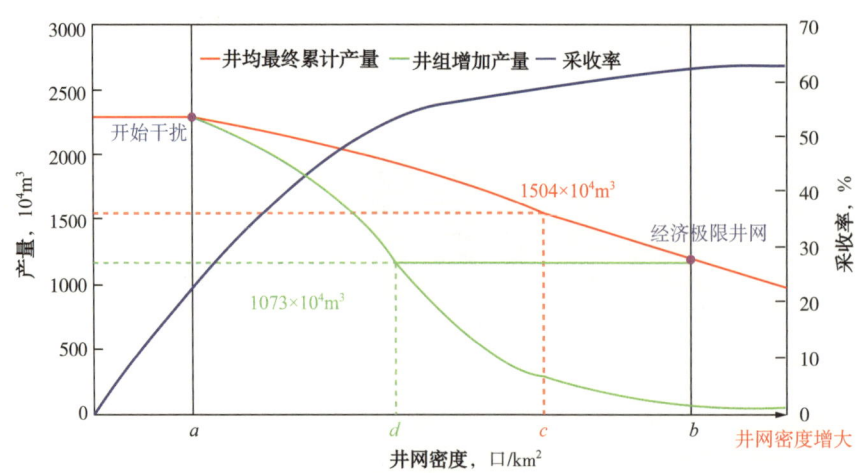

图 3-20　经济技术指标法确定可调整加密井网密度

基于经济技术指标评价法，分析认为 a 约为 2 口 /km²、b 约为 8 口 /km²，即可调整加密的区间为 2~8 口 /km²；井网密度为 6 口 /km² 时，平均单井累产为 $1504×10^4m^3$，满足所有井整体 12% 内部收益率的要求，即 c 约为 6 口 /km²；井网为 4 口 /km² 时，加密井增产气量为 $1073×10^4m^3$，满足自保要求，即 d 约为 4 口 /km²。综合上述分析认为，当前经济技术条件下，合理井网密度为 4 口 /km²。

（2）直井与水平井联合井网提高采收率技术。

直井与水平井联合井网提高采收率技术适用于主力气层较为明显的区块（主力气层剖面储量占比 >60%），可有效发挥水平井突破阻流带、层内采收率较高的优势，节约开发投资、获得更高经济收益。

针对苏里格气田，选取了代表性强、开发时间长、资料齐全、主力气层明显的苏 6 区块三维地震覆盖区作为模拟区。研究区面积约 162km²，地质储量 $233.9×10^8m^3$，平均储量丰度 $1.46×10^8m^3/km^2$（图 3-21）。研究区位于苏里格气田中部，沉积、储层特征具有代表性；是苏里格气田最早开发的区块之一，动静态资料较全，为建模和数模提供了较完备的数据基础；钻井井控程度高，模拟结果可靠性强。

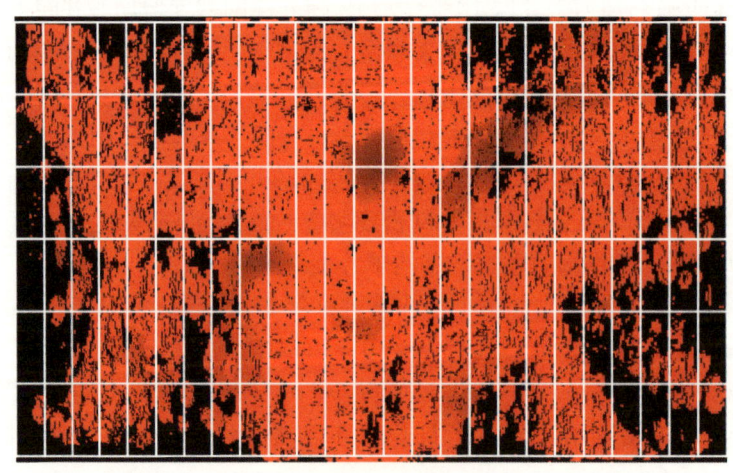

图 3-21　苏 6 区块井网建模区

将 600m×1600m 划分成 150 个网格单元，优选 42 个部署水平井（每个单元 1 口水平井），108 个部署直井（每个单元 4 口直井），形成联合井网。研究表明：采用直井加密井网，由 600m×800m 直井基础井网加密到 400m×600m 直井加密井网，单井累计产量由 $2306×10^4m^3$ 降至 $1801×10^4m^3$，下降了 21.9%；采收率由 31.94% 提高至 49.89%，提高了 18%，且均能达到经济有效；采用直井与水平井联合井网，采收率指标与直井加密井网基本相当，目前苏里格气田水平井投资约为直井的 3 倍，而井控面积为直井的 4 倍。联合井网方案可节约与水平井数相同的直井投资，即节约了 7% 的开发投资（表 3-7）。

表 3-7 联合井网与直井加密井网指标模拟对比表

模拟方案	直井数口	直井平均单井累计产量，10^4m^3	水平井数口	水平井平均单井累计产量，10^4m^3	采收率 %
基础开发井网（600m×800m 直井井网）	300	2306	0	0	31.94
方案一：直井加密井网（$1km^2$ 加密到 4 口直井）	600	1801	0	0	49.89
方案二：联合井网（$1km^2$ 钻 1 口水平井或 4 口直井）	432	1771	42	7932	50.70

2）提高采收率配套技术

致密气藏开发主要形成了老井挖潜、新井工艺技术优化、合理生产制度优化、排水采气、降低废弃产量等 5 种提高采收率配套技术措施，可提高采收率约 5%。

（1）老井挖潜技术。

老井挖潜技术措施主要包括老井新层系动用、老井侧钻水平井、老井重复改造三种。其中老井新层系动用通过开展老井含气层位复查，评价未动用层位潜力，实施遗漏层改造增产。老井侧钻水平井主要针对气田有利区块的 Ⅱ 类、Ⅲ 类气井，评价气井井况，对满足侧钻井距条件的气井开展三维井间储层预测，分析与生产井间的连通性，并通过数值模拟手段预测侧钻水平段的累计产量，对符合经济有效开发的气井起到挖潜剩余气，增加井间遗留储量的有效动用。老井重复改造的对象主要是在动态、静态评价方面有较大差异的气井，分析原射孔层位压裂及完井施工情况，同时对比气井与周围气井的泄压情况，评价重复改造的可行性，动用因工程因素导致的剩余储量，同时可以兼顾复查漏失层位的改造。

（2）新井压裂工艺技术优化。

经过近 10 年的探索发展，苏里格气田实现了规模有效开发，已经成为中国最大的天然气田，同时如大牛地气田、登楼库气田等一批致密气田也获得了成功开采，这其中储层压裂改造技术起到了决定性作用，技术水平也得到了不断优化和升级。直井或定向井改造已由机械封隔器向连续油管分层压裂技术发展，该技术集成精确定位、喷砂射孔、高排量压裂、层间封隔四大功能为一体，在增加改造层数、大幅提高致密气纵向储量动用程度的同时，井筒条件更便于后期措施作业，解决了苏里格气田多层系致密气直井分层压裂工艺排量受限、井筒完整性差、丛式井组作业效率低等问题。水平井段内多缝压裂技术取得突破，通过研发不同粒径可降解暂堵剂 + 纤维组合材料，在承压性能和降解时间等技术指标均接近国外同类产品水平，大幅提高了致密气水平井有效改造体积，解决了苏里格气田水平井裸眼封隔器分段压裂工艺封隔有效性差和桥塞分段压裂工艺分段多簇改造程度低等问题。

（3）合理生产制度优化。

致密气藏低孔渗、强非均质性、次生孔隙发育且喉道细小、气水关系复杂等储层特征，导致了地下流体渗流机理的复杂性，生产上通常表现为气井压力波及范围小，压力下降快、自然产能低、递减率高。要保证气井长期有效开采，合理制订生产制度对于提高单井累计产量、延长相对稳产期至关重要。致密砂岩气藏放压和控压开采动态物理模拟试验表明，放压开发采气速度快，采气时间短，但累计产气量和采收率相对较低。控压开采能更有效地利用地层压力，单位压降采气量和最终采收率也更高。对于气水同产气井，如苏里格气田西区各区块气井普遍产水，储层水体对气相渗流能力影响显著，气体通过释压膨胀，挤压水体流动，在气、水两相渗流能力受压力梯度的影响下，气相渗流能力降低，水相渗流能力升高。此时，需综合考虑控压程度和气井携液能力，设置合理的产量，以达到气井的平稳开采和较好的采收率。李颖川提出的动态优化配产方法即为一种基于物质平衡原理、气井产能、井筒温压分布及连续携液理论的综合配产方法，在气井投产初期即保持所配气量略高于井口临界携液流量，充分发挥气井的携液潜能，降低排水采气量，降低开采成本的同时提高气井最终采收率。将其应用于苏里格气田西区产水气井配产，平均连续携液采气量比例接近90%，排水采气量仅有10%左右，保证采收率的同时提高了开发效益。

（4）排水采气。

目前形成了以泡沫排水为主，速度管柱、柱塞气举为辅的排水采气工艺措施；在积液停产井复产方面，形成了压缩机气举、高压氮气气举排水采气复产工艺。其中，泡沫排水采气通过将井底积液转变成低密度易携带的泡沫状流体，提高气流携液能力，起到将水体排出井筒的目的，适用于产气量大于$0.5 \times 10^4 m^3/d$的积液气井，具有设备简单、施工容易、适用性强、不影响气井正常生产等优势；速度管柱排水采气通过在井口悬挂小管径连续油管作为生产管柱，提高气体流速，增强携液生产能力，依靠气井自身能量将水体带出井筒，适用于产气量大于$0.3 \times 10^4 m^3/d$的积液气井，具有一次性施工，无须后续维护的优势；柱塞气举排水采气将柱塞作为气液之间的机械界面，利用气井自身能量推动柱塞在油管内进行周期举液，能够有效阻止气体上窜和液体回落，适用于产气量大于$0.15 \times 10^4 m^3/d$的积液气井，具有排液效率高、自动化程度高、安全环保等优势。压缩机气举排水采气是利用天然气的压能排除井内水体，气举过程中，压缩机不断将产自油管的天然气沿油套环空注入气井，注入的天然气随后沿油管向上采出井筒，经过分离器分离处理后再由压缩机压入井筒，循环往复排除井筒积液。高压氮气气举是将高压氮气从油管（或套管）注入，把井内积液通过套管（或油管）排出，达到气井复产的目的。

（5）降低废弃产量。

气井废弃产量是气田开发的一项重要经济和技术指标，是气田最终采收率评价的主要依据。废弃产量取决于气价的高低和成本费用的变化，致密气井投产后很短时间即进入递减期，产量不断下降，最后结合地层、井筒及外输管线压力系统匹配关系，以定压生产方式进行产量进一步的递减生产，直至生产井的年现金流入与现金流出持平，气井生产到达废弃，对应产量即为气井废弃产量。气井最终废弃产量的大小对气井、气田采收率具有较大影响，单井累计采气量可增加$150 \times 10^4 m^3$，提高采收率2%左右。目前苏里格气田主要通过井筒排水采气和井口增压来降低气井废弃压力，进而降低气井废弃产量，实现提高气井最终累计产量和采收率的目的。

七、低成本开发技术

致密砂岩气藏受其自身储层地质条件与天然气富集程度的制约，除少量裂缝—孔隙型气藏在裂缝发育带单井产量可达 $10 \times 10^4 m^3/d$ 以上外，大部分气藏在压裂改造后其井产量一般也在 $3 \times 10^4 m^3/d$ 以下，常规开发条件下很难获得较好的经济效益，因此必须采用低成本开发。中国气藏开发投资构成中钻井成本与地面投资占绝对比重，因此在开发实践中必须最大限度地降低钻井与地面投资，以保证气田开发效益。降低成本的主要技术包括：空气钻井、小井眼钻井、久平衡钻完井、快速钻井、简化井身结构、井下节流采气、中低压地面集输、数字化生产管理等。

1. 快速钻井技术

基于 PDC 钻头个性化设计、井身结构优化、复合钻井技术、钻井液体系优选等配套技术，可大幅度提高钻井速度[15]，缩短钻井周期，降低运行成本，并缩短钻井液对储层的浸泡时间，减少对储层伤害。

PDC 钻头个性化设计。苏里格气田针对地层的岩性、钻头的力学特点及使用情况，从钻头轮廓、布齿、复合保径、水力平衡设计、扭矩等方面进行优化设计，形成了非对称刀翼、保径、低扭矩和有利于清洗冷却等特点的 PDC 个性化钻头，提高了 PDC 钻头的适应性，提高了机械钻速。

井身结构优化。根据苏里格气田地层特点，结合目前钻井及钻井液体系的新发展，经过优化试验，确定 $\phi 244.5mm \times 139.7mm$ 的二层套管井身结构，进一步提高了钻井的综合速度，节约了钻井费用，简化了固井工艺，降低了固井成本。

复合钻井技术。通过改进钻头结构增强钻头的抗冲击能力，优化喷嘴组合提高了水力功率和清扫岩屑的能力，以及防斜打快，优化了钻具组合和钻井参数，形成了螺杆钻具+转盘的复合钻井方式，使钻具在承受较低转速的条件下获得较高的转速，达到提高钻头破岩效率的目的。实现了两只 PDC 钻头钻完两开井段的快速钻井技术，大大地提高了钻井速度，缩短了钻井周期。

钻井液体系优选。根据苏里格气田上古低渗砂岩气层水敏速敏性强，孔喉细微，黏土含量高，毛细管压力高等特点，优选出了次生阳离子聚合物钻井液体系，取得了较好的储层保护效果。

随着快速钻井配套技术的日趋成熟，机械钻速不断提高，钻井周期不断缩短，苏里格气田平均钻井周期由 45d 逐步缩短至 15d 左右（图 3-22），降低了钻井成本。

2. 井下节流与中低压集输技术

井下节流技术是利用井下节流器实现井筒节流降压，充分利用地温加热，使节流后气流温度基本恢复到节流前的温度。井下节流技术的应用，有效地防止了水合物的形成，提高了气井携液能力，增加了开井时率。同时大大降低了气井井口压力，使地面管线运行压力大幅度降低，实现了井间串接、中低压集气模式的安全平稳运行，有利于降低地面建设成本。该技术的实现必须具备耐高温耐高压的井下节流器，目前研发的节流器可以耐温 200℃、耐压 35MPa、下深达到 2500m。

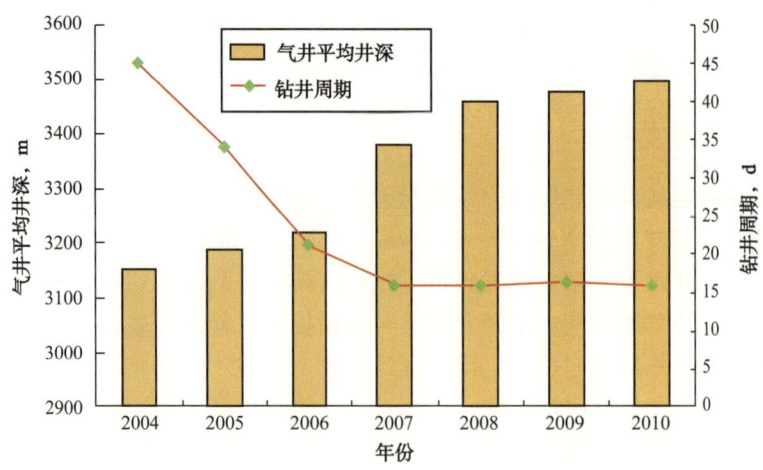

图 3-22 苏里格气田 2004—2010 年直井平均钻井周期对比

该技术的优点是：(1) 能有效防止水合物形成，提高开井时率（苏里格气田开井时率由 65% 提高到 90% 以上），避免了频繁开关井，保证了气井平稳正常生产。气井井下节流工艺能充分利用地热对节流后的天然气进行加热，对于防止水合物生成起到了积极的作用。(2) 大幅度降低地面管线运行压力，简化地面流程，降低成本。节流后油压降低，使地面管线运行压力大幅度降低，实现中低压集气，降低了地面集输管线的压力等级，简化了地面流程，降低了建设投资与运行成本。(3) 提高气井携液能力。井下节流使井筒压力从高压瞬间降为低压，气体体积发生膨胀，气体的压能转变成动能，促使气流速度增大，从而提高了气体的携液能力。(4) 有利于防止地层激动和井间干扰。下游压力的波动不会影响到地层本身压力，从而有效防止了地层压力激动。同时采用井下节流后，气井稳定生产，开关井次数减少也降低了对地层压力的影响。

在井下节流基础上，苏里格气田形成了"井口不加热、不注醇、中低压集气、带液计量、井间串接、常温分离、二级增压、集中处理"的中低压集气模式，井口到集气站的集输系统得到有效简化，优化了集气工艺，简化了集气流程，大幅度降低了地面投资。

3. 数字化生产管理

数字化气田生产管理系统是将后端的决策支持系统向生产前端的过程监控延伸，提高了工作效率和安全生产管理水平。该系统由数据传输系统、远程开关井系统、自动配产与动态预测系统、生产管理系统 4 部分组成。实现了数据自动录入、方案自动生成、异常自动报警、运行自动控制、单井自动巡井、资料安全共享和流程化应急指挥 7 大功能，同时形成了与新型地面建设模式、劳动组织架构相适应的管理体系。数字化生产管理取得了明显的成效。

精简了地面系统。通过油气田数字化建设，优化了地面系统工艺参数，优化了简化站场设施，提高了装置设备集成度。同时，模块化施工使得工艺模块预配深度达到 70%~85%，焊接一次合格率高达 96%，现场安装有效施工周期可缩短 35%，整体施工周期缩短 20% 以上，缩短了建设周期，提高了工程质量。

提高了工作效率。电子巡井代替人工巡井、电子值勤代替人工值守，电子报表代替了人工报表。按照"重复性好的工作机器做，重复性差的工作员工做"的思想，智能化设备代替人工操作，将员工从驻井看护、气区巡护、资料统计等简单、重复性劳动中解脱出来。

革新了组织架构。通过油气田数字化建设，形成了中小型站场无人定岗值守、大中型站场少人集中监控的中心站管理模式，助推了劳动组织架构的转变。简化了组织层级，实现组织机构扁平化，建立按流程管理的新型劳动组织模式，行政管理与生产管理相统一。通过推行数字化集气站，气田构建了"作业区—监控中心—单井"的生产管理模式，将作业区生产管理终端直接由区域监控中心延伸至气井井口，管理层级简化为二级。

提升了安全水平。建设数字化油气田，实现了对井、站主要设备运行状态和系统关键参数进行实时监控，对关键设备或装置实行自动控制，使系统更加平稳、高效地运行。同时针对突发事件和不可控系统异常，建设油气集输、安全环保、应急抢险一体化的安全环保风险感知和预警系统，加强安全环保风险控制和应急处置能力，实现保安全控制环境污染的目的。

第四节 典型案例——苏里格气田

20世纪90年代中期，鄂尔多斯盆地上古生界天然气勘探取得重大突破，先后发现了乌审旗、榆林、米脂、大牛地、苏里格、子洲等一批致密气田，特别是自2000年以来，长庆油田按照大型岩性气藏勘探思路，高效、快速探明了苏里格大型致密气田。2005年以来，按照致密气田勘探开发思路，长庆油田实现合作开发模式，采用新的市场开发体制，走管理和技术创新、低成本开发之路。集成创新了以井位优选、井下节流、地面优化技术为重点的12项开发配套技术，实现了苏里格气田经济有效开发，从而推动苏里格地区致密气勘探开发进入大发展阶段。

一、基本概况

苏里格气田主要处于内蒙古自治区鄂尔多斯市与陕西省榆林市境内，是中国目前唯一储量规模超万亿立方米的巨型气田，具有致密气层大面积连片分布的特征，勘探面积$56×10^4km^2$、资源量超过$6×10^{12}m^3$。2015年底累计提交探明地质储量$1.33×10^{12}m^3$，基本探明储量$2.96×10^{12}m^3$，合计$4.29×10^{12}m^3$。储层普遍具有低渗透致密气藏特点，有效砂体规模小，纵向上单井多数钻遇3~5个气层，平面上单个有效砂体规模主体在$400m×600m$左右，砂体整体表现出较强的非均质性。气田具有致密气产能建设周期长的特征，经过10年的不断深入认识，2014年底实现年产能$250×10^8m^3$，年产量$235×10^8m^3$，天然气累计产量超过$1000×10^8m^3$，是中国产量最高的气田。

二、气藏特征

（1）储量丰度低。气田不同区块储量丰度差异大，富集区储量丰度可达$2.0×10^8m^3/km^2$左右，低品位区储量丰度在$1.0×10^8m^3/km^2$以下。全区平均储量丰度$1.1×10^8m^3/km^2$，整体属于低丰度气藏。

（2）储层低孔、低渗透。岩心分析统计结果表明苏里格气田气层段孔隙度范围为3.0%~21.84%，平均孔隙度8.95%，主要分布范围为5%~12%；渗透率范围为0.0148~561mD，平均渗透率0.73mD，主要分布范围为0.06~2.0mD，占全部样品70%以上。总体上，属于低孔低渗透致密气层。

（3）压力系数低、气井产量低、稳产能力差。气藏压力系数范围为0.771~0.914，平均0.86，属于低压气藏。苏里格气田除了少部分井（约10%）试气无阻流量大于$15\times10^4\text{m}^3/\text{d}$外，90%以上气井无阻流量小于$15\times10^4\text{m}^3/\text{d}$，且多数小于$5\times10^4\text{m}^3/\text{d}$，属于低产气藏。气井的生产动态进一步证实了这一特征，2002年在苏里格气田开辟了先导性开发试验区，先后投入气井28口进行试生产，第一批（2002年9月）投产气井16口，初期日产气$1\times10^4\text{m}^3\sim6\times10^4\text{m}^3$，单井平均日产气$2.6\times10^4\text{m}^3$；第二批（2003年9月）投产气井12口，初期日产气$1\times10^4\text{m}^3\sim5\times10^4\text{m}^3$，单井平均日产气$2.7\times10^4\text{m}^3$。目前这些试采井，平均单井日产气仅$0.3\times10^4\text{m}^3$，平均井口油套压3.0MPa。

（4）砂体纵向多期叠置、横向复合连片；有效砂体规模小，横向连续性差。苏里格气田沉积相类型决定了砂体的发育类型和规模。辫状河沉积河道频繁迁移，砂体宽厚比大，经验统计一般为80~120，多个砂体切割叠置，形成宽条带状或大面积连片分布的复合砂体。因此，砂体钻遇率较高，一般大于60%。

苏里格气田有效储层为砂岩中的粗岩相，砂体是连续的，但有效砂体呈现孤立、分散分布；试气、试采过程中气井产量低、地层压力下降快，后期压力恢复慢，反映了有效储层连通性差，单井控制储量低的特点。

苏里格气田单期有效储层厚度范围2~5m，宽度300~500m，长度400~700m。同时，盒$_8$、山$_1$段河道经过横向反复迁移、纵向多期叠置，高能水道叠置带内可形成2~3个有效砂体切割叠置，复合有效砂体厚度5~10m，宽度500~1200m，长度800~1500m。

三、开发历程

苏里格气田自2000年发现以来，开发经历了早期开发评价、规模建产与快速上产、稳产与提高采收率三个阶段，逐步建成国内最大的天然气田，引领了该类气藏开发的跨越式发展，并形成了不同开发阶段的主体配套技术，建立了该类气藏的开发模式，目前正处于稳产与提高采收率阶段。

（1）早期开发评价阶段（2001—2005年）：完成二维地震测线839km，三维地震面积302km^2，完钻评价井28口，开展了大量压裂、试采等前期评价工作，认识到苏里格气田是低渗透、低压、低丰度的大面积分布"三低"气田，采用常规方式开发，投资大、效益差，难以有效开发。面对苏里格气田开发难、效益差的客观现实，由此确立了"依靠科技、创新机制、简化开采、低成本开发"的开发思路，开发目标从追求单井"高产"调整为追求"整体有效"，以单井$1\times10^4\text{m}^3/\text{d}$、稳产3年为目标，把苏里格气田开发引入全新阶段。

（2）规模建产与快速上产阶段（2006—2014年）：2006—2008年为经济有效开发阶段。长庆油田创新"5+1"合作开发新模式及"四化"建设模式，形成了地面优化技术、快速钻井技术、储层改造技术、井下节流技术、井间串接技术、数字化管理技术、水平井技术、排水采气技术、滚动建设技术、快速投产技术、增压开采技术、稳产接替技术等12项开发配套技术。达到Ⅰ+Ⅱ类井比例80%、单井综合成本800万元以内的两大目标，实现了气田规模有效开发。2009—2014年，提升开发水平与效益阶段。紧抓稳定并提高单井产量"牛鼻子"工程，持续技术创新。开发井型由直井、丛式井转变为水平井；储层改造由直井多层到水平井多段、段内多缝、体积压裂;生产管理由人工巡护到数字化、智能化管理,气田开发水平大幅提高。2014 年底形成产能 $250\times10^8m^3/a$,提前两年实现"$230\times10^8m^3$ 规划"目标。

(3) 稳产与提高采收率阶段 (2015 年以来): 2015 年生产天然气 $237\times10^8m^3$,占长庆气区的 62%。2008 年以来年增气量 $30\times10^8m^3$,天然气累计产量超过 $1000\times10^8m^3$,是中国产量最高的气田。截至 2015 年,苏里格气田累计投产气井 8200 口(水平井 905 口),日均开井 6587 口(水平井 809 口),平均单井日产量 $0.95\times10^4m^3$,平均单井累计产气 $1348.7\times10^4m^3$,历年累计生产天然气达 $1106.0\times10^8m^3$。

四、开发主体技术

针对苏里格气田有效储层规模小、储量丰度低、压力系数低、非均质强的地质特征,集成创新了 12 项开发配套技术,强有力地支撑了气田的规模经济有效开发。井位优选、快速钻井、储层改造、井下节流、井间串接和数字化管理技术显著降低气田开发成本,实现了气田规模经济有效开发;水平井开发、排水采气等技术进一步实现气田长期稳产。

1. 井位优选技术

储层地震预测实现了"模拟到数字、二维到三维、叠后到叠前、砂层到气层预测"四大转变,解决了从"河道带识别到砂体预测、气层预测,再到储层空间刻画"的逐级精细描述问题,形成了苏里格气田富集区筛选技术。在富集区筛选基础上,不断丰富和完善井位优选技术,开发方式实现了从直井到定向井再到水平井为主的转变。截至 2013 年底,苏里格气田累计筛选富集区面积 $1.34\times10^4km^2$,富集区储量 $1.88\times10^{12}m^3$。确保了年均 $60\times10^8\sim70\times10^8m^3$ 产能建设的井位优选,保障了 Ⅰ + Ⅱ 类井比例达到 80.0% 以上。

2. 水平井开发技术

以储层精细描述为核心,采用层次分析法,实现储层描述从层段砂体到小层复合砂体、单砂体、砂体内部构型的逐级细化,刻画储层空间分布。拓宽水平井开发思路,突出砂体类型、目标层系、布井方式、井型组合、轨迹设计 5 个转变,形成单支单向水平井、双支双向水平井、多支多向多半径水平井、多支双向水平井 4 种水平井整体部署模式,推进水平井规模开发。应用效果显示,水平井产能比例由评价初期 5.1% 提升到 60.8%;水平井有效储层遇率由评价初期 23.9% 提升到 62.4%。水平井初期产量初产达到 $6.6\times10^4m^3/d$,为相邻直井的 3~5 倍。目前,已建成苏东南等 9 个水平井整体开发区,累计完钻水平井 969 口,占总井数 11%,产量贡献 34.7%,形成 $90.2\times10^8m^3$ 产能规模。

3. 快速钻井技术

创新集成应用"PDC 复合钻进、井身剖面优化、轨迹精确控制、低摩阻防塌钻井液体系"等技术,钻井模式由直/定向井、丛式井组、水平井发展为多井型大井组立体开发模式。水平井钻井周期由 102d 缩短至 59.2d,单井钻井成本由 2000 万元降至 1200 万元;直丛井平均钻井周期由 30.5d 缩短至 19.4d,单井钻井成本由 800 万元降至 500 万元;大幅度降低了钻井成本,支撑了气田快速建产。

4. 储层改造技术

(1) 直井分压工艺继续创新,提高多层系气藏纵向动用程度。针对苏里格气田"一井多层、单层低产"的特点,以实现直井多层动用为目标,形成了机械封隔和套管滑套两大分层压裂技术（图3-23）。机械封隔分层压裂从前期分压3层提高至11层，气田规模应用4000余口井，成本节约1/4，实现了直井多层低成本、快速分压，成为苏里格气田八大关键技术之一。套管滑套分层压裂技术有限级最高分压11层、排量6~8m³/min，现场试验48口井192层，工具价格为国外同类产品的50%，为致密气直井大排量混合水压裂提供了技术手段。

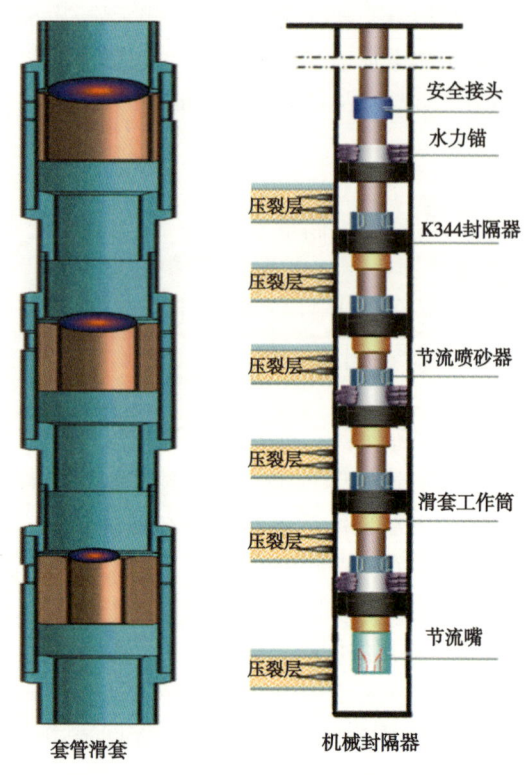

图3-23 苏里格气田两大直井分压工艺

（2）水平井分段压裂技术进步，助推气田转变开发方式。立足不同储层特点，通过工艺攻关、关键工具和材料研发，气田形成了多级滑套水力喷砂、裸眼封隔器两大水平井分段压裂技术（图3-24），累计应用582口井，初期投产产量$5.7 \times 10^4 m^3/d$，达到直井的3倍以上，促进了气田由"多井低产"到"少井高产"的转变。

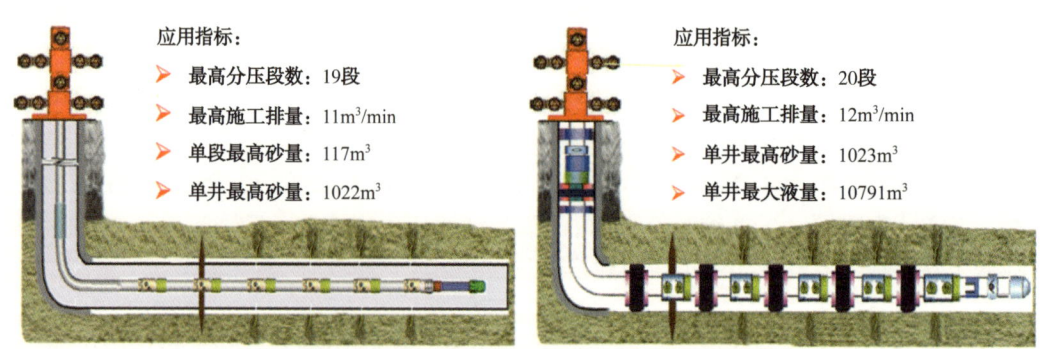

图3-24 苏里格气田两大水平井分段压裂技术

（3）水平井体积压裂技术取得重要进展，苏东致密气先导试验成效显著。针对苏东致密气储层特点，建立了以"低黏液造缝、高黏液携砂、多尺度支撑剂组合、高排量注入"的体积压裂模式，试验12口井初期日产气$6.7 \times 10^4 m^3$，是常规水平井的1.8倍，监测表明改造体积增加两倍以上。

（4）低伤害压裂液体系自主研发，规模应用助推改造效果的提升。以降低残渣伤害为目标，研发了低浓度和阴离子表面活性剂两套致密气藏低伤害压裂液体系，室内评价岩心伤害均降至20%以下，规模应用超过2000余口井，改造效果较常规提高20%~30%。

5. 排水采气技术

针对气井普遍"低压、低产"特点，经过多年攻关试验，形成以泡沫排水采气为主、速度管柱、柱塞气举和气举复产等为辅的排水采气技术系列（表3-8），各技术持续突破并配套完善，不断挑战低产气井携液生产下限。2014年苏里格气田开展各类排水采气措施3969口/84601井次，累计增产$10.17 \times 10^8 m^3$。

表3-8 苏里格气田排水采气技术

时 间	技术名称	特 点
2006年	泡沫排水	气量大于$5000 m^3/d$气井，应用效果较好
2009年	速度管柱	气量大于$3000 m^3/d$气井，能够稳定携液生产
2011年以来	柱塞气举	初步解决了$3000 m^3/d$以下气井的生产问题
	气举复产	对有一定产能水淹井有效，复产后辅助其他措施能够恢复气井连续生产

6. 地面集输技术

形成了"井下节流，中低压集气，带液计量，井间串接，常温分离，二级增压，集中处理"的苏里格模式，经过多年生产实践证明该模式适应了气田井数多、单井产量低、压力下降快的特点，单井地面投资由400万元降低到150万元，实现了低成本开发要求。为进一步提高气田开发效益，有效缩短建设周期，提高管理水平，以"小型化、撬装化、集成化、一体化、网络化、智能化"为原则，集成创新了天然气集气一体化集成装置、电控一体化集成装置、凝析油稳定橇等一体化集成装置，形成了"一体化"建设新模式。"一体化"建设模式，实现了由零件标准化向产品标准化的转变，加快了地面建设速度，平均减少站场占地面积35%以上，缩短设计周期30%以上，缩短施工周期35%以上，现场安装工程量减少80%。

五、开发经验与认识

苏里格气田是中国陆上最大的气田，也是致密砂岩气藏的典型代表，具有"低渗、低压、低丰度、薄层、强非均质"的特征，单井产量低、压力下降快、稳产难度大，开发难度世界罕见。苏里格气田的开发经历了一个实践—认识—再实践—再认识的曲折而又科学的发展历程，经历了4个发展阶段，开发水平和开发效益逐渐提高。苏里格大型致密砂岩气田的成功开发带来了丰富的经验与启示。

1. 突破常规开发思路，积极评价和认清气田本质

2000年8月26日，苏6井喷出$120.16 \times 10^4 m^3/d$的高产工业气流，标志了苏里格大

气田的发现。苏6井获得高产后,一批探井相继获得中—高产工业气流,当时普遍认为苏里格气田是一个储层连通性好的优质高产气田。但在2001年动态评价中认识到苏里格气田单井控制储量小、非均质性强、连通性差,压力恢复缓慢。在2002年水平井开发试验、大规模压裂改造储层,希望达到沟通含气砂体、增强连通性、提高单井产量的目的,但水平井和大规模压裂沟通多个砂体的预期目标没有实现。一系列艰苦卓绝的现场试验和攻关研究后,终于"才识庐山真面目",认识到苏里格气田具有以下5点基本特征:(1)储量落实;(2)砂体多期叠置并复合连片;(3)储层含气性横向变化大,非均质性强;(4)储层大面积含气、局部相对富集;(5)典型的"低渗透、低压、低丰度"的岩性气藏。"如何正确认识苏里格气田"是苏里格气田开发进程中一个重要环节,特别是寻求苏里格气田单井实际产能的过程,集中地体现了认识转变、思路转变的发展过程。从单井"高产"到"低产"思路的重大转变,对于深化苏里格气田开发技术研究,促进苏里格气田开发成本降低,实现苏里格气田经济有效开发起到了重要的作用。

2. 变革管理方式,建立内部竞争机制

2005年底,长庆油田遵循"互利双赢、共同发展、管理简单、运行高效、技术创新、成果共享"的原则,引入中国石油旗下长庆石油勘探局、辽河石油勘探局、四川石油管理局、大港油田集团公司、华北石油管理局5个单位合作开发苏里格气田的7个区块,并与各方签订"苏里格气田合作开发合同",形成"5+1"合作开发模式和苏里格气田"技术集成化、建设标准化、管理数字化、服务市场化"的开发方略。通过市场化的手段调动各参战单位的人力、物力来开发苏里格气田,充分发挥了市场配置资源的巨大力量,从而在2006—2015年合作开发10年时间内,建成了$250\times10^8m^3$的生产能力。市场化明显地提高了开发速度、工程质量,同时降低了开发成本。管理的创新加强了苏里格气田的开发力量,加快了苏里格气田的开发进程。

3. 创新关键技术体系,促进气田规模有效开发

针对苏里格气田开发技术难题,采用集成创新的方法,对各个创新要素和创新内容进行选择、集成和优化,形成优势互补的有机整体,解决制约苏里格气田开发的技术难题。从而形成苏里格气田"井位优选技术、快速钻井技术、储层改造技术、丛式井水平井技术、井下节流技术、排水采气技术、井间串接技术、数字化管理技术、滚动建产技术、快速投产技术、增压开采技术、稳产接替技术"共12项开发配套技术,突破了制约苏里格气田经济有效开发的技术瓶颈、气田开发的成本显著降低、开发管理水平得到大幅提升。

4. 坚持低成本战略,保障气田长期经济效益开发

苏里格气田的大面积、低丰度储量与气井低产能力自始至终决定必须实施低成本开发战略,才能实现气田的经济效益开发。思想、技术与管理创新为低成本开发注入了活力,带来了保障。天然气田的建设费用,钻井和地面建设占最重要比重。PDC钻头应用提高了机械钻速,钻井周期缩短了1/2以上,应用快速产能评价技术,试气时间缩短了1/3以上;简化地面流程,单井地面投资降低了1/2左右。从开发效益来看,通过技术进步和成本降低,单井综合投资与评价初期相比降低了1/3,各区块的单井综合投资控制在800万元以下,实现了效益开发。

第五节 面临的挑战与发展前景

"十一五""十二五"致密气勘探开发取得重大突破,但要推动中国致密气的整体规模化发展,仍面临三方面的问题。(1)勘探方面,中国致密气资源丰富,但对新盆地、新领域的勘探力度不足,对富集规律的认识不足,储量接替面临挑战,此外,随着储层条件变差,地球物理储层预测技术面临挑战。(2)现有的开发方面,产能评价、井网优化和地质建模技术已无法满足开发中后期调整与提高采收率的要求,低产低效井的增加也为稳产带来挑战。(3)工程方面,储层改造和排水采气技术不但面临储层条件变差带来的技术挑战,还面临气井低产低效带来的成本挑战(图3-25)。

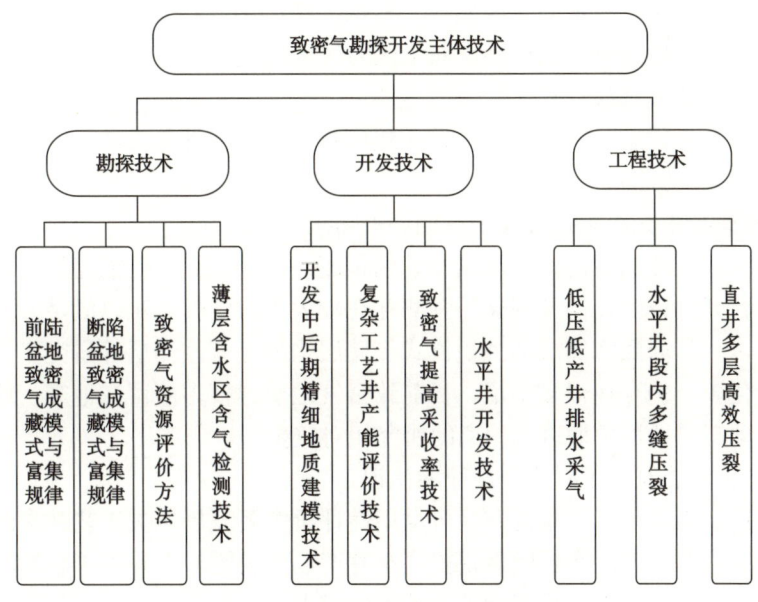

图3-25 致密气勘探开发主体技术

一、面临的挑战

1. 勘探面临的挑战

致密气勘探方面主要体现在新领域勘探评价力度、富集规律研究和地球物理储层预测三个方面的挑战。

1)对新领域勘探评价力度不足

以鄂尔多斯盆地苏里格气田、四川盆地川中地区须家河组气藏、塔里木盆地库车地区克深气田和松辽盆地南部登娄库组气藏为代表,中国相继在鄂尔多斯、四川、塔里木、松辽、吐哈等多个盆地获得致密气勘探开发的重大突破,但目前增储领域仍然以鄂尔多斯盆地苏里格气田与四川盆地须家河组为主,新的领域还未落实。

2)不同盆地富集主控因素认识不足

"十一五""十二五"期间,中国致密气勘探主要为克拉通斜坡型勘探阶段,即以简单克拉通斜坡型勘探为主,形成以开发苏里格、须家河组大气田为标志。近年来中国已新发现多种类型致密气资源，未来致密气勘探将从简单克拉通斜坡型进入复杂、多类型阶段，即气水复杂区、前陆深层、断陷深层致密砂岩气勘探发现阶段，针对这些致密气资源特征、控制因素及资源潜力认识不清，限制了勘探开发的发展。如库车东段迪西1井获得重要突破，但随后钻井皆失利，致密气成藏机制与分布仍然不清，影响了下一步深入勘探。

3）储层条件变差、气水关系复杂

储层和流体性质更为复杂的致密气"甜点"预测技术不成熟，叠前AVO和泊松比基本可满足厚度8m以上致密气层的预测，但研究表明四川盆地川中须家河单层储层厚度小于5m，鄂尔多斯盆地苏里格气田单层厚度在1~5m，目前的储层预测技术无法满足这一预测精度要求。另外，苏里格南区、东区及整个四川盆地川中地区致密气储层气水关系复杂，常规地震反射没有特定的响应，应用常规地球物理方法不能有效的预测有效储层厚度分布及气水层分布关系。目前对于薄储层、气水混杂区和砂砾岩等复杂岩性区的预测技术还不成熟，制约了新勘探目标和低品位储量区的评价优选。

2. 开发技术面临的挑战

致密气开发技术面临的挑战主要在地质建模技术、产能评价方法、井网优化方法和低效井挖潜技术等4个方面。

1）地质建模技术无法满足开发中后期调整需求

地质建模技术不能满足已开发区储量动用程度评价的需要，产能建设阶段主要应用概念地质模型进行开发设计，但井间储层预测存在较大不确定性，难以满足开发中后期调整开发井网的需求。目前致密储层的沉积模式、储层构型、有效储层等研究多局限于定性评价，分类、量化表征仍存在很多不足。目前致密气地质建模多停留在地震、地质综合约束建模，用生产动态对地质模型进行约束的研究相对较少。

2）产能评价方法制约了对生产规律的认识

致密气稳产能力认识和气水混杂区可动用性评价需要发展压裂工艺井渗流规律和产能评价新方法研究，明确产能影响因素是提高单井产能的关键，但是由于影响因素众多，影响方式和机理复杂，一直以来是产能评价技术的难点。目前主要是采用经验性产能评价方法指导开发井配产满足了初期建产的需求，但制约了对致密气生产规律的机理性认识，进一步动用更低品质致密气储量也缺乏理论指导。

3）井网优化方法缺乏系统研究，提高采收率面临挑战

井网优化是致密气稳产和提高采收率最有潜力的技术手段，目前缺乏系统研究，早期开发井网对不同尺度砂体的控制程度较低，造成致密气采收率偏低（30%左右），是影响气田稳产的主要因素。井网调整、加密作为致密气提高采收率最有效的方法，在美国各大致密气田已得到很好的验证。之前的研究主要侧重于有效储层规模尺度对井网的影响，而且以出现井间干扰作为井距极限的约束条件。这些研究忽视了改造规模和改造方式对井间储量动用程度的影响评价，也没有考虑允许一定的井间干扰、适当降低单井累计产量来提高整体采收率的经济技术问题。

4）低产低效井增加，气田稳产面临挑战

致密气藏具有储层非均质性强、储层连通性差、物性差等特点，必须经过人工压裂方能产气，且气井具有无稳产期及递减快的特点，加上产水积液、节流器问题及生产制度不合理等因素容易造成低产低效井，导致开发效果下降。在苏里格气田已有5000多口低产

低效井，日产量在 $3000\times10^4\mathrm{m}^3$ 以下，多不能连续生产，给气田稳产和生产管理带来严峻挑战。

3. 工程技术面临的挑战

目前随着致密气开发的深入，开发对象从高品位储量区向低品位储量区和超深层储量区转换，这对储层改造技术和排水采气技术提出了挑战，此外，低产气井和含水气井的增加也为工程技术成本带来挑战。

1) 储层条件日趋复杂，储层改造技术面临挑战

"十一五""十二五"期间，致密气开发动用储量多为优质储量，储层条件较好，随着开发的深入，储层条件日趋复杂，储层改造对象中Ⅲ类储层比例逐渐增加，以致密薄互层为主，目前的储层改造技术主要面临如何扩大改造体积和如何提高纵向上多层动用程度的挑战。此外，以苏里格气田西区和川中须家河组为代表的致密气区块，气水关系复杂，对气层压裂改造时会影响与其相邻的水层，对储层改造也提出了较大的挑战。

针对质量较差的储层，国内外研究表明，扩大改造体积是提高致密储层单井产量有效途径。而国内外岩石实验表明，页岩较容易碎，易形成网状缝，而致密砂岩更易形成较为规整的拉伸缝，盆地致密砂岩储层脆性、天然裂缝不同于页岩，如何形成复杂裂缝条件认识不清，还需要深入研究。

针对鄂尔多斯盆地致密砂岩气藏纵向上多层发育特征，前期主体采用的直井机械分层连续分压技术使苏里格气田单井产量得以提高。但随着储层条件更加复杂，常规定向井分压工艺井筒管柱复杂，已不能满足致密多薄层单层高排量混合注入压裂的要求。

2) 低产低压井与超深井有效排水采气面临挑战

苏里格致密气藏多井低产，针对低产井井筒积液问题，经过前期攻关研究，形成了以泡排为主，速度管柱、柱塞气举、气举复产为辅的排水采气技术系列，基本解决了日产 $3000\mathrm{m}^3$ 以上气井的排水采气问题，但随着气井产量的降低，日产 $3000\mathrm{m}^3$ 以下井数逐年增加，目前已达到总经数的35%，尚未形成有效的排水采气技术。以克深气田为代表的超深层裂缝型致密砂岩气藏，气井深度普遍在6000~7000m，现有的连续油管泡排技术和氮气举升技术无法适应超深井排水采气的要求。

3) 低品位储量区工程技术成本面临挑战

物性更差、厚度更薄的Ⅱ类、Ⅲ类储量区气井产量低，目前的改造工艺成本相对较高，气井与区块整体开发效益面临挑战，急需发展改造工艺技术，提升改造效能，实现有效动用。此外气水混杂区具有较高的含水饱和度或气水同层，地层能量较弱，单井产量低，具有较高的水气比，造成气井携液困难、产量快速下降，给排水采气的经济性带来更大挑战。

二、发展前景

致密气是中国天然气上产最现实的领域。致密气产业的发展应立足大规模勘探开发的重大需求，发展致密气勘探、开发、采气技术系列，扩大可供开发的致密气资源基础，增强已开发致密气田的稳产能力，提高已发现储量的动用程度。

（1）加强关键技术的攻关与推广应用。重点加强有效储层预测技术、高含水饱和度区储层预测、裂缝预测技术、欠平衡钻井技术、小井眼钻井技术、水平井大规模缝网改造

技术、更大密度井网的有效性评价、直井分压合采技术、提高采收率配套技术完善的攻关。加强关键技术低成本化的研究，以推进关键技术的大规模应用。其中，有效储层精细刻画技术、薄储层水平井钻井技术、提高采收率配套技术于2035年有望达到国际先进水平。

（2）进一步落实储量，拓展勘探开发新区。加强致密砂岩气资源地质调查与评价工作，掌握致密砂岩气的资源分布与资源状况，研究重点由远景与地质资源量转向技术可采储量、经济可采储量；鄂尔多斯盆地重点拓展苏里格气田南部、盆地东部神木—子洲及盆地南部地区等三大目标区，准噶尔盆地南缘斜坡区、松辽盆地徐深和古龙洼陷也是下一步重点勘探区域。据中国石油勘探开发研究院统计预测，在现有技术和技术突破两种情景模式下，2015—2035年每年新增探明储量为 $1000 \times 10^8 \sim 1500 \times 10^8 m^3$，2035年累计探明储量 $5.5 \times 10^{12} \sim 6.0 \times 10^{12} m^3$，有力支撑中国石油致密气的持续上产和稳产（表3-9）。

表3-9 中国致密气2020—2035年探明储量与产量预测表

类型	现有技术				新一代技术			
	2020年	2025年	2030年	2035年	2020年	2025年	2030年	2035年
探明储量，$10^{12}m^3$	4.7	5	5.2	5.5	4.8	5.2	5.5	6
产量，10^8m^3	400	470	520	550	430	550	650	800

（3）保持气田稳产，扩大上产试验。在深化气藏动态分析、明确气田稳产主控因素的基础上，开展强非均衡开采气藏增压单元划分、不同压力气井增压序列优化等关键技术攻关；开展完善井网、查层补孔、老井侧钻及重复改造等措施，评价气田挖潜潜力；针对低压低产气井生产特征，持续加强剩余储量空间分布预测与加密井技术经济下限研究，制订合理的延长稳产期对策；重点进行小井眼连续油管分层压裂、水平井暂堵多缝压裂试验。"十一五"以来，致密气产量快速上产，由2005年 $21 \times 10^8 m^3$ 上产到2015年 $335 \times 10^8 m^3$，平均年增产量 $30 \times 10^8 m^3$ 以上。进入"十二五"，致密气平均年增产量 $25 \times 10^8 m^3$，保持稳步增长。

（4）提高致密气田采收率，尽快落实致密气财税补贴政策，最大限度地解放低品位储量，实现致密气的规模效益开发。通过有效砂体精细解剖，深化气藏精细描述，探索气藏静动态建模技术；通过扩大加密试验研究区块储量、单井控制储量、采气速度和采收率等主要指标之间的合理匹配关系，提出兼顾采收率和采气速度的最优加密井距和排距；开展老井措施挖潜技术研究与试验，进一步提高单井产量和气田采收率，形成致密气藏稳产及提高采收率技术对策；针对低产井、产水井不断增多，加强气井分类管理措施研究，分区分策、一区一策优化生产制度，结合重复压裂、排水采气工艺，有效降低综合递减率。

依靠现有开发技术，落实致密气财税补贴政策，可上产 $600 \times 10^8 m^3$ 以上。采用富集区加密提高采收率，补贴0.2元/m^3，2020年可上产 $400 \times 10^8 m^3$；补贴0.4元/m^3，通过动用低丰度Ⅰ类区，2030年具备上产 $520 \times 10^8 m^3$ 的潜力；依靠更低品位储量和新区发现，2035年具备上产 $550 \times 10^8 m^3$ 以上的潜力。依靠技术和管理创新，发展多气藏类型立体开发理论与技术，2035年致密气产量有望达到 $800 \times 10^8 m^3$ 规模（表3-9）。

参 考 文 献

[1] IEA. World Energy Outlook 2009[R]. 2009.

[2] 杨涛, 张国生, 梁坤, 等. 全球致密气勘探开发进展及中国发展趋势预测[J]. 中国工程科学, 2012, 14(6): 64-68.

[3] 童晓光, 郭彬程, 李建忠, 等. 中美致密砂岩气成藏分布异同点比较研究与意义[J]. 中国工程科学, 2012, 14(6): 9-15.

[4] 李建忠, 郭彬程, 郑民, 等. 中国致密砂岩气主要类型、地质特征与资源潜力[J]. 天然气地球科学, 2012, 23(4): 17-22.

[5] 邹才能, 杨智, 朱如凯, 等. 中国非常规油气勘探开发与理论技术进展[J]. 地质学报, 2015, 89(6): 979-1007.

[6] EIA. Annual Energy Outlook 2016[R]. 2016.

[7] 杨华, 刘新社, 杨勇. 鄂尔多斯盆地致密气勘探开发形势与未来发展展望[J]. 中国工程科学, 2012, 14(6): 40-48.

[8] 刘新社, 席胜利, 付金华, 等. 鄂尔多斯盆地上古生界天然气生成[J]. 天然气工业, 2000, 20(6): 19-23.

[9] 孙小平, 石玉江, 姜英昆. 长庆低渗透砂岩气层测井评价方法[J]. 石油勘探与开发, 2000, 27(5): 115-118.

[10] 张明禄, 石玉江. 复杂孔隙结构砂岩储层岩电参数研究[J]. 石油物探, 2005, 44(1): 21-28.

[11] 中国石油勘探与生产分公司. 低孔低渗油气藏测井评价技术与应用[M]. 北京: 石油工业出版社, 2009.

[12] 何雨丹, 肖立志, 毛志强, 等. 测井评价"三低"油气藏面临的挑战和发展方向[J]. 地球物理学进展, 2005, 20(2): 282-288.

[13] 何东博, 贾爱林, 冀光, 等. 苏里格大型致密砂岩气开发井型井网技术及应用[J]. 石油勘探与开发, 2013, 40(1): 79-89.

[14] 任勇, 冯长青, 胡相君, 等. 长庆油田水平井体积压裂工具发展浅析[J]. 中国石油勘探, 2015, 20(2): 75-80.

[15] 李志刚, 李子丰, 郝蜀民, 等. 低压致密气藏压裂工艺技术研究与应用[J]. 天然气工业, 2005, 25(1): 96-99.

[16] 尹艳树, 吴胜和. 提高河流相储层建模精度的河道中线约束方法[J]. 大庆石油地质与开发, 2007, 26(6): 78-81.

[17] 于兴河, 李胜利, 赵舒, 等. 河流相油气储层的井震结合相控随机建模约束方法[J]. 地学前缘, 2008, 15(4): 33-41.

[18] 赵文津. 从鄂尔多斯盆地油气勘查历程谈李四光找油气思想的发展[J]. 地学前缘, 2011, 18(2): 242-257.

第四章 致 密 油

致密油指储集在覆压基质渗透率不大于0.1mD（空气渗透率小于1.0mD）的致密砂岩、致密碳酸盐岩等储层中的石油，或非稠油类流度不大于0.1mD（mPa·s）的石油。储层邻近富有机质生油岩，单井无自然产能或自然产能低于商业开发下限，但在一定条件和技术措施下可获得商业石油产量[1-6]。

中国石油在2010年勘探年会上正式提出"致密油"概念，强调是继页岩气突破后又一热点领域，认为中国致密灰岩、致密砂岩油分布范围广，需重新认识和评价潜力。2011年12月，中国石油召开了"我国致密油勘探进展与资源潜力研讨会"，2012年3月召开了"中国石油致密油气勘探推进会"，大力支持致密油勘探开发理论及关键技术攻关，持续开展致密油开发先导试验。2014年，国家能源致密油气研发中心成立，并承担国家"973"致密油项目，围绕致密油形成及富集机理，开展中国致密油的资源评价与基础理论研究，推动了中国致密油的研究与产业化进程（图4-1）。2014年探明了中国第一个致密油田——鄂尔多斯盆地新安边致密油田。

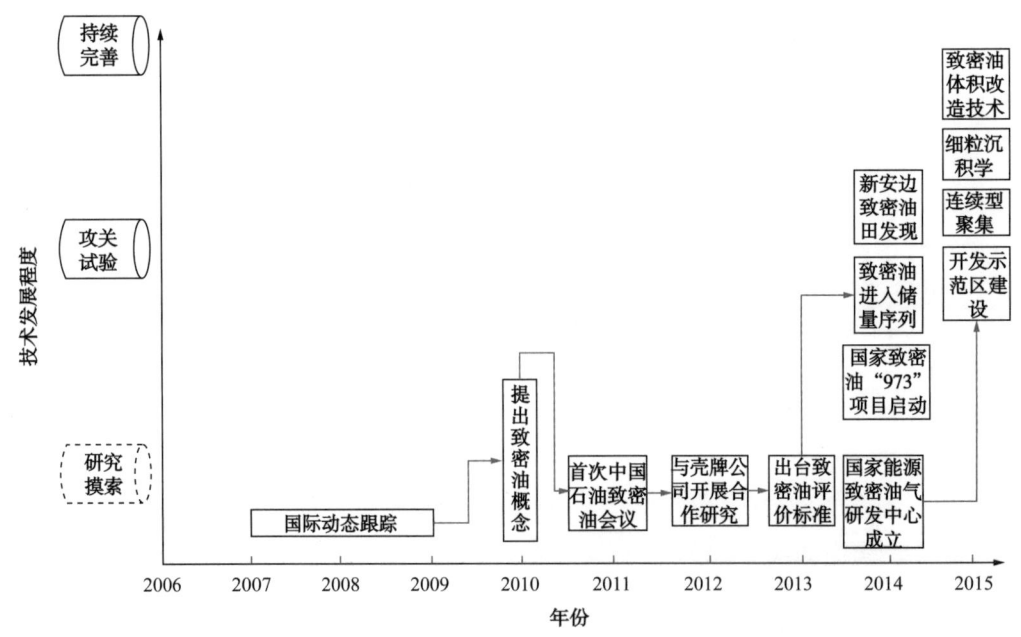

图4-1　中国致密油基础理论、关键技术进展及产业化进程示意图

2010年以来，中国石油相继取得鄂尔多斯盆地长7段、松辽盆地扶余油层、准噶尔盆地吉木萨尔凹陷芦草沟组等多套层系的致密油发现，在细粒沉积与富有机质页岩分布、微纳米孔喉系统与可动流体表征、大面积连续聚集、"六特征评价"与"甜点区/段"预测、致密储层体积改造与"工厂化"作业模式等方面取得了重要进展，初步形成了致密油勘探开发关键技术系列。

第一节 国内外勘探开发现状

21世纪以来,连续型油气聚集理论认识突破及水平井及分段改造技术的大规模应用,为世界致密油的成功开发起到了关键的推动作用,以美国为代表的致密油开发正在改变世界能源版图。

一、国外致密油进展

2013年,EIA评价了全球42个国家的致密油资源,预测全球致密油技术可采资源量为$1209.7 \times 10^8 t$。美国Baken致密油是继页岩气突破之后的又一热点领域,2000年Williston盆地Baken致密油实现重大突破,日产油7000t。2008年,Baken致密油实现规模开发,被确定为全球十大发现之一。北美地区致密油的规模发展得益于借鉴页岩气开采思路,以及水平井分段压裂技术的规模应用,水平井初始最高产油500t/d,稳产15~25t/d,实现了快速工业化开发。

全球范围内,加拿大Duvernay致密油,阿根廷Vaca Muerta致密油、Los Molles致密油和Launa(Simiti)致密油,俄罗斯的Bazhenov致密油,厄瓜多尔,英国等致密油勘探开发均取得了重要进展。2013年,加拿大致密油日产量平均为34×10^4bbl,占原油日总产量的近10%;俄罗斯致密油日产量为12×10^4bbl,占总产量的1%。

1. 美国致密油产业现状

根据EIA的最新评价成果,美国待发现的致密油技术可采资源量为$140 \times 10^8 t$,主要分布在16个盆地内,其中Permian盆地资源最丰富,可采资源量为$51.64 \times 10^8 t$,占比36.9%;其次为Western Gulf盆地,可采资源量为$36.16 \times 10^8 t$,占比25.8%;第三为Williston盆地,可采资源量为$31.10 \times 10^8 t$。

美国致密油产量增长迅速,主要集中在Bakken、Eagle Ford、Permian等产区。2011年美国致密油产量$3000 \times 10^4 t$,扭转了美国持续24年的石油产量下降的趋势,2013年美国致密油产量突破$1 \times 10^8 t$,2015年美国致密油产量创历史新高,到达$2.66 \times 10^8 t$。2016年,美国致密油产量占石油总产量43%,石油对外依存度由2005年的60%下降至2016年的37%,预计到2040年致密油产量超过石油总产量一半以上(图4-2)。

2. 美国致密油规模效益开发的成功经验

美国致密油的成功开发与连续型油气聚集理论认识突破及先进的工程技术密不可分,尤其是水平井及分段改造技术的大规模应用,为美国致密油的开发起到了关键的推动作用。美国致密油开发技术研发的热点集中在致密油气层的识别和改造技术、储层联通技术、注入采油技术等方面。水平井钻井技术、大规模压裂技术和微地震实时监测诊断技术是致密油开采的三大关键技术。应用水平井多级分段压裂能将致密油的最终采收率提高6%以上[7]。新型的高速流道水力压裂技术(High-WAY flow-channel hydraulic fracturing technique)相较于一般水力压裂技术,减少用水量约25%[8]。

美国致密油规模效益开发成功做法主要有以下5点。

1)成熟探区寻找新的效益勘探层系

Williston盆地Bakken含油气系统包括上泥盆统Three Forks组和上泥盆统—下密西西

比统 Bakken 组，是美国致密油勘探开发的重点层系之一。Williston 盆地致密油勘探开发层系为中 Bakken 段和 Three Forks 组，在 North Dakota 地区的 Sanish 油田、Parshall 油田和 Billings Nose 油田，Pronghorn 段为主力产油层系，但在盆地其他地区不存在该层系或没有生产（或没有测试）。通过对 Williston 盆地的整体研究，发现 Pronghorn 段在盆内广泛发育，最大厚度超过 15m，下 Bakken 段富有机质页岩生成的烃类可以就近运移至 Pronghorn 段储层中，形成规模石油聚集，储层平均孔隙度为 5%~6%，平均渗透率为 0.4-0.6mD，平均含油饱和度为 31%~32%。美国 Whiting 石油公司立足 Willston 盆地，围绕 Bakken 层系开展精细研究与评价，发现 Pronghorn 段新含油层系，最初两口探井初始日产量分别为 286.3t 和 267.5t。截至 2015 年底，Whiting 石油公司已完成钻井 80 余口，勘探前景良好。

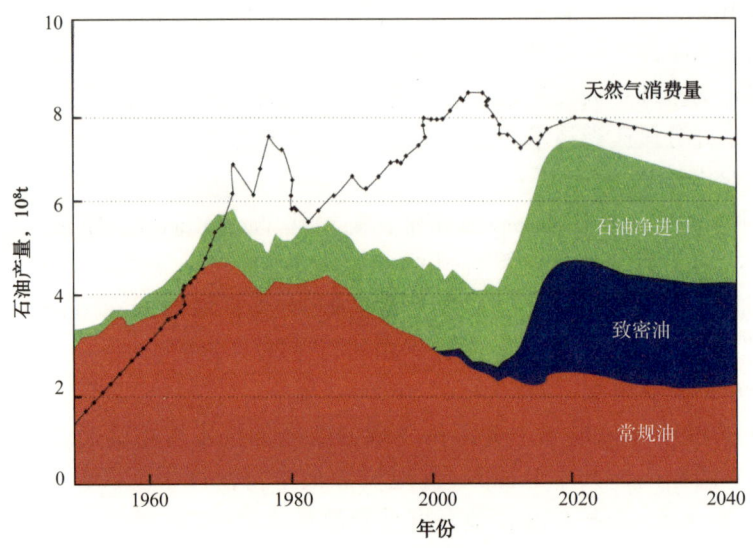

图 4-2 美国石油产量分布

2）加强"甜点区"经济评价、重点开发高收益"甜点区"

"甜点区"资源的经济性是石油公司关注的重点，目前北美地区致密油"甜点区"经济评价重点关注资源规模、储层质量与产出能力。北美不同地区致密油经济性存在较大差异，即使是同一致密油区带，由于非均质性及其他因素的综合影响，不同地区成本价格也存在较大差异。以 Eagle Ford 致密油为例，得克萨斯州 Dewitt 郡成本价格仅为 168 美元 /t（23 美元 /bbl），而得克萨斯州 Dimmit 郡的成本价格最高，达到 423 美元 /t（58 美元 /bbl），为前者的 2.5 倍，因此，石油公司在勘探生产部署时，往往优先开发成本价格相对较低的区带。

3）采用重复压裂、立体压裂最大限度提高致密油储量动用程度

随着致密油勘探开发的不断深入，石油公司发展思路发生了转变，从以往的急于扩展矿权面积转向维持或缩小矿权面积。在已有矿权区内，一方面举措是重点加强对已有生产井的二次改造，重复压裂、立体压裂成为重要的技术创新。以 Eagle Ford 致密油为例，Carrizo 石油公司通过上述两项创新技术，将 Eagle Ford 致密油 110m 的有效簇间距进一步减小至 83m、67m 和 55m，对应的致密油可采储量动用程度分别提高了 20%、45% 和 80%。另一方面举措是进一步聚焦开发层系与压裂对象，以 Permian 盆地 Wolfcamp 致密油

为例，2015年之前，各大石油公司进行了全面勘探，从上覆Spraberry组到Wolfcamp组，钻井深度与压裂改造规模不断扩大，实践结果证实Wolfcamp A段与B段云质砂岩、泥灰岩与岩屑砂岩开发潜力较大，越来越多的开发者将重心放到这一层段，获得高产工业油流，原油初始产量普遍大于63m³/d（400bbl/d），最高可达254m³/d（1600bbl/d）。

4）优化钻完井技术、降低工程作业成本

技术引领发展，降本增效已成为北美致密油产业应对低油价挑战的核心理念。裸眼完井技术、工厂化压裂技术、标准化开发模式等的成功应用，极大地缩短了钻完井周期、降低了成本。Devon石油公司在Eagle Ford致密油开发中采用错列式立体压裂技术，将钻井效率提高了50%，并降低完井成本25%；Carrizo石油公司在Eagle Ford致密油开发中采用裸眼完井技术，将单井钻井成本与完井成本分别降低了21%和27%，单井最短钻井周期仅为7.79d（井深2400m，水平段长度2400m）；在Niobrara致密油开发中单井成本从2010年的670×10⁴美元降至2015年的300×10⁴美元左右。

5）加强不同资源综合开发和利用，提升项目整体效益

除加强致密油地质评价和勘探开发技术提升外，加强不同资源综合开发和利用，提升致密油项目整体效益也是一个有效措施。在巴肯致密油开发过程中，以康菲石油公司为代表，各大石油公司都对与致密油伴生的天然气和重烃资源进行了回收利用，并将回收的天然气注回油井以提高采收率。这种做法有两方面益处：一方面减少了天然气排放，避免了资源浪费，并减少了致密油开发过程中注入水的用量，具有重要的环保意义；另一方面通过重烃资源回收，提高了项目经济效益。赫斯石油公司（Hess Corporation，简写为HESS），经过多轮处理集输设施的优化，目前已实现了产出液、气全收集零排放；康菲公司经过优化分离器，单井组年增效益超过3600×10⁴美元。

二、中国致密油进展

2010年以来，借鉴北美地区非常规油气成功经验，中国陆相致密油勘探开发取得重要进展，形成了"甜点"预测、快速钻完井、体积改造等配套技术，在鄂尔多斯、松辽、三塘湖、准噶尔、渤海湾等多个盆地均实现突破[2, 9-12]，致密油资源逐渐被纳入储量评估范围。

截至2015年底，中国石油累计探明致密油地质储量1.04×10⁸t。鄂尔多斯盆地发现中国第一个亿吨级致密油田——新安边致密油田，探明地质储量1.01×10⁸t、控制储量3.80×10⁸t、预测储量2.58×10⁸t。

截至2015年底，全国累计建致密油产能约150×10⁴t，开发了鄂尔多斯、准噶尔、松辽等盆地的多个致密油开发示范区，开发先导试验获得高产，显示了良好的资源与开发前景。全国致密油产量约100×10⁴t，其中鄂尔多斯盆地长7段为62×10⁴t，松辽盆地扶余油层为20×10⁴t。

鄂尔多斯盆地致密油富集区面积4000km²，资源量25×10⁸t，探明储量1.01×10⁸t，已建产能101×10⁴t，水平先导试验井日产均超百立方米，单井累计产量3200~6700t，预计储量规模超10×10⁸t。

松辽盆地致密油富集区面积1.0×10⁴km²，资源量12.7×10⁸t，发现致密油三级储量3.17×10⁸t，其中探明0.27×10⁸t。储层厚度5~15m，孔隙度5%~12%，渗透率0.03~1mD，

初步建成 $10×10^4$t 产能规模。

准噶尔盆地二叠系芦草沟组致密油"甜点区"面积 1500km², 资源量 $23×10^8$t, 发育上下两套含油"甜点体"油层，埋深 3100~4300m, 累计厚度 90m, 孔隙度 9%~11%, 渗透率 0.03~0.07mD, 含油饱和度 80%, 目前实施探井 42 口（其中水平井 4 口），开发试验水平井 12 口，23 口井日产 12~65t, 单井累计产量 6000~19000t, 预计储量规模 $10×10^8$~$15×10^8$t, 已建产能 $12×10^4$t/a。

此外，渤海湾盆地的华北油田束鹿、辽河油田雷家、大港油田南皮斜坡等地区致密油水平井试验取得了初步进展。

第二节 中国致密油资源潜力

"十二五"期间，中国石油开展了致密油资源潜力评价，针对中国致密油地质特征，初步形成了陆相致密油的资源评价方法体系，落实致密油优质资源超过 $60×10^8$t, 为中国致密油规模有效开发奠定坚实资源基础。

一、致密油资源评价方法

"十二五"期间，中国石油发展了分级资源丰度类比法，来评价致密油资源。通过将评价区内部的各区块分级，即分为 A 类（相当于潜力区、核心区）、B 类（相当于远景区、扩展区或非"甜点区"）和 C 类，然后再分别进行类比评价。分级资源丰度类比法使用的前提条件是：(1) 评价区已完成地质评价，并进行分级；(2) 具备相似的刻度区；(3) 刻度区的资源丰度和可采系数比较可靠。

1. 评价方法

1）评价区边界确定和评价区内部区块分类

从资源评价角度，致密油区主要边界类型包括：盆地构造单元边界、主要储集体沉积体系边界、断层和地层尖灭边界、储层岩性和物性边界。根据石油地质特征，将评价区内部分为潜力区（A 类）、扩展区（B 类）和其他区（C 类）3 类，并估算各类的面积。一般情况下 C 类区不参与资源量计算。

2）选择刻度区

根据潜力区的地质特征，选择与 A 类、B 类特征相似的一个或多个刻度区。

3）计算相似系数

根据潜力区和扩展区油气成藏条件地质风险评价结果，逐一类比评价区与所选的刻度区，求出对应相似系数。计算公式如下：

$$\begin{cases} \alpha = R_{Af}/R_{Ac} \\ \beta = R_{Bf}/R_{Bc} \end{cases} \quad (4-1)$$

式中 α, β——分别为潜力区和扩展区与对应刻度区类比的相似系数；

R_{Af}, R_{Bf}——分别为潜力区和扩展区油气成藏条件地质评价结果，即把握系数；

R_{Ac}, R_{Bc}——分别为潜力区和扩展区对应的刻度区油气成藏条件地质评价结果，即把握系数。

4）计算评价区地质资源量

根据相似系数和刻度区的面积资源丰度，求出评价区地质资源量。计算公式如下：

$$\begin{cases} Q_{ip\text{-}p} = \sum_{i=1}^{n} (A_p Z p_i \alpha_i)/n \\ Q_{ip\text{-}e} = \sum_{i=1}^{m} (A_e Z e_i \beta_i)/m \\ Q_{ip} = Q_{ip\text{-}p} + Q_{ip\text{-}e} \end{cases} \quad (4\text{-}2)$$

式中　Q_{ip}——评价区致密油地质资源量，10^4t；

$Q_{ip\text{-}p}$，$Q_{ip\text{-}e}$——分别为潜力区和扩展区致密油地质资源量，10^4t；

A_p，A_e——分别为潜力区和扩展区面积，km^2；

Z_{pi}，Z_{ei}——分别为第 i 个潜力区和扩展区致密油资源丰度，10^4t/km^2；

α_i——潜力区与第 i 个刻度区类比的相似系数；

β_i——扩展区与第 i 个刻度区类比的相似系数；

n，m——分别为潜力区和扩展区对应的刻度区个数。

可采资源量的计算公式如下：

$$Q_r = Q_{ip\text{-}p} E_{r\text{-}p} + Q_{ip\text{-}e} E_{r\text{-}e} \quad (4\text{-}3)$$

式中　Q_r——评价区致密油可采资源量，10^4t；

$Q_{ip\text{-}p}$，$Q_{ip\text{-}e}$——分别为潜力区和扩展区致密油地质资源量，10^4t；

$E_{r\text{-}p}$——潜力区对应刻度区致密油平均可采系数；

$E_{r\text{-}e}$——扩展区对应刻度区致密油平均可采系数。

2. 评价案例

研究实例在鄂尔多斯盆地西南部，面积约 $6.19 \times 10^4 km^2$，目的层为三叠系延长组长 7 油层组第 1 小层（长 7^1）。

长 7 油层烃源岩厚度一般为 30~60m，最厚可达 130m，优质烃源岩分布范围近 $5 \times 10^4 km^2$；有机母质类型以 I 型、II_1 型干酪根为主，有机碳含量平均 TOC 约 6.5%（R_o 为 0.85%~1.15%，T_{max} 为 445~455℃）；平均生烃强度为 495×10^4t/km^2，总有效生烃量为 2473.08×10^8t；平均排烃强度 290×10^4t/km^2，总排烃量为 1447.71×10^8t，是中生界石油的主力油源。长 7 油层组内共有 3 个致密砂岩层（长 7^1、长 7^2 和长 7^3），长 7^1 是最重要的致密油层，平均厚度为 37m，致密砂岩平均厚度为 10.4m，单层厚度为 3~5m，孔隙度平均为 7%，渗透率平均为 0.18mD，含油饱和度在 50%~80%。

分级界限：按高、中、低资源丰度划分 A、B、C 三类（表 4-1），其中 A 类、B 类和 C 类分别占研究区面积的 7.4%、22% 和 70.6%。

表 4-1　鄂尔多斯盆地致密油分类结果表

地质参数	高丰度区（A 类）	中丰度区（B 类）	低丰度区（C 类）	全区
面积，$10^4 km^2$	0.46	1.36	4.37	6.19
地质资源丰度，10^4t/km^2	>25	10~25	<10	
采收率，%	12	8	4	
地质资源，10^8t	15.9	22.7	16.8	55.4
可采资源，10^8t	1.91	1.82	0.67	4.40

刻度区选择：选择北美地区 Williston 盆地、西加拿大沉积盆地和墨西哥湾盆地的 6 个典型致密油区作为类比的刻度区[13-16]。

类比标准确定：参照三轮油气资源评价标准，结合国内外已有的致密油区地质参数分布特点，制订了中国致密油类比评估标准（表 4-2）。

表 4-2 致密油区地质参数类比评估标准

评估等级		Ⅰ级	Ⅱ级	Ⅲ级	Ⅳ级
评估分值		1~0.75	0.5~0.75	0.25~0.5	0~0.25
储集条件	有效储层厚度，m	>20	15~20	10~15	<10
	储层岩性	砂岩、云岩	粉砂岩、泥质云岩	泥质粉砂岩、泥质灰岩	砂岩、灰质泥页岩
	孔隙度，%	>9	8~9	6~8	<6
	渗透率，mD	>1	0.1~1	0.05~0.1	<0.05
烃源条件	有效厚度，m	>40	20~40	10~20	<10
	平均 TOC，%	>5	3~5	1.5~3	<1.5
	成熟度，%	0.85~0.95	0.75~0.85 或 0.95~1.05	0.65~0.75 或 1.05~1.15	<0.65 或 >1.15
	有机质类型	Ⅰ，Ⅱa	Ⅱa，Ⅱb	Ⅱb，Ⅲ	Ⅲ
保存条件	封隔层岩性	盐岩、膏岩	泥岩、页岩	钙质泥页岩	砂质泥页岩
	封隔层厚度，m	>50	30~50	15~30	<15

类比评价及结果：统计分析 A、B、C 三类地区 10 种地质参数的分布，得到这三类地区地质参数（表 4-3）。按照表 4-4 标准，采用以上介绍的分级资源丰度类比法（中国石油勘探开发研究院开发的致密油资源评价软件 TigOil），分别类比评价，得到概率为 90%、50% 和 10% 的资源量。

表 4-3 研究区类比地质参数

地质参数		A 类区	B 类区	C 类区
面积，$10^4 km^2$		0.46	1.36	4.37
储集条件	有效储层厚度，m	15	10	<8
	储层岩性	细砂岩、粉砂岩	泥质砂岩	泥质粉砂岩
	孔隙度，%	8	7	6
	渗透率，mD	0.05~1.35	0.01~1	0.01~0.5
烃源条件	有效厚度，m	20	20	20
	平均 TOC，%	>3	>3	>3
	成熟度，%	0.85	0.85	1.1
	有机质类型	Ⅰ，Ⅱ	Ⅰ，Ⅱ	Ⅰ，Ⅱ
保存条件	封隔层岩性	粉砂质泥岩	粉砂质泥岩	粉砂质泥岩
	封隔层厚度，m	30	30	30

表 4-4 分级资源丰度类比法评价结果

地质参数		A 类区	B 类区	C 类区	全区
面积，$10^4 km^2$		0.46	1.36	4.37	6.19
地质资源丰度，$10^4 t/km^2$		55.5	17.7	7.3	13
可采资源丰度，$10^4 t/km^2$		6.5	1.4	0.3	1
采收率，%		12	8	4	
地质资源，$10^8 t$	90%	15.6	14.5	19.6	49.7
	50%	25.0	24.1	32.0	81.1
	10%	37.4	35.3	47.3	120.0
可采资源，$10^8 t$	90%	1.88	1.16	0.78	3.82
	50%	3.00	1.93	1.28	6.21
	10%	4.49	2.83	1.89	9.21

二、致密油可采资源评价方法

"十二五"期间，中国石油致密油可采资源评价主要采用 EUR 类比评价法。

1. EUR 类比评价法

EUR（Estimated Ultimate Recovery）指根据生产递减规律，评估得到的单井最终可采储量。根据 EUR 估算某评价区致密油可采资源量的步骤如下。

第一步，估算评价区可能的平均井控面积；

第二步，估算评价区可钻井数；

第三步，估算评价区钻井成功率及成功井数；

第四步，通过类比得到成功井的平均 EUR；

第五步，计算评价区可采资源量，公式为：

$$Q = EUR \cdot Risk \cdot A/D \tag{4-4}$$

式中　Q——可采资源量，$10^4 t$；

　　　EUR——通过与刻度区类比得到的平均 EUR，$10^4 t$；

　　　$Risk$——通过估算得到的评价区钻井成功率，小数；

　　　A——评价区有效面积，km^2；

　　　D——评价区平均井控面积（well drainage area），km^2。

2. 可采资源评价实例

评价实例选自鄂尔多斯盆地延长组长 7 致密油。评价参数、过程及结果如下。

1）平均井控面积（well drainage area）

目前，长庆油田延长组长 7 致密油开发平均井控面积约为 0.54 km^2。

2）水平井 EUR 估算及分布建立

分 6 个阶段统计递减率，对近年开发的 11 口致密油水平井的产能递减进行预测，并估算 EUR（表 4-5）。

表 4-5　长 7 致密油水平井 EUR 分布区间统计

阶　段	阶段产量，10⁴t							EUR 10⁴t
	首年	第 2 年	第 3 年	第 4 年	第 5~11 年	第 12~16 年	第 17~30 年	
递减率，%		28	13	9.5	7.9	6	5	
阳平 2	0.43	0.31	0.27	0.24	1.25	0.57	0.98	4.05
安平 24	0.38	0.27	0.24	0.22	1.10	0.50	0.86	3.57
阳平 3	0.37	0.27	0.23	0.21	1.08	0.50	0.85	3.52
阳平 1	0.35	0.25	0.22	0.20	1.02	0.47	0.81	3.33
阳平 5	0.34	0.25	0.21	0.19	0.99	0.46	0.78	3.23
西平 56	0.32	0.23	0.20	0.18	0.94	0.43	0.74	3.06
西平 235-52	0.24	0.17	0.15	0.14	0.70	0.32	0.55	2.27
西平 235-54	0.22	0.16	0.14	0.13	0.64	0.30	0.51	2.10
西平 233-58	0.20	0.14	0.12	0.11	0.58	0.26	0.45	1.87
安平 31	0.18	0.09 实际值	0.08	0.07	0.37	0.17	0.29	1.25
安平 11	0.17	0.07 实际值	0.04 实际值	0.04	0.19	0.09	0.15	0.75

根据以上 EUR 数据，建立长 7 致密油水平井 EUR 分布（图 4-3）。

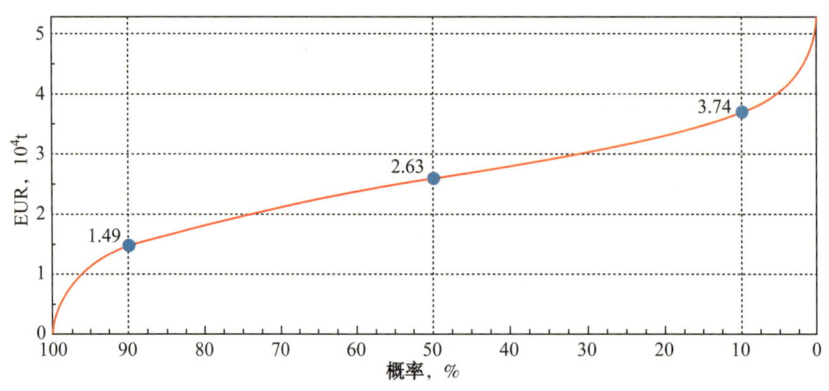

图 4-3　长 7 致密油水平井 EUR 分布

3）延长组长 7 致密油可采资源评价

延长组长 7 致密油由上向下分为长 7^1、长 7^2 和长 7^3 三个小层。根据目前勘探技术现状，只有长 7^1 和长 7^2 两个小层适合于较大规模钻探开发。统计钻井和试油数据，并参照致密砂岩的分布，延长组长 7^1 和长 7^2 致密油评价关键参数见表 4-6。评估地质风险及工程风险后，确定钻井成功率为 80%~85%。

表 4-6　长 7^1 和长 7^2 致密油评价关键参数

小层	净厚度，m		净厚度 大于 5m 的面积 km²	钻探成功率，%	有效面积 km²	平均井控面积，km²	EUR，10⁴t		
	平均值	最大值					P90	P50	P10
长 7^1	7.76	17.83	3980	85	3383	0.54	1.49	2.63	3.74
长 7^2	7.97	18	3982	80	3185.6	0.54	1.49	2.63	3.74
合计			7962		6568.6				

注：P90、P50、P10 分别表示概率 90%、50% 和 10% 的 EUR。

采用中国石油研发的 HyRAS2.0 软件系统评价长₇致密油资源，结果如图 4-4 所示，P90、P50、P10 的资源量分别为 $1.72×10^8$t、$3.11×10^8$t 和 $4.49×10^8$t。其中，P10 与 P90 的资源量之比为 2.6 倍。这一比值比较符合早期勘探阶段的特征，说明评价结果比较符合客观实际。

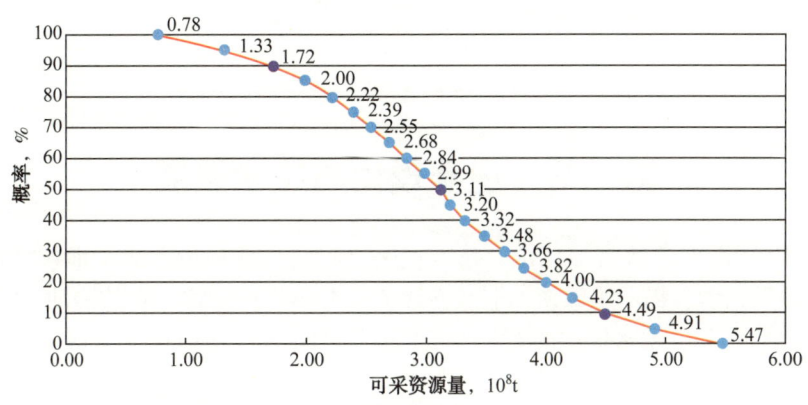

图 4-4　长 7 致密油可采资源量评价结果

三、中国致密油资源潜力

据 EIA 预测，中国致密油技术可采资源量达 $44.8×10^8$t。根据全国第四轮油气资源评价，中国陆上致密油有利区分布面积约 $50×10^4$km²，地质资源量约 $187.6×10^8$t。其中，新疆地区致密油资源量近 $50×10^8$t，占石油总资源量的 1/4 左右；准噶尔盆地致密油资源量 $29.4×10^8$t，占盆地油气总资源量的 1/3。综合评价中国致密油可采资源 $64.34×10^8$t（表 4-7）。

表 4-7　中国陆相致密油资源分级评价结果表

盆　地	层系/凹陷	岩　性	地质资源量，10⁸t	
			总资源量	可采资源
鄂尔多斯	延长组长 7	致密砂岩	43.4	20.50
准噶尔	吉木萨尔凹陷	云质砂岩、砂质云岩	12.2	6.60
	玛湖凹陷 P_1f/T_1b	致密砂砾岩、云质岩、火山岩	26.2	4.90
	五彩湾—石树沟凹陷		1.8	
松辽	扶余油层	致密砂岩	29.9	24.00
	高台子油层	致密砂岩	3.0	1.00

续表

盆 地	层系/凹陷	岩 性	地质资源量，10^8t	
			总资源量	可采资源
渤海湾	大港歧口沙一下	白云岩	4.3	1.32
		致密砂岩	3.7	1.17
	大港沧东孔二段	致密砂岩、白云岩	4.4	0.44
	华北束鹿沙三下	泥灰岩	2.2	0.09
	辽河西部沙四段	白云岩	1.4	0.51
	大民屯沙四段	砂砾岩	1.5	1.15
三塘湖	二叠系条湖组、芦草沟组	云质砂岩、砂质云岩	13.8	0.40
柴达木	扎哈泉 N_1	致密砂岩	8.6	1.80
四川	侏罗系	致密砂岩、灰岩	26.6	
二连	白垩系	云质砂岩、白云岩	4.6	0.46
合　　计			187.6	64.34

第三节　主要理论与技术进展

通过2010年以来的致密油理论、技术攻关，中国石油初步形成了细粒沉积与纳米油气连续聚集地质认识，揭示了致密油非线性渗流及L形生产规律，在致密油"甜点区/段"评价、水平井钻完井、致密储层改造与"工厂化"作业模式等方面，取得了重要进展，初步形成了致密油藏勘探开发关键技术系列。

一、陆相湖盆细粒"混积"模式与富有机质页岩形成主控因素

中国陆相湖盆富有机质页岩形成于二叠纪、三叠纪、侏罗纪、白垩纪、新近纪和古近纪等多个时代。其中，二叠纪在准噶尔盆地、三塘湖盆地发育芦草沟组、风城组、夏子街组页岩；三叠纪在鄂尔多斯盆地发育延长组长9、长7段页岩[10, 17, 18]；侏罗纪在中西部地区形成大范围含煤建造，在四川盆地为内陆浅湖—半深水湖相沉积，早—中侏罗世发育了自流井组页岩；白垩纪在松辽盆地，发育下白垩统青山口组、嫩江组、沙河子组和营城组页岩[10, 18]；古近纪在渤海湾盆地，发育沙河街组一段、三段、四段和孔店组页岩。湖相富有机质页岩为松辽、渤海湾、鄂尔多斯、准噶尔等大型产油区的主力烃源岩。

通过对鄂尔多斯盆地延长组、松辽盆地青山口组、准噶尔盆地芦草沟组富有机质页岩的详细岩石学特征、沉积组构、元素地球化学、TOC等分析，认为火山作用造成藻类勃发、低沉积速率、海水入侵与水体分层是富有机质页岩形成的重要影响因素（图4-5）。

1. 火山作用造成藻类勃发

鄂尔多斯盆地长7段野外剖面和岩心观察发现，凝灰岩段与富有机质页岩伴生，胶磷矿发育，富有机质泥页岩中夹持的火山灰厚度绝大多数为厘米至毫米级，火山灰层数越多，优质烃源岩厚度越大。在远离物源的深湖区，长7段底部的沉凝灰岩累计厚度与高有机质丰度油页岩厚度呈良好正相关关系，与凝灰岩共生的油页岩中的藻类极为丰富，凝灰

岩层自身也富含蓝藻化石和超微生物化石[17, 19]。原生厚胶磷矿外壳和生物膜壳快速黄铁矿化是长7有机质得以保存的主要影响因素。这些化石层段多出现在长7^3底部，表现出短暂的"勃发—消亡"特征，并常常出现在凝灰质纹层附近，证实火山喷发，湖底热液活动等为其触发机制。

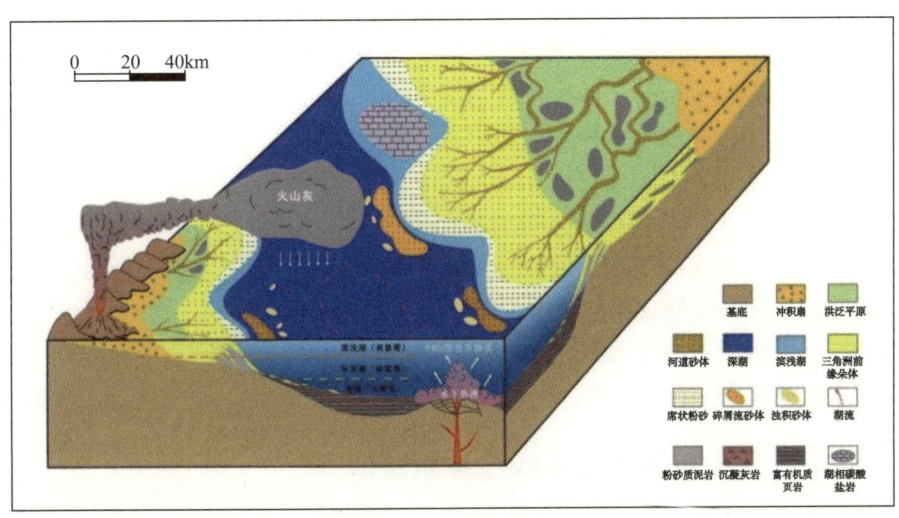

图4-5 鄂尔多斯盆地三叠系延长组长7油层组细粒沉积体系与富有机质页岩分布模式

鄂尔多斯盆地延长组长7发育延长期最大的湖盆，与区域构造活动相伴随的地震、火山喷发与湖底热水活动等突发地质事件，促进富营养湖盆的形成，诱发了高的生物生产力，造成有利于有机质保存的缺氧环境，有利于有机质的富集，长7段沉积期凝灰岩与烃源岩在平面展布上具有一致性（图4-6）。

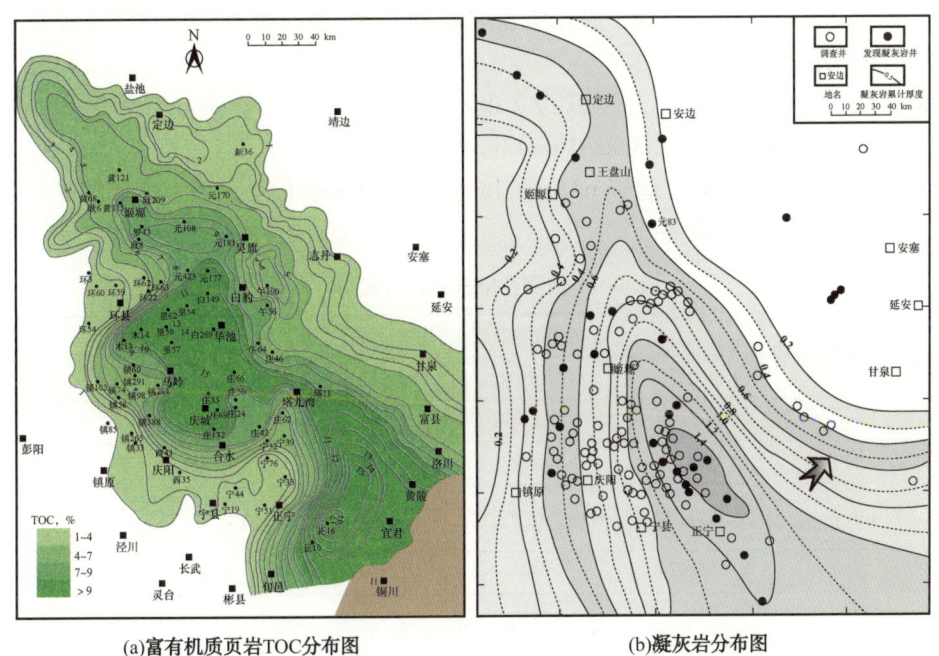

(a)富有机质页岩TOC分布图　　(b)凝灰岩分布图

图4-6 鄂尔多斯盆地长7富有机质页岩TOC与凝灰岩分布对照图

2. 低沉积速率和深部热液流体有利于有机质形成

长7油层组的烃源岩有机质来源主要来自低等水生生物，只有适当的沉积速率才会对有机质富集起到积极作用。长7沉积期强烈的构造活动导致湖盆的快速沉降，使得沉降速率大于物源的供给速率，为欠补偿沉积；总稀土元素含量相对较低，也反映了较少的陆源碎屑供给[17]。根据鄂尔多斯盆地南部铜川地区瑶典镇衣食村剖面长7^3段剖面实测和精确的凝灰岩锆石同位素测年，长7沉积平均速率为1.31cm/ka，其中长7^3沉积速率为1.15cm/ka，长7^2为1.35cm/ka，长7^1沉积速率为1.44cm/ka，同时，发现沉积速率与TOC具有很好的一致性，较低的沉积速率有利于有机质的富集。

3. 海水入侵与水体分层促成黑色页岩形成

松辽盆地青山口组暗色泥岩和油页岩层序中常夹薄层粉砂质，粉砂岩中具各种牵引流构造，在斜坡相带中发育同沉积滑塌层，反映其明显受周期性底流作用的影响。黑色页岩层序的同位素组成和环境地化指标特征说明，周期性底流出现与周期性海水注入密切相关。通过对盆地多口井硼元素分析，发现哈14井、徐11井、葡53井和查19井均存在硼异常，说明海侵范围波及齐家—古龙洼陷、三肇洼陷和长岭洼陷的边缘，覆盖盆地2/3的区域。

二、微纳米级孔喉系统与非线性渗流特征

1. 微纳米级孔喉系统及表征

中国陆相致密油储层类型包括致密砂岩、致密碳酸盐岩、致密混积岩、致密沉凝灰岩等，孔喉直径小，连通性差，非均质性强。

目前致密储层孔隙结构表征技术可分为两类：（1）定性表征技术系列，包括二维光学显微镜和场发射扫描电镜，以及三维CT、聚焦离子束电镜（FIB-SEM）、同步辐射扫描技术；（2）定量评价技术系列，包括气体吸附、高压压汞及氦气孔隙度等。

纳米级孔喉系统的认识，改变了微米级孔隙是油气储层唯一微观孔隙的传统认识，推动了纳米级孔喉结构精细表征的研究[5, 6, 20]。

考虑流体流动特性与作用力，将孔隙分为毫米级孔（直径大于1mm）、微米级孔（直径1μm~1mm）、亚微米级孔（直径100nm~1μm）与纳米级孔（直径小于100nm），其中微米级孔又进一步划分为微米级大孔（直径62.5μm~1mm）、微米级中孔（直径10~62.5μm）与微米级小孔（直径1~10μm）（表4-8）。

表4-8 储层孔隙分级评级表

孔隙级别	毫米级孔	微米级孔			亚微米级孔	纳米级孔
		微米级大孔	微米级中孔	微米级小孔		
孔隙直径	>1mm	62.5μm~1mm	10~62.5μm	1~10μm	100nm~1μm	2~100nm
孔隙成因	次生为主	原生与次生	原生与次生	原生与次生	次生为主	次生为主
发育位置	粒间为主	粒间、粒内为主	粒内、粒间为主	粒内为主	粒内为主	粒内、晶间、有机质内
连通性	差	差—中等	中等	中等	中等	中等—好
流体流动	渗流，符合达西定律					扩散，不符合达西定律
	紊流	紊流	紊流	紊流	层流	克努森扩散

续表

孔隙级别	毫米级孔	微米级孔			亚微米级孔	纳米级孔
		微米级大孔	微米级中孔	微米级小孔		
作用力	重力	重力、毛细管力	毛细管力、重力	毛细管力、重力	毛细管力	分子力
流体赋存	游离态	游离态	游离态	游离态	游离态	凝聚—吸附
研究手段	放大镜、光学显微镜、工业CT等	显微镜、扫描电镜、微米CT、普通压汞等	扫描电镜、微米/纳米CT、恒速压汞等	扫描电镜、微米/纳米CT、恒速压汞等	场发射扫描电镜、纳米CT、高压压汞等	FIB扫描电镜、高压压汞、氮气吸附等
岩石类型	碳酸盐岩风化壳储层	常规砂岩与碳酸盐岩	常规砂岩与碳酸盐岩	常规砂岩与碳酸盐岩	致密砂岩与致密碳酸盐岩、泥页岩	泥页岩

选取准噶尔盆地芦草沟组致密混积岩、吐哈盆地条湖组致密沉凝灰岩、鄂尔多斯盆地延长组长7段致密砂岩、四川盆地大安寨段致密介壳灰岩等。利用多种手段对孔隙结构进行分析发现：从延长组致密砂岩到条湖组沉凝灰岩、芦草沟组混积岩、大安寨段介壳灰岩，储层物性逐渐变差，大孔比例逐渐降低，小孔比例逐渐升高（表4-9）。

表4-9 中国典型陆相致密储层类型与特征

地区		鄂尔多斯盆地致密油	四川盆地川中致密油	准噶尔盆地吉木萨尔致密油	三塘湖盆地致密油
层位		上三叠统长7段	侏罗系大安寨段	二叠系芦草沟组	二叠系条湖组
类型		岩屑长石砂岩	介壳灰岩	混积岩	沉凝灰岩
孔隙度，%		5.0~11.0，平均7.9	0.2~4，平均1.04	2~15，平均8	5.5~24.4，平均16.12
渗透率，mD		0.04~0.18，平均0.12	0.0001~10，平均0.07	0.001~2，平均0.5	0.005~2.7，平均0.256
孔隙类型		粒间孔、粒内孔	粒内孔、微裂缝	粒间孔、粒内孔	脱玻孔、粒内孔
直观表征孔喉比例%	微米级大孔				
	微米级中孔	8.23~49.3			
	微米级小孔	50.7~91.77	78.44	70	67
	亚微米级孔		10.56	15	20
	纳米级孔		11	15	13
	分析手段	微米CT	纳米CT	纳米CT	纳米CT
	分辨率	2μm	60nm	60nm	60nm
定量评价孔喉比例%	微米级大孔				
	微米级中孔		9.3		
	微米级小孔		13.4	1.6	
	亚微米级孔	38.79~44.63	42.7	41.7	0~76
	纳米级孔	55.37~61.21	34.6	56.7	24~100
	压汞类型	高压压汞	高压压汞	高压压汞	高压压汞
	注汞压力	200MPa	200MPa	200MPa	200MPa
含油性		含油饱和度高—低，原油性质好	含油饱和度低，裂缝发育，含水饱和度高	含油饱和度高，油质较稠	含油饱和度中等，原油性质较差

2. 孔喉连通性评价

与常规储层相比，纳米级孔隙系统中流体为非线性渗流，"渗透率"这一参数已不能准确地表示致密岩石的渗透能力。邹才能等[5]提出用孔隙"连通率"，即纳米级孔隙连通程度这一新参数来表示致密岩石的渗透能力。

连通域的检测与统计是基于微米/纳米 CT 以及 FIB-SEM 图像获取的含有物相区分信息的数字模型，采用种子填充法对孔隙像素进行连通域检测，然后再对这些连通域进行一定几何分析及归类。为方便起见，常常选取正六面体作为有限表征范围，3 级连通域的相对连通性最好，其对某特定方向的渗透性贡献最大。

从对新疆芦草沟组致密碳酸盐岩的孔隙连通性分析可以发现，结合孔隙度的表征，连通性分析可以有效地反映微纳米尺度孔隙空间的渗透性。分析表明，连通性评价方法可以有效地对非常规储层微纳米级孔隙空间的储油与产油的贡献做出定量评价。

3. 致密油赋存状态与充注喉道直径下限

环境扫描电子显微镜能够进行微观结构动态变化过程的观察，致密油主要有 6 种赋存形式，薄膜状、簇状、喉道状、乳状、颗粒状和孤立状等。乳状和薄膜状占比较高[5]：（1）原油以薄膜状涂抹在颗粒表面，呈条带状或团块状分布；（2）原油以短柱状集合体发育于颗粒间微孔内，相互粘连，呈丝状弥漫分布；（3）原油黏结于裂缝两壁，相互连接，呈残余分布。

致密油储层原油与周围介质间存在巨大的黏滞力和分子作用力[6]，通常不能自由流动，形成吸附态原油。吸附态原油主要吸附在有机质或矿物颗粒表面，赋存于微孔中或孔壁上。原油赋存的孔隙尺寸决定了其流动性质，鄂尔多斯致密油赋存于亚微米、纳米级孔喉的比例较高，其中大于 0.2mD 储层亚微米孔喉原油赋存较多，孔喉表面对原油束缚作用明显（表 4-10）。

表 4-10 不同尺寸孔喉含油百分数统计

区块	渗透率 mD	百分数 %	含油百分数，%				
			大于 1	0.1~1	0.02~0.1	小于 0.02	总孔隙
鄂尔多斯	小于 0.01	2.34	0.00	15.07	4.41	11.25	30.73
	0.01~0.2	9.08	1.85	26.94	25.57	12.58	66.93
	大于 0.2	12.13	8.64	32.66	19.11	10.96	71.36
四川砂岩	小于 0.01	1.59	0.00	4.26	13.69	15.86	33.81
	0.01~0.1	3.32	1.12	15.69	26.63	17.92	61.36
	0.1~1	5.13	5.36	24.06	19.54	9.46	58.42
	大于 1	5.67	9.86	29.70	22.26	8.00	69.81

油在微纳米孔喉中的分布状态主要由其对微观孔喉的浸润性质决定，浸润性主要受微观物理结构和内部化学组成制约。找到油对孔喉浸润能力的极限条件阈值是研究该问题的关键。

应用环境扫描电镜方法，确定鄂尔多斯盆地延长组与四川盆地侏罗系致密砂岩含油孔径下限 35~50nm；应用高压压汞分析方法，确定含油致密储层孔径下限 20nm；应用核磁共振分析方法，确定延长组砂岩有效渗流孔径下限 30nm；应用化学溶剂序列洗油法，确定含油孔径下限 30~40nm；应用纳米技术模拟方法，确定致密油自由流出孔喉下限 20nm。

综合上述 5 种实验方法的探索，致密油充注喉道直径下限 50nm。

4. 致密储层中可动流体特征

可动流体表征储层游离态流体储集空间占总孔隙的比例，其随渗透率减小迅速降低，鄂尔多斯小于 0.2mD 储层约 36%（图 4-7）。致密油储层可动流体主要被亚微米级喉道控制，渗透率越小，纳米级喉道控制比例越高（图 4-8）。

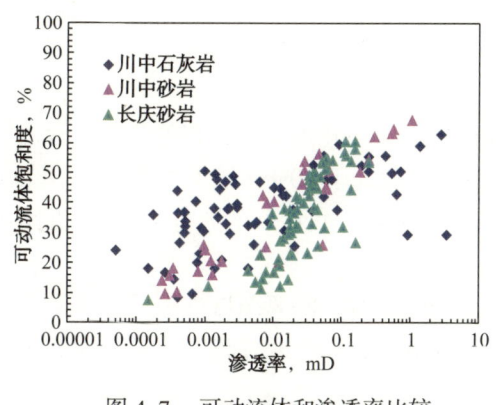

图 4-7 可动流体和渗透率比较　　　　图 4-8 可动流体孔隙度对比

可动流体孔隙度揭示储层游离态流体储集能力，致密油流体的可动性与储层物性、孔隙结构、流体性质及地层压力密切相关，不同致密储层可动性差异较大（图 4-9）。

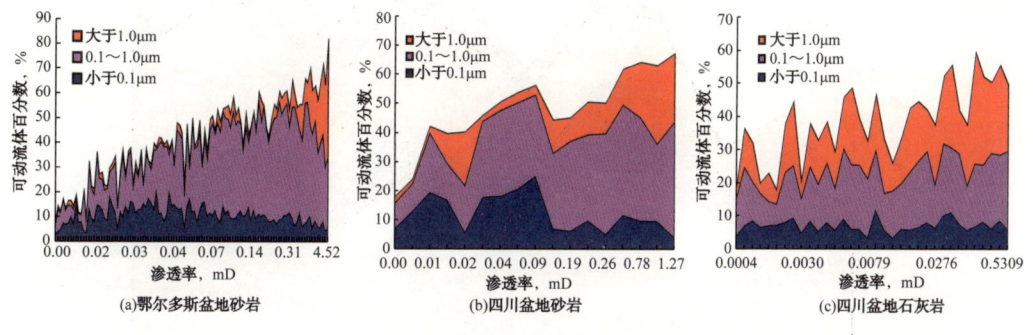

图 4-9 不同喉道控制可动流体对比

1）致密砂岩储层

不同地区致密砂岩含油饱和度差异明显。松辽盆地下白垩统泉头组三段、四段（扶余油层）致密砂岩含油饱和度 10%~70%，平均小于 50%；四川盆地中侏罗统沙溪庙组致密砂岩含油饱和度 10%~80%，平均值小于 60%；鄂尔多斯盆地中上三叠统延长组长 7 段致密砂岩含油饱和度 60%~90%，平均大于 75%。致密砂岩含油饱和度的差异与源储组合类型密切相关。长 7 段致密砂岩可动流体饱和度在 50% 左右，主要集中在孔喉直径小于 1μm 的储集空间中，大于 1μm 的储集空间中可动流体比例约占 10%。

2）致密碳酸盐岩储层

致密碳酸盐岩含油饱和度差异不大。四川盆地大安寨段介壳灰岩含油饱和度

60%~90%，平均80%；渤海湾盆地沙三段致密泥灰岩含油饱和度45.1%~74.7%，平均65%。致密碳酸盐岩含油饱和度的差异小，这是由于多属于源储一体组合模式，油气同层近距离运聚，运聚动力增大，效率提高，导致致密碳酸盐岩尽管物性差，但含油饱和度相对较高。

3）致密混积岩储层

准噶尔盆地吉木萨尔凹陷芦草沟组混积岩储层含油饱和度较高，含油饱和度主体介于80%~95%，平均含油饱和度约90%，与其他典型致密储层相比，芦草沟组混积岩储层的含油饱和度是最高的。需要注意的是，芦草沟组原油密度较大（0.89~0.91g/cm³）、黏度较高（45.65~434.92mPa·s），这在一定程度上限制了流体的可流动性。

4）致密沉凝灰岩储层

三塘湖盆地条湖组沉凝灰岩储层饱和度差异性较大，与孔隙度呈正相关关系，含油饱和度主体介于50%~90%，其中62.7%的样品含油饱和度大于60%，最大可达92%。条湖组沉凝灰岩储层属于源下储上组合，油气主要来自下伏的二叠系芦草沟组（P_2l），近距离运聚有利于形成较高的含油饱和度。

鄂尔多斯盆地吸附油比例较高（图4-10），平均约27%，游离态原油中，亚微米级孔喉控制约15%，微米级孔喉控制约5%。结合低温吸附实验，可区分较大孔隙表面和微孔喉内吸附油的比例。

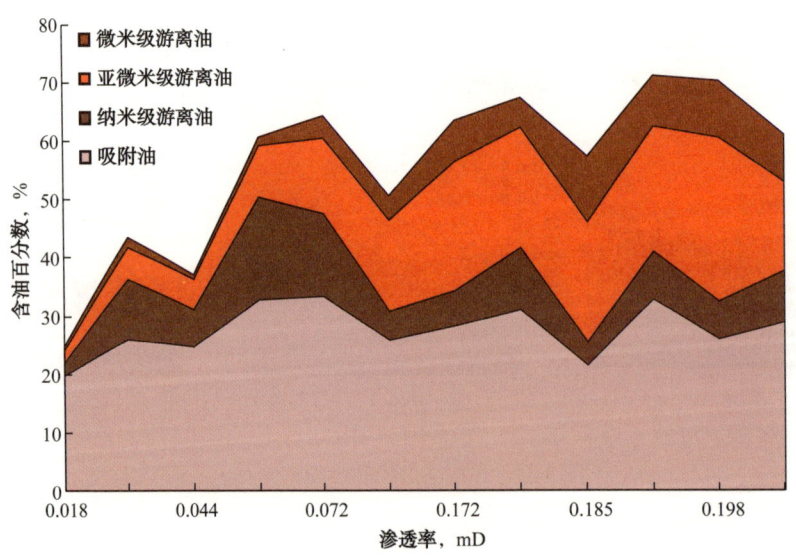

图4-10　不同赋存状态原油比例对比

5. 致密油非线性渗流特征

致密油储层的本质特征是具有纳米级孔喉系统，从而具有特殊的油气聚集方式及渗流机理。各种烃类资源在不同级别的孔隙系统中具有不同的形成机制。流体在毫米级（>1mm）孔隙中可以自由流动，形成"管流"，油气赋存于连通的孔隙和裂缝中，服从静水力学规律；流体在微米级（1μm~1mm）孔隙中受到毛细管阻力不能自由流动，形成"渗流"，服从达西渗流规律；在纳米级（<1μm）孔喉中流体与周围介质之间存在较大的黏滞力和分子间相互作用力，油气吸附于矿物和干酪根表面或固体有机质内部。

从 3 种不同尺度微管流动实验可知：随着微管半径 r 变小，流体流动由线性变化到非线性流动特征（图 4-11）。可以看到，在低压力梯度下，管径越小，有效边界层厚度反而越大，边界层厚度随着压力梯度的增加迅速降低。边界层厚度与管径之比随压力梯度的增加而变小，随管径的增大而减小。当压力梯度达到 0.8 时，边界层厚度占管径百分比变化很小，说明在这个压力梯度下，3 个管径里的流体都达到拟线性流状态。

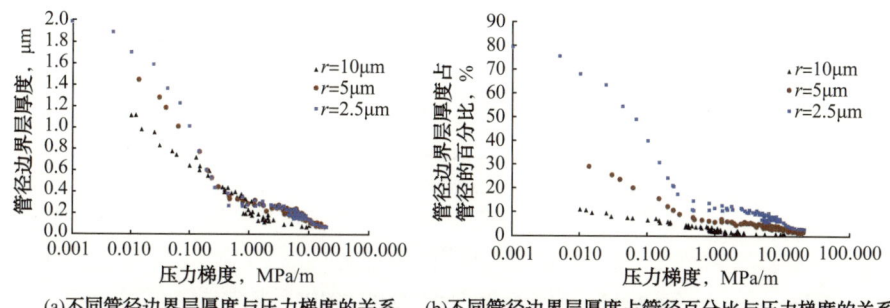

(a) 不同管径边界层厚度与压力梯度的关系　　(b) 不同管径边界层厚度占管径百分比与压力梯度的关系

图 4-11　不同管径边界层厚度和边界层厚度占管径百分比与压力梯度的关系

那么，对于致密油而言，储层的喉道半径较小，喉道中的边界流体受到固—液界面分子间作用力的影响增强，需要更大的驱动压力梯度才能使得部分边界层流体发生流动。

大量实验研究表明，流体在致密储层中的渗流规律与常规中、高渗透储层具有明显的差异，不再符合经典的达西定律（图 4-12）。

采用光电式微流量检测计计量流量测定非线性渗流曲线的实验新方法，避免了天平称重存在的受环境影响大、计量不连续的缺点；并且采用气瓶和低压定压装置作为压力源，来完整描述非线性渗流过程。根据实验结果绘制致密渗透小岩心的真实启动压力梯度—渗透率关系曲线，如图 4-13 所示。从图可以看出，致密小岩心的渗透率与真实启动压力梯度之间呈较好的幂函数关系，渗透率越高，真实启动压力梯度越小。

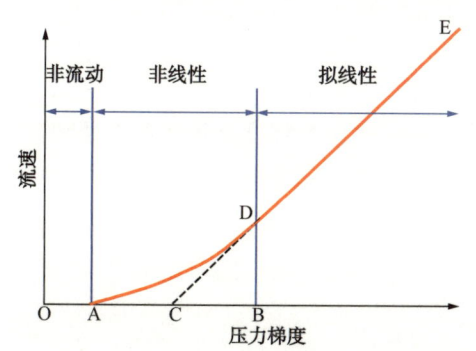　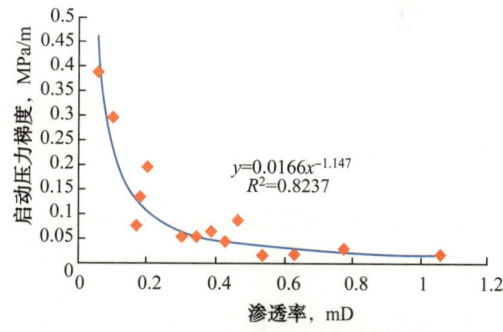

图 4-12　致密储层岩心非线性渗流曲线示意图　　图 4-13　致密岩心真实启动压力梯度与渗透率关系曲线

图 4-14 为 4 块不同空气渗透率的致密岩心所测的水测渗透率与压力梯度的关系曲线。从图中可以看出：致密岩心水测渗透率随压力梯度的增大而增大。这是由于当压力梯度较小时，岩心中只有一部分较大喉道半径中的水可以驱动，而大多数的较小喉道半径中的水难以动用，因而水测渗透率较小；而当压力梯度再增加时，又有一部分喉道中的水参与流

动，渗透率也继续增加。直到致密岩心中所有的喉道都参与流动时，渗透率趋于常数。这说明在不同的喉道半径下有不同的启动压力梯度。

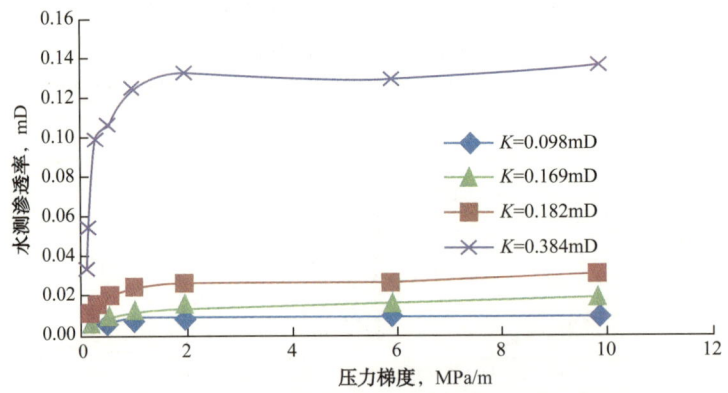

图 4-14 水测渗透率与压力梯度的关系曲线

经过长庆油田、大庆油田外围和吉林油田致密砂岩油藏的实验研究工作，提出了两个非线性渗流观点。（1）致密油藏在某一点的有效渗透率是随压力梯度变化而变化。（2）致密油藏流体在油藏中渗流时存在三个区域：死油区、非线性渗流区和拟线性渗流区。

基于上面的致密油藏储层特征和渗流规律，提出了新的致密油藏流体非线性渗流模型。即为：

$$v = \frac{K^*}{\mu} \nabla p \left(1 - \frac{\delta_i}{\nabla p}\right) \tag{4-5}$$

式中　v——流速，m/s；

K^*——渗透率，随着压力梯度变化而变化，mD；

μ——黏度，mPa·s；

δ_i——启动压力梯度，即为不同的喉道半径对应不同的启动压力梯度，MPa/m；

∇p——压力梯度，MPa/m。

式（4-5）提出的致密油流体非线性渗流模型与前人研究相比，其渗透率和启动压力梯度都是变量。渗透率是随着压力梯度变化而变化，而启动压力梯度是随喉道半径和含水饱和度的不同而不同。

三、沿斜坡凹陷区连续型聚集

1. 致密油富集条件

1）大型宽缓构造背景

大型宽缓构造背景，原始沉积时构造平缓，坡度较小，现今地层一般较平缓；处于同一构造背景的区域应有较大分布面积。稳定宽缓的构造背景利于优质烃源岩、致密储层，以及直接区域盖层发育。

鄂尔多斯盆地三叠系延长组原型盆地，发育于古生界克拉通基底之上，构造活动微弱，斜坡—凹陷区地层平缓，坡度小于 2.5°，利于烃源岩、区域盖层和重力流砂体及深水席状砂体大面积叠置发育，砂体面积达 $3 \times 10^4 \text{km}^2$。

吉木萨尔凹陷二叠系芦草沟组湖相沉积，地层稳定展布，地层倾角3°~5°，横向连续性好，断裂不发育，形成致密储层满凹分布，厚度大于20m的储层分布面积为870km²，占凹陷面积的70%[10,21,22]。

2）大面积持续沉降沉积环境

在宽缓的凹陷与斜坡地区，相带宽、发育稳定，有利于形成大面积致密储层。鄂尔多斯盆地长8^1段致密粉细砂岩储层分布面积为$3×10^4$~$5×10^4$km²，单层厚度3~10m，累计厚度15~25m，平均孔隙度10.8%，平均渗透率0.53mD；准噶尔盆地吉木萨尔凹陷芦草沟组以粉细砂岩和白云岩为主的致密储层有利面积870km²，单层厚度0.5~2m，累计厚度20~60m，平均孔隙度8.75%，平均渗透率0.05mD。

此外，局部发育"甜点"，形成富集高产区。"甜点区"通常表现为储层物性好、裂缝发育、脆性强等，这些特征正是致密油富集高产的重要控制因素。

吉木萨尔凹陷芦草沟组上段致密油分布面积536km²，在厚度大于15m、孔隙度大于6%、脆性指数大于11，而且裂缝相对发育的上"甜点"面积为180km²，在"甜点区"钻探的吉172-H井，初期最高日产油近70t，目前日产油20~26t。

3）广覆式优质成熟烃源岩

优质烃源岩的发育是致密油形成的首要因素，特别是高丰度的泥岩、页岩等优质烃源岩。中国鄂尔多斯盆地延长组7段、准噶尔盆地吉木萨尔芦草沟组、松辽盆地泉头组四段、渤海湾盆地古近系沙河街组三段、四段的致密油，其烃源岩也主要为上下发育的优质泥页岩。

国外海相致密油烃源岩TOC一般大于2%，最高达14%；R_o分布范围为0.6%~1.2%，生烃潜量一般大于10mg/g，最高达69mg/g[1,23]。中国陆相湖盆致密油的Ⅰ类优质烃源岩的评价指标类似于国外海相致密油烃源岩，但指标值相对较低。

4）纳米级孔喉为主的致密砂岩或致密湖相碳酸盐岩

一般致密油储层孔隙度多小于10%，覆压渗透率小于0.1mD。如鄂尔多斯盆地延长组长7段致密油的空气渗透率下限为0.3mD，松辽盆地北部大庆油田长垣致密油的空气渗透率下限为0.6mD。

5）源储间互或上下紧密接触

发育于优质成熟烃源岩内部或与其紧密接触的致密储层组成有效生储组合，纵向上主要分布于与成熟的Ⅰ型、Ⅱ型烃源岩共生的致密储层中，以中浅层为主。优质成熟烃源岩内部或与之相邻的致密湖相碳酸盐岩、致密砂岩是主要分布层系。

从致密油源储位置关系看，可以划分为4种类型：源储互层型、源下储上型、源上储下型和源储一体型。其中，源储互层型指致密油储层与生油岩呈薄层状多层叠置，如鄂尔多斯盆地上三叠统长7段、准噶尔盆地吉木萨尔凹陷芦草沟组等。鄂尔多斯盆地长7致密油规模主要受控于长7段烃源岩与三角洲砂体在垂向上相互叠置的分布。平面上，主要分布在盐池—靖边以南、环县—镇原—灵台以东至杨密涧—延安地区；纵向上，致密油主要分布在以夹持在烃源岩内部致密粉、细砂岩为主的长7^1、长7^2，砂体叠置发育，有利于石油的近源充注。

6）油以短距离运移、扩散聚集为主，浮力作用受限，多为非达西渗流

对于致密储层而言，在油气生成的初期阶段主要起封闭作用，随着深度的增加和烃源

岩生烃转化率的不断增大，生油增压强度逐渐增大。当压力增加到可以突破致密储层的孔渗极限后，致密储层便成为油气聚集的有效空间，即强大的源储压差是致密油连续充注成藏的原动力。不同地区致密储层与优质烃源岩的配置关系不同，其致密油成藏的源储压差也不尽相同。

鄂尔多斯盆地延长组长7段的烃源岩与致密储层的压力差约12~15MPa，为连续充注成藏提供了充足的动力条件。松辽盆地青一段烃源岩在大量油气生成时期与下伏的泉四段的源储压差一般为6~11MPa，也是松辽盆地扶杨油层成藏的原始动力[2, 3, 10, 21, 22]。

2. 致密油分布规律

（1）大面积连续型分布，局部富集，不受构造控制。含油面积一般可达几百到几万平方千米，构造不是控制致密油储量丰度和产量的主要原因，局部"甜点"富集。

（2）无明显圈闭界限，无统一气水界面，无统一压力系统。含油边界受岩性和物性控制，圈闭边界不明显，可存在多个油水界面和压力系统。

（3）平面上主要分布于盆地斜坡和坳陷中心区，或后期挤压构造的褶皱区。持续沉降盆地的斜坡带和坳陷中心区，或受后期挤压作用形成的构造褶皱带是致密油发育有利区。

（4）纵向上主要分布于与成熟的Ⅰ型、Ⅱ型烃源岩共生的致密储层中，中浅层为主。优质成熟烃源岩内部或与之相邻的致密湖相碳酸盐岩、致密砂岩是主要分布层系。

（5）以轻质油或凝析油为主，也可为中质或重质油，地层水以束缚水为主赋存，可动水不发育。

四、致密油"甜点区/段"评价预测技术

寻找工业石油富集的"甜点区/段"是石油勘探的主要任务。致密油"甜点区"是指在平面上成熟优质烃源岩分布范围内，具有工业价值的致密油高产富集区；致密油"甜点段"是指在剖面上源储共生的黑色页岩层系内，人工改造可形成工业价值的致密油高产层段。

1. 致密油"甜点区"地质特征

致密油"甜点区"形成主要受控于以下4方面因素。（1）源灶供烃充足性、有效性及源岩成熟度是致密油规模形成基础，致密油"甜点区"一般位于或邻近泥页岩排烃高值区，具有较好的油质、较高的气油比、较高的地层压力，源岩品质控制"甜点区"平面分布范围。（2）储集空间与可动流体是形成致密油"甜点区"的先决条件，如长7致密油"甜点区"储层孔隙度6%~12%，微米级孔隙体积占50%以上，可动原油饱和度在50%以上，生产动态资料表明在孔隙度相对较好基础上，高渗透层是控制"甜点区"富集高产关键因素。（3）源储组合类型与隔层控制"甜点"分布，隔层控制"甜点区"纵向富集程度。（4）"甜点区"多发育在宽缓背景下的局部微构造区，一定的构造背景有利于油气长期集聚指向、有利于天然裂缝发育，高产"甜点区"集中分布在继承性发育古隆起脊部及侧翼。

评价优选"经济甜点区/段"是致密油勘探开发的核心，包括地质"甜点区/段"、工程"甜点区/段"、效益"甜点区/段"，只有三个"甜点区/段"匹配叠置才能有效开采。

"地质甜点区/段"着眼于源岩品质（R_o为0.85%~1.5%、TOC大于2%）、储集能力（孔隙度大于8%）、渗流能力（地层压力、渗透率、天然裂缝、原油品质等）、资源丰度

（含油饱和度大于 50%、资源丰度大于 1×10^8 t/500km^2）、资源规模（资源量大于 1×10^8 t、单井累计产量大于 2.0×10^4 t）等综合评价。

"工程甜点区/段"着眼于岩石脆性（脆性矿物含量：致密储层大于 70%，页岩大于 40%）、应力大小（地应力小于 40MPa）、各向异性（水平应力差小于 10MPa）、埋藏深度（小于 3500m）、地表条件（基础设施、水力电力供应、交通运输等条件优越）等综合评价。

"效益甜点区/段"着眼于油价变化、市场机制（工程服务公司、管道公司、销售公司等市场化）、管理方式（研发、作业、运输、销售等程序无缝链接）、政策支撑（财政补贴、新技术研发激励基金等）、环境保护（符合环境保护法规定、绿色作业）等综合评价。

2. "甜点区/段"评价关键技术

致密油"甜点区/段"评价包括 5 项关键技术。

（1）烃源岩"甜点区/段"预测技术：通过岩样测试、声波/电阻率计算、核磁共振＋密度法等综合评价纵向烃源岩甜点分布，连井对比结合沉积相、地震相分析，明确烃源岩甜点平面分布特征。

（2）储层"甜点区/段"预测技术：综合岩心实测物性资料与有利目的层段的沉积相、成岩相研究，进行孔、渗分布等多图叠合，确定储层"甜点区"。

（3）脆性评价与预测技术：通过 X 射线衍射等方法进行矿物组分分析，结合应力实验及动态测井脆性分析确定有利层段，利用叠前地震属性反演确定平面分布。

（4）地应力评价技术：通过岩石力学实验结合阵列声波等测井资料，计算岩石弹性模量，提供孔隙压力、上覆岩层压力、最大水平应力、最小水平应力等参数，指导井眼轨迹设计、确定压裂方式和规模。

（5）"甜点区/段"地震属性综合预测技术：利用多参数交会分析与叠前弹性反演，确定岩性、孔隙度、脆性等关键参数的平面分布；利用叠后多属性裂缝预测技术，预测和解释裂缝发育区；集成岩性、物性、脆性等多参数分析，预测"甜点区"分布。

3. "甜点区"评价体系

致密油"甜点区"评价参数包括岩性、物性、含油性、烃源岩、脆性和地应力等特征参数，根据不同分级标准，建立评价指标体系（表 4-11）。

表 4-11 致密油"甜点区"评价综合参数表

评价因素	参数		"甜点区"指标	"甜点区"分级指标		
				Ⅰ级	Ⅱ级	Ⅲ级
岩性	有效厚度，m		>5	>15	15~10	10~5
	岩石类型比例	砂岩+砂砾岩，%	>70	>80	80~75	75~70
		碳酸盐岩，%	>50	>70	70~60	60~50
	脆性指数		>0.5	>0.8	0.8~0.65	0.65~0.5
	泥质含量，%		<30	<15	15~20	20~30
物性	孔隙度，%	碎屑岩	>4	>9	9~7	7~4
		碳酸盐岩	>1	>7	7~4	4~1
	空气渗透率，mD		>0.01	1~0.3	0.3~0.1	0.1~0.01

续表

评价因素	参　　数	"甜点区"指标	"甜点区"分级指标		
			Ⅰ级	Ⅱ级	Ⅲ级
含油性	含油饱和度，%	>50	>80	80~65	65~50
	可动水饱和度，%	<20	<10	10~15	15~20
	地面原油密度，g/cm³	<0.92	<0.75	0.75~0.85	0.85~0.92
烃源岩特性	有效厚度，m	>5	>20	20~15	15~5
	有机质类型	Ⅰ、Ⅱ	Ⅰ、Ⅱ₁	Ⅱ₁类为主	Ⅱ₂类为主
	平均 TOC，%	>1	>5	5~3	3~1
	成熟度 R_o，%	0.6~1.5	0.9~1.1	0.8~0.9 或 1.1~1.3	0.6~0.8 或 1.3~1.5
脆性	泊松比	<0.4	<0.2	0.2~0.3	0.3~0.4
	杨氏模量，10⁴MPa	>1	>3	3~2	2~1
地应力特性	水平两向主应力倍数	<2	≈1	1~1.5	1.5~2

注：不同盆地情况有所差异，各项评价指标需综合考虑确定；碳酸盐岩储集性能影响因素复杂，储层裂缝发育的情况下，基质孔隙度下限可适当降低，在裂缝不发育的情况下可适当提高。

依据致密油"甜点区"各项评价参数标准，将各参数叠合成图，取所有评价参数标准以上的区域，且当该区域连续分布面积大于100km²时，确定为致密油"甜点区"。

4. "甜点区"评价实例——吉木萨尔凹陷芦草沟组

吉木萨尔凹陷位于准噶尔盆地东部的东南缘，芦草沟组主要由泥岩、湖相碳酸盐岩、细粒碎屑岩（粉细砂岩）组成，发育上、下芦草沟组两个"甜点层"，上"甜点层"以碳酸盐岩类沉积为主，岩性为泥质粉砂岩、云质粉砂岩和云岩，下"甜点层"为三角洲前缘亚相和滨浅湖—半深湖亚相泥岩沉积，储层以云质粉砂岩为主。

针对准噶尔盆地吉木萨尔凹陷，确定三类"甜点"储层的经济厚度下限值，其中：（1）Ⅰ类"甜点区"储层孔隙度大于12%，含油饱和度80%，原油体积系数1.1，含油量0.0768t/m³，可采油0.00768t/m³，单位面积采油所需储层厚度下限4.07m；（2）Ⅱ类"甜点区"储层孔隙度8%~12%，含油饱和度65%，含油量0.052t/m³，可采油0.0052t/m³，单位面积采油所需Ⅱ类储层厚度下限6.01m；（3）Ⅲ类"甜点区"储层孔隙度5%~8%，含油饱和度60%，含油量0.0312t/m³，可采油0.00245t/m³，单位面积采油所需Ⅲ类储层厚度下限12.75m。

按照"甜点区"分类标准，将芦草沟组上、下"甜点区"进行综合划分评价。上"甜点层"中Ⅰ类区面积为136.4km²，集中分布在"甜点区"发育区的东南部；Ⅱ类区面积为219.7km²，在东部主要环绕Ⅰ类区外围发育，在西部西地断裂中段的下降盘区也有较大发育区；Ⅲ类区面积为42.7km²，主要分布在东部和西部两块Ⅱ类区的中间部位。下"甜点层"中Ⅰ类区面积为92km²，集中发育在凹陷中南部的吉251—吉32—吉174井区；Ⅱ类区面积为563.9km²，发育在凹陷东南部，包围Ⅰ类区和较小范围的Ⅱ类区，占据下"甜点体"发育区的一半以上；Ⅲ类区面积为201.2km²，主要由Ⅱ类区的西北边界向外扩展，局部在东南部的Ⅱ类区内。

可以看出，储层主要发育在吉木萨尔凹陷的东南区域，储层厚度及储集性能（储层厚度×储层孔隙度）明显优于其他区域。烃源岩发育区域，储层相对较薄。吉31井附近、吉 174 井至左下角区域为优质"甜点"分布区，两口井实际生产中均获得工业油流，说明预测结果较可靠。

五、致密油水平井钻完井及体积改造技术

"十二五"以来，中国石油已初步形成了致密油水平井钻完井及体积改造等多项配套技术，在井眼轨迹优化、优快钻井、井壁稳定、钻井液、井眼轨迹控制、等关键技术方面逐渐成熟，在致密储层体积改造优化设计、分段改造工艺、裂缝监测及工厂化作业模式方面取得重要进展，成为致密油有效开发的关键技术。

1. 水平井钻完井技术

1）水平井眼轨迹优化设计技术

水平井眼设计主要从井眼的方向，在储层内的与上下隔层的距离开展工作，最大限度的满足后期增产需求和经济开发需要。

设计时，首先需要先确定井眼方向。因渗透率极低，部署的水平井井眼应该尽量沿着最小主应力方向，确保后期水平井分段时的形成横切井筒的人工裂缝。在部署井眼方向时应充分考虑，认识应力方向不准带来的影响。数值模拟结果表明，井眼方位当与最小主应力夹角小于 30° 时，对压裂效果影响较小（图 4-15）。第二要确定水平井井眼在储层内与上下隔层的距离。水平井井眼的位置是人工裂缝垂直储层方向的起裂位置。在设计时要考虑起裂位置是否能够实现目标储层的全覆盖，即保证压裂过程中形成的裂缝贯穿目标储层，实现纵向上均衡改造。

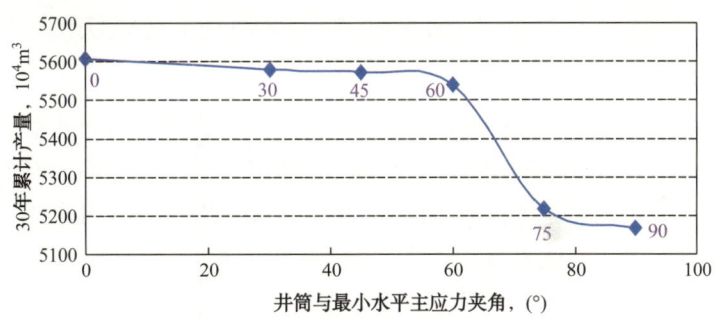

图 4-15 水平井井眼方位对产气量的影响

水平井井眼轨迹优化设计时主要考虑地应力大小及方向、层理面倾角、储层裂缝发育情况的影响。水平井井眼轨迹设计通常采用"直井 + 双增双稳"五段式设计剖面。

2）致密油水平井钻完井技术

"十二五"以来，中国石油在致密油大井眼水平井轨迹优化与控制、水平井快速钻进条件下的参数优化、PDC 钻头优选、无土相低伤害弱凝胶低摩阻保护油层钻井液、随钻测量及地质导向技术等方面，取得重要进展，最终实现利用长水平段水平井优质、高效开发致密油资源。长庆油田杏平 1 井成功实现井身 5068m、水平位移 1574m、主水平段 1203m，并在主水平段内侧钻 7 个分支井眼，累计打开目的层 3503m。

水平井布井采用较多、较为成熟的双排中曲率半径丛式井布井模式（图 4-16），即每平台的气井数量为 6~8 口，双排布井，相反方向各钻 3~4 口，井口间距 4~6m，排间距

5~8m，靶前距 300~400m，水平段间距 300m，水平段长 1500~1800m，工程实施难度小，适于井区崎岖复杂的地表条件。

双排中曲率半径丛式井布井模式由于水平井井眼曲率较大，固井套管柱、完井贯串下入时摩阻较大，容易发生屈曲；同一个井场内，水平井对称性朝两个相反方向布置，两口相反水平井的水平段之间存在一定的空白带，这会导致这部分的油气无法采出，使资源浪费，这个空白带就是所说的"死油区"[24]，如图4-16中黄色标识区域。

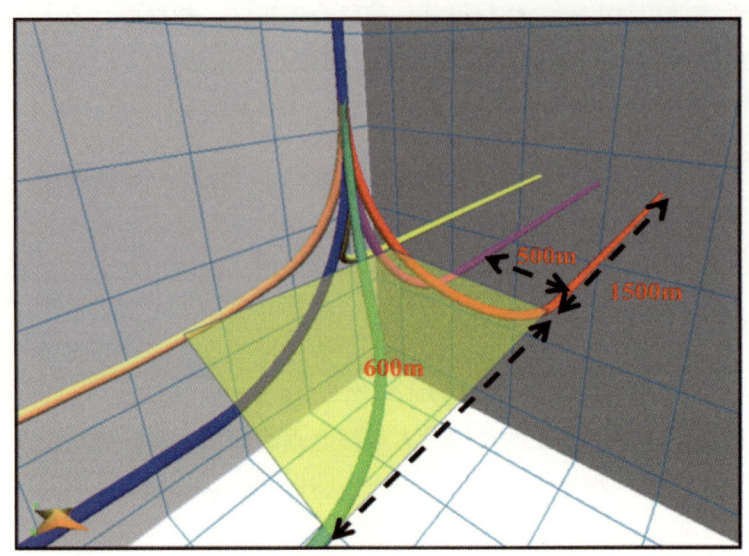

图 4-16 致密油丛式水平井双排中曲率半径布井模式示意图

2. 体积改造技术

中国石油2009年首先提出了"体积改造"理念：通过压裂方式将储层基质"打碎"，形成网络裂缝，使裂缝壁面与储层基质的接触面积最大，基质中油气从任意方向裂缝的渗流距离最短，基质流体向裂缝渗流阻力最小，极大提高储层整体渗流能力，实现对储层在长、宽、高三维方向的"立体改造"[25]。

1）致密储层体积改造优化设计技术

致密油水平井体积改造优化设计的关键是针对不同的储层类型形成所需的裂缝，实现体积改造的效果。复杂水力裂缝的主控因素划分为内因和外因两个方面。内因包括弱面（天然裂缝、层理、节理等）、水平应力差和岩石的脆度三个因素[25, 26]。根据储层流度、主应力差、岩石脆度以及天然裂缝发育程度确定体积改造的设计思路，建立水平井储层、体积改造方案设计是确定水平井采用密切割裂缝和多分支裂缝的依据，采用等效导流能力和多重网格加密方法，建立裂缝网络模型或分支裂缝模型，研究次缝、支缝与主缝之间的导流匹配关系，实现体积压裂裂缝参数优化设计。实际设计中，增加水平段长度可增加改造体积（SRV）和井控储量。

松南扶余油层致密油水平井体积压裂与直井常规压裂相比，产量由单井日产平均1~5t，提高到日产10~40t，产量普遍提高5~8倍，水平井压裂增产效果明显。同时，提高导流能力可通过优化压裂工艺，支撑剂的选择、提高支撑剂等方式来实现。此外，缩短压裂分段间距或分簇射孔簇间距是加密缝网的主要方法，同时辅助压裂工艺手段增加裂缝内净压力、暂堵微裂隙等使裂缝复杂化的方法，可以减少基质向裂缝的渗流距离，提高驱动压差。

实验表明，渗透率降低到 0.1mD 以下，流体从基质向裂缝流动的启动压力梯度增大；在相同的流动距离下，渗透率降低 1 个数量级，所需的流动压差将增加 1 个数量级。

2）致密油压裂液体系

"十二五"期间，致密油体积改造所用压裂液体主要为高效滑溜水体系。滑溜水的主要添加剂为降阻剂和助排剂。通过建立滑溜水压裂液管流与颗粒成像（PIV）实验方法，揭示滑溜水降阻规律，开展减阻剂分子设计，研制乳液速溶减阻新材料，优化压裂液配方，形成的滑溜水新体系降阻率高、界面张力低，渗透性能高。

该滑溜水体系具有八大优点：速溶效果好，溶解 3min 后，溶解率为 90%；剪切稳定性好；降阻性能优越，降阻率达到 82%；岩心吸附量低；无残渣，模拟裂缝伤害小于 10%；携砂性能良好；分子量低，易于形成气体流通通道；成本 75~100 元 /m³，可有效降低成本达 50%。

3）致密油分段改造工艺

"十二五"期间，中国石油开展了套内滑套封隔器、分簇射孔桥塞、固井滑套等分压工艺技术的研究和应用。

大庆油田 Z 区块扶余油层某井，采用双封单卡的分段压裂方式，一趟管柱实现 15 段压裂，压后初期产液 12.8t/d，产油 10.3t/d，是周围直井压裂初期产液、产油量的 8 倍以上。

松辽盆地南部扶余油层采用套管可开关滑套分段压裂方式，取得了较好的效果。大北 G 平 2 井，水平段长 918m，压裂 21 段，注入液量 9770m³，支撑剂 1015m³，压后日产油 11.2m³。

长庆油田针对水平井分段压裂技术需求，研发了套管定位球座多段压裂技术。该技术的关键部件球座承压能力 70MPa，$5\frac{1}{2}$in 套管压裂后内通径 112.5mm。

长庆油田公司油气工艺研究院设计了一种水平井水力喷射分段多簇压裂管柱。该管柱通过安置 2~5 个喷砂器，1 次射孔压裂可以形成 2~5 条裂缝[27]。该技术主要应用于鄂尔多斯盆地长 7 段致密油区，其中井阳平 10 井，水平段长 1535m，水力喷射分段多簇压裂 21 段 42 簇，注入液量 16047m³，支撑剂 1058m³，压后试排日产油 184.05m³，投产日产油 20.2t。

4）致密油体积改造裂缝监测技术

该技术主要包括井中微地震监测技术、微形变测试技术和示踪剂压后评估术等。根据井下微地震监测结果，可用来评估压裂封隔是否有效、裂缝是否在垂向上过度延伸、是否形成裂缝网络，从而实时调整压裂设计，获得预期改造效果。

六、致密油 L 形生产规律及开发优化技术

1. 致密油开发特征

1）产量递减快

致密油生产初始产量较高，但递减很快，后期递减速度较慢，稳产期很长，采出程度低、开发效益差。裂缝发育但储层基质物性差，裂缝导流能力强，初期自然高产，由于基

质对裂缝无补给,后期产量快速递减。

致密油产能特点多以典型的 L 形生产曲线为特征(图 4-17),采用消耗方式开发,产量递减快。通常分段压裂水平井以准自然能量开发为主,初期产量较高(>10m³/d)。统计发现,在依靠天然能量开采的阶段,产油量第 1 年递减达 35.5%,3 年内递减达 85%。

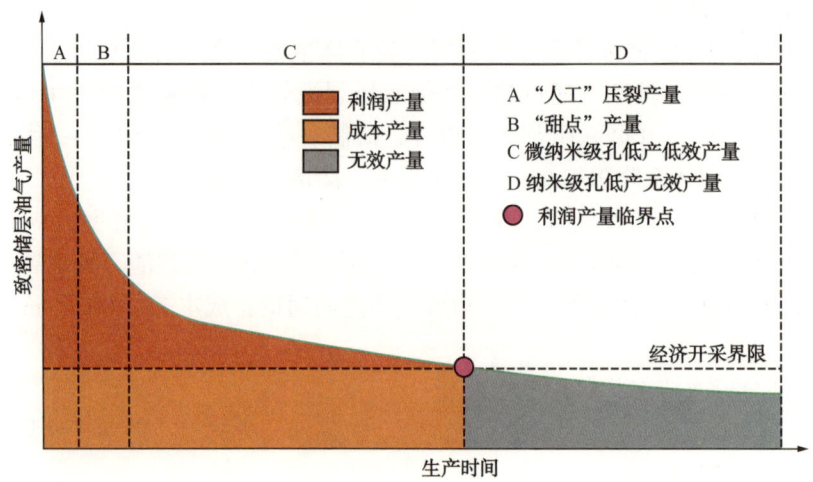

图 4-17 致密油气开采 L 形生产曲线示意图

2)采出程度低

致密油藏储层物性差、渗流阻力大、压力传导能力差,依靠天然能力生产,压力下降快,一次采收率很低,国外致密油的开发实践表明,自然能量采出程度 1%~9%,补充能量困难。

2. 致密油产能预测方法

"十二五"期间,中国石油主要采用在定井底压力条件下,研究考虑分段压裂水平井自然衰竭式开采时产量变化特征以及压力传播规律,来开展分段压裂水平井产量的预测与评价。在此基础上,考虑多裂缝间干扰以及裂缝内部有限导流能力的影响。

如图 4-18 所示,在自然衰竭开采情况下,分段压裂水平井初期产能较高,但是流动状态不稳定,产量下降较为迅速;裂缝间的干扰对产量影响非常强烈,考虑裂缝干扰因素下的水平井初期日产量是不考虑裂缝干扰的初期日产量的 1/3,裂缝干扰下的水平井后期累产量是不考虑裂缝干扰的后期累产量的 2/5。

对比考虑裂缝干扰情况下日产量与实际日产量结果,可以看出,模型计算结果与实际结果接近,初期日产量实际值比计算值高 16.6%,末期日产量实际值比计算值高 12.0%,日产量下降趋势相同。

3. 致密油开发方式优化

为了提高分段压裂水平井的生产周期,

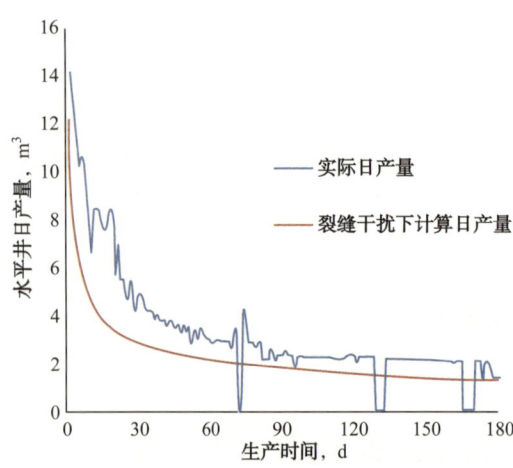

图 4-18 裂缝干扰下日产量和水平井实际日产量

能够更多地采出地层中的油气,从而需要采取合适的补充地层能量的方法。

1)注水补充地层能量的技术界限

模拟实验研究表明,当渗透率为 0.1mD,分段压裂水平井注水开发与衰竭式开发相比较,采出程度相差无几,认为技术上不可行。渗透率分别为 0.2mD、0.3mD、0.4mD,时,采出程度分别提高 1.45%、1.67%、4.06%(图 4-19)。华庆油田现场资料显示,渗透率低于 0.4mD 的储层难以建立有效驱动体系。渗透率过低的储层,注水井压力过高,注入困难,导致注入水的波及范围特别小。裂缝发育储层,井网与裂缝网络匹配难度大,注水开发见水风险大。

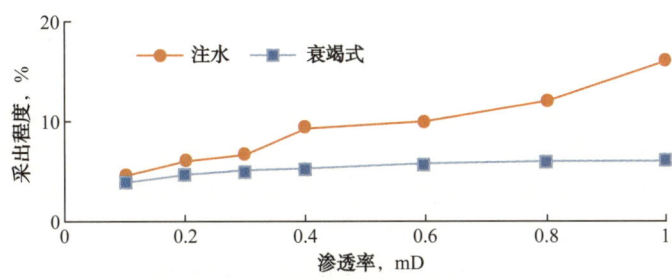

图 4-19 注水补充能量技术界限确定示意图

2)注气补充地层能量的技术界限

模拟实验研究表明,渗透率为 0.2mD 的储层,相同压差下,注气比注水更容易,能量得到有效补充;渗透率大的储层,容易发生气窜,存在能量损失。通常,注气驱替补充能量的技术界限为 0.2mD(图 4-20)。

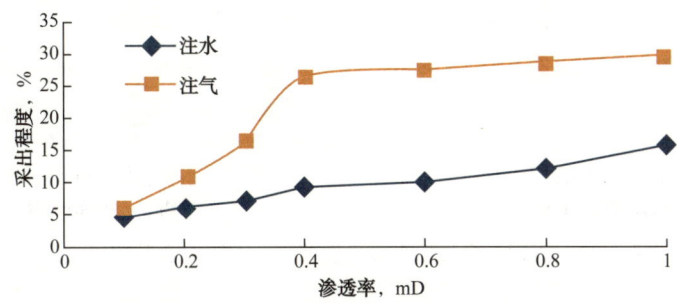

图 4-20 注水/注气补充能量采出程度曲线

3)注气吞吐的技术界限

注气吞吐的焖井过程有利于提高波及范围,增加地层能量。模拟实验研究发现,渗透率大的储层,同注气驱替相比较,注气吞吐方式的注入量少、生产时间短,注气吞吐开发的技术界限为 0.05mD(图 4-21)。

渗透率降低,采出程度不同程度降低,各开发方式适用范围不同,需要根据各致密油藏的储层特征和流体特性选择合适的开发方式。

4. 致密油井网优化方法

裂缝性油藏注采井网部者的基本原则为井排方向要平行于裂缝方向,排间井位交错部署,采用线状注水方式,井距适当加大,排距合理缩小。长庆油田针对裂缝相对不发育致密油储层，初步形成了长水平段五点井网、交错七点井网注水开发技术政策。五点井网井距为500m，排距180~200m，水平段长度800m（图4-22）；针对裂缝相对发育致密油储层，形成了水平井体积压裂准自然能量开发技术。采用水平井交错布井方式，水平段长度800~1000m。

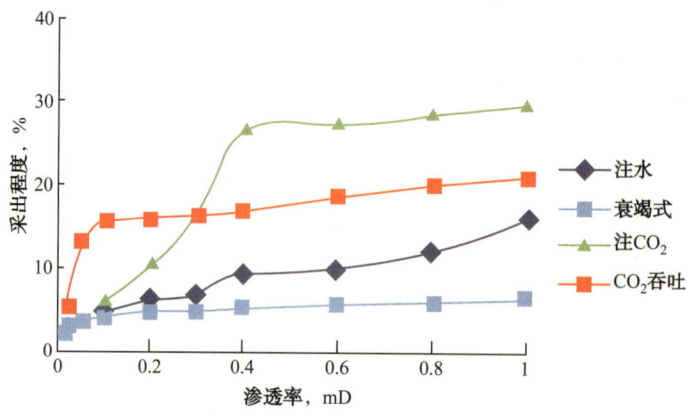

图4-21　不同的开发方式采出程度图

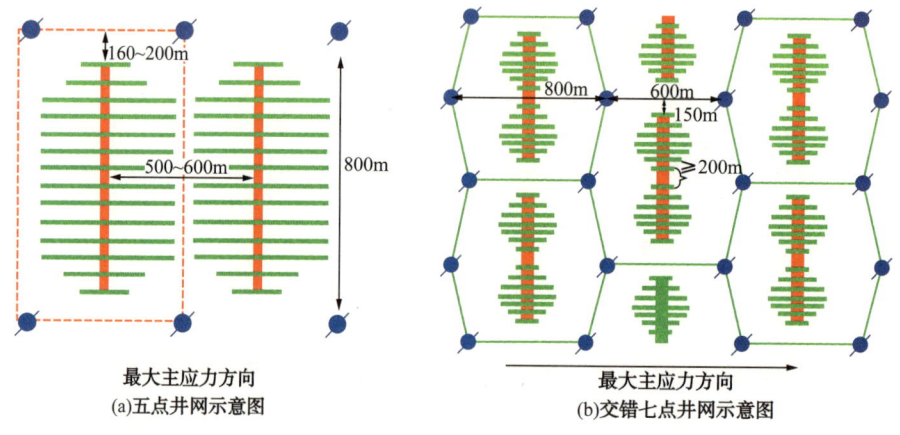

图4-22　体积压裂长水平段五点井网、交错七点井网示意图

七、"人工油气藏"开发模式

1."人工油气藏"的内涵

现有开发技术不能解决致密油产量低、产量递减快、采收率低的瓶颈难题，为此，"十二五"末期，邹才能、姚泾利等[18,28]提出了"人工油气藏"开发理念。

"人工油气藏开发"强调"人工建藏"的开发核心理念，通过体积压裂等改造将储层基质"打碎"，实现缝网控藏，构建"人造"裂缝网络渗流系统；通过人工形成裂缝系统的人造渗透率带以缩短微纳米级孔隙的流动距离和流动压差，大幅提高储层的有效渗流能力和可动流体饱和度，提升油气藏整体流动能力；通过渗吸置换、缝间/段间/井间驱替促使油气物质基础能够更为充分的释放；通过大规模体积压裂蓄能以及多轮次增加地层能量，有效补充油气流动能量。同时结合对储层润湿性、连通性改性以及对流体黏度、矿化度改质，以期能够通过突破性的"人工"理念、精细化的"人工"设计、进攻性的"人工"改造，实现低效储量的高效动用，无效储量的有效动用。

"人工油气藏"采用"工程—地质一体化"的开发理念，运用水平井体积压裂＋渗吸置换、原位改质、多轮次蓄能等工程和技术手段，通过"人工"改造产生并合理利用应力场、温度场、渗流场、化学势场等"多场"改变，建立人工缝网控藏裂缝流动系统，形成裂缝型"人造渗透率"，并与地下基质微纳米级孔喉构成"人工化"的油气产出系统，最终实现低效储量的高效动用、无效储量的有效动用。

1）构建"人造渗透率"是"人工油藏"提高单井产量必要条件

如图 4-22 所示，要提高"L"产能生产曲线中的 A 区就要提高裂缝的压裂缝网密度，通过人工的提高多个高渗透率带，降低流体由于微观孔隙喉道造成的长渗流距离，降低启动压力对产能的影响。

油藏数值模拟研究表明，当人造渗透带数量为 0，即储层不压裂时，5 年时间的累计产量仅 1t，基本无产能；但人造渗透带数量为 10 簇时，累计产量可达 4300t，采出程度 1.72%；20 簇时，累计产量 8960t，采出程度 3.2%。可以看出，非常规储层必须通过压裂人造高渗透率带才能获得产能，因此构建"人造渗透率"是"人工油气藏"提高单井产量的必要条件。

2）储层"多场"变化，建立缝网控藏流动系统是"人工建藏"重要途径

人工油气藏"压裂—注液—驱油—采油"过程中包含渗流场 H（Hydraulic Process）—应力场 M（Mechanical Process）—化学场 C（Chemical Process）—温度场 T（Thermal Process）四场变化（HMCT）及其相互间的耦合作用。

首先，通过驱油压裂等方法，形成裂缝型"人造渗透率"，提高储层渗透性，改变渗流场；其次，造缝过程中，改变裂缝内流体压力、裂缝宽度以及裂缝长度，而裂缝产生诱导应力场；同时，压裂液滤失，造成基质内孔隙压力升高，有效应力下降，应力场被改变 [（1）$H \rightarrow M$ 耦合]。再次，压裂过程中，压裂液或与油气或岩石发生化学反应放热或吸热，作为热源，影响人工气藏温度场变化 [（5）$C \rightarrow T$ 耦合]；同时，温度影响化学反应速率，以及矿物、反应进程的化学稳定性 [（6）$T \rightarrow C$ 耦合]。第四，压裂液进入地层，作为人工热源，与储层温度有差异，温度变化引起热应力以及与温度有关的岩石力学性质变化 [（7）$T \rightarrow M$ 耦合]；另外，压裂液在裂缝和基质中的渗流，带动热量的迁移，形成对流换热，影响温度场的变化 [（9）$H \rightarrow T$ 耦合]；同时，温度场的变化造成对流体性质的影响，如流体密度，黏度随温度而变化 [（10）$T \rightarrow H$ 耦合]。

"驱油"即驱油置换，在焖井过程中，由于毛细管力渗吸作用，压裂液通过裂缝面进入储层基质，油气由基质进入裂缝，在这油（气）水两相流的过程中，人工油气藏中油（气）水压力场发生变化，也即为渗流场的变化；另外，驱油压裂液同时改变岩石的润湿性，使得岩石由亲油变为亲水，进而改变油水两相的相渗特征，有利于油的产出 [（3）$C \rightarrow H$ 耦合]；另一方面，压裂液与岩石相互作用，造成岩石的损伤，改变了岩石的力学性质和结构 [（12）$C \rightarrow M$ 耦合]。

"采油"即油气开采，在此过程中，随着油气从基质、裂缝流向井筒，储层内孔隙压力下降（渗流场发生变化），有效应力升高 [应力场发生变化，即为（1）$H \rightarrow M$ 耦合]；同时，应力变化造成岩体变形，影响岩石孔隙度、渗透率以及裂缝宽度，进而影响流体在

基质孔隙以及裂缝中的流动 [（2）$M \rightarrow H$ 耦合]。

3）人工多级能量补充是"人工油气藏"经济开发的高效途径

致密油藏中的分段压裂水平井由于储层基质比较致密，流体难以流动，导致分段压裂水平井初期产量急剧下降，亟须进行能量补充。利用建立的致密油藏分段压裂水平井 CO_2 吞吐物理模拟实验系统对鄂尔多斯盆地一典型致密油区进行分段压裂水平井 CO_2 吞吐开发方式物理模拟，其实验基础参数为：气测渗透率为 0.43mD，孔隙度为 10.75%，含油饱和度为 40%，油气比为 40.8m^3/m^3，黏度为 2.9mPa·s。通过上述实验，在分段压裂水平井注 CO_2 吞吐模拟实验中，3 轮 CO_2 吞吐后的采出程度要比弹性驱的采出程度提高了 12.5%，达到 21.5%。

2."人工油气藏"的实现途径——驱油置换压裂技术

"驱油置换"压裂技术是"人工油气藏"的主要核心技术体系之一，也是"水平井+体积改造"内涵的深入延伸，是将体积压裂改造与二次采油、三次采油相结合实现"压—注—驱—采"一体化的创新性技术。通过"储层改造+流体改质"的"四场"（HMCT）耦合变化原理，使大量滞留液体变废为宝、高效利用，减少返排液量和环境污染，实现油水就地置换，提升压裂增产与稳产量。

其核心理念有 4 个方面：（1）以大规模体积压裂形成复杂裂缝网络为基础；（2）利用大规模体积压裂建立非均匀压力系统实现网间、缝间、段间驱替；（3）利用"双功能"大量滞留的"待返排"压裂液"变废为宝"，油水置换，驱油；（4）改造体积最大、基质到裂缝距离最短、流动压差最小、压裂补能、渗吸驱油。通过采用"填砂泄油—静态渗吸—动态驱替"一体渗吸模拟新方法，研究结果表明：随着渗透率的降低，驱替采出程度有所降低，渗吸采出程度明显增加。同时，明确了压裂渗吸润湿性、接触面积、矿化度、黏度、表面活性剂、pH 值等 6 大主控因素，分析"驱油置换"压裂方法，研发核心"驱油"功能新材料，形成"驱油"压裂液体系。合成微乳驱油剂，形成"驱油"功能的复合压裂液体系，岩心渗吸驱油效率达 67.3%，比常规驱油剂效率提高 10%。

基于上述研究，已初步形成了中国三类致密油储层"驱油置换"改造技术决策模式（表 4-12），并在新疆油田玛湖、华北油田二连、吐哈油田三塘湖等区块应用 49 口井，增产改造效果显著，压后效果比常规技术提高 1.8 倍以上，为亿吨级储量落实和百万吨产量建设提供保障。

表 4-12 三类致密油储层"驱油"压裂初步的技术体系

类型	典型盆地	储层特征	润湿性特征	"四参数四区域"决定水力裂缝特征	驱油压裂技术决策模式
砂岩	玛湖百口泉组	低渗透、特低渗透、裂缝不发育	亲水弱亲油	单一裂缝	直井缝网—水平井分段
					低界面张力液体系
					短关井时间
	鄂尔多斯延长组	致密、裂缝发育	亲油弱亲水	复杂裂缝	水平井复杂缝网体积改造
					润湿反转液体系
					长关井时间
	松辽盆地扶余油层	致密、裂缝不发育	亲水弱亲油	单一裂缝	水平井细分切割体积改造
					低界面张力液体系
					长关井时间

续表

类型	典型盆地	储层特征	润湿性特征	"四参数四区域"决定水力裂缝特征	驱油压裂技术决策模式
碳酸盐岩	渤海湾盆地束鹿凹陷沙三下	致密、多层系、裂缝发育	亲油弱亲水	复杂裂缝	水平井复杂缝网体积改造 直井分层缝网压裂 酸液+润湿反转液体体系 长关井时间
混合岩	柴达木盆地西部 Es_3^2	致密、裂缝发育	亲水弱亲油	复杂裂缝	水平井复杂缝网体积改造 低界面张力液体体系 长关井时间
混合岩	三塘湖盆地芦条湖组	致密、裂缝较发育	亲水弱亲油	分支裂缝	水平井分支化体积改造 低界面张力液体体系 长关井时间

第四节　典型案例——新安边致密油田

2014年，鄂尔多斯盆地新安边地区长7段水平先导试验井日产均超百立方米，单井累计产量3200~6700t，新增致密油探明地质储量1.01×10^8t，标志着我国发现了第一个整装致密油田——新安边致密油田，中国致密油产业步入新的发展阶段。

一、基本概况

新安边地区位于鄂尔多斯盆地中西部，行政区隶属于陕西省定边县、吴起县，面积约5000km^2，区域构造位于伊陕斜坡构造单元西部。

研究区长7沉积期由早期的半深湖—深湖沉积逐渐演变为中晚期的以三角洲前缘亚相沉积为主，沉积了一套富含有机质的优质烃源岩[29,30]。长7段为现今鄂尔多斯盆地发现的主要致密油富集层系，资源量超10×10^8t，具有分布范围广、烃源岩优越、储层致密、孔喉结构复杂、物性差、油饱高、油品好和压力低等特点。

二、地质特征

1. 源岩特征

长7泥页岩TOC>2%、热解生烃潜量S_1+S_2>6%、氯仿沥青"A"含量超过0.1%、总烃含量>500mg/L为主；I—II$_1$型干酪根，显微组成以无定型的腐泥组和壳质组为主；R_o为0.7%~1.2%、热解T_{max}介于435~455℃。

2. 储层特征

砂体呈北西—南东一线沿湖盆轴向分布，砂体延展约150km，宽25~80km，砂地比大于30%的面积超过8000km^2。主力油层埋深一般在1200~2300m，单砂层厚度一般为2~25m，累计厚度一般为5~50m。储层岩性主要为细砂岩和粉砂岩，储层致密，纵横向非均质性强。鄂尔多斯盆地延长组10~100nm的孔喉平均占总孔喉的70%以上，致密砂岩为81.6%，泥页岩为71.8%；致密砂岩孔喉直径为10~4nm的占总孔喉的13%，泥页岩储层为20.1%；孔喉直径小于4nm孔喉所占比例较少，致密砂岩为5.4%，泥页岩仅为4.6%（图4-23）。

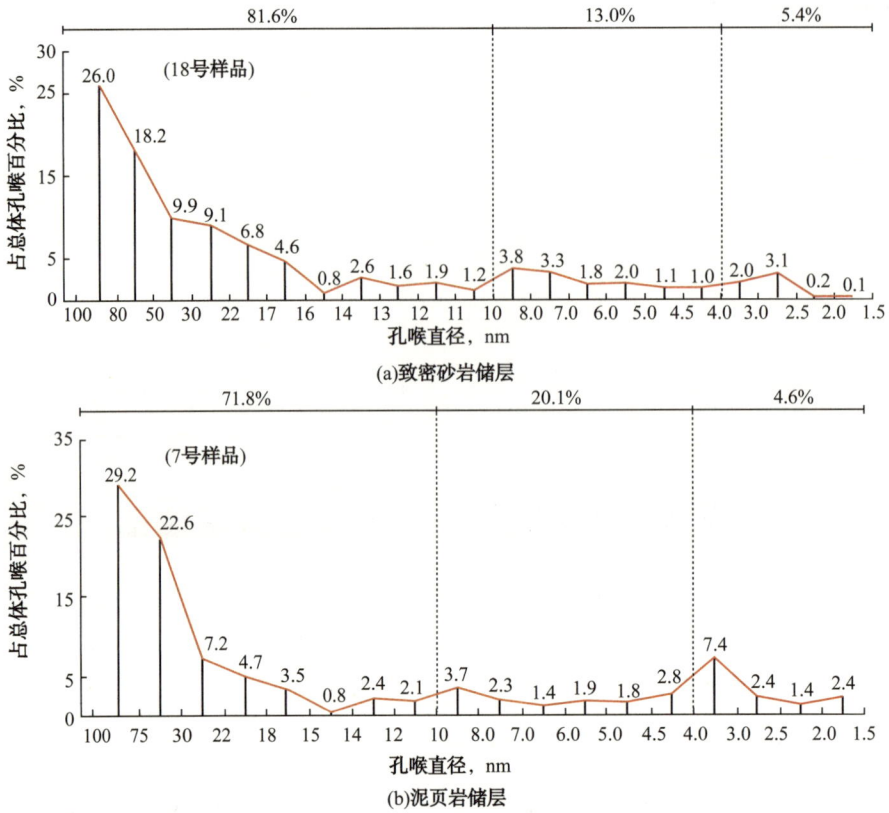

图4-23　鄂尔多斯盆地气体吸附测试孔喉直径分布直方图

长7储层孔隙度多分布在5.0%~11.0%，平均7.9%；渗透率多分布在0.04~0.18mD，平均0.12mD（图4-24）。

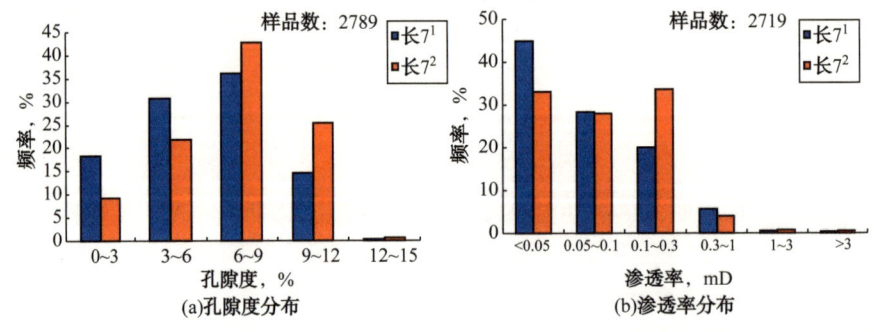

图4-24　鄂尔多斯盆地新安边地区长7^1和长7^2物性分布

3. 流体性质

地表条件下的原油密度一般为0.83~0.88g/cm³，地层条件下原油密度约0.70~0.76g/cm³，平均黏度约1.0mPa·s，凝固点17~20℃。致密油层压力普遍较低，现今地层压力7~18MPa，压力系数多分布于0.65~0.85。储层含油饱和度高，75%以上的含油致密储层不含水，密闭取心分析储层含油饱和度一般可达 65%~85%。

三、富集规律

鄂尔多斯盆地致密油主要分布于中生界大型坳陷湖盆中心。长 7 段致密砂岩油主要发育在长 7^1 亚段、长 7^2 亚段，平面上主要分在新安边地区的三角洲前缘砂体和陇东地区的砂质碎屑流砂体。优质烃源岩分布控制着致密油分布范围，大面积砂体控制致密油藏规模，运聚动力控制含油饱和度，几者的有效组合是形成鄂尔多斯盆地致密油规模富集的关键。湖盆中部大范围优质烃源岩与大面积、厚层储集体互层共生，地史期生烃增压曾导致强排烃作用，共同控制了延长组大面积叠合致密油的形成。纵向上位于与油页岩互层共生或紧邻的致密砂岩储层中，主要为长 7—长 6^3 油层组，石油未经大规模长距离运移。湖盆中部延长组 7 段液态烃分布面积 $10 \times 10^4 km^2$，富集区面积 4000 km^2，储量规模达 $20 \times 10^8 t$（图 4-25）。

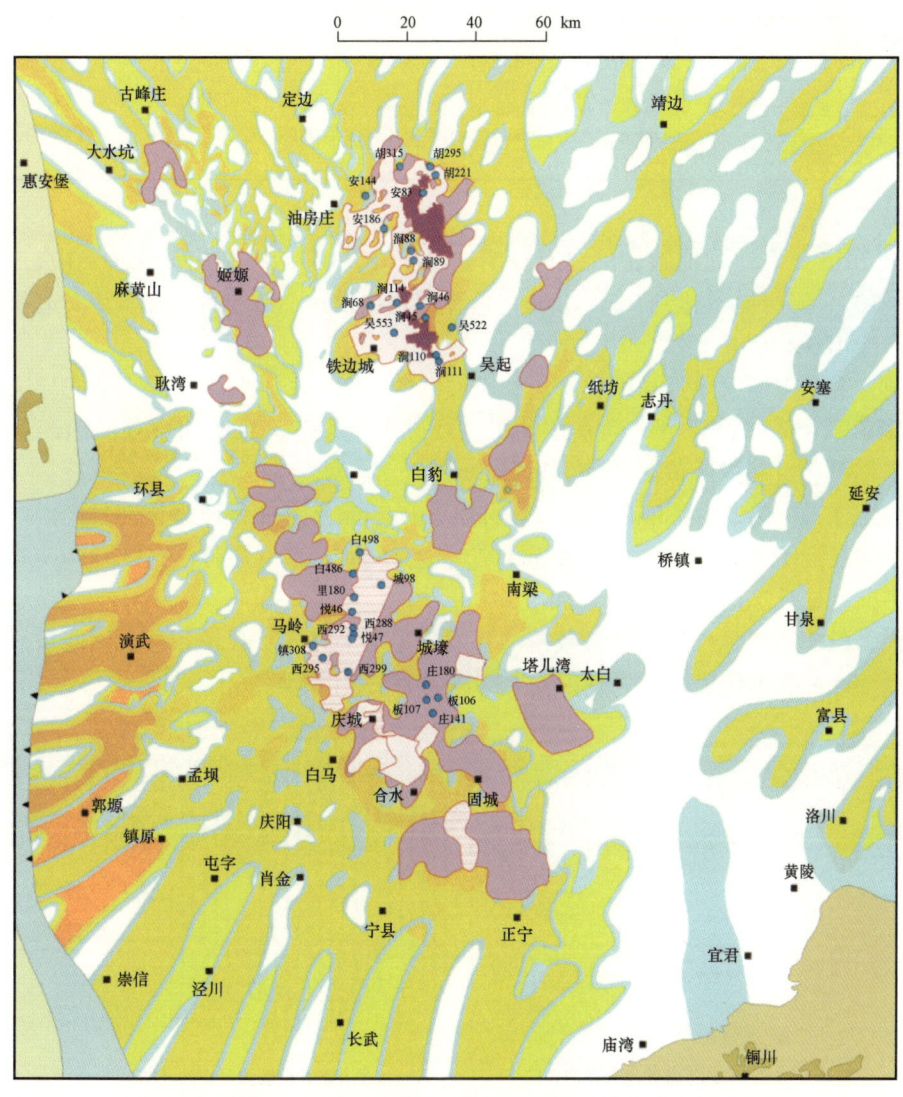

图 4-25　鄂尔多斯盆地中生界延长组长 7 段砂体分布与石油分布

四、勘探开发实践

1. "六特性"评价与"甜点区"预测

评价发现,长 7 湖相优质源岩 TOC 在 5%~8%;岩性以岩屑长石砂岩为主,原生和次生孔隙发育;储层物性较好,孔隙度在 7%~13%;含油性较好,含油饱和度在 60%~80%;脆性矿物较发育,脆性指数在 35%~45%,水平地应力差在 5~7MPa(表 4-13)。

鄂尔多斯盆地中生界长 7 致密油富集区分布受两套物源体系控制:北东方向物源体系影响下的缓坡三角洲前缘沉积,致密油为运移型石油聚集;南西方向物源体系影响下的陡坡重力流沉积,致密油为近源型石油聚集。

表 4-13 鄂尔多斯盆地中生界致密油"六特性"评价参数

油气类型	烃源岩特性	岩性	物性	含油气性	脆性	地应力特性	含油气面积 10^4km^2	储量丰度 $10^4t/km^2$	单井产量 t/d
中生界致密油	湖相页岩,厚度 20~30m,TOC 平均值 5%~8%,R_o 值 0.7%~1.2%,I、II_1 型干酪根	岩屑长石砂岩	孔隙度 7%~13%,渗透率小于 1mD,孔喉半径 0.06~0.80μm	含油饱和度 60%~80%,密度 0.80~0.86g/cm^3	脆性指数 35%~45%,泊松比 0.25,杨氏模量 2×10^4~3×10^4MPa	水平方向主应力差 5~7MPa,压力系数 0.70~0.85	3	20	2~3

2. 勘探实践

截至 2015 年底,盆地致密油已有探明储量 1.01×10^8t,控制储量 3.80×10^8t,预测储量 2.58×10^8t,三级储量达到 7.39×10^8t,估算储量规模达 20×10^8t,目前新安边致密油田已建成产能 100×10^4t。

目前,鄂尔多斯盆地延长组长 7 段致密油勘探已在 4 个试验区开展工业先导试验,已发现中国第一个致密油田——新安边油田。经过压裂改造,致密油直井试油产量一般为 4~30t/d,局部相对高渗区试油产量可超过 60t/d。

在储层渗透率为 0.2~0.3mD 的西 233 井区,10 口水平井体积压裂试油日产量均超百立方米,平均日产 119m^3,阳平 10 井最高日产量达 156m^3,单井累计产量 3200~6700t。2015 年鄂尔多斯盆地长 7 段为 62×10^4t。

目前,长庆油田延长组长 7 段致密油开发分为水平井注水开发和准自然能量开发。前一种以西 233 井区为代表,后一种以安 83 井区为代表(图 4-26)。

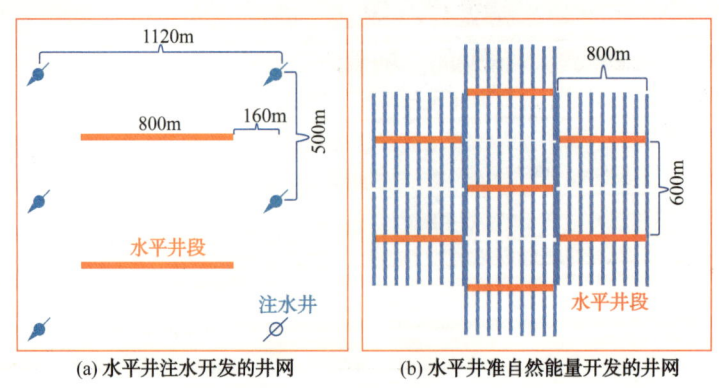

图 4-26 鄂尔多斯盆地新安边致密油田长 7 开发井网示意图

第五节 面临的挑战与发展前景

经过"十二五"的发展，中国石油在细粒沉积与纳米油气连续聚集规律、致密油非线性渗流特征、致密储层提高改造与"工厂化"作业模式，以及"人工油气藏"开发理念等方面，取得了重要进展，初步形成了致密油藏勘探开发关键技术系列（图4-27），取得鄂尔多斯盆地长7段、松辽盆地扶余油层、渤海湾盆地沙河街组与孔店组、准噶尔盆地芦草沟组等多套层系的重要致密油发现。

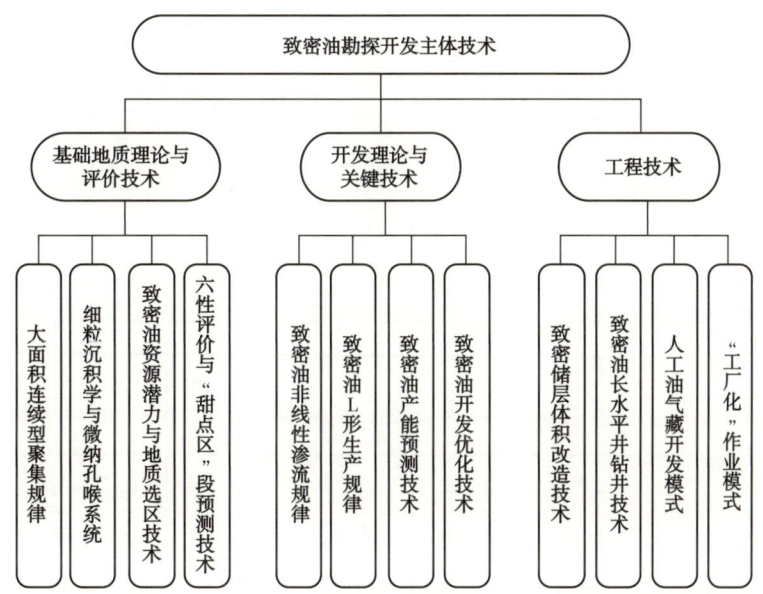

图4-27 中国石油在"十二五"期间初步形成的致密油地质理论与勘探开发技术系列

但是，由于中国地质演化背景及构造沉积环境极其复杂，致密油形成与分布具有独特的地质属性，一些关键技术仍然亟待攻关，实现大规模高效开发面临重大挑战。

一、面临的挑战

与北美地区典型致密油区带相比，中国陆相致密油地质特征更为复杂（表4-14）。尽管发育优质烃源岩，但储层分布的稳定性与连续性较差，流体可流动性也较差，资源整体规模性与效益性也不如北美地区海相致密油资源，实现效益勘探开发的难度更大[2, 3, 10, 21, 22, 30]。

1. 存在的问题

（1）中国致密油以陆相沉积为主，主要发育在中、新生代，断陷、坳陷和前陆等盆地都有分布，生油凹陷数量多。陆相烃源岩发育于淡水、半咸水至咸水环境，厚度一般为几十至几百米，TOC为0.4%~16.0%，R_o为0.4%~1.4%（图4-28）。

（2）中国陆相致密储层分为碳酸盐岩、致密砂岩、沉凝灰岩和混积岩四大类，非均质性强，横向变化大，孔隙度一般小于8%，渗透率不超0.1mD。陆相盆地碎屑岩距离物源区近，长石、岩屑含量相对较高，可压性较海相砂岩差。

表 4-14 中国与北美地区典型致密油特征对比

致密油区		鄂尔多斯盆地延长组	准噶尔盆地二叠系	四川盆地侏罗系	渤海湾盆地沙河街组	松辽盆地白垩系	柴达木盆地古近—新近	酒西盆地白垩系	三塘湖盆地二叠系	吐哈盆地侏罗系	Bakken	Eagle Ford
有利面积, $10^4 km^2$		5~10	3~5	4~10	5~10	5~10	1~3	0.3~1	0.5~1	0.7~1	7	2
烃源岩	岩性	湖相泥岩	湖相泥岩	湖相泥岩	湖相泥岩	湖相泥岩	湖相泥岩	湖相泥岩	湖相泥岩	湖相泥岩	海相页岩	海相泥灰岩
	厚度, m	10~100	10~35	100~150	100~300	80~450	200~1200	400~500	50~700	30~60	2~18	20~60
	TOC, %	2~10	3~4	1.0~2.4	1.5~3.5	0.9~3.8	0.4~1.2	1.0~2.5	1~6	1~5	10~14	3~7
	R_o, %	0.7~1.2	0.6~1.5	0.5~1.6	0.5~2.0	0.5~2.0	0.6~1.8	0.5~0.8	0.6~1.2	0.5~0.9	0.6~1.0	0.5~2.0
储层	岩性	粉细砂岩	云质粉砂岩、云质白云岩	粉细砂岩、介壳灰岩	粉砂岩、碳酸盐岩	粉细砂岩	泥灰岩、藻灰岩、粉砂岩	粉砂岩、碳酸盐岩	泥灰岩、灰岩白云岩、凝灰质泥岩	粉细砂岩	白云质—泥质粉砂岩	泥灰岩
	厚度, m	10~80	80~200	10~60	100~200	5~30	100~150	100~300	10~100	30~200	2~20	30~90
	孔隙度, %	2~12	3~10	0.2~7.0	5~10	2~15	5~8	5~10	3~13	4~10	10~13	2~12
	渗透率, mD	0.01~1.0	<1.0	0.0001~2.1	0.2~1.0	0.6~1.0	<1.0	<0.1	0.1~1.0	<1.0	<0.01~1.0	<0.01~1.0
原油密度, g/cm^3		0.80~0.86	0.87~0.92	0.76~0.87	0.67~0.86	0.78~0.87		0.82~0.94	0.85~0.90	0.75~0.85	0.81~0.83	0.82~0.87
压力系数		0.75~0.85	1.1~1.8	1.23~1.72	1.24~1.80	1.20~1.58	1.3~1.4	1.2~1.3	1.0~1.2	0.7~0.9	1.35~1.58	1.35~1.8
资源量, $10^8 t$		35.5~40.6	15.0~20.0	15.2~18	20.5~25.4	19.0~21.3	3.6~4.4	1.8~2.3	0.9~1.2	1.0~1.5	566	

第四章 致密油

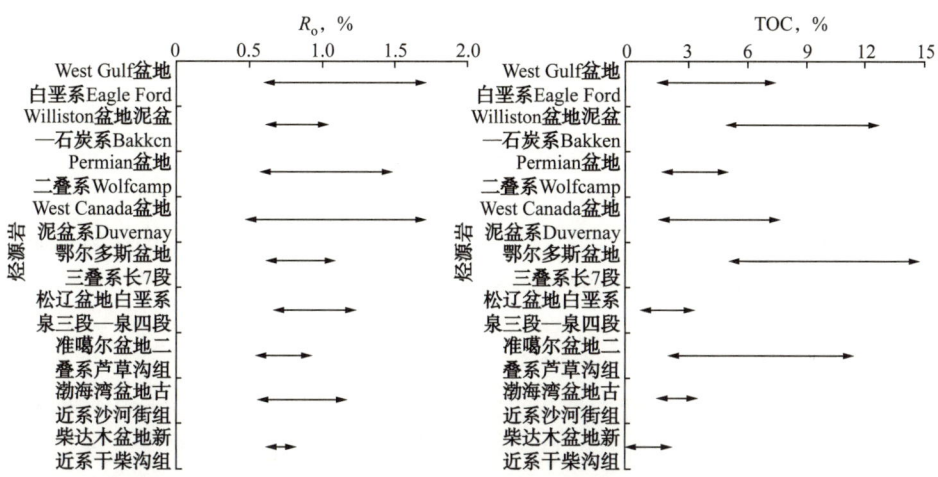

图 4-28 北美地区海相与中国陆相致密油烃源岩 R_o、TOC 参数对比图

（3）中国致密油主要分布于凹陷区及斜坡带，分布面积、规模相对较小，一般单个面积小于 $2000km^2$。中国陆相致密油埋藏深度偏大，埋深为 1000~4500m，经济性与可动用规模较差，埋深差异大。

（4）中国经历较强烈的晚期构造运动，对保存条件有一定影响，压力系数变化大，压力系数为 0.7~1.8。

（5）中国致密油地层能量、原油品质变化大，油质相对较重，原油密度为 $0.75~0.92g/cm^3$，黏度 1~55mPa·s。

2. 面临的挑战

（1）中国致密油资源偏低的储量丰度和 EUR，造成高成本。一般致密油储量丰度在 $10×10^4~15×10^4 t/km^2$（表 4-15），单井平均 EUR 一般不超过 $3×10^4 t$，大面积开发必然导致相对高成本。EIA 预测中国致密油盈亏平衡点油价高达 75 美元/bbl。

表 4-15 中美主要致密油盆地资源丰度对比表

	序　号	致密油区	地质资源量，$10^8 t$	资源丰度，$10^4 t/km^2$
美国	1	Williston 盆地 Bakken 组	82	16
	2	墨西哥湾盆地 Eagle Ford 组	76	15
	3	Permian 盆地 Wolfcamp 组	72	4
中国	4	鄂尔多斯盆地三叠系长7、长6^3	59.9~76.8	6~40，平均 12
	5	准噶尔盆地二叠系	20.27~23.39	5~30，平均 11
	6	松辽盆地扶杨油层	30~40	8~35，平均 12
	7	三塘湖盆地二叠系	2.25~2.75	5~35，平均 10
	8	渤海湾盆地沙河街组	13.12~17.67	3~15，平均 11
	9	柴达木盆地古近—新近系	8.46~12.09	5~38
	10	四川盆地侏罗系	15.84~19.35	3~16
	11	塔里木盆地侏罗系	3.86~4.54	4~20

（2）地质条件的特殊性，导致"甜点区"偏小、"甜点段"偏薄，预测难度进一步增大，提高单井产量存在先天缺陷。相对于北美海相致密油，中国以陆相为主，分布范围相对较小，储层更致密，非均质性强，压力系数和油品变化大；注水开发见效难、且见水比例高，有效驱替压力系统建立难，单井产量较低、递减快，累产低。特别是提高采收率的核心技术尚未形成，大量资源将滞留地下。美国致密油一次采收率均小于15%。

（3）地面条件复杂、水资源缺乏、生态脆弱，大面积钻井、大规模压裂面临环境风险。美国大规模水力压裂单井入地液量已经超过$10 \times 10^4 m^3$。

二、发展前景

致密油是中国陆上石油工业发展未来的重要支柱。预计2020年之后中国致密油储量增长到$2.0 \times 10^8 \sim 4.0 \times 10^8 t/a$，占石油总储量增长超过一半。预计2030—2035年，中国致密油产量达到$1800 \times 10^4 \sim 4000 \times 10^4 t$。

为规模效益开发陆相致密油，未来中国致密油开发应重点攻关以下4个方面：一是深化理论认识，查清致密油的地质特征、赋存状态、聚集规律和资源潜力，明确"甜点区"与有利目标区带、致密油地质评价技术与标准等；二是致力于提高单井产量的致密油勘探开发配套技术，包括适用的增产改造技术、缩短钻完井时间、优化射孔井段、关键工具国产化等；三是以提高最终采收率为最终目标，在致密油开采方式、能量补充、稳产能力等方面重点攻关；四是实现规模效益开发，包括采用"井工厂"模式、简化地面建设、大型作业安全环保、改进管理、市场化机制等多个环节降低开发成本，以及研发全生命周期经济评价技术。

1. 选准"甜点区/段"，实现精准高效开发

"甜点区"优选是决定致密油勘探开发成效的关键，应重视以下4方面研究。

（1）中国陆相烃源岩非均质性强，TOC分布在纵向上具有多旋回性，平面上具迁移性，应加强富有机质页岩沉积环境与有机质富集机理的研究，明确高TOC分布段与分布区；高度重视热演化程度对致密油富集高产的重要控制作用研究，分析确定有机质类型、丰度和成熟度等参数，预测烃类生成和流体性质。

（2）储集空间与可动流体是形成致密油"甜点区"的保障，致密储层非均质性强，类型多，需要发展复杂储层多参数数字岩石评价技术、储层结构有效表征技术和脆性矿物评价技术，研究微纳米级孔喉系统的连通性、致密储层非均质性，明确不同类型致密储层孔喉结构、储集能力与产能特性等。

（3）微构造背景和天然裂缝对致密油富集高产有重要影响，应开展有利区微构造形态与发育演化规律研究，明确裂缝发育机制与主控因素，建立裂缝动态生长三维模型，直观展示致密储层裂缝生长特征，评价预测裂缝发育层段。

（4）加强"甜点区"形成主控因素、富集高产规律与经济性评价研究，选好高收益区；"甜点段"是水平井设计、精确压裂改造、效益开发的根本，应加强"甜点段"形成条件与分布规律的研究，选准"甜点段"。

2. 研发适用的致密油压裂改造技术，实现经济效益开发

致密油开发最大难题是如何提高单井产量，提高采收率。中国陆相致密油规模偏小，单井产量普遍较低，如鄂尔多斯盆地长7段致密油Ⅰ类井盈亏平衡点为365美元/t

（50美元/bbl），而北美地区致密油"甜点区"开采成本为146~365美元/t（20~50美元/bbl），平均成本241美元/t（33美元/bbl）。

为此，建议开展以下两方面技术攻关。

（1）创新发展致密油体积压裂改造技术，降低工程作业成本；优化水平井井距、水平段长度及压裂簇数，使井网覆盖区域最大化，作业流程最优化，控制钻完井等综合成本，最大限度提高致密油储量动用程度。

（2）根据各致密油盆地的地质特征，研发适用性钻完井技术。长庆油田根据长7段致密油地质特征，在不使用旋转导向系统的情况下，通过研制球形扶正器、大扭矩螺杆，调整短钻铤长度，提高增斜效率，平均钻井周期与常规水平井相当。

3. 创新管理体制，推进致密油规模效益开发

市场化是美国实现致密油气重大突破的关键。建议借鉴国外公司先进的管理经验及国内如苏里格气田"5+1"合作开发模式，通过引入外部市场竞争体制，设立国家级致密油开发示范区，在全国范围内推广成功的致密油勘探开发与管理经验，解决关键技术难题，进一步降低成本，实现规模效益开发。

参 考 文 献

[1] Clarkson C R, Pedersen P K. Production analysis of western Canadian unconventional light oil plays [C]. SPE 149005, 2011: 1-23.

[2] 贾承造，邹才能，李建忠，等. 中国致密油评价标准、主要类型、基本特征及资源前景[J]. 石油学报，2012, 33（2）：343-350.

[3] 贾承造，郑民，张永峰. 中国非常规油气资源与勘探开发前景[J]. 石油勘探与开发，2012, 39（2）：129-136.

[4] 赵政璋，杜金虎，邹才能. 致密油气[M]. 北京：石油工业出版社，2012.

[5] 邹才能，杨智，陶士振，等. 纳米油气与源储共生型油气聚集[J]. 石油勘探与开发，2012, 39（1）：13-26.

[6] 邹才能，朱如凯，吴松涛，等. 常规与非常规油气聚集类型、特征、机理及展望——以中国致密油和致密气为例[J]. 石油学报，2012, 33（2）：173-187.

[7] Jo H. Optimizing fracture spacing to induce complex fractures in a hydraulically fractured horizontal wellbore [C]. SPE Americas Unconventional Resources Conference, 2012.

[8] Roberto S R, Larry B, Sid G, et al. Defining three regions of hydraulic fracture connectivity, in unconventional reservoirs, help designing completions with improved long-term productivity [C]. SPE166505, 2013.

[9] 赵文智，胡素云，李建忠，等. 我国陆上油气勘探领域变化与启示[J]. 中国石油勘探，2013, 18（4）：1-10.

[10] 邹才能，陶士振，侯连华，等. 非常规油气地质学[M]. 北京：地质出版社，2013.

[11] 张林晔，李钜源，李政，等. 北美页岩油气研究进展及对中国陆相页岩油气勘探的思考[J]. 地球科学进展，2014, 29（6）：700-711.

[12] 张君峰，毕海滨，许浩，等. 国外致密油勘探开发新进展及借鉴意义[J]. 石油学报，2015, 36（2）：127-137.

[13] Wright G N, McMechan M E, Potter D E G, et al. Structure and architecture of the Western Canada sedimentary basin [J]. Canadian Society of Petroleum Geologistsand Alberta Research Council, Calgary, Canada, 1994.

[14] Creaney S, Allan J, Cole K S, et al. Petroleum generation and migration in the Western Canada Sedimentary Basin [J]. Canadian Society of Petroleum Geologists and Alberta Research Council, Calgary, Canada, 1994.

[15] Zargari S, Mohaghegh S D. Field Development Strategies for Bakken Shale Formation, USA [C]. SPE Annual Technical Conference and Exhibition: Mongantown, 2010.

[16] Sonnenberg S A, Appleby S K, Sarg J R.PS Quantitative mineralogy and microfractures in the Middle Bakken Formation, Williston Basin, North Dakota [C].New Orleans: AAPG Annual Convention and Exhibition, 2010.

[17] 张文正, 杨华, 杨奕华, 等. 鄂尔多斯盆地长7优质烃源岩的岩石学、元素地球化学特征及发育环境 [J]. 地球化学, 2008, 37(1): 59-64.

[18] 邹才能, 陶士振, 白斌, 等. 论非常规油气与常规油气的区别和联系 [J]. 中国石油勘探, 2015, 20(1): 1-16.

[19] 杨华, 李士祥, 刘显阳, 等. 鄂尔多斯盆地致密油、页岩油特征及资源潜力 [J]. 石油学报, 2012, 34(1): 1-11.

[20] 邹才能, 朱如凯, 白斌, 等. 中国油气储层中纳米孔首次发现及其科学价值 [J]. 岩石学报, 2011, 27(6): 1857-1864.

[21] 杨智, 侯连华, 陶士振, 等. 致密油与页岩油形成条件与"甜点区"评价 [J]. 石油勘探与开发, 2015, 42(5): 555-565.

[22] 邹才能, 张国生, 杨智, 等. 非常规油气概念、特征、潜力及技术 [J]. 石油勘探与开发, 2013, 40(4): 385-399.

[23] Ghaderi S M, Clarkson C R, Kaviani D. Investigation of primary recovery in tight oil formations: A look at the Cardium Formation, Alberta [C]. SPE 148995, 2011: 1-11.

[24] 吴奇, 胥云, 王腾飞, 等. 增产改造理念的重大变革——体积改造技术概论 [J]. 天然气工业, 2011, 31(4): 7-12.

[25] 雷群, 胥云, 蒋廷学, 等. 用于提高低—特低渗透油气藏改造效果的缝网压裂技术 [J]. 石油学报, 2009, 30(2): 237-241.

[26] 朱玉杰, 郭朝辉, 魏辽, 等. 套管固井分段压裂滑套关键技术分析 [J]. 石油机械, 2013, 41(8): 102-106.

[27] 邹才能, 杨智, 张国生, 等. 常规—非常规油气"有序聚集"理论认识及实践意义 [J]. 石油勘探与开发, 2014, 41(1): 14-27.

[28] 姚泾利, 邓秀芹, 赵彦德, 等. 鄂尔多斯盆地延长组致密油特征 [J]. 石油勘探与开发, 2013, 40(2): 150-158.

[29] 时保宏, 郑飞, 张艳, 等. 鄂尔多斯盆地延长组长7油层组石油成藏条件分析 [J]. 石油实验地质, 2014, 36(3): 285-290.

[30] 马洪, 李建忠, 杨涛, 等. 中国陆相湖盆致密油成藏主控因素综述 [J]. 石油实验地质, 2014, 36(6): 668-677.

第五章 煤 层 气

20世纪80年代中期，随着美国煤层气产业化规模不断扩大，国内煤层气资源也受到广泛的关注，逐渐掀起了煤层气勘探热潮。先后在湖南里王庙、河南焦作、辽宁抚顺等煤矿钻了几十口煤层气井。90年代初，联合国开发计划署（United National Development Prograss，简称UNDP）资助中国原煤炭工业部和地质矿产部下属单位在山西柳林、晋城、安徽淮南、东北铁法等地区进行煤层气钻探试验，90年代中期以后，国家颁布多项优惠政策，鼓励煤层气产业发展，中国石油、中联煤、煤炭部门开始加大煤层气开发试验力度，到2005年，山西晋城地区大宁、潘庄、柿庄区块、辽宁阜新区块已投入小规模开发利用。

20世纪90年代初，中国石油先后在河北大城、辽宁欧利坨子、江西丰城和湖南冷水江等地区进行了煤层气钻探和试气试验，大城地区大参1井获得7000m³/d以上的气量。1994年中国石油成立了新区勘探事业部煤层气勘探项目经理部，开始了系统的煤层气勘探地质理论研究，在全国范围内开展了煤层气资源评价及目标优选工作，并先后在河北大城、陕西吴堡、山西晋城等13个区块进行了钻探试气，发现一批煤层气开发有利区，建立了储量资源序列。截至2005年底，中国石油已累计探明煤层气地质储量$352×10^8m^3$，控制煤层气地质储量$1254.2×10^8m^3$，预测地质储量$1464×10^8m^3$，为中国煤层气产业化发展初步奠定了基础。

2006—2015年，中国石油加大科技投入和攻关，煤层气产业快速发展（图5-1），到2015年底，形成了较为完善的煤层气勘探开发理论与技术，累计探明煤层气储量$3868×10^8m^3$，实现了沁水盆地、鄂尔多斯盆地东缘两个气田的开发，年产量$17.18×10^8m^3$。带动了全国煤层气产业的发展。中国石油已成为中国煤层气产业的技术主导者、标准规范制定者、业务发展领跑者。

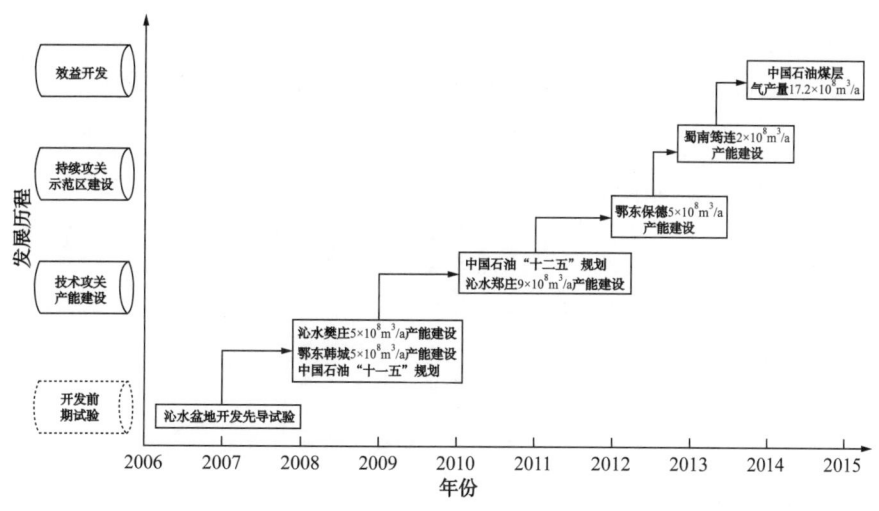

图5-1 中国石油2006—2015年煤层气发展历程

第一节 国内外勘探开发现状

一、国外现状

1. 世界煤层气资源

据 IEA 估计[1],全世界煤层气资源量 93×10^{12}~$263\times10^{12}m^3$,30 多个主要采煤国家均开展了煤层气的开发利用,其中美国、俄罗斯、中国、加拿大、澳大利亚等国煤层气资源最为丰富(表 5-1)。

表 5-1 世界主要产煤国家煤层气资源量

国家	煤层气资源,$10^{12}m^3$	国家	煤层气资源,$10^{12}m^3$
俄罗斯	17~113	英国	2
加拿大	6~76	乌克兰	2
中国	30.05	哈萨克斯坦	1
澳大利亚	8~14	印度	<1
美国	21.19	南非	<1
德国	3	合计	93~263
波兰	3		

2. 美国煤层气

美国是世界上煤层气勘探开发最早和最成功的国家,煤层气资源量 $21.19\times10^{12}m^3$。目前已形成煤层气生产规模的盆地主要有圣胡安、黑勇士、粉河、尤因塔、拉顿和阿巴拉契亚等。

美国的煤层气工业起步于 20 世纪 70 年代,主要受《能源意外获利法》鼓励,并借助技术的发展,于 80 年代开始快速发展。煤层气年产量从 1980 年的不足 $1\times10^8m^3$ 迅速上升到 1991 年的 $98\times10^8m^3$,2004—2007 年煤层气年产量稳定在 $500\times10^8m^3$ 左右,占美国天然气总产量的 8%~9%,2008 年煤层气产量达到峰值 $556.7\times10^8m^3$,占天然气总产量的 9.75%;随后煤层气产业发展速度逐渐放缓,产量呈下降趋势,2015 年煤层气产量为 $359.34\times10^8m^3$,累计煤层气钻井数为 58500 口(图 5-2),其中一半来源于圣胡安盆地。煤层气单井产量较高,圣胡安盆地超过 $10000m^3/d$,粉河盆地达 $5000m^3/d$。

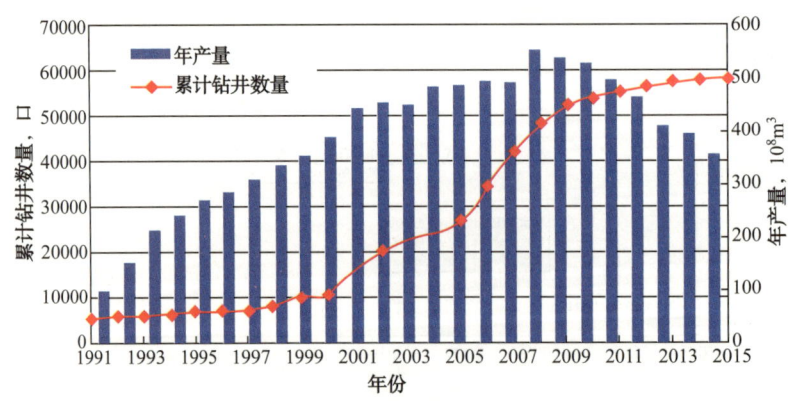

图 5-2 美国煤层气历年产量及累计钻井数综合图[2]

美国煤层气产业根据技术发展可分为三个主要阶段[2]。第一阶段：煤层气基础理论探索及技术突破阶段，全美范围内开展煤层气成藏条件与开发技术研究，提出煤层气"解吸—扩散—渗流"的基本理论，形成相应的"排水—降压—采气"的工艺技术流程。第二阶段：煤层气产业的勘探开发突破中煤阶煤层气的范围，开始探索低煤阶及高煤阶含气区或含气盆地，粉河、皮申斯等含煤盆地取得了煤层气勘探开发的重大突破，同时建立了煤储层双孔渗流及低煤阶"生物型或次生煤层气成藏"优势理论，并开展了空气钻井、裸眼洞穴完井及羽状水平井钻井技术的研究与试验。第三阶段：技术设备完善，开发技术成熟，全美煤层气产量达到峰值，税收补贴政策逐步取消，煤层气年产量有所下滑。

3. 澳大利亚煤层气

澳大利亚是继美国之后另一个煤层气产业发展较快的国家。澳大利亚估算煤层气资源量为 $8\times10^{12}\sim14\times10^{12}m^3$，主要分布在苏拉特、鲍温及悉尼等含煤盆地。近几年煤层气产量增加较快，2015年产量达到 $182.24\times10^8m^3$，开发总井数 4760 口（图 5-3）。

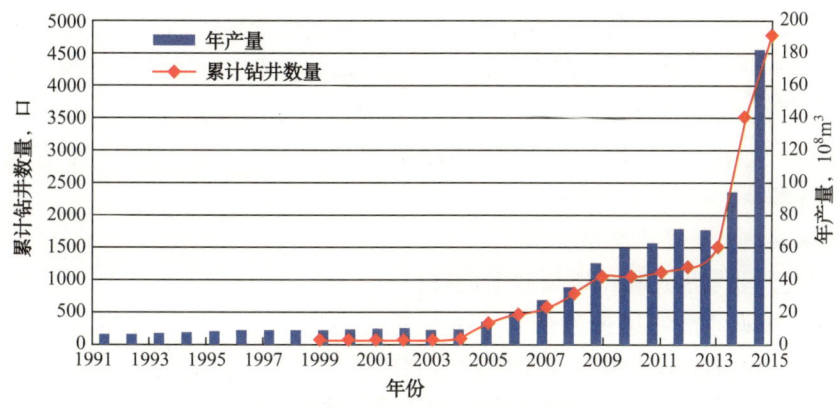

图 5-3 澳大利亚煤层气历年产量及累计钻井数综合图[3]

澳大利亚煤层气产业快速发展的原因主要有以下几个方面：(1)得益于充分快速吸收美国煤层气资源评价、地质勘探、实验测试方面的成功经验，同时针对澳大利亚煤层含气量高、含气饱和度高、原地应力高等地质特征进行了深入研究；(2)开发了适用于澳大利亚煤层气地质、储层特征的新工艺、新技术，从而在鲍温盆地勘探开发取得了重大突破；(3)及时把握天然气市场的发展机遇，液化天然气（Liquid Natural Gas，简写为LNG）出口快速增长，煤层气开发投资加大；(4)注重环境保护，充分得到农场主的支持，企业和地方政府关系和谐。

4. 加拿大煤层气

加拿大煤层气资源量约为 $76\times10^{12}m^3$，主要分布在加拿大西部的沉积盆地，其中艾伯塔盆地 $18.07\times10^{12}m^3$，占 23.8%，少量分布在不列颠哥伦比亚盆地（$2.38\times10^{12}m^3$）及其他小型含煤盆地。加拿大 2015 年煤层气产量约为 $84.82\times10^8m^3$（图 5-4），煤层气开发井超过 22900 口，单井平均产量 $1000m^3/d$，超过 91% 的开发井属于艾伯塔省的马蹄鞋谷组和腹部河组的较干燥煤层；大约 8% 的井属于曼维尔组煤层；少于 1% 的井属于阿得雷组和库特内组。

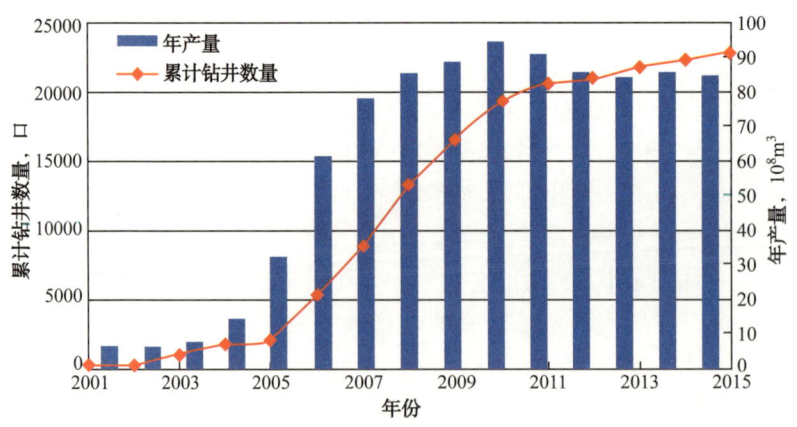

图 5-4　加拿大煤层气历年产量及累计钻井数综合图

5. 国外煤层气技术现状

美国、澳大利亚、加拿大煤层气产业经过多年的发展，形成了较为完善的针对不同煤阶、不同地质特点的煤层气勘探开发技术，主要有：低煤阶高渗区空气钻井、裸眼洞穴完井技术，如美国粉河盆地；中煤阶中渗区直井压裂排采技术，如圣胡安盆地；高煤阶低渗区直井压裂、羽状水平井技术，如阿巴拉契亚盆地。连续油管钻井、小型氮气解堵技术，如艾伯塔盆地；短半径钻井和 U 形水平井钻井技术，如悉尼盆地；注氮气、二氧化碳置换煤层气增产技术等。

6. 国外煤层气产业发展启示

1) 煤层气产业发展过程中需要政策的扶持

美国煤层气业务能够迅速发展，主要得益于政府在煤层气产业发展初期的宏观政策、财政支持和政策激励。1978 年美国政府颁布了《天然气政策法》，取消了天然气价格管制。随后在 1980 年颁布了《能源意外获利法》，对煤层气开发实施了长期的税收补贴。《能源意外获利法》最初规定煤层气税收优惠政策试用期为 10 年，但为保障煤层气产业的快速发展，美国政府先后两次推迟该项优惠政策的截止日期，使这一政策优惠期长达 23 年。此外，2005 年出台的《能源政策法案》，增加了对非常规油气开发的补贴力度，2004 年全美非常规油气生产补贴 6 亿美元，2007 年扩大到 45 亿美元，对煤层气等非常规能源的开发起到了极大的促进作用。

澳大利亚近几年煤层气钻井数快速增长，产量增长速度也较快，2015 年煤层气产量占该国天然气总产量的 20% 以上，预计 2020 年之前煤层气年产量将超越美国，跃居世界第一。其煤层气产业的快速发展，与澳大利亚立法及财税优惠政策密不可分。首先，澳大利亚煤层气产业相关配套法律完善，煤层气开采权受《矿产资源法》和《石油法》保护；现有石油和煤炭矿权区内都授权进行煤层气的开采；煤层气和煤炭开采矿权申请享有同等优先权；煤层气含量高于 3m^3/t 必须先采气后采煤。此外，财税政策税收减免、抵扣及延迟缓交多个方面增强了煤层气产业投资者的信心并推动了煤层气产业的快速发展。根据澳大利亚 2001 年修订的《石油法》和《矿产资源法》相关规定，当煤层气作为燃料用于当地煤矿发电，免缴矿区使用费；投资者如果将当年收益用于煤层气项目再投资，可减免投资额 20% 的所得税；在对投资者的资本所得进行征税时，如果投资者的股权投资出现亏损,则允许扣除资本损失部分;如果投资者将处理某项资产获得的收益用于购买煤层气开发企业发行的股票,可以享受延迟交税的待遇。

2)持续投资确保投入稳定的工作量

美国煤层气产量于 2008 年达到峰值 $556.7 \times 10^8 m^3$,此后产量基本上以平均每年 9% 的速率递减。2015 年美国煤层气年产量为 $359.34 \times 10^8 m^3$,占天然气总产量的 3.5%。据 EIA 预测,美国未来煤层气产量占比将继续减少,预计 2020 年煤层气产量占比将降至 2.7%。此外,近年来美国煤层气新钻井数量逐年锐减。1999—2009 年间,美国平均每年新增煤层气井 5588 口;而 2009—2015 年间,平均每年新增煤层气井不足千口。

美国煤层气新钻井数的大幅减少、年产量持续下滑主要受三个因素影响:(1)受全球经济危机影响,天然气价格下跌;(2)北美地区页岩气勘探开发大突破,投资目标转移;(3)国际油价大幅下跌,煤层气产业投资及工作量进一步锐减。2008—2009 年受金融危机影响,美国天然气价格大幅降低,天然气进口价格由 0.38 美元 $/m^3$ 锐减至 0.11 美元 $/m^3$,尽管后期有所回调,但幅度有限。天然气价格的大幅递减使得投资煤层气的资金下滑,导致新增钻井数急剧下降,年产量开始持续下降。2014 年 6 月下旬起,国际油价开始持续下跌,并在 2015 年 12 月出现"断崖式"下跌,部分石油公司被迫消减勘探开发投资,达到控制成本的目的,进一步加剧了煤层气产业投资的萎缩,加剧煤层气产量的大幅递减。

3)煤系地层天然气综合勘探开发可行有效

皮申斯(Piceance)盆地位于美国科罗拉多州,发育煤层气、致密气、页岩气、页岩油以及常规油气。主要含煤地层为白垩纪 Mesaverde 群,含三套煤组,各煤组间发育海相砂岩,煤层与致密砂岩互层共生,埋深 1560~2560m[4]。

皮申斯盆地在开发初期(1969—1980 年),沿用煤层气传统排水降压采气模式进行开采,煤层气与致密砂岩气合采并不成功。1990 年之后,大型水力压裂技术得到发展,煤层压裂的同时打开了上部的致密砂岩,单井产量得到大幅提升,采出气中 70%~90% 来自煤层。而后直接采用直井串联各储层生产,数十上百米厚的煤层—砂岩同时动用,平均单井产量高达 $10809m^3/d$,最高达 $14375m^3/d$,煤层气与煤系致密砂岩气合采取得了较好的生产效果。

煤层气与煤系致密砂岩气综合开发在垂向上拓展勘探开发空间,采用综合评价可大幅增加天然气资源丰度、提高单井产量,实现效益最大化;同时,煤层与砂岩压裂改造也比单一煤层压裂更能提高储层的改造效果,提高深部煤层气开发效益。

中国的鄂尔多斯盆地东缘大宁—吉县、三江的鸡西盆地、准噶尔盆地东缘五彩湾、滇黔川等盆地或地区具备致密砂岩气与煤层气综合勘探的地质条件。

二、中国现状

1. 煤层气资源

据中国石油第四次全国油气资源初步评价结果,中国 2000m 以浅的煤层气资源量 $30.05 \times 10^{12} m^3$,预测评价煤层气可采资源量 $12.51 \times 10^{12} m^3$,煤层气资源主要赋存于古生界和中生界,主要分布在中国东部区、中部区和西部区。其中,低煤阶(R_o<0.65%)煤层气资源量 $10.3 \times 10^{12} m^3$,约占煤层气资源总量的 34.3%;中煤阶(R_o 为 0.65%~1.9%)煤层气资源量 $9.15 \times 10^{12} m^3$,约占 30.4%;高煤阶(R_o>1.9%)煤层气资源量 $10.6 \times 10^{12} m^3$,约占 35.3%。煤层气资源量按埋深划分:煤层气风化带 1000m 煤层气资源占 37%,1500~2000m 煤层气资源占煤层气资源总量的33%，1000~1500m煤层气资源占30%。煤层气可采资源量按埋深划分：煤层气风化带<1000m的煤层气资源占煤层气资源总量的35%，1000~1500m占33%，1500~2000m占32%。

与新一轮全国油气资源评价相比，本次煤层气资源评价有以下几个方面的特点。（1）实测数据大大增加。探井由新一轮煤层气资源评价的100余口增加到了近千口。（2）煤层气资源认识程度增加。随着研究项目的增加，一些盆地研究程度增高，勘探开发程度提高，如沁水盆地、鄂尔多斯盆地、准噶尔盆地、二连盆地等主要含气盆地。（3）评价方法多元。首次建立了煤层气资源评价刻度区，运用了不同煤阶开发区大量的排采数据，类比依据更加充分。（4）关键参数取值更为准确。关键参数含气量的取值方法在以往的基础上增加了测井曲线推测法、刻度区类比法、吸附临界深度带推测法等。可采系数在类比法、等温吸附曲线法的基础上增加了产量递减法、数值模拟法、刻度区类比法、实际产量预测法等方法。（5）资源评价与勘探开发实践紧密结合。结合勘探开发实际经验，核减了煤层气资源量小、资源丰度低、资源可靠程度低、勘探开发可能性极小的盆地或地区煤层气资源量。

2. 煤层气勘探开发现状

中国煤层气从20世纪90年代开始勘探，2006年开始逐步实现规模开发，煤层气产业总体上发展平稳，国内多家企业开展了煤层气的勘探开发，中国石油煤层气业务发展较快，中国海油、中国石化等同行业公司平稳发展，相关煤炭企业如山西晋城无烟煤矿业集团有限责任公司（简称晋煤集团）积极开展煤层气业务，地方企业积极介入煤层气勘探开发。如新疆煤田地质局、科林思德公司、黑龙江龙煤矿业控股集团有限责任公司（简称龙煤集团）等煤炭及地方企业积极介入煤层气的勘探开发。

中国煤层气的勘探开发主要集中在华北的沁水盆地、鄂尔多斯盆地东缘，西北的准噶尔盆地、吐哈—三塘湖盆地；东北的二连盆地、海拉尔盆地、鸡西盆地、阜新盆地、铁法盆地、珲春、依兰—伊通等，西南的滇黔川地区[5]。

截至2015年底，煤层气钻井总数超过20000口，全国煤层气产量$43.66 \times 10^8 m^3$（图5-5），其中中国石油产量$17.2 \times 10^8 m^3$，占比为39.4%。近几年随着煤层气勘探开发的持续稳定发展，社会效益凸显，煤矿安全得到极大改善，2015年百万吨采煤死亡率降为0.159人，为发达国家的6倍（2005年为100倍）。

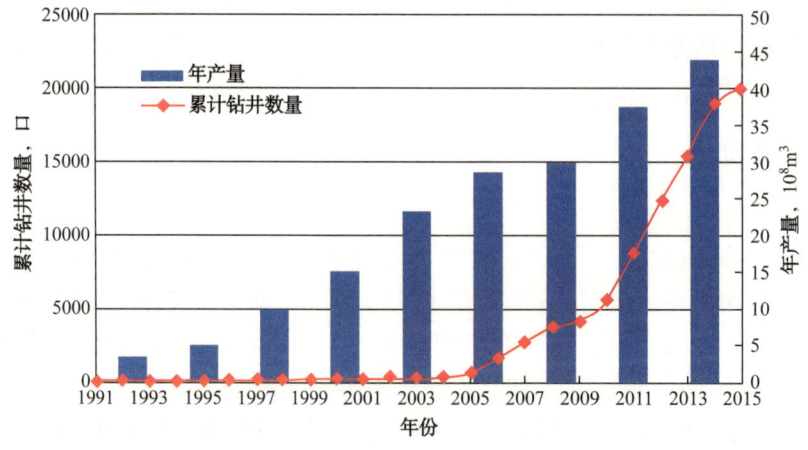

图5-5 中国煤层气历年产量及累计钻井数综合图

3. 中国石油的煤层气

2006年，中国石油开始以沁水盆地、鄂尔多斯盆地东缘两大煤层气富集区为重点开展煤层气勘探和规模开发，并在中国石油的其他油气矿权区包括准噶尔、二连、吐哈—三塘湖等盆地进行了勘探或小规模开发，煤层气探明储量和产量逐年增加。

截至2015年底，中国石油累计新增探明地质储量$3867 \times 10^8 m^3$，占全国总量的62%；中国石油完成各类煤层气井5942口（水平井168口），其中，开发井5364口（水平井158口），开井数3500口，日产气$480 \times 10^4 m^3$，累计完成产量$53.4 \times 10^8 m^3$，累计建产能$42.7 \times 10^8 m^3/a$，2015年产量$17.2 \times 10^8 m^3$，建成了沁水盆地和鄂尔多斯盆地东缘两大煤层气产业基地（图5-6、图5-7）。

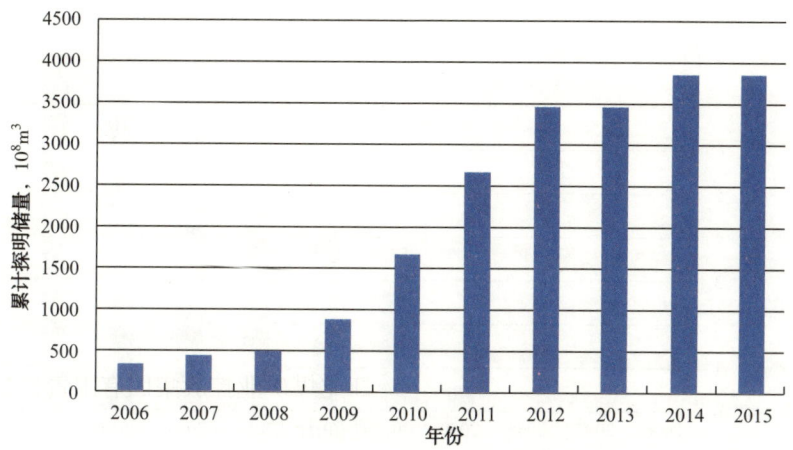

图5-6 中国石油累计探明储量情况图

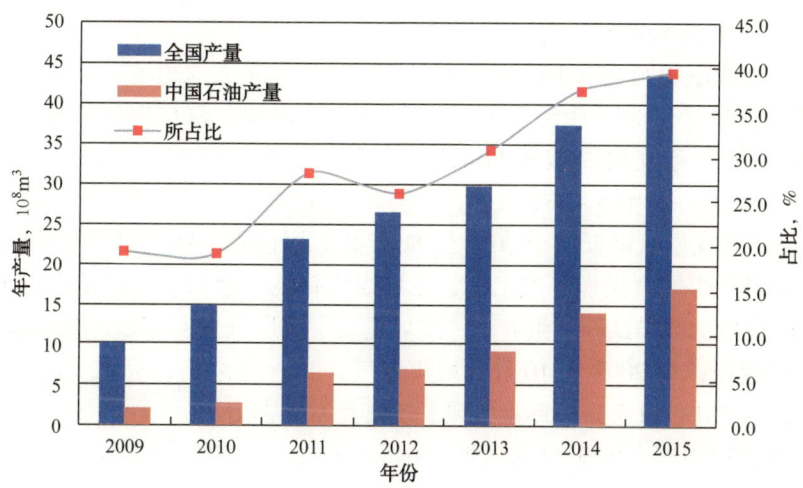

图5-7 中国石油历年煤层气产量及占全国产量综合图

1）沁水盆地煤层气

沁水盆地面积约$3 \times 10^4 km^2$，主力煤层为二叠系山西组3#煤层和石炭系太原组15#煤层，3#煤层厚度一般3~6m，15#号煤层2~5m，煤阶主要为高煤阶，煤层埋深一般300~2000m，煤层含气量一般6~30 m^3/t，两煤层相距平均80m左右[6]。

中国石油在沁水盆地南部拥有矿权面积5167km², 1994年开始在沁水盆地进行煤层气综合评价、富气条件和选区研究；并开展了煤层气勘探和开发试验评价，取得成功。1995—1998年又进行了井组试采开发试验，基本获得成功。1998—1999年完成了一些评价井和预探井的钻探，并对井组进行试采，取得成功。2000年对一些探井进行了试采，均获得成功。2006年至今沁水盆地南部煤层气逐步实现规模开发[7]。

2015年底，沁水盆地累计建产规模达到$23\times10^8m^3$，2015年自产商品气量$8.2\times10^8m^3$（图5-8），合作外输$1.3\times10^8m^3$累计商品气量$46.7\times10^8m^3$，其中自产$38\times10^8m^3$，合作外输$8.7\times10^8m^3$，在沁水盆地可以完成$23\times10^8m^3$产能规模的配套建设，探明储量持续增长，规模达到$2819\times10^8m^3$。

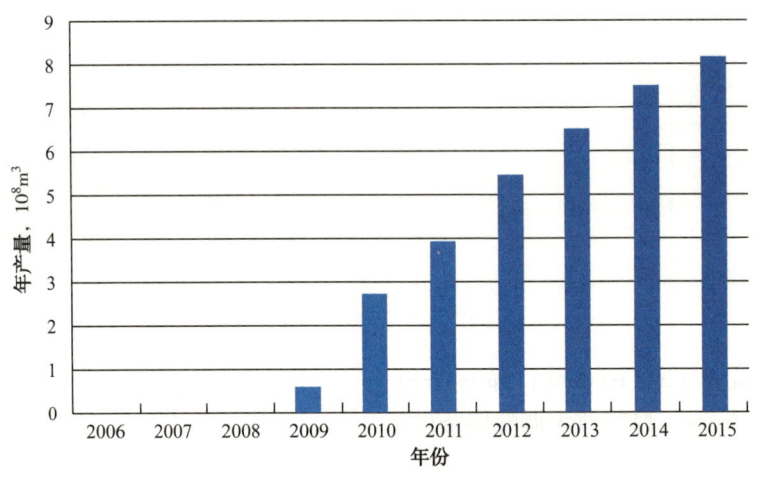

图5-8 中国石油沁水盆地南部煤层气年产量图

2）鄂尔多斯盆地东缘煤层气

鄂尔多斯盆地面积约$25\times10^4km^2$，主力煤层为石炭系太原组8#、9#、11#煤层，二叠系山西组4#、5#煤层和侏罗系延安组6#、7#、8#、9#煤层，煤层厚度太原组一般2~6m，山西组一般4~8m，延安组一般5~11m，煤阶主要为中煤阶和低煤阶；煤层埋深一般600~2000m，含气量一般为$5\sim16\ m^3/t$[8]。

鄂尔多斯盆地煤层气勘探始于20世纪80年代，国内外一些公司和研究机构在该区进行了煤田和少量的煤层气勘探开发工作，累计煤田钻孔千余口，二维地震近1000km，煤层气钻井100余口，排采试验井组6个，之后提交了煤层气探明储量，并实施完成了部分地面集输工程建设，自2007年10月向城市供气，2008年之后，完成一些二维地震和探井、评价井、生产井数百余口，逐步实现了规模开发[9]。

鄂尔多斯盆地中国石油矿权总面积15648.485km²，以中低煤阶煤层气为主，探明地质储量$1203.08\times10^8m^3$，正式投入开发两个区块（保德、韩城），共建产能$15.4\times10^8m^3/a$，2015年产量达到$7.43\times10^8m^3$（图5-9）。

3）形成较为完善的产供销系统

中国石油已建并运行端氏—沁水煤层气管道，长度35km，设计规模$30\times10^8m^3/a$。韩城—渭南—西安管道，长度192km，设计规模$20\times10^8m^3/a$；韩—渭—西管道渭南分输站与西气东输二线94号阀室联络线，长度1.82km，设计规模$7.3\times10^8m^3/a$。永1集气站与西气东输一线 87 号阀室联络线，长度 8km，设计规模 $18\times10^8\mathrm{m}^3/\mathrm{a}$；建中国石油华港 LNG 液化工厂 1 座，日液化能力 $200\times10^4\mathrm{m}^3$。

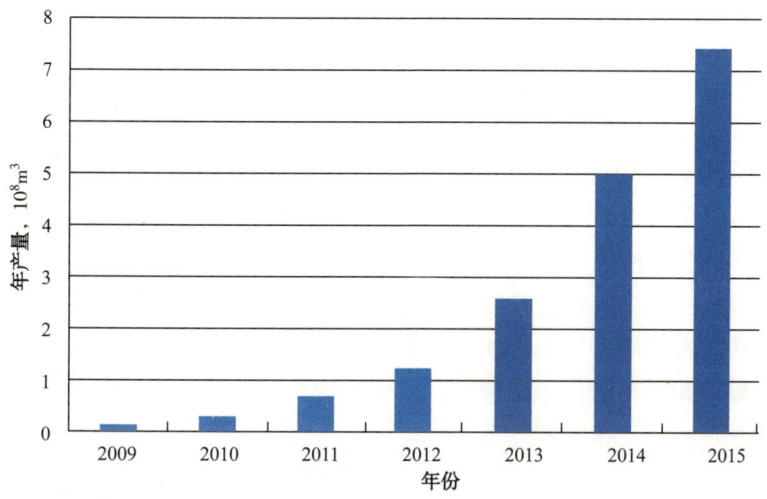

图 5-9　中国石油鄂尔多斯盆地东缘煤层气年产量图

正在建设大宁—西气东输一线联络线，长度 35km，设计规模 $10\times10^8\mathrm{m}^3/\mathrm{a}$；永和—西气东输一线，长度 15km，设计规模 $30\times10^8\mathrm{m}^3/\mathrm{a}$；韩—渭—西管道—西安何寨管道，长度 3.03km，设计规模 $1.3\times10^8\mathrm{m}^3/\mathrm{a}$；韩—渭—西管道与渭南蒲城县连接管道，长度 24km，设计规模 $2.5\times10^8\mathrm{m}^3/\mathrm{a}$。目前暂无调峰储备设施。

中国石油生产的煤层气主要在当地销售（其中包括山西省晋城市、沁水县、长治市、保德县等，陕西省渭南、韩城地区，以及四川省筠连等县市）；部分由中国石油华港 LNG 厂液化，少量进入西气东输管道外输。

4. 中国石油煤层气勘探开发技术

中国石油煤层气产业经过 10 多年的发展，基本形成了埋深 800m 以浅的较为完善的煤层气勘探开发技术系列。

（1）形成了较为完善的煤层气地质选区评价技术系列。主要包括高煤阶高渗区预测技术、煤层气含气量快速解吸技术、低煤阶煤层含气量测试技术、煤层气储层综合评价技术等。

（2）形成了煤层气地震采集、处理技术。涵盖宽方位采集技术、地震成像精度和分辨率处理技术、地震精细表征技术、综合应用多信息的煤层气"甜点区"AVO 预测技术等，可定量描述含气量、识别裂缝；应用三维地震技术可解释 3m 以上断层产状、幅度大于 10m 褶曲分布，指导高效建产区优选。

（3）煤层气水平井及丛式井钻完井技术。实现了储层保护与井壁稳定一体化，创新电磁波随钻测量、远距离穿针及可循环微泡沫欠平衡钻井工艺，形成低成本的煤层气水平井、丛式井、U 形井等钻井、筛管和套管完井设备及技术；通过实施水平井技术实现钻井成功率 100%，优良率提高至 93.7%，平均煤层钻遇率提高 9.9%，钻井周期缩短 40%，钻井成本下降 30.8%。

（4）煤层气压裂增产技术。针对煤层"低强度、高滤失、易伤害、裂缝复杂"的特点，以"安全、高效、低成本"为原则，研发低伤害、低成本压裂液体系及配套压裂工具，形成完善"变排量、大液量、适中砂比"的活性水压裂技术，包括压裂物理模拟、分层压裂、水平井分段压裂、重复压裂、高效支撑压裂、裂缝监测与诊断技术（微地震和测斜仪结合）；通过应用施工成功率100%，加砂强度提高20%以上，已见气井产量比邻井提高80%~160%，平均增产率61.0%。

（5）煤层气智能排采技术。以井底流压为核心，形成"五段三压"半定量排采控制方法，研制煤层气排采专用设备及智能化排采系统，实现自动采集、连续监测和远程调控，开发注水洗井、不压井修井、产出剖面测试等配套技术；通过应用产量提升10%以上，设备检修期平均延长20%，节省操作成本10%。

（6）煤层气"三低"集输工艺技术。针对煤层气低压、不含硫的特点，以低产、低压为出发点，采用相对简单的"井口计量、多井串接、低压集气、站场分离、两级增压、集中处理"的成熟适用集输处理工艺技术，简化优化采气管网；采气管线大规模应用非金属管，节约工程投资；数字化管理技术实现了煤层气田数字化、信息化和智能化。通过应用建设周期可缩短30%以上，单井集输投资控制在60万元左右，系统更加优化、可靠。

（7）形成了较为完善的煤层气标准体系。编制煤层气标准162项（两项国际标准）。

中国石油煤层气产量稳步增长，形成了较为完备的勘探开发技术体系，引领了全国煤层气产业的发展；中国石油矿权区煤层气资源丰富，但是煤层气资源探明率低，储量动用程度低，具有较大的勘探开发潜力。

第二节 资 源 潜 力

一、中国石油矿权区煤层气资源

根据中国石油第四次油气资源初步评价（2015年）结果，中国石油油气矿权区内主要含煤层气盆地15个，油气矿权面积$19.38 \times 10^4 km^2$，煤层气地质资源约$13.4 \times 10^{12} m^3$，占中国煤层气资源总量的44.9%；可采资源量约$5.79 \times 10^{12} m^3$，占中国可采资源量的46.3%（表5-2）。

表5-2 15个主要含煤盆地中国石油矿权区煤层气资源情况

盆 地	面积 km^2	资源丰度 $10^8 m^3/km^2$	地质资源量 $10^8 m^3$	可采资源量 $10^8 m^3$	占盆地地质资源量 %
三江—穆棱河	2004.33	1.21	2425.00	417.04	78.14
塔里木	870.26	2.21	920.94	882.45	14.81
松辽	270.45	0.07	17.70	2.30	45.00
宁武	349.82	1.15	400.79	198.84	11.00
滇东黔西	802.76	2.16	1736.19	702.62	5.00
河西走廊	1125.20	0.21	234.39	116.33	20.00
三塘湖	4695.00	0.68	3181.81	1812.43	100.00
二连	11617.87	0.34	3938.98	1491.80	33.33
四川	19684.57	0.31	6042.09	2717.48	100.00

续表

盆地	面积 km²	资源丰度 10⁸m³/km²	地质资源量 10⁸m³	可采资源量 10⁸m³	占盆地地质资源量 %
川南黔北	3302.18	0.92	3029.83	1315.02	30.00
沁水	13792.74	0.75	10401.01	3966.67	26.00
海拉尔	8101.21	1.00	8090.28	4717.15	62.38
吐哈	13318.00	0.87	11644.32	6531.84	100.00
鄂尔多斯（J）	54136.31	0.45	24425.27	9004.10	60.00
鄂尔多斯（C—P）	33560.55	0.76	25512.24	10361.85	80.00
准噶尔	26126.00	1.19	31087.70	13615.00	100.00
总计	193757.25		133088.54	57852.92	

中国石油共有 32 个煤层气矿权区块，煤层气矿权面积 $2.52 \times 10^4 km^2$，煤层气资源量 $3.85 \times 10^{12} m^3$（表 5-3）。

表 5-3　中国石油煤层气矿权区煤层气资源情况

序号	所属盆地	区块名称	勘查面积, km²	资源量, 10⁸m³	探明储量, 10⁸m³
1	沁水盆地	樊庄	348	680	503.59
2		郑庄	588	1298	1138.66
3		夏店	631	763	
4		马必东	405	1101	
5		成庄	67	134	
6		沁南	2256	4902	721.68
7		里必	50	166	
8		马必合作	898	1755	694.63
9	鄂尔多斯盆地东缘	河曲	272	400	183.63
10		保德	385	500	
11		大宁—吉县	5784	6000	222.31
12		石楼北—武家庄	1005	1000	
13		阳泉西	112	200	
14	鄂尔多斯盆地东缘	白马	306	260	
15		韩城南	21		440.33
16	鄂尔多斯盆地	永利	1255	2380	
17	依兰—伊通	依兰	156	300	
17	依兰—伊通	依兰	156	300	
18	郴州地区	梅田	157	700	
19		永兴—马田—华塘	651	1500	
20	准噶尔盆地南缘	后峡	568	1000	

续表

序号	所属盆地	区块名称	勘查面积，km²	资源量，10^8m^3	探明储量，10^8m^3
21	鄂尔多斯盆地东缘	准噶尔	2731	1000	
22		石楼西	1524	300	
23		石楼南	1004	1400	
24		三交北	1123	1600	
25		紫金山	705	840	
26		三交	383	590	435.42
27		韩城北	234		
28		韩城南	171		
29	二连盆地	格日勒敖	1423	3000	
30	六盘水盆地	保田青山	870	1600	
31	准噶尔盆地南缘	硫磺沟	587	1200	
32	宁武盆地	宁武南	534	1665	

二、中国石油煤层气探明储量动用情况

截至 2015 年底，中国石油已在沁水盆地南部、鄂尔多斯盆地东缘、蜀南筠连等地区实现煤层气开发，已建产及待建产区块 12 个，累计探明煤层气地质储量 $3867 \times 10^8 m^3$（含基本探明），共动用探明储量 $1368.42 \times 10^8 m^3$，累计建成产能 $45 \times 10^8 m^3$。已开发区预计还可探明储量 $700 \times 10^8 m^3$，累计剩余可供用储量约 $2000 \times 10^8 m^3$，预计还可建产能 $58 \times 10^8 m^3/a$。

三、中国石油矿权区煤层气有利目标

通过多年的研究评价，优选出可供规模开发的后备区块 29 个，评价有利区面积 $37713 km^2$，资源量 $51874.5 \times 10^8 m^3$（表 5-4）。预计 2025 年前可探明储量 $6000 \times 10^8 m^3$，可动用储量 $3400 \times 10^8 m^3$，支持建产能 $102 \times 10^8 m^3/a$。

中国石油累计可动用储量约 $5400 \times 10^8 m^3$，可支撑建产能 $160 \times 10^8 m^3/a$。

表 5-4 中国石油矿权区内煤层气有利勘探目标区统计表

排序	盆地	目标区	埋深 m	煤厚 m	R_o，% 或煤阶	含气量 m^3/t	含煤面积 km^2	资源量 10^8m^3
1	宁武	宁武南	800~1500	11~14	1.0~1.3	11~21	534	1665
2	贵州	保田—青山	200~1200	10~33	贫煤、无烟煤	10~15	869.9	2166.74
3	蜀南	芙蓉	600~1500	5~8	1.9~3.3	10~32	784	1000
4	准噶尔	昌吉	300~1200	25~32	0.6~0.9	5~15	1153.3	3823.76
5		后峡	500~1500	21~75	0.52~0.82	6~11	568	1660
6		五彩湾	1000~3000	10~50	0.5~1.1	5~15	2340	9240
7		和什托洛盖	500~2000	10~100	0.50~0.58	2~6	405	790

续表

排序	盆地	目标区	埋深 m	煤厚 m	R_o,% 或煤阶	含气量 m^3/t	含煤面积 km^2	资源量 $10^8 m^3$
8	三塘湖	三塘湖	500~1500	5~50	0.45~0.70	3.09~3.75	1883	1659
9		吉尔嘎朗图	100~900	120~160	0.3~0.5	1.5~4.5	320	845
10		霍林河	300~1000	20~120	0.3~0.6	2~8	380	1008
11		巴彦花	10~1000	110	<0.5	1~3	650	1120
12	二连	包尔果吉	>600	39	<0.5	1~3	420	740
13		赛罕塔拉	300~600	40	<0.5	1~3	900	260
14		呼仁布其	300~600	120	<0.5	1~3	180	480
15		阿南	118~754	20	<0.5	1~3	1500	572
16		伊敏	<1000	200	0.34~1.09	1.5~3.6+	750	800
17	海拉尔	呼和湖	350~1500	30~130	0.4~0.6	1~3	800	1170
18		呼伦湖北部	0~2000	20~100	褐煤、长焰煤	—	1000	1500
19		陈旗	<1000	1~80	褐煤、长焰煤	—	500	560
20	云南	镇雄—毕节	300~1500	6~10	无烟煤	8~17	1760	2976
21	三江	鹤岗	400~1500	2~18	0.7~1.0	6~18	1014	1533
22		鸡西	500~1500	5~60	0.8~1.6	6~10	3375	1745
23	贵州	盘江	<1500	17.5~21.9	0.8~3.4	3.9~16.23	1363	3495
24	吐哈	沙尔湖	200~1000	14~218	0.33~0.47	1~3	787	1455
25		准格尔	500~1200	5~9	0.4~1.0	2~7	2565	3100
26	鄂尔多斯	乌审旗	900~1200	15~48	0.5~0.6	0.2~6	1200	680
27		陇东	300~1500	3~17	0.5~0.9	2~6.4	6200	3467
28	武威	营盘	600~900	5~14	0.9~1.4	5~8	912	944
29	江西	萍乡—杨桥	0~1800	0.6~21	1.7~2.6	5~35	2600	1420
	小计						37713.2	51874.5

第三节　主要理论与技术进展

经过"十一五"和"十二五"科技攻关和生产实践，形成了适合中国煤层气地质特征的不同煤阶煤层气富集成藏和开发理论以及工艺技术，指导了中国煤层气选区评价，提高了单井产量，使中国煤层气产业进入了规模化商业性开发。

一、主要理论进展

形成的煤层气理论主要包括 4 个方面，中高煤阶煤层气富集高产机制、低煤阶煤层气后期气源补给成藏模式、深部煤系气综合成藏模式以及煤层气排水采气开发理论，其中部分理论和技术获国家科技进步奖二等奖。

1. 中高煤阶煤层气富集高产机制

研究了盖层、水动力和构造影响煤层气富集的机制，建立了向斜煤层气富集模式，同时指出煤层气富集区不等于可以高产，渗透率是控制中、高煤阶煤层气高产的地质主控因素[1-3]。

1）保存条件对煤层气成藏的控制作用

（1）盖层的封盖能力控制煤层含气性。

沉积相控制了煤层段岩性组合，其中潟湖—潮坪相、三角洲间湾相多发育泥岩顶板，封盖强；不同沉积相发育4种含煤层系组合，其中潟湖—潮坪、浅湖相利于煤层气富集。

鄂尔多斯盆地东缘含煤地层沉积时期，该地区属于克拉通内部盆地，煤层主要发育于障壁—潟湖—潮坪、浅水三角洲、河流、湖泊、冲积扇6种沉积体系。在不同的沉积体系中，煤层与顶底板甚至顶、底板附近一定距离内的围岩构成不同的组合关系，在区域上形成具有一定展布规律的储盖类型，按照封盖能力的强弱，将该区划分为4种储盖组合类型（表5-5），不同的储盖组合类型受不同沉积体系的控制。

表5-5 鄂尔多斯盆地东缘煤层顶、底板组合类型划分

特征类型	顶底板组合	盖层划分	沉积相	封盖能力	实例
优势组合	厚层泥岩顶板与底板组合	Ⅰ类盖层：厚层泥岩	（1）障壁—潟湖—潮坪沉积体系的潟湖—潮坪相带；（2）陆相湖泊沉积体系的滨浅湖相带	强	保德—兴县太原组 大宁—吉县山西组
次优势组合	中厚层泥质岩夹砂岩、砂质泥岩顶底板组合	Ⅱ类盖层：中厚层泥质岩夹砂岩、砂质泥岩	（1）三角洲前缘、三角洲间湾相带；（2）障壁—潟湖—潮坪沉积体系的潟湖—潮坪相带	较强	三交—石楼北山西组 保德—兴县太原组
一般组合	不稳定泥质岩—砂岩顶板与不稳定泥质岩底板组合、厚层灰岩顶板与泥岩底板组合	Ⅲ类盖层：不稳定泥质岩—砂岩、厚层灰岩	（1）三角洲平原分流间湾相带；（2）河流泛滥盆地相带；（3）海相陆棚潟湖相带	一般	韩城—合阳太原组 保德—兴县山西组 三交—柳林—吉县太原组
不利组合	厚层砂岩—泥质岩顶板与泥质岩底板组合	Ⅳ类盖层：厚层砂岩	陆相冲积扇—辫状河上游相带	弱	准格尔旗及以北山西组

不同盖层组合类型具有不同的封盖能力，优势盖层组合煤层顶（底）板为厚层泥岩，封盖能力最强，煤储层含气量大，主要发育于太原组障壁—潟湖—潮坪沉积体系的潟湖—潮坪相以及山西组陆相湖泊沉积体系的滨浅湖相带（图5-10、图5-11）。陆相冲积扇—辫状河上游相带主要发育于山西组，冲积扇沿下倾方向过渡为河流体系。扇顶区为含砾粗砂岩沉积，扇中区朵体之间、废弃扇体间湾地带和扇尾区以及辫状河上游冲积平原是聚煤场所。煤层顶底板厚层砂岩—泥质岩顶板与泥质岩底板组合，围岩封盖能力总体上极差。该顶底板组合主要分布在鄂尔多斯盆地东缘的准格尔旗及以北山西组。

潟湖—潮坪、浅湖相利于煤层气富集，煤层含气量较高。南部韩城—合阳地区太原组煤层顶板为障壁海岸沉积体系的砂岩—泥质岩顶底板组合，山西组为三角洲沉积体系的砂岩—泥质岩顶底板组合，含气量一般6~10m³/t。大宁—吉县地区山西组煤层顶板主要为湖相泥岩定底板组合，厚度大，封盖条件好，含气量高，一般可达13~15m³/t，太原组煤层顶板为碳酸岩潮坪或碳酸岩台地相厚层灰岩，封盖能力较厚层泥岩差，且厚层灰岩岩溶裂隙含水性较强，使得太原组8#+9#煤一般含气量5~10m³/t，含气量较山西组4#+5#煤差。三交—石楼北地区山西组4#+5#煤顶板为三角洲前缘、三角洲间湾相带中厚层泥质岩夹砂岩、砂质泥岩，为次优势组合，煤层含气量一般10~12m³/t，太原组煤层顶板为碳酸岩潮坪或

碳酸岩台地相厚层灰岩，太原组 8#+9# 煤含气量一般 6~8m³/t，低于山西组 4#+5# 煤。北部保德地区太原组 8#+9# 煤顶板为潮坪相或沼泽相粉砂质泥岩以及潟湖相泥岩，顶底板组合类型为优势组合—次优势组合，山西组 4#+5# 煤顶板为三角洲平原分流间湾相带和河流泛滥盆地相带的不稳定泥质岩—砂岩顶板与不稳定泥质岩底板组合，含气量一般低于太原组。北部河曲—准格尔旗地区靠近北部物源区太原组为河流泛滥盆地相带，山西组为陆相冲积扇—辫状河上游相带，煤层顶底板组合为不稳定泥质岩—砂岩顶板与不稳定泥质岩底板组合，顶底板组合类型为一般组合—不利组合，封盖能力较差，含气量一般 1~3m³/t（图 5-12）。

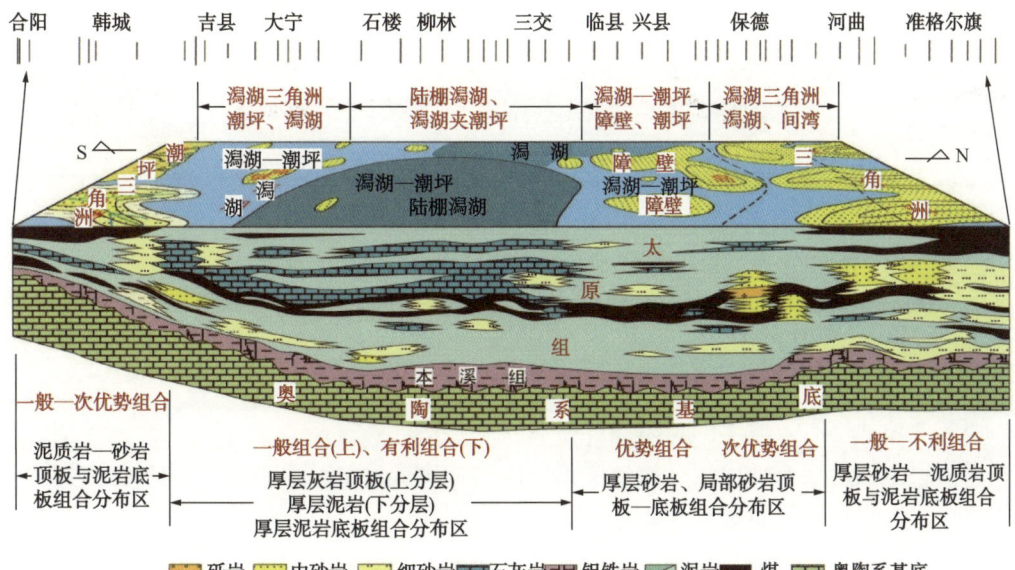

图 5-10　鄂尔多斯盆地东缘太原组煤层顶底板组合与沉积相的关系

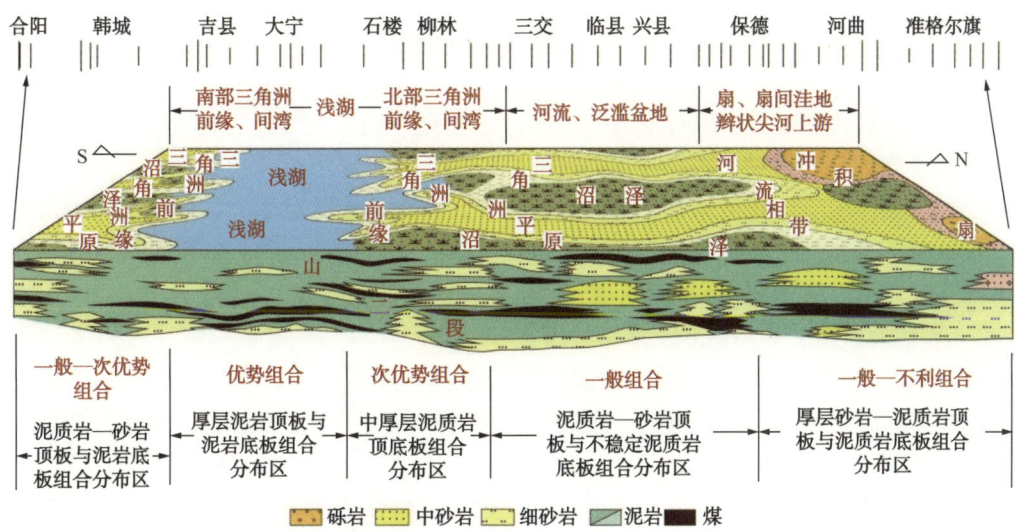

图 5-11　鄂尔多斯盆地东缘山西组山二段煤层顶底板组合与沉积相的关系

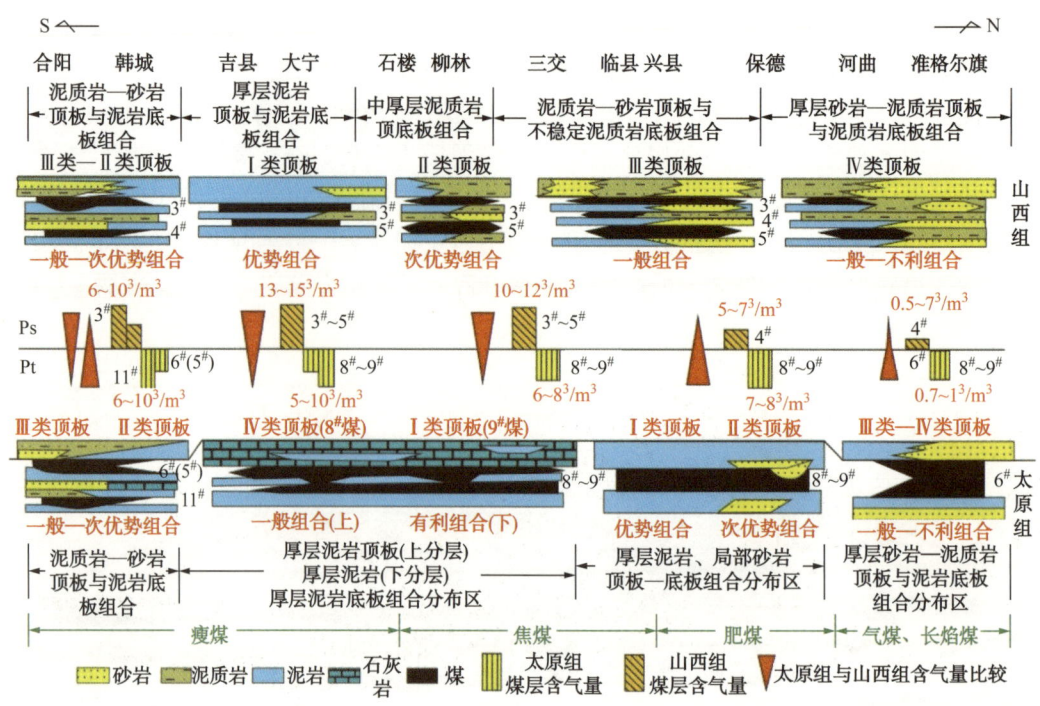

图5-12 鄂尔多斯盆地东缘太原组—山西组煤层顶底板组合类型与含气量的关系

（2）上覆地层有效厚度的封闭性。

煤储层上覆地层有效厚度，指煤层到气体大量生成后第一个不整合面的地层厚度，它真实反映了煤层气大量生成后构造运动及其造成的地层抬升、剥蚀等作用对煤层气保存条件的影响。煤储层上覆地层有效厚度越大，保存条件越好；有效厚度越薄，表明构造运动造成抬升、剥蚀强烈，地层压力越大降低越大，气体越易发生解吸散失。

上覆地层厚度基本上反映了煤储层所处的压力，高压力有利于煤层气的吸附。煤储层流体压力受上覆岩层压力、静水压力、构造应力共同影响，但如果岩石孔隙是连通的，储层流体的压力则等于静水压力。埋深一定程度反映了煤层气藏的孔隙流体压力，储层流体压力随埋深增大而增大，沁水盆地主煤层压力与埋深关系呈指数正相关。

上覆地层有效厚度越大，煤层含气量一般就越高，如果上覆地层有效厚度薄，煤层易处于甲烷风化带。如华北大城凸起，含煤地层沉积后，不断下沉，达到生气高峰，中三叠纪在构造运动作用下，开始抬升，地层遭到剥蚀，在大试1井区主力煤层顶部连续沉积的二叠系厚度（上覆地层有效厚度）仅为100m，其含气量小于$2m^3/t$，处于甲烷风化带，而大1-1井区主力煤层顶部连续沉积厚度为200m，其含气量较高，一般大于$10m^3/t$。

2）水动力承压－滞留区利于煤层气富集

地下水的补给、径流和排泄可引起煤层气富集、储层压力、渗透率等储层条件的改变，通过对地下水的研究，可以从动态的观点来分析煤层气的赋存状态和运移特征，更有效地进行储层评价。研究证实，滞留区为地下水高势区，水动力运移缓慢，溶解作用弱，散失小，利于煤层气富集[4]。水动力冲洗物理模拟实验也表明，活跃的地下水导致含气量下降。

一方面，水动力条件控制煤层气的富集成藏。从含气量的分布特征来看，其值大小与水动力场分区具有明显的关系，即滞流区或弱径流区富气，径流区及强径流区的含气量较低。同一系统的水动力分区内，低势区的含气量较高势区大，其原因为水动力的流动方向是从高势区流向低势区，即从等折算水位高值区流向低值区。以樊庄区块为例，东部强径流区折算水位大于580m，含气量基本上都小于$10m^3/t$；中部弱径流区分布范围较大，自东向西折算水位逐渐减小，含气量呈逐渐增大的趋势，总体上大于$18m^3/t$；西部和南部的部分地区为滞流区，折算水位小于520m，含气量很高，大于$20m^3/t$，局部在$26m^3/t$以上。同时，强径流区及附近煤层气含量较低，各离子的矿化度很低，主要离子为HCO_3^-和Na^++K^+，矿化度仅为34mg/L；滞流区煤层含气量一般较高，Cl^-、HCO_3^-、Na^++K^+含量均较高，最大特点是Cl^-含量明显增加，甚至超过HCO_3^-的含量，矿化度可达100 mg/L；弱径流区含气量则介于强径流区和滞流区之间，HCO_3^-、Na^++K^+含量最高，矿化度一般介于50~60mg/L。

鄂尔多斯盆地东缘北部煤层气井产水量明显大于南部，煤层气井产出水Ca^{2+}、Mg^{2+}含量总体上在北段保德地区较高（图5-13），在中段三交—柳林地区以及南段韩城地区总体上较低，在吉县地区最低，说明地下水动力条件在北段最为强烈，在南段相对较弱，吉县地区最弱。吉县地区地下水动力最弱的原因，主要在于该区煤层气生产井远离露头区，煤层埋藏一般深于900m，处于水动力弱径流—滞留区。由北向南水动力条件依次减弱，煤层含气量、甲烷浓度逐渐增加。

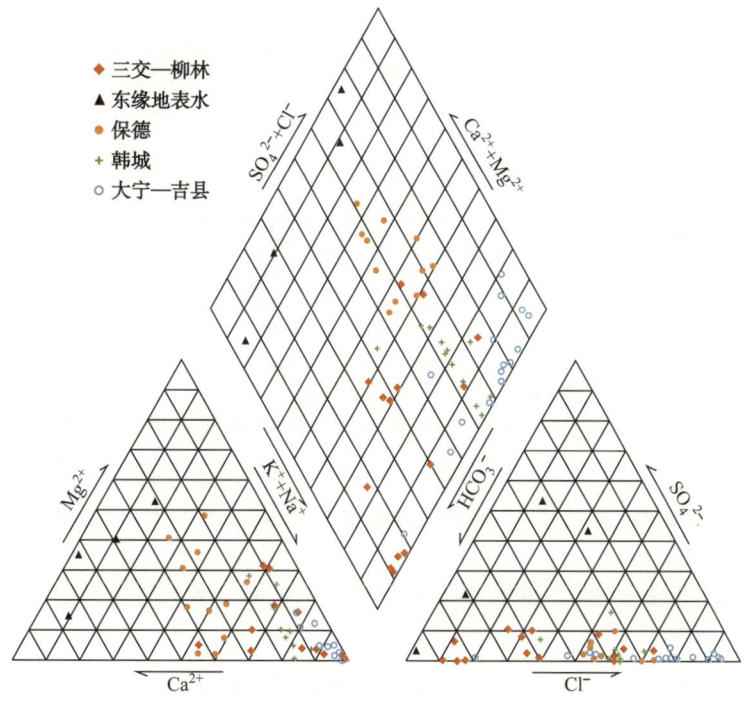

图5-13　煤层气井产出水阴离子、阳离子在Piper三线图上的分布

同时，水溶解作用与水动力运移速度控制着煤层气组分及甲烷碳同位素的分布。水溶作用不仅使煤的含气量降低，气体组分变轻，同时通过游离气与吸附气的交换作用和

甲烷碳同位素的累积效应使煤层甲烷碳同位素发生了明显的分馏作用。水是弱极性溶剂，$^{13}CH_4$ 极性大于 $^{12}CH_4$，根据相似相溶原理，$^{13}CH_4$ 在水中溶解性大于 $^{12}CH_4$。水溶作用会倾向于先把 $^{13}CH_4$ 带走，剩下较多的 $^{12}CH_4$，使游离气中甲烷碳同位素变轻。游离气中 $^{12}CH_4$ 再与煤中的吸附气发生交换，部分 $^{12}CH_4$ 变成吸附气，把吸附气中部分 $^{13}CH_4$ 交换出来变成游离气，交换出来的 $^{13}CH_4$ 再被水溶解带走。这种过程是不停地在发生，气藏遭到不断的破坏，通过累积效应，导致煤层气 $^{12}CH_4$ 大量富集，煤层气甲烷碳同位素变轻。水动力的运移速度越快，这种累积效应越大，对煤层气的控制作用越明显，煤层含气量更低、甲烷碳同位素更轻。

因此，影响煤层气富集的主要水文参数包括钠氯系数、脱硫系数，影响煤层气高产的主要参数包括氢、氧同位素，并建立了煤层气富集高产的水文地质指标（表5-6），有利目标区可利用此水文地质指标优选煤层气高产区。

表5-6 煤层气富集高产的水文地质指标表

区块划分	不富集区	过渡区	较富集区	富集区	
				高产区	非高产区
水动力	补给区，水力交替最活跃	中等径流区，水力交替较强	弱径流区，水力交替较活跃	阻滞—弱还原区，地下水径流弱	
水成因	以大气降水或地表水渗入为主	以渗入成因水为主		以渗入成因水为主	
矿化度，mg/L	<1600	1600~2000	2000~2300	>2300	
钠氯系数	>9	1~9		<6	
脱硫系数	>5	1~5		<1	
水型	$SO_4^{2-} \cdot HCO_3^- - Ca^{2+} \cdot Mg^{2+}$	$SO_4^{2-} \cdot HCO_3^- - Ca^{2+} \cdot Mg^{2+}$	$HCO_3^- \cdot Cl^- - Na^+$	$HCO_3^- \cdot Cl^- - Ca^{2+} \cdot Na^+$	
$\Delta \delta D/\delta^{18}O$	—	—	—	<0.5	>0.5

3）局部构造调整煤层气富集区展布特征

现今煤层气藏的富集程度是聚煤盆地回返抬升和后期演化对煤层气保持和破坏的综合叠加结果。研究证明，构造未调整或调整弱煤层气藏有利于煤层气富集，而煤层气成藏后期构造破坏严重的不利于煤层气的保存[5-6]。

沁水盆低调整型煤层气藏至少包括燕山期、喜马拉雅运动早期两期成藏。在喜马拉雅运动早期 NE—SW 向挤压作用下，燕山期 NE—SW 向褶皱遭受改造，但改造程度弱，继承了原生气藏的大部分成藏优势。煤层气藏的规模主要取决于新一轮构造变形叠加后气藏的规模。樊庄区块的固县北背斜及 TL006 西背斜属于该类气藏。如固县北背斜位于固县背斜南高点，喜马拉雅运动期受寺头左旋走滑断层的影响，在燕山期 NE—SW 向褶皱背景上叠加了新的一期构造变形，走向调整为 NNW 向（图5-14），煤层气藏未遭受明显的破坏，主力煤层含气量高，3# 煤层含气量总体上介于 22~26 m³/t，煤层气单井平均日产气量 3000m³ 左右。

樊庄区块中部的玉溪背斜以及东部的樊庄背斜为典型的改造型煤层气藏（图5-15），如玉溪背斜受寺头断层影响，走向由 NE—SW 向调整为 NNW 向，受断层切割影响，造成煤层气大量散失，煤层气单井平均日产气量仅几百立方米左右。

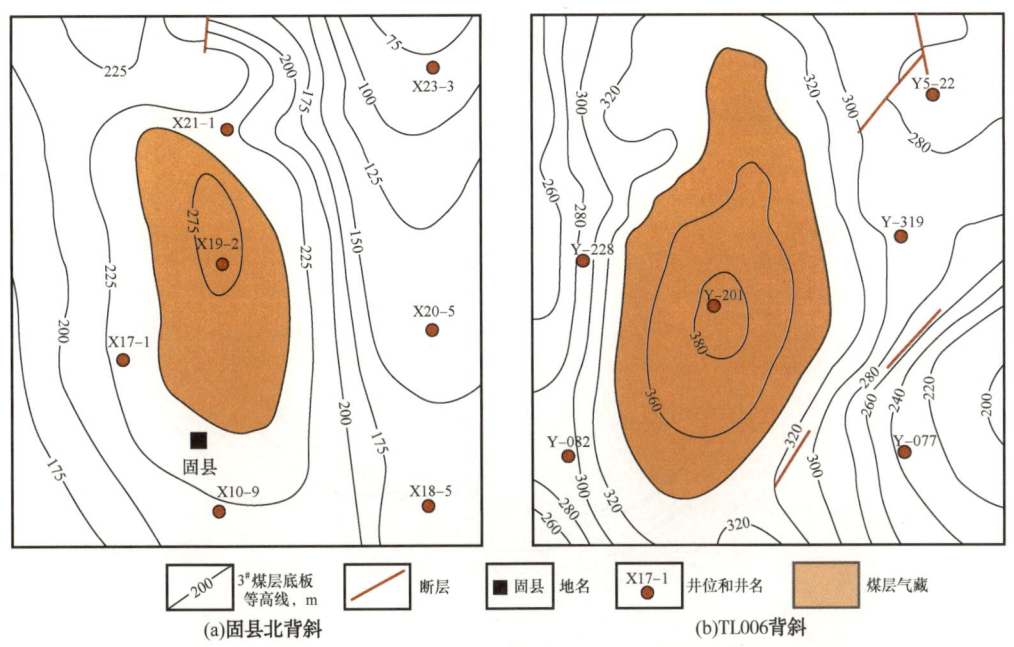

图 5-14 沁南地区樊庄区块调整型煤层气藏图

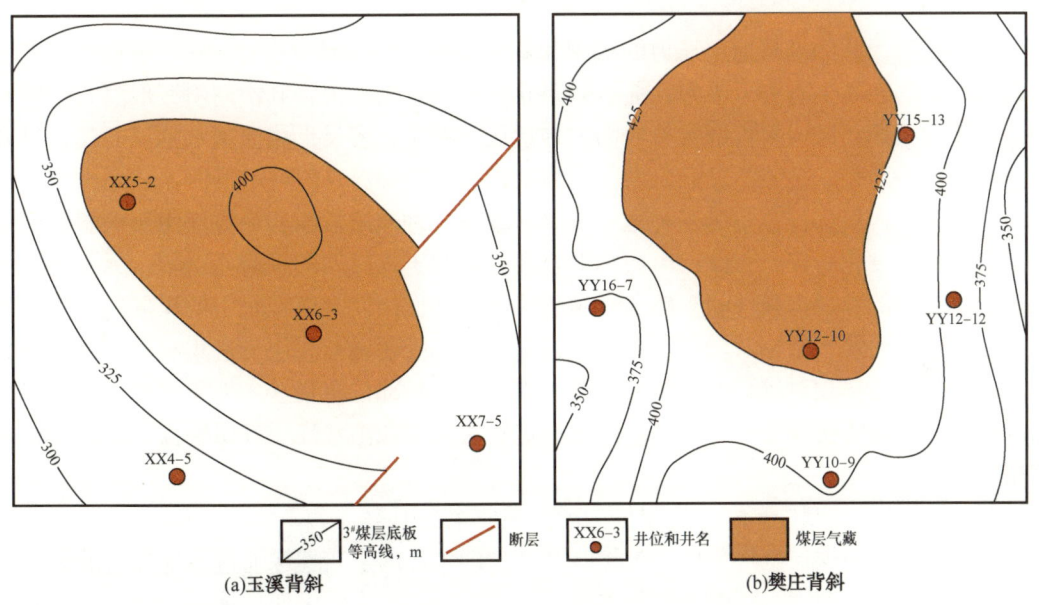

图 5-15 沁南地区樊庄区块改造型煤层气藏图

此外,开放性断层导致煤层气大量散失,调整煤层气富集区分布。开放性断层切割煤层,破坏顶、底板的封存条件,释放出层压力,导致煤层气大量散失。樊庄—郑庄地区:靠近寺头大断层区域,受断裂影响,煤层含气量普遍偏低,距离寺头断层越近,含气量越低。沁南—夏店地区五阳井田多发育张性开放断层,煤层含气量明显降低,多分布在 8~12m³/t。

4)煤层气向斜富集规律

在向斜构造中,从翼部至核部煤层埋深不断增加,高程不断减小,导致由重力引起的地层水位能呈降低趋势。而处于同一流体动力系统中的煤层气，在没有外来水体补给的情况下，其流体动力系统处于平衡状态，水头处于同一水平，水势相等，那么位于向斜轴部相对深部的煤层便具有较高的流体压能，更容易吸附煤层气而富集成藏，即向斜构造富气规律（图5-16）。

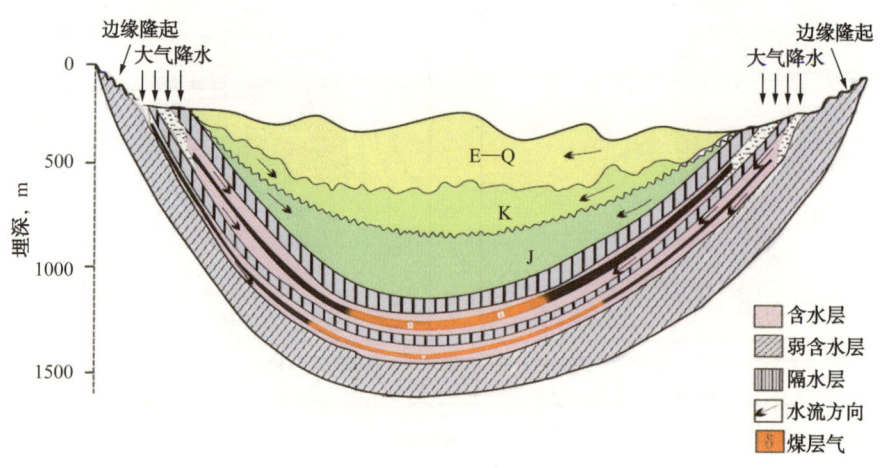

图5-16 煤层气向斜富集模式图

向斜具有天然的维持地层压力的机制和富气条件。这是因为首先向斜上覆地层厚度一般较大，压力较高，有利于吸附，能有效阻止煤层气垂向散失，其次向斜一般具有地层水的向心流动机制，在向斜核部维持较高的地层压力系统，容易形成滞留水承压封闭，另外向斜核部一般断裂、裂隙不发育，煤层气难以逸散，具有良好的封闭条件。

煤层气在向斜部位富集是一种地质现象，也是一种地质规律，一方面由于向斜部位煤层上覆地层厚度相对较大，储层压力相对较高，有利于煤层气的吸附而富集；另一方面向斜部位煤层中的水动力条件相对较弱，水的缓慢流动作用使溶解在水中的煤层气被带走的相对较少，从而含气量相对较高。煤层气的勘探开发既要选择煤层气富集有利的部位，又要选择煤层渗透率相对较高的区域。因此，煤层气向斜部位富集这一地质规律对于煤层气的勘探具有重要的指导意义。例如，向斜构造富集规律在沁水煤层气田勘探中发挥了重要作用。

5）渗透性是控制中高煤阶煤层气高产的地质主控因素

渗透率是影响煤层气可采性及煤层气井产量的关键因素。埋深通过对地应力的影响控制着煤储层渗透率的大小。由于煤层本身塑性较强，地应力增大使煤体被压缩，导致基质压缩，基质渗透率降低；而裂隙则是决定煤层渗透性的关键因素，在地应力作用下，当煤储层主要裂隙的割理面法向力为压应力时，裂隙被压缩变形，壁距减小甚至封闭，会导致煤层渗透性变差[7]。

区域应力场产生区域性的裂隙系统控制着煤储层渗透率区域性分布，而局部构造地带的应力集中和差异分布，则是渗透率在不同区块存在差异的重要原因之一[8]。外生裂隙是构造应力的直接产物，内生裂隙（割理）是构造应力下煤化作用的结果，两者都受构造应力场的影响。通过对煤层渗透率与有效应力的相关研究发现，煤层渗透率与地应力增加呈指数关系降低，古构造应力场中的低应力分布区往往是裂缝高密度分布带。

（1）浅部低地应力区易高产。

浅部地区由于地应力作用较弱，处于伸张带，煤层渗透率较高。对沁水盆地南部不同区块主力煤层试井渗透率与煤层埋深的统计分析发现，煤层渗透率具有随埋深增大而递减的趋势，并根据渗透率大小划分出高渗、中渗、低渗及致密4个带（图5-17）。高渗带一般位于煤层埋深600m以浅的地区，渗透率大于1mD，同时也为高产井分布区，煤层气井单井日产气量大于3000m³。中渗带一般位于煤层埋深450~800m的地区，渗透率介于0.1~1mD，单井日产气量大于2000m³。通过高渗带与中渗带的对比分析，发现煤层埋深450m以浅的地区都为高渗煤储层分布区，因此可把450m以浅的地区视为低地应力控制下的原生煤储层高渗带，而450m以深地区的高渗煤储层可视为裂隙发育的较低地应力控制下的次生型高渗带。低渗带分布范围较广，一般位于埋深大于600m的地区，渗透率介于0.01~0.1mD，单井日产气量小于2000m³。

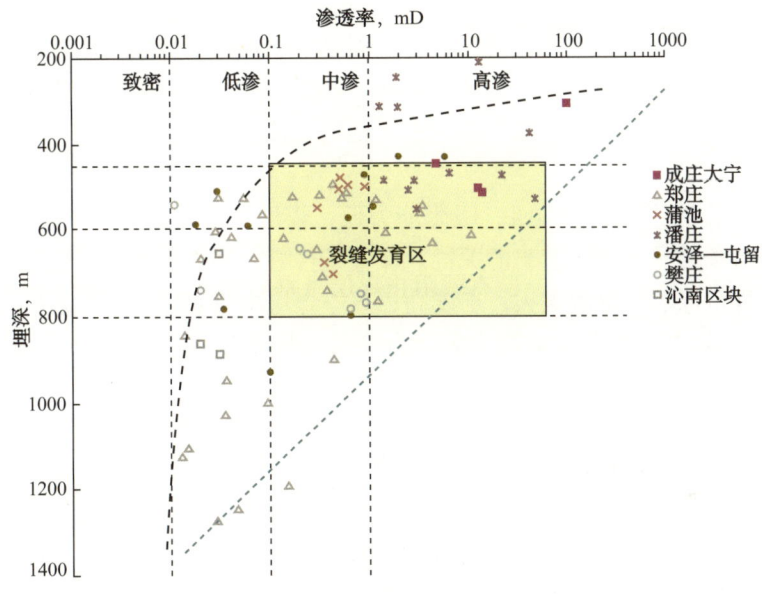

图5-17 沁南地区煤储层渗透率与埋深关系图

以樊庄—潘庄地区3#煤层为例，单井产量大于2000m³/d的高产井只分布于煤层埋深小于600m的中高渗区。南部潘庄区块3#煤层埋深小于450m，为煤储层原生高渗带及中渗带分布区，单井产量大于2000m³/d；中北部樊庄区块3#煤层埋深大于500m，为煤储层中渗带及低渗带分布区，与潘庄区块相比单井产气量明显偏低，总体上介于1000~2000m³/d。

（2）深部煤层裂隙发育带易高产。

虽然在一般情况下，随着埋深增加，受地应力增大的影响，煤层渗透率减小，但因为深部的煤储层裂隙发育带有利于渗透率的改善，煤层气井同样可获得高产。因此，寻找煤储层的裂隙发育带对深部煤层气的开发具有十分重要的意义。

利用测井技术可以方便高效地识别出煤储层的裂隙发育特征，在井径（CAL）测井曲线上表现为有扩径，在双侧向视电阻率曲线上表现为深浅侧向电阻率高（大于8000Ω·m），正幅度差值大。深浅侧向电阻率值越高，正幅度差越大，表明煤层裂隙厚度越大，煤层气井易高产。郑庄区块郑试 60 井 3# 煤层埋深在 1300m 左右，其深侧向电阻率（R_D）高达 25190Ω·m，正幅度差值为 2921Ω·m，相应的煤层裂隙厚度为 4.2m，有效地改造了煤层的渗透率，单井产气量达到 2000m³/d。郑试 64 井 3# 煤层埋深在 1200m 左右，其深侧向电阻率为 5202Ω·m，正幅度差值为 1200Ω·m，相应的煤层裂隙厚度仅为 1.75m，不利于煤层渗透率的改善，单井产气量也只达到 100m³/d。

2. 低煤阶煤层气后期气源补给成藏

后期气源的补给和良好的封盖条件是低煤阶煤层气富集成藏的两大关键因素。

大部分含煤盆地形成后，在长期的地质历史时期中，都会经历多期构造运动和反复抬升沉降。低煤价盆地形成后，受构造运动的影响，煤层中吸附的气体随着盆地的抬升，压力的降低，会大量散失，由于物性好，原始气藏遭到的破坏更严重；之后盆地再次沉降，接受沉积，但煤层已不再生气，由于上覆地层压力的增大，煤层吸附能力加大，但煤层气缺失，含气饱和状态极低。因此，后期气源的补充对低煤阶煤层气富集成藏非常重要，特别是次生生物气的补给[9,10]。

对于低煤阶煤层气藏，水文地质条件一方面影响着低煤阶煤层气的保存，另一方面在合适条件下还能促进低煤阶煤层气的生成。国外低煤阶煤层气开发较为成功的粉河盆地因其有利的沉积环境、构造运动简单、有利于生物气生成的水文地质环境，从而使得煤层气得以成功开发[11]。

同时，低煤阶储层大孔约 50%，吸附能力低，煤层气易散失，加上自身生气能力弱，因此良好的封盖条件是低煤阶富集的关键。保存条件好，则含气量大，甲烷含量大，吸附饱和度高；富煤带煤层气资源量大，丰度高；且厚煤层本身对煤层气可形成区域封堵。准东、吐哈的 R_o 均较低，区域封盖能力差，含气量一般不超过 1m³/t；乌审旗地区的 R_o 为 0.55%~0.78%，含气量在 0.19~5.47m³/t，顶板泥岩区含气量较高，砂岩区含气量低，甲烷含量低。

1）低煤阶煤层气成因体系

基于 1300 余个样品测试和 40 次物理模拟实验，研究提出低煤阶煤层气"三型五类"成因体系，即原生生物气、次生生物气和混合成因气三种成因类型[12,13]。原生生物气形成于泥炭化阶段和成岩阶段，主要由微生物降解、发酵有机质生成降解气，经过构造改造和抬升沉降后一般很难保存，因此原生生物气含量很低，意义不大。次生生物气形成于正常煤化作用终止以后，地壳抬升导致煤层上倾方向遭受剥蚀，煤层出露或被松散沉积物覆盖，受活跃的地下水和大气淡水影响，煤层中形成细菌活动的有利环境，煤层中地下水的运移将细菌从补给区带到盆内，降解有机化合物形成生物降解气，有乙酸发酵和二氧化碳还原两种生成方式。次生生物气对于低煤阶煤层气成藏意义重大，是低煤阶煤层含气的有利补充，目前勘探效果较好的准南、鄂东保德地区煤层气均发现有次生生物气的补给。混合成因气包括次生生物气、构造热时间引起的二次生气及常规气补给，如准噶尔盆地南缘地区煤层气为混合成因，存在生物气、深部气源补给，煤层含气量高；阜新、铁法地区受岩浆岩烘烤二次生气，煤层含气量高，含气饱和度高。

2）低煤阶煤层气后期气源补给类型

（1）次生生物气补给型。

次生生物气形成于正常煤化作用终止之后，一般以 0.3%<R_o<1.5% 最为主要。次

生生物气补给形成的低煤阶煤层气藏在低煤阶煤层气中比重大,如美国粉河、中国淮南、霍林河等(图5-18)。粉河盆地甲烷 $\delta^{13}C_1$ 范围在 -60.0‰~-56.7‰,甲烷 δD 的范围在 -315‰~-307‰,表明这些甲烷是生物气成因;准噶尔南缘清水河901孔侏罗系天然气甲烷C同位素为 -52.1‰,H同位素为 -233‰(生物成因气小于 -180),$C_1/C_{1—5}$ 为 0.999,显示出生物成因气的特点,昌试1井、昌试2井甲烷碳同位素为 -64.2‰~-41.9‰,显示生物成因气特点;霍试1井测试甲烷碳同位素 -62‰。

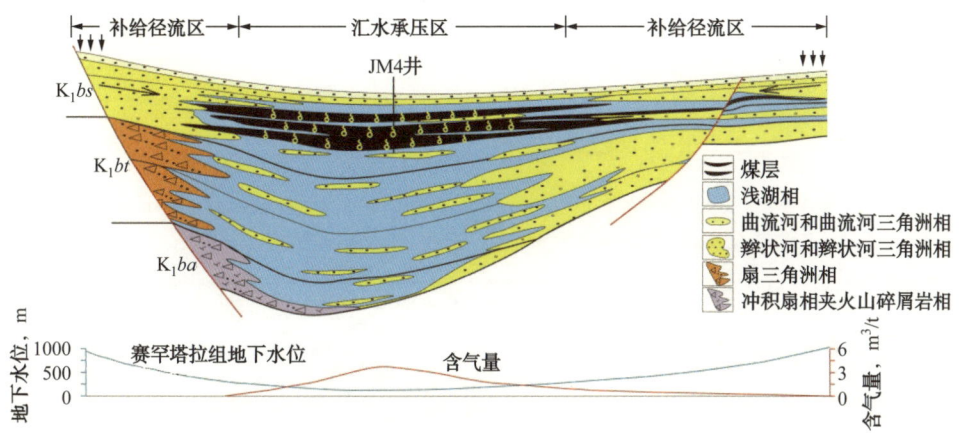

图 5-18 二连盆地次生生物气再吸附成藏模式

(2)深部坳陷热成因气向浅部运移型。

深部坳陷生烃区压应力高(埋藏深),隆起区与断层发育区压应力低(应力释放区)。深部热成因气顺构造带向浅部运移,并在浅部保存条件较好的煤储层再次吸附成藏。如准南地区,既存在热成因气也有生物气,以混合成因气为主,且热成因气具有扩散运移的特点。准噶尔盆地东南缘常规天然气多为腐殖型气,气源为来自深部侏罗系煤系地层暗色泥岩和煤层;昌吉坳陷煤层在大量生气后,气体向浅部大量运移,北天山山前大断裂为气体运移通道(图5-19),甲烷碳同位素测试也显示部分气源具有运移分馏的特点。

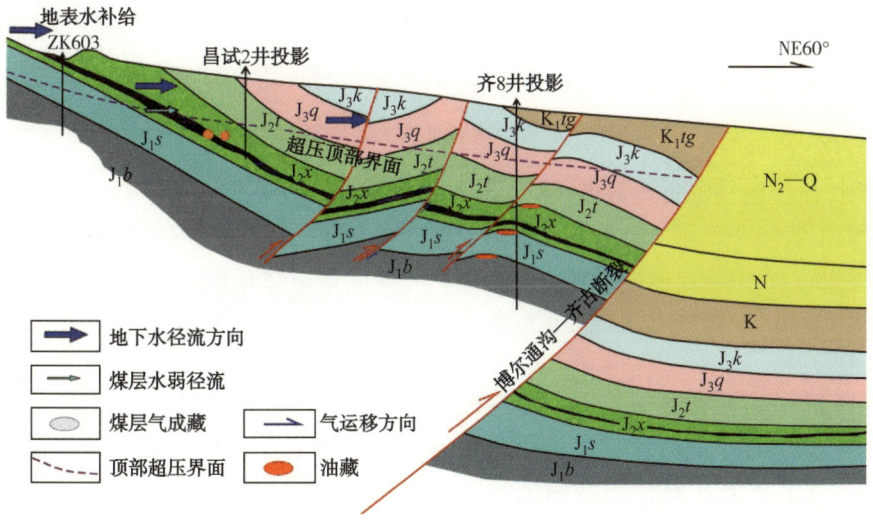

图 5-19 深部坳陷热成因气向浅部运移再吸附成藏

（3）火成岩烘烤二次演化生气型。

岩浆岩浸入煤层，加剧煤层演化和生气，后期煤体快速冷却收缩使得次生割理发育，储层渗透性变好。火成岩起到生气和改造储层的双重作用，如中国阜新、铁法等地区。

岩浆岩侵入煤层，加剧煤层演化和生气，使煤层二次生气，据前人研究，生成 1t 天然焦，可同时生成 $504m^3$ 的甲烷。后期煤体快速冷却收缩使得次生割理发育，储层渗透性变好。火成岩起到生气和改造储层的双重作用（图 5-20）。而在煤矿井下掘进时，一遇到辉绿岩墙或岩床，即水量增大，同时瓦斯大量涌出。

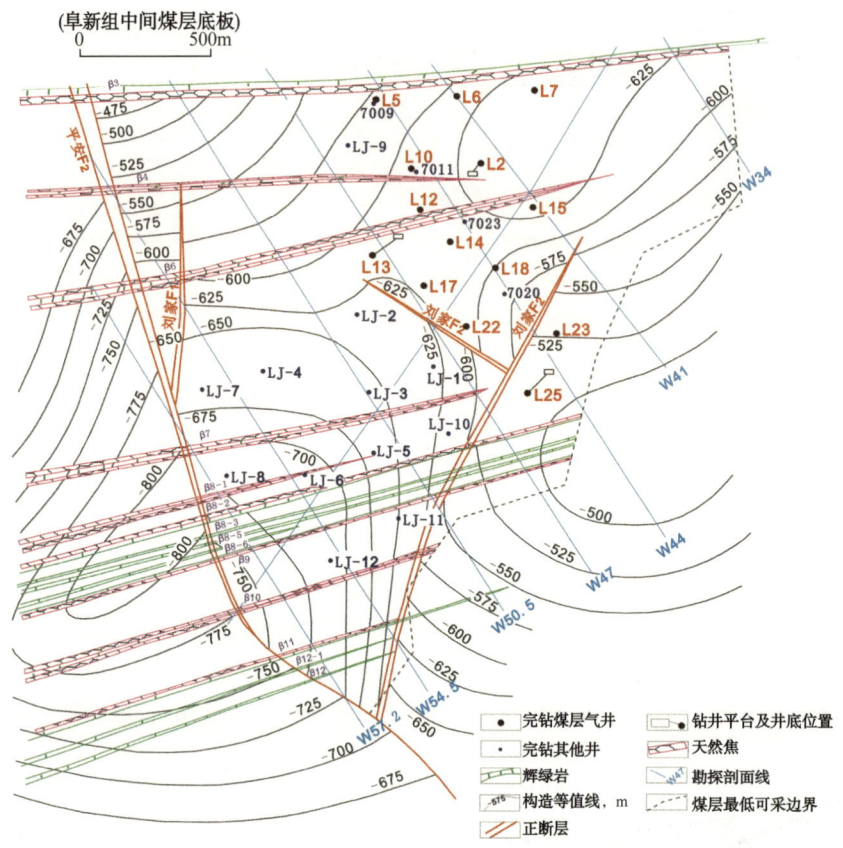

图 5-20　火成岩烘烤形成热成因气—再吸附成藏

3）低煤阶煤层气富集成藏模式

通过模拟实验明确了次生生物气潜力，因此在盆地边浅部应积极寻找具备生物气补给条件的有利区，而中深层区以热成因气为主，寻找保存条件有利区。低煤阶煤层气应优选多气源补给区，封盖条件方面优选顶底板泥岩分布区，泥岩夹砂岩区其次，砂岩顶底板保存条件最差。

低煤阶储层煤质软，结构破碎，测试各研究区煤储层物性分析，低煤阶煤储层物性也具有较强的非均质性，储层渗透率差异大。准噶尔盆地南缘测试煤储层渗透率 0.006~16.64mD，二连霍林河地区测试渗透率 0.91mD，保德地区煤层渗透率 5~10mD 等。因此低煤阶煤层气勘探也必须寻找高渗区，坚定"甜点区"突破的勘探方向。

综合上述分析，结合各研究区煤层气构造、沉积、水文等控气因素，立足外源气补给及良好保存条件，建立低煤阶煤层气"多源共生—斜坡区正向构造带"富集模式[14]：斜坡区为弱径流—滞流区，低水势利于富集，且易于甲烷菌的富集和生成，产生的次生生物气，可形成非常好的气源补。在储层条件上，煤层厚度大，埋深较浅，孔裂隙系统相对发育处于过渡应力场，正向构造带张性低应力，渗透性好。在保存条件上，由于上部地层水的渗透，形成水力封堵作用，在弱滞留区形成煤层气的富集（图5-21）。

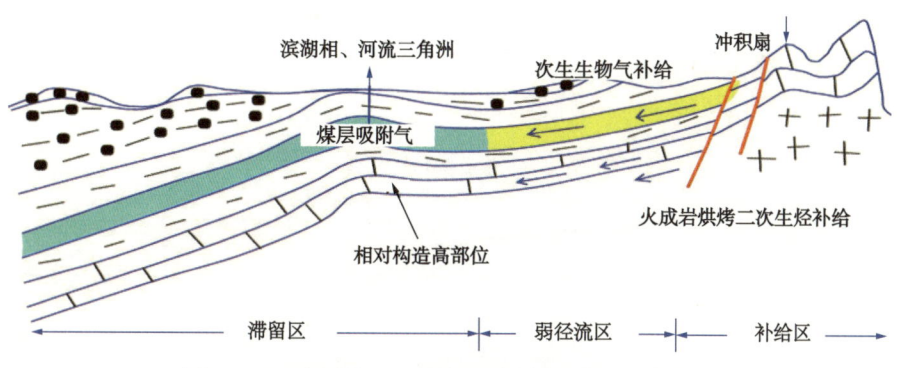

图5-21 "多源共生—斜坡区正向构造带"富集模式

该理论成果引领中国煤层气勘探重点向中低煤阶转移，指导吉尔嘎朗图凹陷低阶煤层气勘探获得重大突破。实施4口直井井组，埋深400~500m，吉煤1井、吉煤2井实施洞穴完井，吉煤3井实施水力喷射造穴复合压裂；吉煤4井实施填砂分层、低浓度瓜胶压裂，获得稳定日产气量2356m³，这是中国在低阶褐煤中获得高产的第一口煤层气井，标志着中国低阶煤层气勘探取得重要进展，也标志着低含气量、厚煤层低阶煤层气开发技术实现重要突破，开启了10×10^{12}m³规模低阶煤层气勘探新领域的序幕。

3. 深部煤系气综合富集成藏模式

国内外学者对煤系气进行了大量的研究[15-17]，国内深部煤层气的研究是以鄂尔多斯盆地东部和准噶尔盆地彩南地区为研究对象，通过对深部煤岩力学特征、煤层含气性特征及其控制因素、深部应力作用下煤层渗透性发育特征等的系统研究，建立了深部煤层含气量和渗透率预测模型；提出了深部煤系气综合富集成藏模式。

1）深层煤层含气量预测模型

通过温压条件下吸附模拟实验或大量测试数据的数理分析，结合煤—气匹配作用、吸附—解吸动力学等理论分析，建立深部煤层含气量预测的数学模型[18]。统计模型所依据的平衡水煤样等温吸附实验数据108件，样品主要采自华北上古生界煤层。其中，鄂尔多斯盆地东部51件，沁水盆地29件，实验温度20~70℃，最大镜质组反射率0.52%~4.38%。

利用上述实验依据，在朗格缪尔体积/朗格缪尔压力—镜质组反射率—吸附温度单因素相关分析的基础上，利用多元非线性回归方法，建立了温度压力条件下朗格缪尔常数的预测模型：

$$V_\mathrm{L} = (12.08579 R_{\mathrm{o,max}} + 11.46) \mathrm{e}^{-0.004024 t} \qquad R = 0.81$$
$$P_\mathrm{L} = (0.3863 R_{\mathrm{o,max}}^2 - 1.9396 R_{\mathrm{o,max}} + 3.4934) \mathrm{e}^{0.01841 t} \qquad R = 0.53 \qquad (5\text{-}1)$$

将上述模型代入朗格缪尔等温吸附方程,得到综合煤阶、地层压力和地层温度的深部煤层含气量预测模型:

$$V = \frac{p(12.08579R_{o,max} + 11.46)\mathrm{e}^{-0.004024t}}{p + (0.3863R_{o,max}^2 - 1.9396R_{o,max} + 3.4934)\mathrm{e}^{0.01841t}} \quad (5-2)$$

根据上述统计数学模型,绘制出深部煤层含气量与埋深、煤阶、压力梯度、地温梯度关系图版(图5-22)。深部煤层含气量具有两个基本特点:其一,若地温梯度恒定,同一埋深条件下,煤阶增高,煤层含气量增大;其二,同一煤阶条件下,含气量与埋深关系存在"临界深度",即浅部煤层含气量随埋深增大而增高,在一定埋深达到最大值,超过此埋深之后含气量随埋深增大而趋于降低。

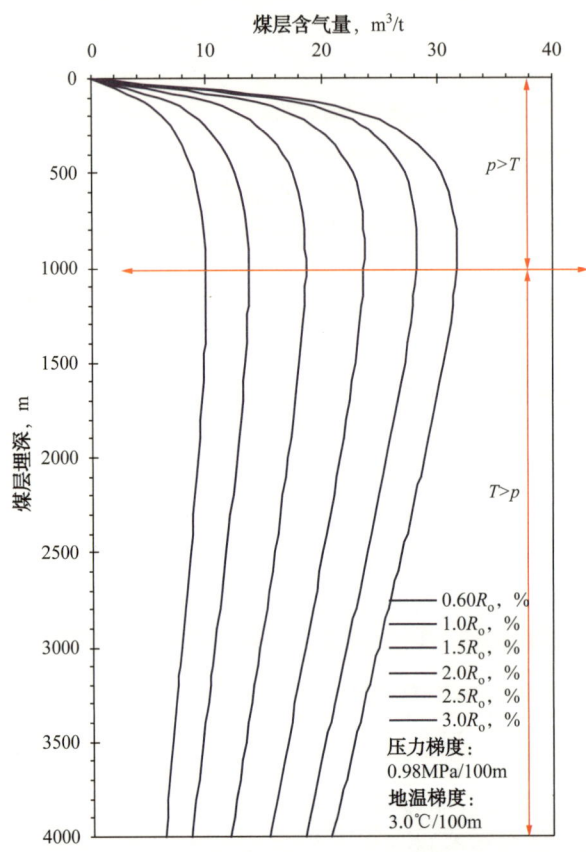

图5-22 含气量与埋深、煤阶、压力梯度、地温梯度关系

煤层含气量"临界深度"受煤阶、温度、压力的匹配控制。在模拟条件范围内,临界深度分布在700~1500m。同储层压力梯度条件下,煤阶增高,临界深度变浅,但进入高煤阶煤后不再变化,指示高煤阶煤层吸附性对储层压力的敏感性弱于低—中煤阶煤层。同煤阶条件下,储层压力梯度增大,临界深度变浅。相同煤阶和相同储层压力梯度条件下,地温梯度增大,临界深度变浅。同时,临界深度变浅,临界含气量增大(图5-23)。这一结果,在显示预测模型对地层温度、地层压力和煤阶具有高度敏感性的同时,强烈地指示临界深度以浅地层压力的影响更为显著,临界深度以深则温度起着更为重要的作用,即深部

煤层含气量不能简单采用浅部梯度进行推测。

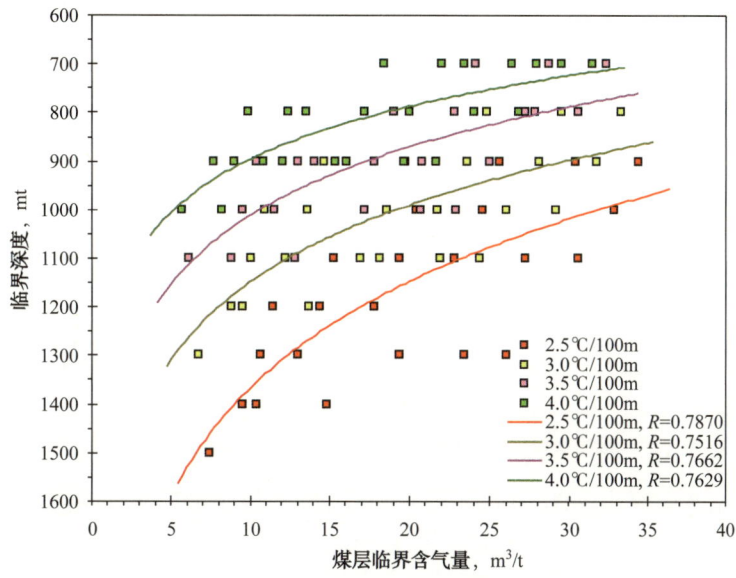

图 5-23 临界深度与临界含气量关系

模型预测结果与浅部煤心实测含气量分布规律相符。除煤层气风化带（含气量小于 4m³/t）数据外，两个地质条件的预测曲线将鄂尔多斯盆地东部 381 件煤层含气量实测数据全部包容，预测曲线分布趋势与实测含气量—埋深趋势完全一致。最低含气量预测曲线的模拟条件为压力梯度 0.40MPa/100m、地温梯度 4.0℃/100m、煤阶（R_o）0.60%，最高含气量预测曲线模拟条件为压力梯度 0.98MPa/100m、地温梯度 3.5℃/100m、煤阶 R_o 为 2.50%，揭示鄂尔多斯盆地东部上古生界煤层含气量的上限、下限范围。实际上，在压力梯度 0.98MPa/100m、地温梯度 3.0℃/100m、煤阶 R_o 为 2.00% 条件下，模拟曲线基本涵盖了鄂尔多斯盆地东部 381 件煤心解吸成果，更符合深部的实际地质条件。

2）深部煤储层渗透率预测模型

影响深部煤层渗透率的主要因素是应力敏感性，温度所导致的热膨胀效应对渗透率影响几乎可忽略不计[19, 20]。

实验样品取自鄂尔多斯盆地东缘河曲、保德、乡宁、延川等地区二叠系山西组煤层，煤岩热演化程度平面上自北向南逐渐增高。

为了直观描述煤储层应力敏感性对气体渗透率的影响，定义无量纲渗透率 K_i/K_0 为气体渗透率 K_i 与煤岩初始渗透率 K_0 的比值。

煤储层应力敏感性评价通常有 4 个参数，即渗透率损害系数、渗透率损害率、不可逆渗透率损害率和应力敏感系数。

（1）高、低煤阶煤层渗透率敏感性差异。

所测试的 4 个地区不同煤阶煤自然样实验结果显示，随着有效应力增加煤岩渗透率均逐渐减少，具有以下特征。

随着有效应力的增加，低煤阶煤储层应力敏感性强于中高煤阶，低煤阶煤岩渗透率损害率高于中高煤阶（图 5-24），而不可逆渗透率损害率较中高煤阶小，这是因为低煤阶煤岩强度低于中高煤阶，更易发生韧性变形。

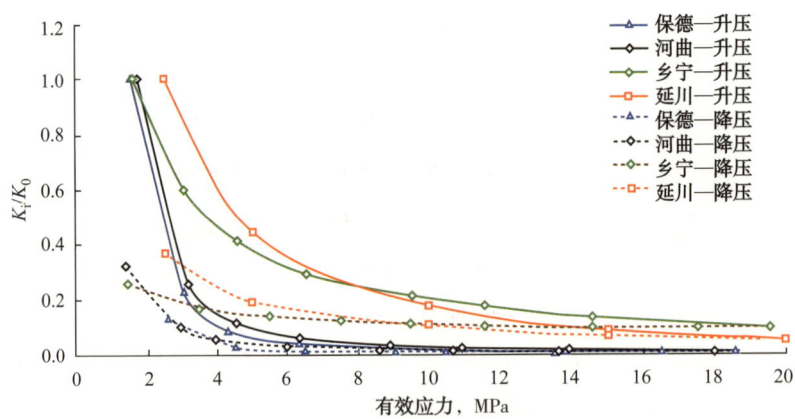

图 5-24　不同煤阶无量纲渗透率与有效应力关系

低煤阶样先升压至20MPa随后降压至2MPa时，渗透率降低了67.97%~93.7%，平均81%；中高煤阶样在降压后渗透率则降低了21.4%~45.1%，平均37%（图5-25）。

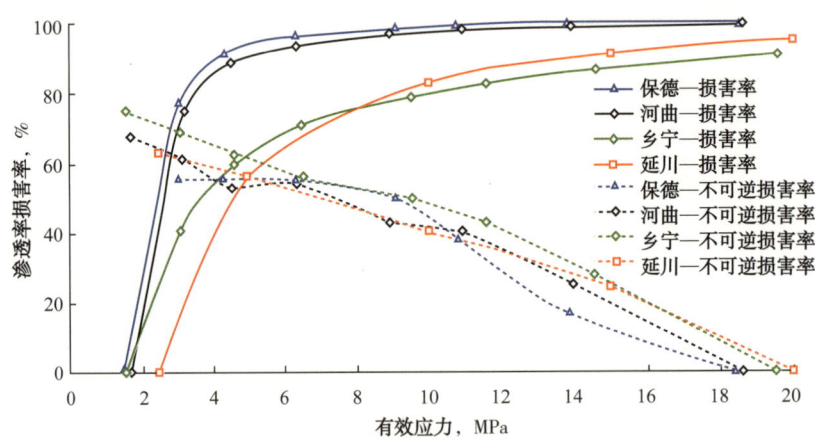

图 5-25　不同煤阶渗透率损害率与有效应力关系图

从不同煤阶煤岩的渗透率损害率与有效应力关系来看，低煤阶样品在有效应力逐渐增加至5MPa左右时渗透率损害率快速降低了95%，当有效应力大于5MPa时渗透率损害率保持不变，此时低煤阶有效渗透几乎降为0，近似认为低煤阶有效渗透率对应的深度应浅于500m；而中高煤阶样有效应力逐渐增加到9MPa时，煤岩渗透率损害率降低了80%，随着有效应力的继续增加，煤岩渗透率损害率趋缓，中高煤阶有效渗透率对应的深度应浅于900m。

（2）深部煤储层渗透率预测模型。

温度升高导致的渗透率降低率，与初始渗透率呈显著的幂函数负相关关系，即初始渗透率越低，渗透率温度效应越强（图5-26、图5-27）。

据158组孔渗实测数据，孔隙率与渗透率呈显著的幂函数关系：

$$K=0.0213\phi^{1.2159} \tag{5-3}$$

式中　K——渗透率，mD；

ϕ——孔隙率，%。

基于变孔隙压缩系数的渗透率预测模型：

$$K_\sigma = K_0 e^{-3c_p/\Delta\sigma} \quad c_p = \frac{c_0}{\gamma\Delta\sigma}[1-e^{-\gamma\Delta\sigma}] \quad K_T = K_0(aT+b) \quad K = K_\sigma K_T \quad (5-4)$$

式中 K_0——初始渗透率；

c_p——有效应力增加 $\Delta\sigma$ 后的孔隙压缩系数压缩系数；

c_0——初始孔隙压缩系数；

γ——孔隙压缩系数随有效应力变化的衰减系数。

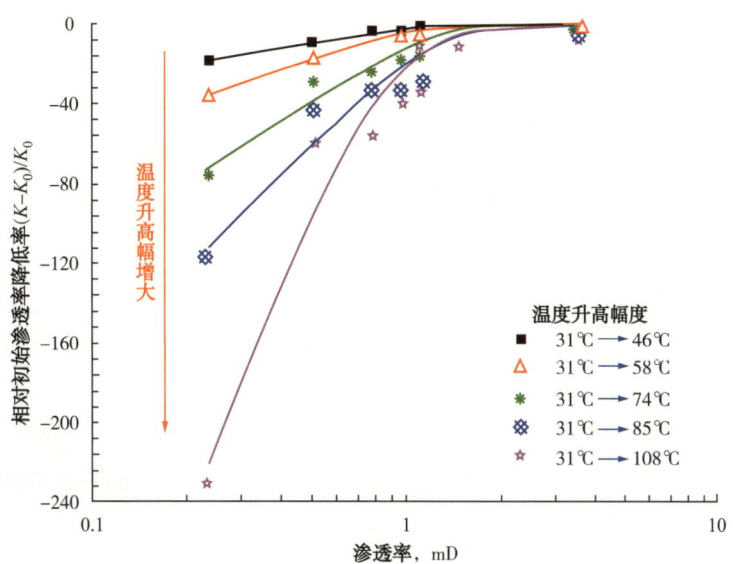

图 5-26 天隆矿在温度变化下的渗透率和应力敏感性关系曲线

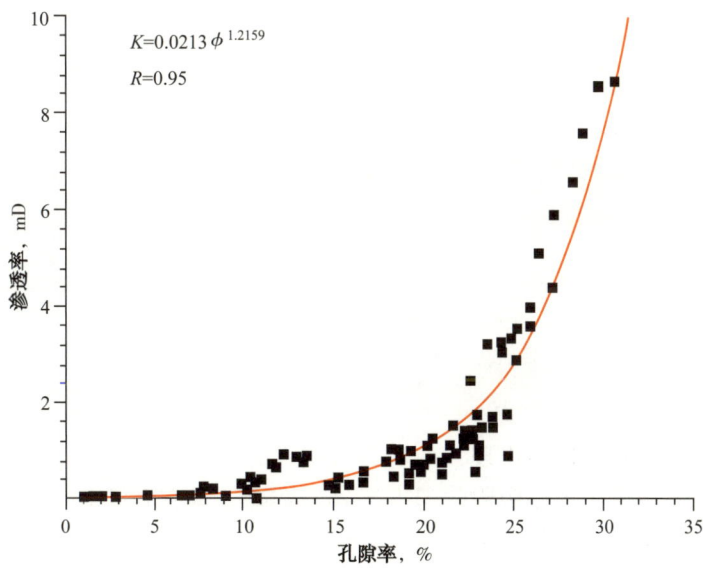

图 5-27 渗透率与孔隙率关系

下面两幅图，显示不同样品来源、不同温度下定孔隙压缩系数和变孔隙压缩系数模型拟合结果。结果显示，相比定孔隙压缩系数模型，变孔隙压缩系数模型能够更为客观地描述深部低阶煤层渗透率特征（图 5-28、图 5-29）。

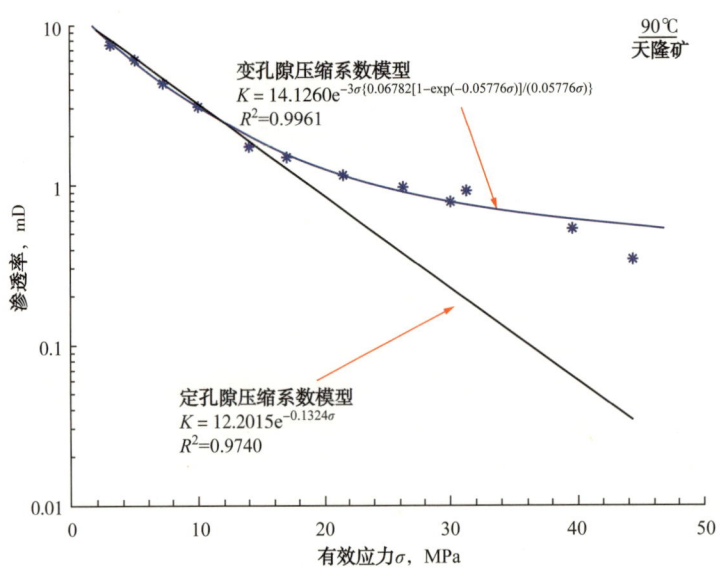

图 5-28　天隆矿定孔隙压缩系数、变孔隙压缩系数下的渗透率对比特征

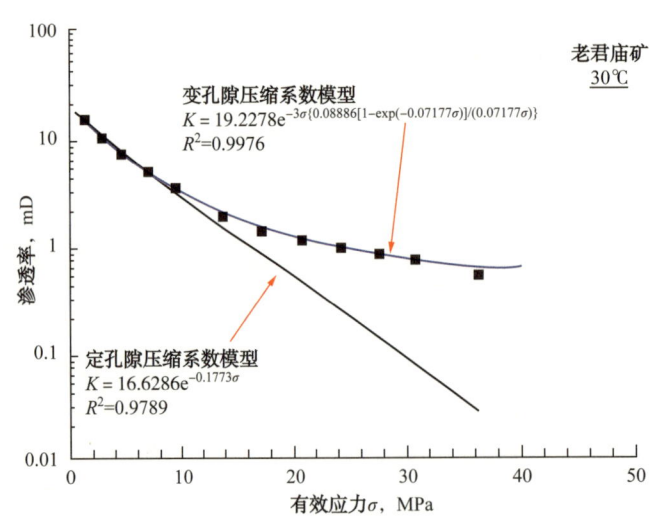

图 5-29　老君庙矿定孔隙压缩系数、变孔隙压缩系数下的渗透率对比特征

3）深部煤系气综合成藏模式

煤层游离气与吸附气伴生出现，两者具有相近的温压条件，存在于统一的吸附气—游离气共存系统中。煤系地层吸附气与上覆砂岩游离气具有同源共生、动态转化、立体成藏特点。煤系地层游离气处于天然气的运聚动态平衡状态。游离气和吸附气在成藏过程中，层内和层间吸附态与游离态动态转化，构造抬升加速煤系地层游离气向吸附气转变为主。

研究发现，煤层游离气与吸附气伴生出现，两者具有相近的温压条件，存在于统一的吸附气—游离气共存系统中。天然气生成以后大量吸附在煤岩表面上，随着地层抬升地层压力下降或者地温升高时，吸附气解吸并沿一定的路径自煤岩孔裂隙向煤岩外部储层中运移，温压条件改变，煤岩吸附能力增强时，由于煤层有较好的封堵能力，运移至煤层外部的游离气难以进入煤岩孔裂隙并为煤岩重新吸附，形成煤层吸附气与游离气的不对称迁移。煤系地层吸附气与上覆砂岩游离气天然气的运聚动态平衡状态，具有同源共生、纵向叠置机制，具备共采地质基础（图5-30）。

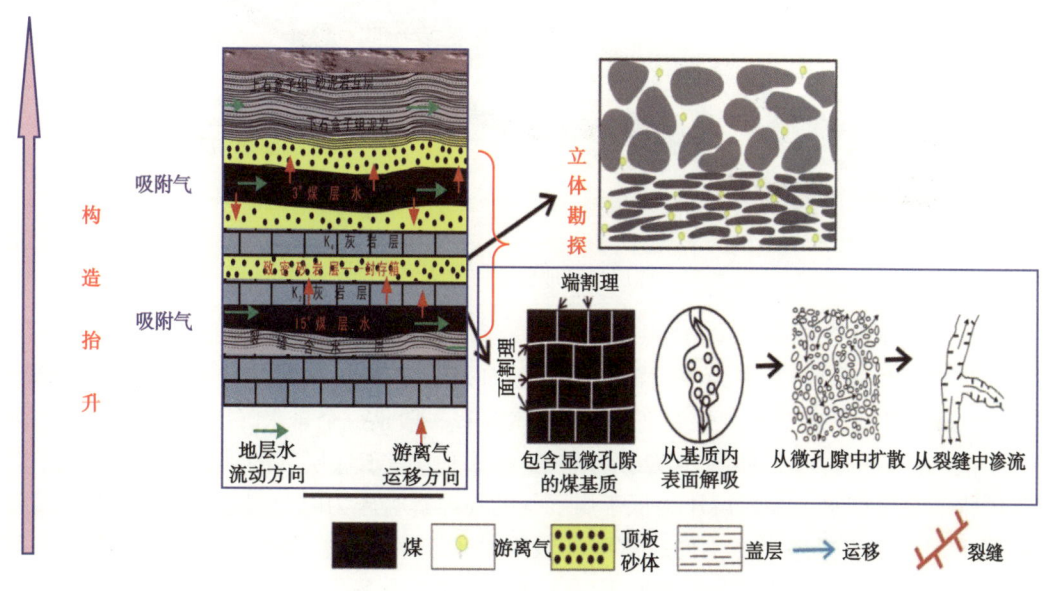

图 5-30　中深层煤系地层立体成藏机制模式图

自生自储型煤层气藏模式分为吸附型和游离型（图5-31）。吸附型：例如沁水盆地郑庄区块煤层气开发已超过1200m，显示了良好的前景。如郑试60井区，煤层厚度5.4m，埋深1336.9m，平均日产气2100m³。游离型：准噶尔盆地彩南地区划分为东道海子凹陷和白家海凸起，区内发育石炭纪大断裂和侏罗世北东向次级小断裂，呈雁行排列，是该区煤层气运移的主要通道。煤层气主要富集于白家海凸起的高部位。由于彩南地区断裂非常发育，深部坳陷厚煤层中生成的气沿煤层向白家海凸起部位运移富集成藏，形成自生自储游离气藏模式。

将煤系地层，尤其是薄煤层与砂泥岩互层段，作为统一勘探评价目标，可明显提升资源丰度。并延伸勘探的深度下限，垂向上拓展勘探空间，实现了单一浅层煤层吸附气勘探向煤系地层多元天然气勘探的拓展，同时更有利于钻完井及储层改造工艺实施。

鄂东大宁—吉县区块上古生界煤岩裂隙中的游离气与其顶、底板砂岩石中的游离气处于相同（相近）温压系统中，纵向叠置、横向分布连续，具备深部煤层气+煤系地层砂岩气立体成藏条件。2013年中石油煤层气有限责任公司快速组织实施煤系地层立体勘探工作，揭示多层系复合含气，24口试气井均获工业气流，单井平均产气超$5 \times 10^4 m^3/d$，提交探明储量$400 \times 10^8 m^3$。

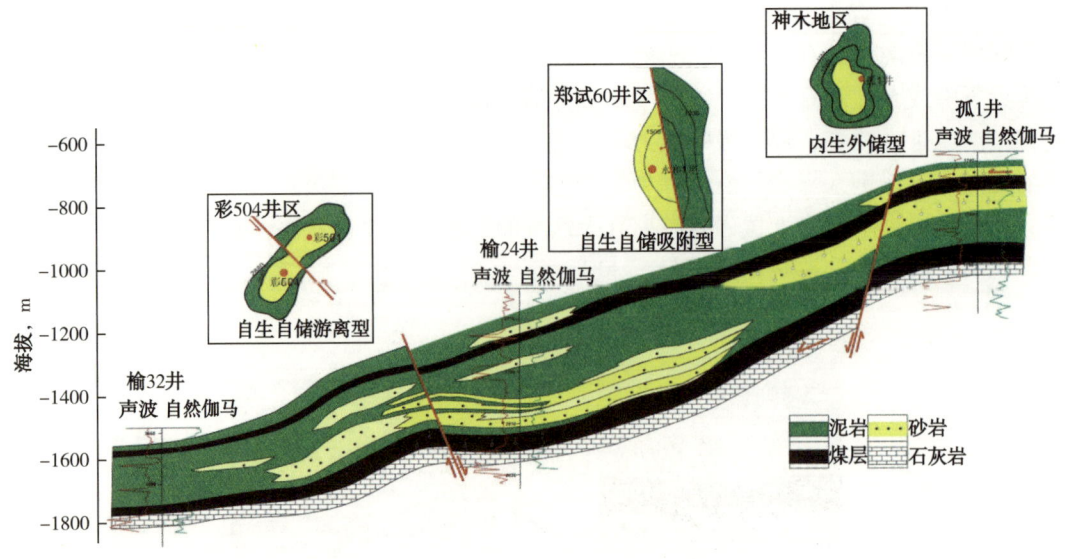

图 5-31 深层煤系地层立体成藏模式示意图

4. 煤层气排水采气开发理论

与常规天然气以游离态为主,煤层气主要以吸附态赋存,这就决定了煤层气开发首先需要排水降压才能解吸产气。煤层气的排水采气过程一般是一个排水降压、煤层气解吸/吸附、扩散、渗流的过程,如图 5-32 所示。在煤层压力高于煤层气的临界解吸压力时,煤层气的排采只是产水。当煤层压力低于煤层气的临界解吸压力时,煤层气分子开始从煤基质解吸出来。在临界解吸压力时,解吸和吸附是动态平衡的。随着压力的继续降低,解吸—吸附动态平衡被打破,有更多的煤层气分子从煤基质解吸出来,并趋向于建立新的平衡。解吸出的煤层气分子不能立即同时与所有的孔隙、裂隙表面接触,在煤体中形成了煤层气压力梯度和浓度梯度,由此提供了煤层气扩散的基本动力。煤层气分子在其浓度梯度的作用下由高浓度向低浓度扩散,这个过程在煤层中的小孔和微孔系统内占优势。由于排水采气的影响,煤层中存在一定的压力场分布,煤层中的压力梯度引起煤层气的渗流,这个过程在煤层中大裂隙、裂缝孔隙系统(面割理和端割理)内占优势。因此,整个煤层气的排采过程是降压、解吸、扩散、渗流等多种现象发生的一个复杂过程。

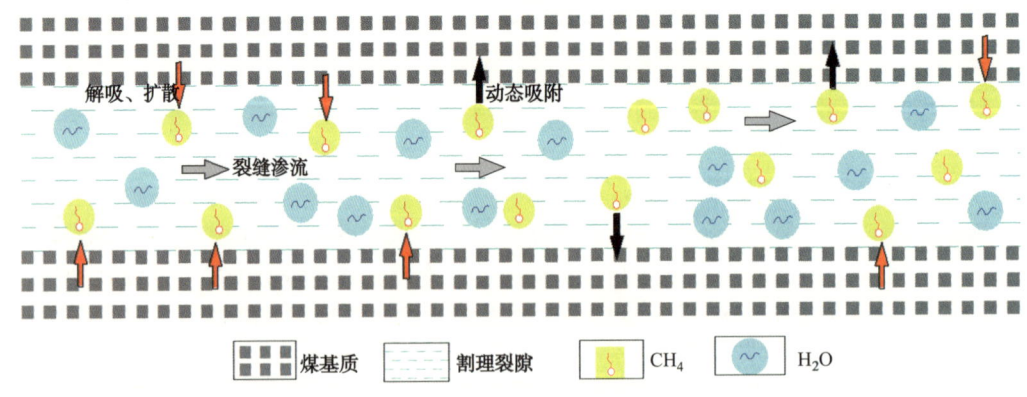

图 5-32 煤层气"解吸—扩散—渗流"微观机理示意图

煤层气排水采气开发理论奠定了煤层气有效开发的理论基础，该理论从提高排水效率与降低储层伤害的科学问题入手，与煤层气增产改造、井网优化调整以及智能化排采等关键技术相结合，实现了煤层气开发井群高效排采和有效面积降压，进而保障了煤层气稳定、快速的解吸产出。

二、主要技术进展

经过10年的攻关，中国石油形成了适用于中国地质条件的系列配套技术，主要包括三个方面：煤层气地质评价技术、煤层气开发优化技术和煤层气工程技术。

1. 煤层气地质评价技术

煤层气地质评价是煤层气勘探开发的重要研究工作之一，贯穿于煤层气产业发展的整个研究过程，煤层气地质评价的实质是要寻找煤层气富集、高渗区，优选有利勘探开发区，提高煤层气单井产量，推进煤层气产业的持续有序发展。经过10年的攻关研究，形成了中高煤阶煤层气高产区预测技术、低煤阶煤层含气量测试技术、煤层气藏精细描述技术、不同煤阶煤层气选区评价技术以及煤层气富集区 AVO 预测技术等，本章重点介绍前三现技术。

1）中高煤阶煤层气高产区预测技术

中高煤阶煤层气高产 = 富气 + 高渗，渗透性主要受割理裂缝控制，地应力、构造变形是控制煤储层裂隙发育程度的关键地质因素，地应力决定割理裂缝的开合程度，构造变形决定割理裂隙的发育程度。该技术通过引入岩体力学方法，评价研究煤储层变形程度，预测煤储层裂缝发育区；通过应用构造曲率法，研究分析煤储层应力场分布，预测裂缝开合程度；通过应用 Ansys 软件，建立三维地质模型，研究预测高渗带。

该技术通过建立区域煤层渗透率随应力增加呈而降低的经验模型，分析区域煤层埋深与地应力场的分布特征，确定分析垂向上地应力的转换深度和横向上水平应力差值的分布特征，预测煤储层高渗区。

2）低煤阶煤层含气量测试技术

低煤阶煤层含气量测试技术是一种测试低煤阶煤储层（$R_o \leqslant 0.65\%$）含气量的方法。针对低煤阶煤易氧化、易干燥、含有一定量游离气的特点，规范了含气量测试仪器或设备、测试流程，提出了游离气计算方法、损失气计算新方法、残余气计算新方法。

采用低煤阶煤储层含气量测试专用仪器、低煤阶煤专用煤岩（粉）平衡水稳定仪；采用低煤阶煤岩防过干燥和氧化特殊化处理技术；提出损失气测算新方法——扩散速率及解吸曲线优化方法，残余气测算新方法——解吸曲线逼近法 + 朗格缪尔曲线拟合法；提出煤层游离气现场快速测算方法。

低煤阶煤岩平衡水过程由原来的 20~30d 缩短至 4~6h；创新低煤阶煤岩污染定量评价技术；保证了低煤阶煤岩测试过程中不会被氧化或受到污染，尽可能保证了物性测试结果数据的准确性，客观评价低煤阶煤储层物性。

3）煤层气藏精细描述技术

煤层气藏精细描述技术指标主要包括构造参数、岩性参数、水动力参数、储层物性参数、裂缝参数等（图5-33）。

在构造精细描述方面，采用测井、三维地震相结合的方法，建立标准对比剖面，逐井对比，平面成图，精确落实煤储层微构造形态。通过精细化的构造解释分析方法，可以精确地表征煤层局部高点、局部低点、微背斜、微向斜、小断层、陷落柱等微构造的分布规律，并提取地层曲率、地层倾角、微构造幅值等构造特征参数，为煤层构造特征的精细评价、构造演化规律和开发有利区的划分提供了依据。

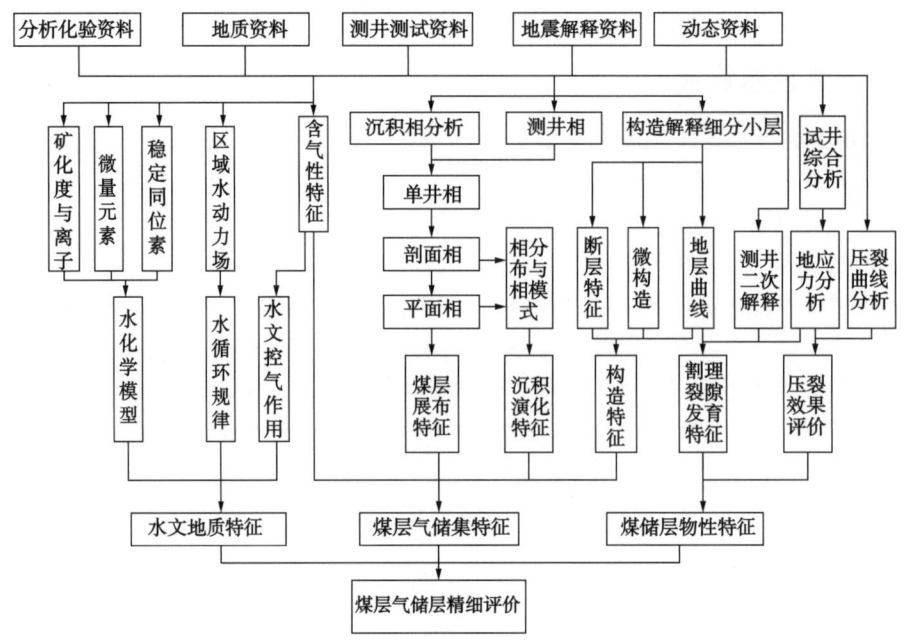

图 5-33　煤层气藏精细描述技术流程图

在煤系地层沉积相及煤层气藏发育模式分析方面，以"点—线—面"为研究序列，建立煤层沉积相及气藏模式。即从单井相分析出发分析区域沉积环境和发育的主要沉积相，并结合剖面相和平面相的展布规律分析沉积旋回特征和演化规律，研究煤层气赋存环境和有利沉积相带，建立沉积相模式。在以上研究的基础上，综合区域构造、储层物性、水动力场特征的研究成果建立煤层气藏发育模式，划分有利区，指导煤层气的勘探开发。

在煤层裂缝识别及表征方面，根据煤层中裂缝的发育规律，建立从微观到宏观的煤岩裂缝表征技术方法。即以煤岩心观察、显微裂隙识别和微焦点 CT 技术为基础，分析区域煤层中微观裂隙发育特征，并根据煤岩裂隙继承性，结合测井裂缝响应和地层曲率分析结果表征区域煤层裂缝分布特征。

在以上研究的基础上，综合根据煤储层特征研究成果，运用三维建模方法精细刻画储层特征，实现煤储层精细描述成果的数字化、可视化。具体三维地质模型包括煤系地层的构造模型、岩相模型、属性场模型、裂缝模型、含水层模型等。煤储层三维建模成果可以应用于开发动态模拟、开发效果评价、有利区预测等，有力支持煤储层特征的精细化研究。

2. 煤层气开发优化技术

煤层气开发优化技术主要包括产能评价技术、井网井距优化调整技术、动态储量评价技术和采收率标定技术等，本段重点介绍前三现技术。

1）产能评价技术

以煤层气"解吸、扩散、渗流"理论为基础，优选梳理出中国煤层气的产能主控因素，共 3 大类 16 项，表 5-7 为沁水盆地各开发区块的产能主控因素取值表。

表 5-7 沁水盆地各区块影响产气的地质因素分析

区块	解吸						扩散		渗流					
	储存能力		储存潜力	实际储存量	储存量质量		分子活跃程度	扩散通道质量	动力	通道		煤岩渗透率动态变化		
	朗氏体积 m³/t	朗氏压力 MPa	储层压力 MPa	解吸压力 MPa	吨煤含气量 m³/t	含气饱和度 %	吸附时间 d	储层温度 ℃	中孔体积占比 %	地解压差 MPa	原始渗透率 mD	裂缝密度 条/5cm	软煤体积占比 %	平均地应力 MPa	弹性模量 MPa	泊松比
樊庄	39.92	2.49	3.50	2.06	18.59	84.6	10.89	25.18	20.77	1.68	0.34	7	7.0	12.30	2625	0.3
郑庄	36.51	2.86	7.70	2.42	22.33	62.9	12.32	30.80	16.37	5.28	0.10	12	8.4	21.76	1770	0.32
安泽	25.47	2.03	7.15	4.50	15.60	88.5	3.76	32.99	44.70	2.65	0.16	20	63.4	18.90	—	—
沁南东	29.31	2.08	4.50	1.70	14.20	65.8	4.25	17.90	—	2.80	0.04	13	19.0	17.89	2160	0.32

在此基础上，采用理论分析、公式推导、数值模拟等方法，形成一套考虑煤层气"解吸、扩散、渗流"全过程的煤层气产能评价方法，重点揭示了解吸扩散速度、启动压力梯度、渗透率动态变化（应力敏感和煤基质收缩效应造成）等主控因素的影响，提高了中国煤层气产能评价和单井配产的准确性、合理性。

图 5-34 为模拟的樊庄区块渗透率动态变化条件下的煤储层压力动态变化过程，排采见气后煤层渗透率有所改善，可延缓后期递减，延长煤层气井的稳产时间和生产寿命，目前该区已稳产 3~4 年，预计可稳产 6~7 年。

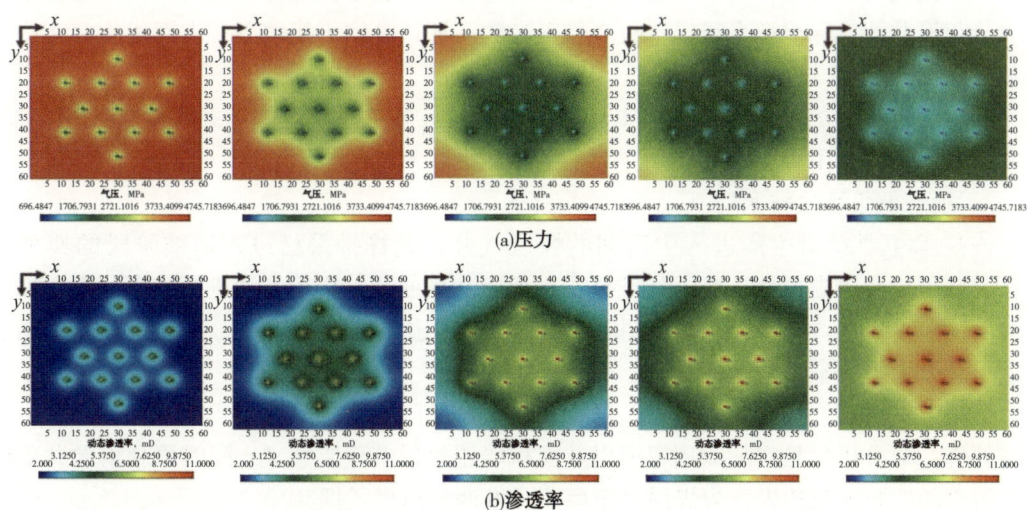

图 5-34 樊庄区块渗透率动态变化下的压力变化的模拟过程（从左往右排采时间增加）

2）井网井距优化调整技术

在综合考虑开发效果（产气量和采收率）和经济效益的基础上，采用静态法与动态法相结合的思路，在煤储层非均质性研究、井间干扰分析、单井合理控制储量评价等基础上，建立一套适合中国煤层气田的井网井距优化设计及调整技术，如图 5-35 所示，既节约了成本又取得了较好的开发效果和经济效益。

该技术的特点和优势如下。

（1）根据煤储层渗透率各向异性、地应力和压裂裂缝方向，合理优化井网部署形式与井排距，可达到最大限度动用储量、提高单井产量和采收率的目的。

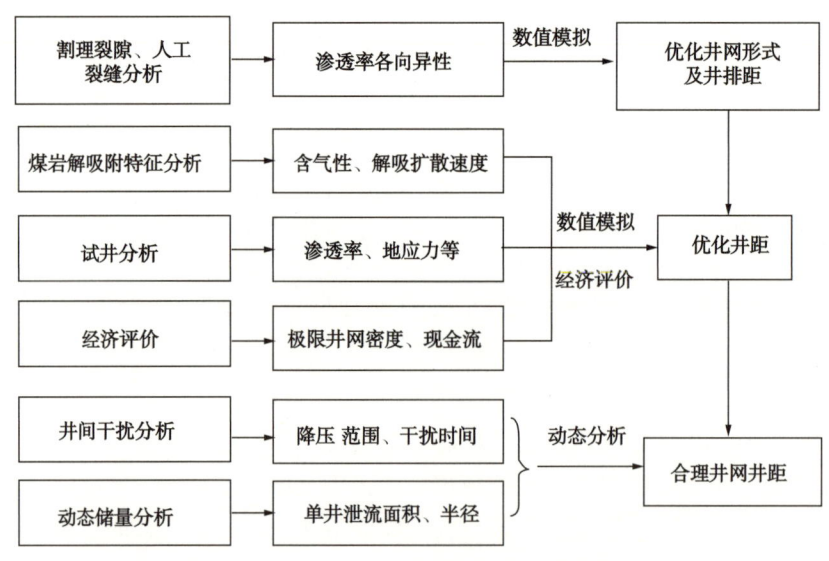

图 5-35 煤层气井网井距优化评价方法流程图

（2）针对煤层气经济效益低的特点，采用数值模拟分析和经济评价法综合确定合理井距，提高煤层气采收率和经济效益。

（3）提出动、静结合的研究思路，通过理论分析、数学模型计算及实际排采数据动态分析，获得井的实际泄压半径、解吸半径等参数，评估井间干扰情况，进而优化井距，实现整体面积降压。

（4）考虑煤层的强非均质性，实际井网部署时，多采用非均匀布井方式，灵活多变，最大限度地开发利用煤层气资源。

3）动态储量评价技术

该技术主要针对生产进入中后期的煤层气井，选择排采已进入递减阶段的典型井（组），采用单井历史拟合、Arps 递减分析、递减特征曲线分析等方法进行综合分析，如图 5-36 所示，判断单井流动形态，分析单井是否进入边界流阶段，进而计算单井控制动态储量、泄流半径等参数。

该技术针对煤层气开发区单井差异大、无实测压降资料的问题，实现单井动态储量计算与评价，对分析储量实际动用程度以及面积降压效果有重要意义，同时可获得单井不同生产阶段的实际泄流边界，为煤层气田后期开发调整提供依据。

3. 煤层气工程技术

中国石油煤经过 10 年攻关和实践探索，逐步形成了适用于不同煤阶、不同煤层气地质条件下的钻井、增产、排采系列配套专项技术。

1）煤层气钻完井技术

已基本形成了以直井/定向丛式井压裂、多分支水平井、U形井、L形水平井钻完井一体为主的 800m 以浅煤层气开发钻完井配套技术。本段重点介绍多分支水平井、L形水平井扩孔改造钻完井一体化技术和煤层气欠平衡钻井配套技术。

（1）多分支水平井技术。

多分支水平井井组一般有一口多分支水平井和排采洞穴直井组成。该技术是在定向大位移井、水平井技术、磁导向基础上结合环空气液两相注气欠平衡储层保护适宜煤层气开发发展起来的一项复合性技术，在高渗区能够大幅度提高煤层气单井产量和采收率。

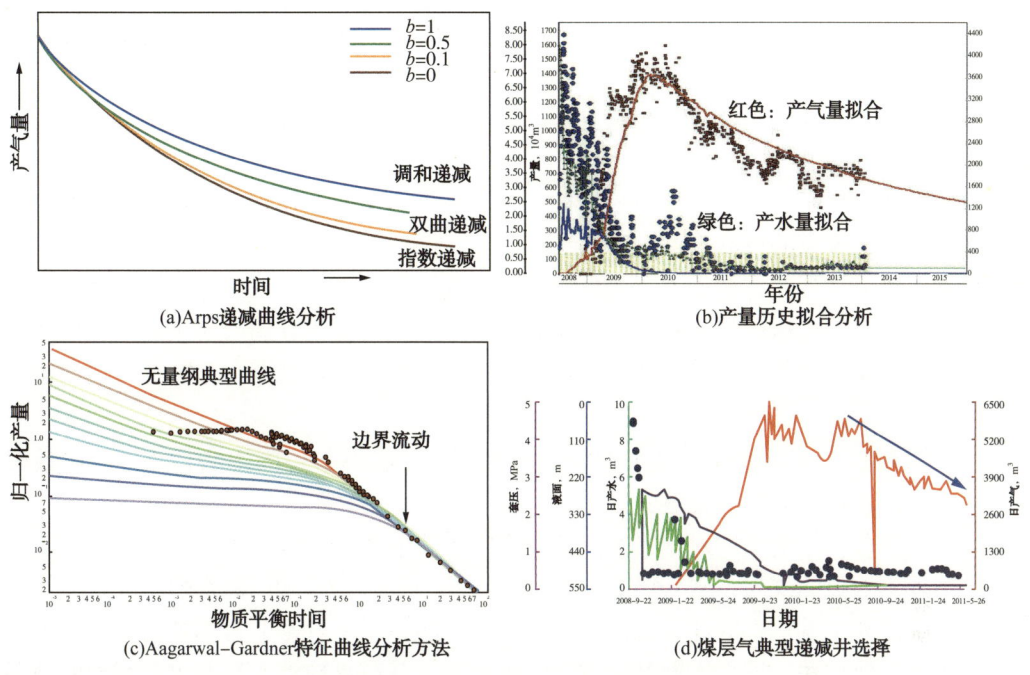

图 5-36　煤层气动态储量评价方法及井的选择

多分支水平井设计要充分考虑面割理方向和端割理方向的渗透率存在异性，平行于面割理方向的渗透率相对较大，而平行于端割理方向的渗透率相对较小，所以垂直于高渗方向（即面割理方向）是非常有利的（图5-37）。

主水平井眼采用中曲率半径和"直—增—稳（水平段）"的连增复合型剖面，增斜段曲率半径为50~150m，井眼轨迹圆滑、摩阻和扭矩小。分支井眼采用中曲率半径和"直—增—稳"剖面，稳斜段与主水平井眼呈30°~50°夹角。分支井眼关键要选好侧钻点，并能在煤层稳定实现侧钻出新井眼。

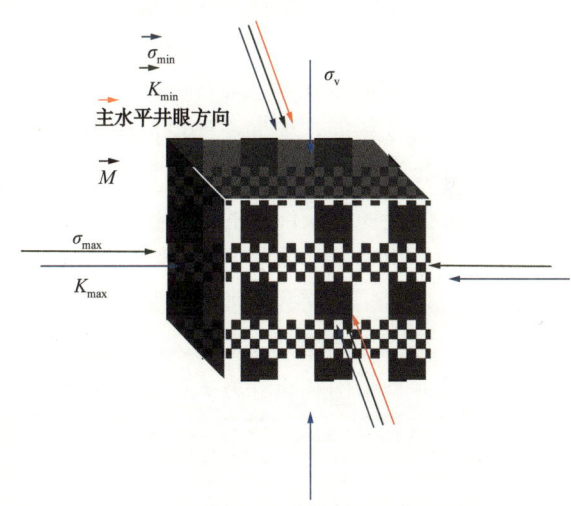

图 5-37　煤岩地应力、渗透率与割理系统关系图

多分支水平井一般采用三开井身结构，二开套管下至煤层顶固井，三开煤层段主水平井、分支采用裸眼完井。U形井、L形井经井身结构简化采用二开结构，煤层段筛管完井。排采裸眼洞穴直井采用二开结构，生产套管一般下入 ϕ177.8mm 的生产套管，固井候凝后用锻铣工具铣洗煤层段套管，并进行造穴与水平井连通，达到多分支水平井煤层段

欠平衡钻井和排水采气生产的需要。

地质导向钻井技术，是20世纪80年代以来继国内外常规油气地质导向钻井技术发展起来的前沿钻井技术之一，是用地质信息、随钻测井（LWD）仪器响应和用于引导井眼方向进入目的层并保持井眼轨迹在目的层内的解释技术的一种综合。在钻井过程中，通过实时测量多种井底信息及较小范围内的井斜角、方位角、工具面、地层电阻率、伽马值等数据，并对所钻地层的地质参数进行实时评价，从而精确地控制井下钻具达到设计地质靶点。

煤层气多分支水平井产能主要受煤储层各向异性、水平段位置、方位、水平井分支长度和水平井布井方式的控制。

煤储层各向异性：煤层的非均质性因素包括煤层渗透率、深度、厚度、含气量、饱和度的区域性差异，煤层的各向异性对产能有一定影响，并且当井筒数减少时，地层非均质性对产能的影响会更大。煤层煤体结构、泥岩夹层和断层是钻多分支水平井考虑的重点因素之一。

水平段位置：水平段在煤层中的位置对水平井产能有一定的影响，并且井筒数较少时，水平段位置对产能影响会更大。

水平井方位：裂缝方向对水平井产能的影响主要取决于裂缝与水平井方向。对于面割理和端割理不明显的煤层，水平段的走向对水平井的开采效果和产能影响不大，但对于面割理渗透率远高于端割理的煤层来说，沿着高渗方向钻水平井是非常不利的。其结果，第一，沿高渗方向钻井，即平行面割理方向钻水平井，其结果导致水平井对面割理的钻遇率降低；第二，沿高渗方向钻水平井，井眼波及面积小，既不利于水平井产能的发挥，也降低了采收率，相反，沿低渗方向钻水平井，既有利于水平井最大限度地贯穿面割理，沟通更多的渗透率较高的面割理，这就大大提高了水平井的波及程度和采收率。因此单一水平井眼应垂直于面割理方向。

水平井分支长度：根据产能模拟结果，多分支水平井产量随井筒长度增加而增加，并且增长幅度越来越大。当分支水平井长度增长到一定程度后，产量并没有明显的变化，因此，不同煤储层物性条件下的合理长度需优化模拟设计。

水平井布井方式：煤层段井筒长度一定时，增加水平井分支数，可以提高产量；当井筒长度一定时，井筒数增加，产量的增加幅度逐渐减小。并不是井筒数越多越好，井筒数也存在一个经济合理值。沁水煤层气田由中国石油自主设计的双主支"复合V形"多分支水平井井型结构和布井方式，克服了国外羽状水平井对高煤阶低渗储层气体解吸不充分、单主支双侧分支煤岩易垮塌的缺陷，采出程度提高20%，钻井工程风险降低30%以上。该项技术有效解决了低渗煤储层煤层气开发问题。

（2）L形水平产井扩孔改造钻完井一体化技术。

L形煤层气水平井是钻完井及产层欠平衡改造一体化的技术，可扩大井眼直径，增加裸眼面积，消除近井地带储层伤害，能实现煤灰的输出，加速甲烷气体的析出，成为煤层气水平井增产的措施之一。

煤层水平段选用一定尺寸的筛管完井后，进行气体动力坍塌，然后下入带射流发生器的管柱进行射流洗井，通过井底压力变化，实现煤层改造的效果。

扩孔改造：在不超过漏失压力的范围内，反复控制井底压力波动，衬管外煤层垮塌，通过充气射流循环将衬管外煤灰（屑）冲洗出。

压裂改造：首先控制井底压力大于煤层破裂压力，压裂煤层；其次控制井底压力小于煤层压力，煤层流体携带煤灰流向井筒；最后通过充气射流循环将井筒煤灰洗出。

L 形水平井是钻完井及产层改造于一体技术，与多分支水平井、U 形井相比具有以下技术优势。①L 形水平井水平段设计不受地层倾角的影响。②形成洞穴：煤层段井径扩大，增大了产层的裸露面积，消除了煤层在钻井完井作业中受到的污染。③形成剪贴、破碎带：洞穴效应的延伸，使洞穴以外的煤层发生张性破裂和剪切破裂，形成一个剪切破碎带，增强了导流能力。④扰动带：由于应力的释放作用，在剪切/破碎带以外产生对煤层的扰动，形成一个渗透性增高区。⑤储层保护：工作液采用地层流体或清水；返排的工作液可将煤层深部的煤灰带出，提高产层改造的效果。

（3）煤层气欠平衡钻井配套技术。

煤层气一般排水降压通过解吸扩散才能生产，钻井过程中不会进入井筒，因此煤层气在充气钻井中可选择空气作为充入气体，钻井液为水基钻井液。出于无线随钻和后期排采考虑，钻井过程中一般注入方式多为洞穴井注入。

通过压缩机和增加机，将带有一定的压力气体经过洞穴井油管进入环空，与基液混合，一起由井眼环空返到井口，经四通、节流管汇、液气分离器进行液、气分离，气体直接由燃烧管线排入大气中。分离出的含有固相的液体，经振动筛，把固相分离出去，钻井液经砂泵抽到常规固控系统进一步固控，然后重新进入井内，实现循环。

2）煤层气压裂增产技术

由于煤层和油气储层的巨大差别，使得煤层水力压裂与油气井压裂既存在相似之处，又存在很大差异。掌握煤层压裂改造过程中裂缝起裂、扩展和裂缝形态规律，通过完井参数、施工参数等的优化，形成一套适用于煤层压裂改造的配套压裂工艺技术，对提高煤层的渗透率和煤层气的开采效果具有重要的理论现实意义。

（1）煤岩裂缝扩展物理模拟实验。

为了描述煤岩裂缝扩展规律，深化煤层对水力裂缝导流能力需求的认识，利用全三维水力压裂物理模拟实验设备进行煤岩 $76cm \times 76cm \times 91cm$ 大物模实验。结果表明，煤岩裂缝发育非常复杂，压裂后的 1/4 煤样中有 14 条宽度大于 0.5mm 的裂缝，其中压裂造成的有效裂缝（有荧光显示，即有压裂液进入）的裂缝有 7 条，3 条主裂缝均为水平缝，且均沿较大层理延伸，水平缝形状为沿最大主应力方向为长轴的椭圆形；存在沿最大主应力方向延伸的垂直缝，但延伸较短、缝宽较窄。分析结果表明，煤岩压裂裂缝方向主要受控于煤层层理、割理及主应力条件。

（2）煤层压裂裂缝多因素耦合导流能力评价模型。

导流能力受裂缝缝宽和渗透率影响，而根据煤岩特征及压裂施工中可以进入煤层对裂缝缝宽或渗透率造成影响的因素进行分类，可以得到影响煤岩压裂裂缝导流能力的主要因素有以下三大类。①地层参数：其中闭合应力和煤粉会对裂缝渗透率造成影响，多裂缝会影响主裂缝的铺砂浓度，进而影响缝宽。②支撑剂：支撑剂的粒径会影响裂缝渗透率，支撑剂嵌入和铺砂浓度会影响裂缝宽度。③压裂液：压裂液主要包括活性水、清洁压裂液和胍胶压裂液三种类型，而这三种类型对裂缝渗透率的伤害程度差异较大，压裂液中添加剂的浓度会对裂缝渗透率有很大影响，压裂液的黏度会影响压裂液滤失及支撑剂对裂缝的支撑效果，从而影响缝宽。同时发现，导流能力随着时间的变化是逐渐降低的，煤层压裂裂缝导流能力主要受时间、铺砂浓度、支撑剂粒径组合、闭合压力、支撑剂嵌入、煤粉产出、压裂液和多裂缝8个主要因素影响。

（3）煤层高效增产改造技术。

以煤层高效支撑压裂理念为指导，根据不同煤层气开发区块地质特征和压裂力学特征分析，通过导流能力因素评价，得到导流伤害主控因素，并根据编制的煤层复杂裂缝压裂设计优化软件对施工参数进行优化，配套常用的延伸长缝、提高支撑压裂技术，形成了中高煤阶煤层深度有效支撑压裂技术、煤层重复压裂技术、高效分层压裂技术、薄煤层顶板砂岩穿层压裂技术等多项煤层气专有压裂技术，在现场试验或推广，取得了显著的增产效果。

一般地，国内煤层按照其原始煤体结构的破坏程度，可以分为原生煤、碎裂煤、碎粒煤和糜棱煤4种，而根据4种煤体结构的强度、易碎程度及地质条件，糜棱煤由于极易碎，导致其对气体及液体的漏失、吸附性能强，造成煤层气赋存、钻井、完井等多种难题，目前技术较难开发此类煤层，因此针对常见的煤层气开发主力煤体结构，对其力学特征及裂缝导流伤害进行评价，形成了中、高煤阶煤层深度有效支撑压裂技术体系。

3）排采技术

煤层吸附气产出的基本原理是降压—脱附—扩散—渗流4个过程，这不同于常规天然气。就试气工作来讲，关键问题是：（1）降低煤层压力至临界解吸压力以下；（2）保持煤岩割理系统不至于由于压力过低影响其渗透率的急剧下降；（3）有一定长的降压时间形成较大的降压范围；（4）合理控制降液速度，降低煤储层应力敏感性对渗透率的伤害。

煤层气排采过程中，煤储层渗透率变化机制是地应力增加引起裂隙闭合和煤层气吸附/解吸引起的煤基质膨胀/收缩的综合效应，因此，煤层气采气工程应结合不同煤岩特性和室内研究工作；合理确定排采设备，控制动态参数，充分发挥煤层的产气能力。

（1）揭示储层条件下煤层气"分段解吸、逐级渗流"的产气机理。

煤层气产出分基质表面解吸、微孔隙扩散、裂隙达西渗流三个阶段。

第一阶段（饱和水流机制），大部分煤层被水饱和，处于平衡状态，排采过程打破了这一平衡，主要产水，伴随有少量游离气、溶解气产出，以水的单向流动为主。

第二阶段（非稳态流机制），当煤层压力降至临界解吸压力以下时，煤层甲烷迅速解吸，然后扩散到裂隙或孔隙中，使煤层气的相对渗透率增加，在孔隙和裂隙的水中形成了气泡，出现气水两相，阻碍水的流动，表现为气产量逐渐增大，水产量逐渐减小。

第三阶段（两相流机制），随着采出水量的增加、生产压差的进一步增大，煤层水中含气量达到饱和，气泡合并成连续气流，气相相对渗透率逐渐上升，在割理系统中形成气水两相达西流动，变为以产气为主，并逐渐达到产气高峰。

在生产压差达到5MPa时，如果考虑应力敏感性的影响，气井累计产量减少20%以上。同时，对于相同渗透率的储层来说，井底流压越低，压力衰竭程度越高，生产压差大，相应的应力敏感性越严重，产量下降程度越高。因此，煤层气开发不能一味地快速降低井底压力。

（2）提出"缓慢、稳定、长期、持续"排采原则。

煤层气井排采应坚持"缓慢、长期、持续、稳定"降液原则，初期快速降低液面，克服启动压力梯度；降压至临界解吸压力后，微调工作制度，保证液面稳定缓慢下降，防止液面突降造成压力激动，降低储层应力敏感性；含水饱和度进一步降低后，保持合理套压，稳定液面生产，避免由于煤层压力激动造成煤层坍塌和堵塞，利于煤层气以达西流产出。

以井底流压为核心，形成"五段三压"半定量排采控制方法，产量提升 10% 以上，设备检修期平均延长 20%，节省操作成本 10%。

第四节 典型实例

沁水盆地南部、鄂尔多斯盆地东缘是中国煤层气勘探开发的热点地区。中国石油从 2006 年开始投入建产，经过近 10 年发展，建成沁水樊庄、郑庄，鄂东韩城、保德等多个煤层气田，获取了大量的地质、工程、生产资料以及勘探开发经验。

其中沁水樊庄、鄂尔多斯保德煤层气田分别为高煤阶和中低煤阶煤层气田，两个气田均已实现效益开发，取得了良好的经济和社会效益。通过分析这两个典型煤层气田，可指导其他煤层气区块的规模开发利用。

一、沁水盆地南部樊庄煤层气田

1. 气田简介

樊庄煤层气田位于沁水盆地东南部，面积 215.3km^2，是中国石油第一个规模开发的高煤阶煤层气田，矿权区面积 248km^2，隶属山西省晋城市沁水县，主体为丘陵山地，地面海拔 600~1000m。

樊庄区块自 2006 年开始，历经四期规模建产，截至"十二五"末，累计探明地质储量 503×10^{8}m^3，建成产能 10×10^{8}m^3/a，主要开采 3$^\#$ 煤层，部分区域动用 15$^\#$ 煤，累计投产生产井 1227 口（水平井 75 口），建气管线 43.5km，集气站 7 座，中央处理厂 1 座，外输管线 35km。目前日产气 166×10^{4}m^3，已稳产 3 年左右，具备年产气 6×10^{8}m^3 的生产能力。

2. 煤层气成藏特征

樊庄区块位于沁水盆地南部东翼斜坡带煤层气富集区，地层发育平缓，以区域西北倾为主，构造简单。产能建设主要开发目的层是山西组 3$^\#$ 煤层，煤阶为无烟煤Ⅲ号，煤厚平均 5~6m，埋深 400~800m，含气量 10~26m^3/t，一般在 15m^3/t 以上，渗透率通常小于 0.5mD。区内煤层气气体组成中甲烷含量平均 98%，煤层气相对密度为 0.5656，气体成分以甲烷为主。为浅—中层、中低产、中丰度的大型煤层气田。

沁水盆地南部是典型的向斜煤层气富集成藏。从构造特征看，沁水盆地南部和北缘都呈向斜构造形态，向斜部位含气量明显高于两翼。

剖面形态上，沁水盆地复向斜盆地的南段地层宽阔平缓，地层倾角平均只有 4° 左右，区内低缓、平行褶皱普遍发育，展布方向以北北东向和近南北向为主，呈典型的长轴线型褶皱。煤层气赋存与褶皱构造有一定的相关性，背斜轴部含气量低，含气量 5~15m^3/t，特别是潘庄矿西部的马村背斜表现得更加明显，而向斜轴部和翼部煤层含气量高，含气量均高于 15m^3/t。

平面上看，在沁水盆地南缘晋城矿区的成庄矿，通过对该地区的煤层含气量与构造形态的关系进行了详细研究，发现构造形态对煤层气的富集具有明显的控制作用，处于向斜部位的煤层含气量（15~25m³/t）一般要比处于背斜部位的煤层气含气量（5~15m³/t）要高得多。由此可见，无论从构造剖面，还是平面上所表现出来的构造与含气量的富集关系来看，煤层气在向斜中具有富集的这种普遍现象。

从水动力条件看，地下水条件对沁水盆地南部向斜构造煤层气富集有重要意义。该向斜地下水接受来自东部和南部大气降水补给，以及北部和西部分水岭水源补给，水体向水位低等势面部位汇流；水质由 $HCO_3^- \cdot SO_4^{2-}-Ca^{2+}$ 型向 $HCO_3^- \cdot SO_4^{2-}-K^+ \cdot Na^+$ 和 $HCO_3^- \cdot SO_4^{2-}-Ca^{2+} \cdot Mg^{2+}$ 型转化，矿化度最低为800mg/L，最高可达2600mg/L以上。向斜部位矿化度一般大于1000mg/L，显示出地下水滞流的特征，有利于保存煤层气，形成含气量高值区，含气量多在15m³/t以上。

最后从封闭条件看，从向斜翼部到轴部，煤层埋深及上覆地层厚度增大，煤层风化带变远，有效阻止了煤层气垂向散失，另外向斜部位上覆地层厚度相对较大，储层压力相对较高，有利于煤层气的吸附、富集。向斜核部上覆地层厚度大于向斜翼部，煤层含气量向核部逐渐增大。再者由于向斜核部断裂、裂隙不发育，煤层气逸散难，有效保存了煤层气。

总之，通过综合分析构造特征、水动力条件以及封闭条件，认为沁水盆地南部向斜构造有利于煤层气富集（图5-38）。

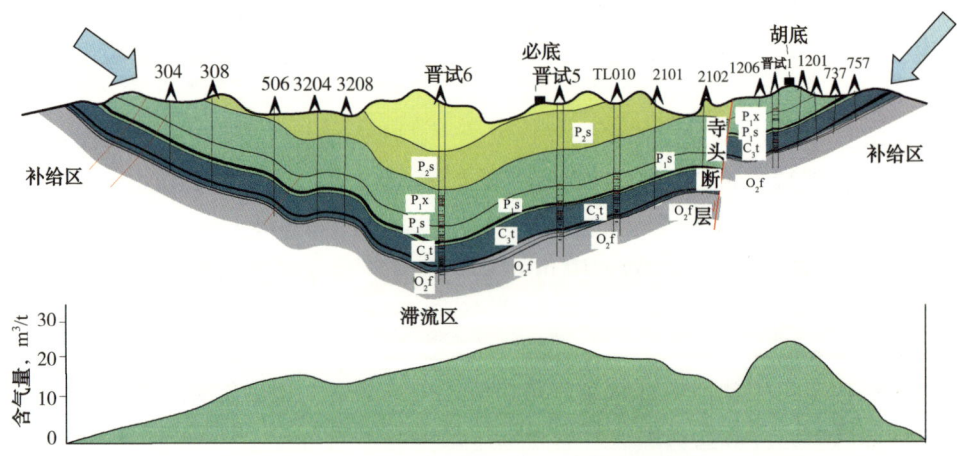

图5-38 沁水高煤阶煤层气田向斜成藏模式

3. 开发模式和开发技术

1）有利区评价预测及井位优选技术

经过近10年的开发实践和技术攻关，对煤层的强烈非均质性有了充分的认识，形成了一套"地震、测井、地质建模"三位一体的煤储层精细刻画技术及富集高渗有利区预测技术。程序上井位优选部署必须在地震采集、解释落实构造形态之后进行，水平井部署区必须进行高分辨率三维地震的采集和解释。通过这套做法大大提高了部署井的成功率，2013—2014年的 $2 \times 10^8 m^3/a$ 扩建方案井全部部署在含气量18m³/t以上、远离断层和陷落柱（距离1~2km以上）、构造相对简单的优质区域，排采后产气效果明显好于早期的井，日产气大于 2000m³ 的高产井比例由原来的 30% 左右提高到 45% 左右。

2）开发层系划分与组合

一般来说，煤层气多层合采的难度要大于单层开采，但多层合采可大大降低开发投资和成本，增加单井产气量。要实现有效的多层合采，就必须做好开发层系的划分和组合。

樊庄区块在 2006 年开发之初，通过试采井资料分析认为 15# 煤层顶板普遍发育石灰岩，3# 和 15# 煤合采时，石灰岩可能会影响 3# 和 15# 煤的降压解吸，因此认为不能合采，未将 15# 煤作为开发层系进行开发。

近年来，通过对 15# 煤及上下围岩含水性深入研究后，优选出了可动用区块，通过严格的层系划分和组合，在部分区域将 3# 和 15# 煤层，以及 3#、9# 和 15# 煤层作为一套开发层系进行合采试验，取得了良好的产气效果，其中 3# 和 15# 煤的合采产量达到两个层单采产量之和的 84%，经济效益明显（图 5-39）。

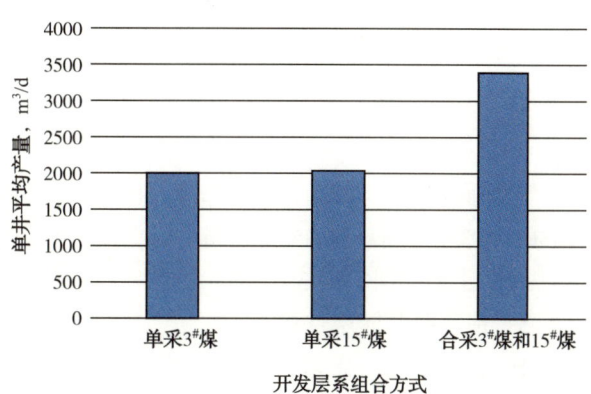

图 5-39　沁水盆地樊庄区块 3# 煤与 15# 煤合采效果图

3）开发井型优化

樊庄区块开发初期，主要采用单一直井、单一水平井的井型模式。通过 10 年的实践与优化，突破了初期的井型模式，攻关研究形成了两种成熟的煤层气混合井型模式，提高了开发效益。

（1）开发井型模式 1：丛式井 + 直井。

目前樊庄区块普遍采用丛式井 + 直井部署模式，丛式井为主，直井为辅，同一井场部署 3~4 口丛式井，最大井斜角不超过 30°，采用该井型部署，有效克服了复杂地表条件的限制，降低了煤层气开发成本，同时也便于煤层气精细排采管理和数据采集。

（2）开发井型模式 2：多分支水平井 + 助排直井。

对于区内构造简单、埋深较浅、含气量高、煤体结构好的优质煤储层，采用多分支水平井 + 助排直井混合井型模式。如图 5-40 所示，以多分支水平井为主，直井部署在水平井分支附近，辅助排水降压。水平井控制面积大，可有效增加泄流和降压面积，直井有效控制水平井压降死角，提高最终采收率和经济效益。

4）开发井网井距优化

樊庄区块开发初期，通过数模计算和开发先导试验分析，认为直井 + 丛式井采用三角形井网效果相对较好，可以有效地提高煤层气的采出程度，最初确定的直井 + 丛式井井距为 300~350m。随着建产开发的进行，逐渐认识到煤层渗透率平面差异很大，对井网井距影响很大，必须进行重新优化调整。在此基础上，考虑产气效果（产气量、采收率）和经济效益，结合开发动态数据，综合采用试采分析、数值模拟、经济评价和动态法（流动边界分析法、井间干扰分析法等）等方法，建立了樊庄区块渗透率与合理井距（泄流半径）的关系曲线，如图 5-41 所示。

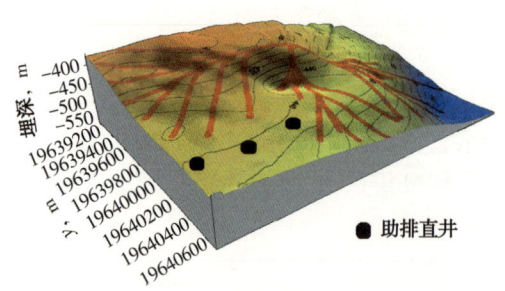
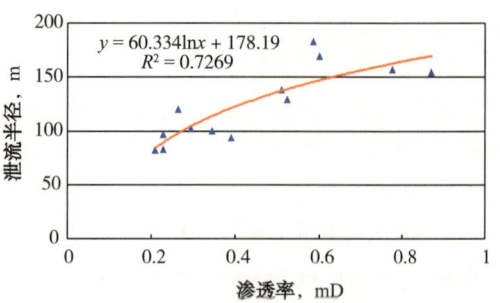

图 5-40　樊庄区块分支水平井+直井开发模式　　　图 5-41　樊庄区块优化渗透率和泄流半径（井距）的关系

根据此成果，对樊庄区块部分井区进行了井网调整，先后加密 20 余口井，井距由原来的平均 350m 缩小到 250m，调整后，加密井与邻井很快产生沟通干扰，上产速度快，单井产气量比加密前提高 30%。

5）钻完井及储层保护

10 年来，樊庄区块形成了一套成熟适用的直井+丛式井、多分支水平井等钻完井技术。

（1）井轨迹设计与控制技术。

丛式井采用二开井身结构，采用"直—增—稳"三段制剖面，相邻井井口间距 5~10m，造斜点井深相差 10~20m，造斜率（4.5°~6°）/30m，最大井斜角≤30°。多分支水平井采用三开井身结构、煤层段采用双主支多分支结构设计、沿煤层上翘方向钻进，水平主井眼下钢制筛管完井。

（2）钻井配套技术。

针对地层易漏难点，采用"锯末、泥球、黏土、碎砖块"堵漏等办法，简便易行且节约费用；针对易井斜问题，采取"钟摆式"钻具吊打防斜及纠斜；设计了"台阶"式环形钢板坐放生产套管，保证了井口的平正；采用强磁定位技术和专用连通工具，形成水平井与洞穴直井高效连通技术。

（3）储层保护技术。

主要是在一开段采用空气钻进或水基钻井液钻进，二开、三开段采用低固相水基钻井液钻进，钻井液密度在 1.01~1.1g/cm^3。

近两年来，该区块正在进行简单单支水平井的钻采试验，根据渗透率大小情况，优化采用水平段下钢制筛管完井或水平井多段压裂方式完井，部分井已取得良好的试验效果，单井日产气 5000~15000m^3。

6）增产改造

针对沁水盆地樊庄区块煤层"高滤失、易伤害、裂缝复杂、缝高控制难"的特点[21,22]，经过近 10 年摸索，形成了以低伤害活性水为主的高煤阶煤层高效支撑压裂技术[23]，主要理念是控制缝高和裂缝复杂程度，沟通割理裂隙，增加改造体积，主要工艺特点是"变排量、大液量、适中砂比、控压变排量"，基本施工参数为：单层加砂量 30~50m^3，平均砂比 8%~15%，单层压裂液量 500~700m^3，变排量施工，排量控制在 3.5~7.0m^3/min；采用变排量和前置液段塞施工工艺。通过不断的技术改进，煤层气井产量逐年提高，单井平均日产气从 2006—2007 年的 1200m³ 提高到 2015 年的 1500~1600m³。

重复压裂方面也做了大量的工作，根据不同低产原因的低产井，确定重复压裂目的（解堵或重新造缝），分别采用不同的压裂规模和工艺进行针对性重新改造。截至 2015 年底华北油田已累计实施 200 余井次，措施有效率 86%，单井平均日增产气 500~600m³。

7）采气工艺

（1）井筒举升工艺方面。

目前该区成熟适用的做法是：直井主要采用抽油机 + 管式泵或螺杆泵系统，而对于定向斜井、水平井等特殊井型，目前正在进行井下无杆泵试验，避免排采过程中产生严重偏摩。下泵深度随生产阶段不同调整：生产初期，煤粉多，可下在煤层上部 5~10m 的位置；稳定产气后，为减少对煤层的激动，可将泵加深到煤层下部。

（2）配套工艺方面。

开发出捞砂泵捞砂、真空回位抽砂泵管柱捞煤粉、煤层采出水回注洗井、不压井修井等适合煤层气特点的配套技术，减少煤层气作业过程中对煤储层的反复激动和伤害，实现了排采的连续性，大大提高煤层气的排采效率和稳定性。樊庄区块煤层气井的平均检泵周期已由开发之初的几个月延长到目前的 1.5 年以上。

8）煤层气排采控制方法

开发初期，对煤层气排采没有任何指导思想，主要借鉴油井经验，采取粗放式排采管理，排采速度快且不稳定，造成巨大伤害。经过近 10 年摸索，目前系统建立起了适应樊庄区块地质特点的"五段三压"精细排采管控方式。"五段三压段"是以井底流压为核心，将煤层气生产划分为 5 个阶段（排水段、憋压段、控压段、高产稳产段和衰竭段），精细控制好井底流压、临界解吸压力和地层压力，并通过自动化系统辅助，基本实现了定量化排采。详细的阶段划分、控制要点见表 5-8。

表 5-8 煤层气"五段三压"法各阶段主要生产特征及控制要点

排采阶段划分	生产特征	关键控制参数	控制要点	常见问题
排水阶段	纯产水阶段，产水量大	产水量、井底流压	保持井底流压以 0.01~0.05MPa/d 稳定下降，产水量不降	卡泵
憋压阶段	产水有所下降，开始解吸	产水量、井底流压	保持井底压力在临界解吸压力附近稳定排水	气锁、卡泵
控压阶段	开始产气，产气波动大，产水急剧减少	产气量、产水量、井底流压	井底流压缓慢下降，0.01~0.03MPa/d，控制气产量上升速度，增幅小于 50~80m³/d	卡泵
稳产阶段	稳定产水，产水量少且稳定	井底流压	相对稳定	产量波动
衰减阶段	—	—	—	—

通过采用此套排采技术，相同地质条件下，煤层气单井产量提升 10% 以上，设备检修期平均延长 20%，节省操作成本 10%。

4. 开发效益分析

樊庄区块产气井 1078 口（水平井 54 口），日产气 166×10⁴m³，年产气 $6\times10^8m^3$，累计产气 $30\times10^8m^3$，已连续稳产 3 年左右。其中，直井 + 丛式井单井平均日产气 1500m³，水平井日产气 5000m³。

根据樊庄区块实际生产情况，樊庄煤层气完全成本为 1.06 元 /m³，目前板块间结算气价 1.38 元 /m³（不含税），考虑财政补贴，气价相当于 1.58 元 /m³，每立方米气盈利 0.52 元。即使按外销天然气工业气价 1.15 元 /m³ 计算，煤层气每立方米可盈利 0.33 元，表 5-9 列出了樊庄区块 2009—2015 年历年来单方气的利润。中国石油天然气自营气平均盈利水平 0.32 元 /m³，樊庄区块煤层气（加上国家补贴）与国内自营天然气盈利平均水平基本持平。

表 5-9　樊庄区块历年煤层气单方气利润情况统计表

年　　份	2009	2010	2011	2012	2013	2014	2015
单方操作成本，元 /m³	0.54	0.55	0.55	0.55	0.55	0.55	0.56
单方气利润，元 /m³	0.23	0.48	0.91	0.43	0.16	0.20	0.31

同时采用后评价方式重新进行了经济评价：评价期 2006—2026 年，考虑国家增值税返还和补贴政策，在当前气价下（不含税价 1.34 元 /m³），计算的财务内部收益率可以达到 12.39%，高于中国石油 8% 的内部收益率，具有较好的经济效益。

二、鄂尔多斯盆地保德煤层气田

1. 气田简介

该项目位于鄂尔多斯盆地东缘北部，项目主体位于山西省忻州市保德县境内。保德区块面积 515km²，资源量 938×10⁸m³，2010—2011 年中石油煤层气有限责任公司接手开始勘探评价和开发技术试验，2012 至今为规模建产开发阶段，截至 2015 年"十二五"末，累计探明地质储量 183×10⁸m³，建成煤层气产能 8×10⁸m³/a，在建产能 2×10⁸m³/a，累计完成生产井钻井 892 口（水平井 10），产气井 637 口（水平井 3 口）。

2. 煤层气成藏特征

保德煤层气田构造位置位于鄂尔多斯盆地东缘，属于晋西褶曲带北段煤层气富集区，地层构造形态平缓，以西南倾的单斜为主，构造简单。产能建设主要开发目的层是山西组 4#+5# 煤层和太原组的 8#+9# 煤，两套主力煤层 R_o 为 0.7~0.98%，属中低煤阶气煤—肥煤。煤层气气体成分以甲烷为主，甲烷含量平均在 90% 以上。

4#+5# 煤层：煤层厚 2~11.70m，平均厚 6.83m；煤层结构简单—复杂，含夹矸 1~6 层，多为 2~3 层；埋深 200~1540m；主力开发区含气量 4.1~49.67m³/t；吸附饱和度 92.1%，渗透率 0.1~8mD，一般 2~5mD。

8#+9# 煤层：距 4#+5# 煤层 38.46~104.25m，平均间距 66.73m；煤层厚 1.16~17.70m，平均厚 6.94m；煤层结构简单—复杂，含夹矸 1~8 层，多为 2~5 层；埋深 300~1650m；主力开发区含气量 4.7~8.65m³/t，吸附饱和度平均 94.3%；渗透率 0.28~12mD，一般 2~4mD。

保德地区不同来源气样的甲烷碳同位素组成差别不大，煤心解吸气的 $\delta^{13}C_{CH_4}$ 在 −46.52‰~−55.52‰，平均 −52.34‰；井口排采气 $\delta^{13}C_{CH_4}$ 为 −50.50‰~−54.10‰，平均 −52.85‰。井口排采气 $\delta^{13}C_{CO_2}$ 为 4.6‰~8.5‰，平均 7.1‰；δD_{CH_4} 在 −225‰~−233‰ 之间，平均 −229.89‰。保德地区煤层气 $\delta^{13}C_{CH_4}$、δD_{CH_4} 主要分布在热成因气范围，部分分布在热成因与 CO_2 还原型生物成因范围之间，表明保德地区煤层气为混合成因，既有原生的热成因气残留，也有后期次生生物气补给成藏。

3. 开发模式和开发技术

1) 有利区综合评价预测技术

结合资源条件、储层条件、气藏条件等方面的研究与认识,选择煤层厚度、含气量、埋深、构造、渗透率、储层压力系数、临界解吸压力、地层水矿化度等 8 个参数作为有利区综合评价指标。

在评价过程中按照 10 分制(0~10 分)进行赋值,将评价结果分为 Ⅰ、Ⅱ、Ⅲ 三个等级。综合评价结果显示,保德区块北部存在煤层气 Ⅰ 类优先建产区 125km^2,该区资源丰度高,埋深相对较浅(500~800m),煤层厚度稳定、构造简单,地层常压—超压,水动力条件弱,临界解吸压力高,产量稳定高产,为规模建产提供了有利条件。

2) 开发层系划分与组合

通过地质评价和生产试验分析,认为保德南部 4$^\#$+5$^\#$ 和 8$^\#$+9$^\#$ 煤层可以组合为一套开发层系整体一次性开发。同时在实施的过程中,实际情况具体分析,通过分析各煤层临界解吸压力系统、地层压力和单层控制资源规模的差异,优化了不同煤层的开采先后顺序,充分发挥各层的贡献。

3) 开发井型优化

保德地区地表复杂,纵向上分布多套煤层,为整体动用,较为适宜的开发方式应该为:丛式井组开发,以"套管完井—水力压裂—排水降压采气"为主,"洞穴完井—排水降压采气"为辅。

4) 开发井网井距优化

针对多层合采平衡降压难、层间差异大的难题,攻关建立了一套井网优化部署技术[24,25],主要核心技术包括:(1)实验室物理模拟层系组合;(2)井组试验评价压降漏斗优化井距;(3)数值模拟优化井网部署;(4)经济评价约束经济极限井距。

通过优化计算与现场试验,得出保德区块建产区合理的井网形式应采用与区域水平最大主应力方向平行的菱形井网进行开发,合理的井距应该为 350m×350m,从目前的开发效果看,井距比较合理。

5) 钻完井及储层保护

针对保德地区出现的复杂钻井问题(主要是井漏、煤层坍塌等),攻关形成了一套快速钻进的综合配套技术:(1)针对保德区块软至中硬的地层特性,优选 5 翼 PDC 钻头,有效提高了机械钻速;(2)丛式井钻进采用以"四合一"钻具为主的钻具组合,有效减少了起下钻次数,提高了钻井速度;(3)研制出保德区块防塌钻井液体系,减少了井下复杂情况的发生。

技术创新为该区钻井工程高质高效的完成提供了保障,平均机械钻速从 2010 年的 6.12m/h 提高至 16.05m/h,平均完钻时间从 15d 缩短至 10.84d。

6) 增产改造

针对保德区块煤层非均质性强,压裂液率失大、多层压裂的特点,从压裂选层、优化泵注程序等方面提出了保德区块压裂配套技术体系:(1)制订了选层措施并划分了保德的选层分区,使射孔层段更加合理,改造层位更具针对性;(2)提高施工排量,降低相对滤失,减少裂缝发育条数,提高压裂液效率,并同时增大裂缝宽度;(3)通过前置液低砂比泵注,多次打磨裂缝减少裂缝弯曲度,更有利于裂缝沿着主裂缝的方向延伸,从而达到减少砂堵目的。

目前保德成熟的压裂工艺为：采用填砂方式及投球分压方式进行分层压裂，4#、5#煤层进行合压、8#、9#煤层进行合压；压裂液主要使用活性水压裂液；光套管注入，采用变排量施工逐级提升排量至 8.5~9.0m³/min。综合考虑支撑剂嵌入、活性水的携砂能力差、保德区块加砂困难等问题，确定平均砂比为 8%~13%。

一系列技术创新和完善后，保德区块压裂成功率逐年提高，从初期的 80% 到产能建设完成时提升至 95.1%，为后期排采取得更好的效果奠定了坚实基础。

7）采气工艺

保德区块中低阶煤层排采井产液量差异较大，新投产井产水量普遍较大且难以实现准确预测。经过对比分析和现场实践，最终形成了成熟适用的抽油机+有杆泵举升方式，对产液量超过 100m³/d 的少数排采井选用电潜泵和螺杆泵举升方式。举升过程中执行长冲程、低冲次的原则，减少杆管磨损导致的检泵作业。

针对常规修井前缓慢泄压等待时间长、修井后产量恢复时间长的问题，研究和试验形成一套适应于保德煤层气井的高效修井技术。

（1）欠平衡多级压井修井工艺技术。

该技术用邻井产出水作为压井液进行"多级"压井，卸套压过程中始终保持井底压力欠平衡，避免激动煤层，解决了修井前泄压时间长的问题，且不受产水量限制，具有低成本、高速度、低污染和高效益的特点。

（2）杆式泵不压井修井工艺技术。

研发出了适合煤层气井的特种杆式泵，杆式泵随着抽油杆下入油管内的预定位置固定并密封，检泵作业时起出杆式泵，套管与油管连通，油管内液面依靠自身重力平衡套管压力，起到对井筒的密封作用，实现不压井作业。

8）煤层气排采控制

保德区块为多层合采，排采控制难度大，经过几年的攻关，形成了分阶段定量化排采控制技术，研究建立了"双压控制排采技术"，双压即井底流压和套压。主要做法是，采用数理统计、气藏工程分析和数值模拟方法，确定不同排采单元、不同地质参数下的煤层气井井底压力与套压的合理差值，指导井底流压和套压的合理控制；同时建立定量化排采标准曲线，包括各排采单元不同排采阶段的时间、控制指标以及曲线形态，有效指导新井排采。

该排采控制技术推广应用，促进了保德单井产气量稳步提升，单井平均产气量较优化前提升 10%~15%，延长检泵周期超过 3 个月，单井综合效益提高 10%。

4. 开发效益分析

保德区块投产煤层气井 892 口，其中产气井 637 口，2015 年末日产气在 $150 \times 10^4 m^3$ 左右，具备年产 $5 \times 10^8 m^3$ 的能力，产量仍在持续上升中，展现了良好的产气效果。

依据保德区块每年实际账面财务数据，2014 年基本达到现金流流入及流出平衡。根据目前的气价、补贴和增值税返还条件，计算了评价期到 2035 年的财务内部收益率可达到 13.86%，随着今后气价的上升和"十三五"煤层气补贴增加到 0.3 元/m³，该区块煤层气的开发经济效益会更加明显。

第五节 面临的挑战与发展前景

"十一五""十二五"以来，中国石油形成了适用于中国地质条件的系列配套技术，主要包括三个方面：煤层气地质评价技术、煤层气开发优化技术和煤层气工程技术（图5-42）。煤层气业务实现稳步发展，在沁水盆地及鄂尔多斯盆地东缘等两大产业基地的煤层气开发已初具规模，在蜀南、黑龙江东部、内蒙古等外围区块的勘探评价也初见成效。但是，依然存在诸多问题，面临着严峻的挑战。

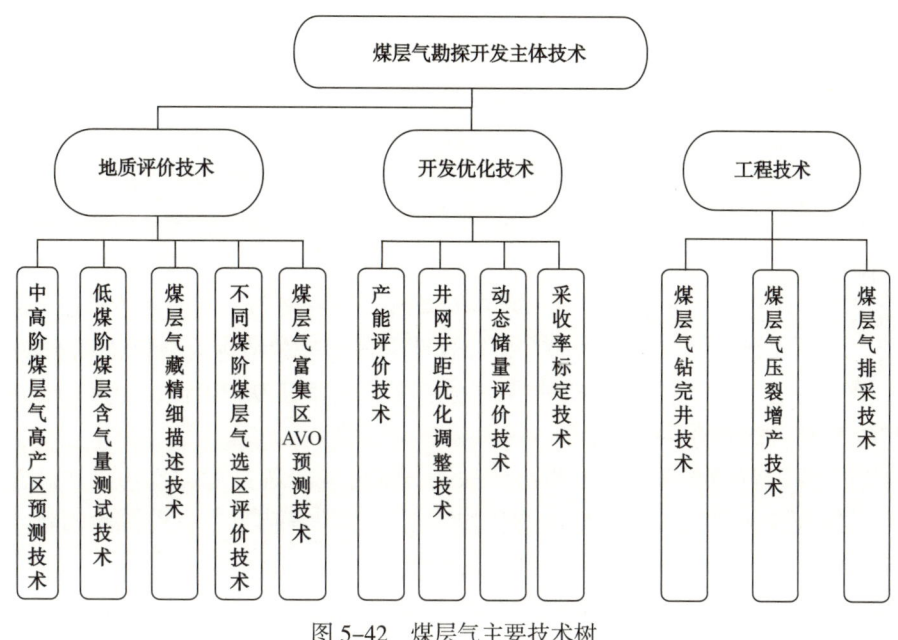

图5-42 煤层气主要技术树

一、面临的挑战

1. 如何有效提高单井产量

中国煤层气地质条件复杂，煤层地质的差异性一定程度上决定了煤层气井增产改造技术不能简单复制，沁水盆地郑庄、郑北区块的后期扩建工程中应用了相同技术系列，平均单井产气量同樊庄相比，相同阶段远低于设计指标，由此可见煤层地质特征参数的变化对产量的影响较大，工程技术须适应主体改造对象的基本特征。前期的开发实践一直都从压裂技术上找原因，缺少从煤层气开发机理上梳理问题，难以取得突破。

首先需要地质认识突破常规，重新认识煤层气，透过现象看本质，查找问题，才能寻找破解之策。煤层气与常规天然气相比，其赋存的岩石类型、气体的储存特征、流体开发规律不同。（1）常规天然气以游离态赋存在无机质岩石孔隙中，主要成分是甲烷；而80%以上的煤层气以吸附态赋存在煤层中，以甲烷为主，煤岩灰分介于10%~25%，挥发分介于35%~40%，固定碳介于45%~50%。（2）两者赋存岩石力学性质的差异较大，煤岩的杨氏模量远低于石英砂岩及泥岩，但泊松比高，因此煤储层难造长缝。（3）天然气是经过多次运移聚集成藏，有明显油、气、水界面；而煤层气是经过多次运移后的残存气体，气水同在。（4）常规天然气产出是渗流—扩散—再渗流的过程，天然气采出依靠地下天然能量驱动，开采过程中，随着地下压力不断降低，能量不足时，采取注水、注气或蒸汽驱等；而煤层气产出是解吸—扩散—渗流的过程，煤层气开发通过整体降压才能够提高采收率。因此，煤层气与常规天然气在储层、开发方式上存在着本质上的区别。

经过几年实践，形成了支撑煤层气开发技术系列，产能建设选区已有较大进步，低成本可控水平井技术也在探索中取得初步成效，改造增产技术以直（丛式）井为主体的采用水力压裂技术也实现了更新换代见到成效，但仍然面临着有效提高单井产量的巨大挑战，煤层气井增产改造仍未达预期效果。

2. 如何有效恢复低效区产能

沁水盆地南部高煤阶煤储层压力低，以欠压为特征，渗透率普遍低于国外开发盆地煤储层，"十一五"到"十二五"前期，国内对煤层气的勘探开发没考虑到煤储层的差异性，导致整体平均单井产量低、开发效益差。已经成熟开发的沁水煤层气田樊庄区块整体处于稳定产气阶段，但仍存在近1/3的低效区；后续开发的煤储层更为复杂的郑庄区块，低效区的范围更大，近2/3开发井属于低产井。国内其他主要开发煤层气单位的开发区块也存在类似的问题（如古交、和顺、柿庄等区块），无疑降低了煤层气田整体的开发效益。

中国煤层气建设的年产能建设到位率只有40%，没有考虑不同的地质特征采取差异化技术系列，有超半数的产能处于低效开发，这些区域已经建成配套管网，设施较为齐全，储量落实，急需针对性技术措施彻底恢复产能，实现效益开发。因此，提升现有低效区产能是煤层气开发面临的另一大挑战。

近年来，中国石油在低效已开发区采取疏导式开发工程技术，现场先导试验可控水平井技术、耦合降压排采技术、低置前比快速返排压裂等技术，目前试验的新井单井具有见气时间短、提产能力强、达产时间短的产气特征，先导试验实现单井日增产气量介于200~1000 m³。试验见到了一定的效果，但与实现低效区块的产能整体提升、扭亏为盈，还有很大的差距。

3. 深层煤层气资源有效动用面临挑战

中国煤层气资源评价深度下限是2000m，2000m以深煤层气资源缺乏系统评价。深部煤层气富集模式研究处于起步阶段，适合深部煤层气的勘探开发评价方法还需要进一步攻关。

中国石油"十三五"规划新增探明煤层气储量 $2000 \times 10^8 m^3$（沁水盆地南部 $400 \times 10^8 m^3$，鄂尔多斯盆地东部 $1100 \times 10^8 m^3$，蜀南 $500 \times 10^8 m^3$）。但是，沁水盆地南部和鄂尔多斯盆地东部中浅层（小于800m）煤层气资源大部分已投入勘探开发，实现难度大，需向深部挺近。

深部煤岩压实作用强，储层物性差，孔隙度一般不足5%，且连通性较差，割理多被矿物充填；试井渗透率普遍较低，介于0.002~16.17mD，平均为0.97 mD，以0.1~1mD为主，小于0.1mD占35%，0.1~1mD的占37%。由于物性差，单井产气量低，深部煤层气资源高效开发难度大，对技术创新要求更高。

适用于沁水盆地南部和鄂尔多斯盆地东缘800m以浅的开发技术难以简单复制推广。800m以深的复杂地质条件的针对性适用开发技术还需攻关研究。

4. 煤系"三气"高效合采面临挑战

以煤层气、致密砂岩气和页岩气共生为特征的煤系"三气"是重要的非常规天然气资源。国内外学者通过对煤系"三气"成藏机理的研究,认为煤系"三气"具有同源共生的特点。地质学家 A. K. 马特维耶夫对苏联含煤盆地煤层气成藏运移的研究认为,煤层气藏中的气体只约占煤化作用生成气体总量的 10%,剩余近 90% 的气体从生烃煤层运移到其他岩层中。

从提高储量动用程度、降低单层开采成本、提高单井经济产量角度出发,对煤系气藏的开发应采用合层开采的方式。例如,美国皮森斯盆地的煤层气开采,就对富含煤层气和砂岩气的层段进行了分压合排,使得数十乃至百米厚的砂岩和煤层同时进行开采,使直井单井的日产气量均突破数万立方米,峰值突破 $20 \times 10^4 m^3$。但中国目前尚未实现规模性共采。

煤系"三气"中页岩气为干气,含水饱和度低,在实际生产中不产水或产水少;致密砂岩气一般有较高含水饱和度,在开发过程中存在气、水两相流,对气体产量影响较大;煤层气在生产中实施的是排水降压方法,生产周期依次分为初期排水降压阶段、控压产气阶段、稳产阶段、衰竭阶段。可见三种气藏在开采机理方面存在很大差异。并且,不同类型气藏开采工艺差异较大,这使得煤系"三气"共采难度加大,需要进行以下攻关:第一,对煤系"三气"的共生特性进行研究,包括三气叠层成藏的共生规律、开采可控地质条件、多层含气系统的流体压力等;第二,发展针对煤系"三气"共生特点的共探方法,从而有效识别三气叠置含气系统、产气来源以及产气贡献等;第三,积极开展无水压裂增产理论和工程应用等相关方面研究,为煤系"三气"的勘探开发提供有力支持。

5. 提高煤层气产业开发效益面临挑战

中国煤层气藏与国外相比具有低渗透、低饱和、低储层压力和高含气量的特点,在现阶段产业刚刚起步,整体表现为单井产量低,这种"低产多井"的开发方式,导致投入大、产出低,操作成本高,投资回收期长。特别是其开发成本,一直居高不下,目前中国石油煤层气亿立方米产能建设投资是常规天然气的 2~4 倍。要实现煤层气效益开发,一是需要采用经济适用的工程配套技术,切实大幅度提高单井产量并稳产 10 年以上;二是需要合适的销售价格及一定的扶持政策保证销售收入。

虽然国家陆续出台了不少优惠扶持政策,但现阶段真正能受益的政策还较少。例如按照国家规定,煤层气价格不执行国家定价,不受天然气价格约束,可由供需双方协商确定;但实际上,煤层气价格目前执行的是和天然气价格挂钩,由于天然气涉及民生领域,其价格一直低位徘徊,甚至一些地方政府干预煤层气价格,造成煤层气的价格比天然气还低的现实。尤其是"十三五"期间,持续低油价下,天然气价格及煤层气价格可能进一步走低。在现有优惠政策扶持下煤层气开发仍很难盈利,呈现全行业亏损的局面,影响了煤层气地面开发企业的整体部署与投资规模,严重影响了产业发展。

二、发展前景

"十三五"期间,中国石油将按照低碳发展要求,在国家能源宏观政策指导下,遵循"先采气、后采煤,采煤采气一体化"的产业发展原则,按照中国石油"保持引领、加强评价;立足浅层、新老并举;强化攻关、择优建产"的煤层气业务发展战略,立足鄂尔多斯盆地东缘、沁水盆地,注重发展和环境保护相统一,大力实施科技创新,推动煤层气业务整体质量效益提升和持续稳健发展。

保持煤层气储量持续稳定增长。新增探明地质储量 $2000 \times 10^8 m^3$(中石油煤层气有限

责任公司 $1100\times10^8m^3m$，华北油田 $400\times10^8m^3$，浙江油田 $500\times10^8m^3$)。

保持煤层气产量平稳增长。2020 年煤层气产量 $45\times10^8m^3$（中石油煤层气有限责任公司 $25\times10^8m^3$，华北油田 $19.5\times10^8m^3$，浙江油田 $0.5\times10^8m^3$)。新建生产能力 $45\times10^8m^3/a$（中石油煤层气有限责任公司 $25\times10^8m^3/a$，华北油田 $20\times10^8m^3/a$)。

"十三五"期间，中国石油将以中石油煤层气有限责任公司、华北油田、浙江油田为实施主体，继续推进煤层气业务的稳定发展；中石油煤层气有限责任公司、华北油田将继续立足鄂东、沁南两大煤层气产业基地，细化地质评价，加强技术攻关，精心组织勘探开发现场实施；浙江油田以筠连区块勘探开发一体化项目为重点，积极实施产能建设，围绕筠连大力开展有利目标区评价；另外，在黑龙江东部、二连盆地等外围盆地积极开展勘探试采工作；力争全面实现煤层气"十三五"规划目标。

参 考 文 献

[1] 赵庆波，孙粉锦，李五忠. 煤层气勘探开发地质理论与实践 [M]. 北京：石油工业出版社，2011.

[2] 宋岩，刘洪林，柳少波，等. 煤层气成藏机制及经济开采基础研究丛书. 卷六. 中国煤层气成藏地质 [M]. 北京：科学出版社，2010.

[3] 雷群，李景明，赵庆波. 煤层气勘探开发理论与实践 [M]. 北京：石油工业出版社，2007.

[4] 陶明信. 煤层气地球化学研究现状与发展趋势 [J]. 自然科学进展，2005，15（6）：648-652.

[5] 孙粉锦，王勃，李梦溪，等. 沁水盆地南部煤层气富集高产主控地质因素 [J]. 石油学报，2014，35（6）：1070-1079.

[6] 李景明，巢海燕，李小军，等. 中国煤层气资源特点及开发对策 [J]. 天然气工业，2009，29（4）：9-13.

[7] 倪小明，苏现波，张小东. 煤层气开发地质学 [M]. 北京：化学工业出版社，2010.

[8] 苏现波，陈江峰，孙俊民，等. 煤层气地质学与勘探开发 [M]. 北京：科学出版社，2001.

[9] Whiticar M J. Carbon and hydrogen isotope systematics of bacterial formation andoxidation of methane [J]. Chemical Geology, 1999, 161: 291-314.

[10] Glasby G P. Abiogenic origin of hydrocarbons: An historical overview [J]. Resource Geology, 2006, 56 (1): 83-96.

[11] Ayers WB. Coalbed gas systems, resources, and production and a review of contrasting cases from the San Juan and Powder River basins [J]. AAPG Bulletin, 2002, 86 (11): 1853-1890.

[12] 李五忠，田文广，孙斌，等. 低煤阶煤层气成藏特点与勘探开发技术 [J]. 天然气工业，2008，28（3）：23-24.

[13] 孙平，刘洪林，巢海燕，等. 低煤阶煤层气勘探思路 [J]. 天然气工业，2008，28（3）：19-22.

[14] 王勃，李景明，张义，等. 中国低煤阶煤层气地质特征 [J]. 石油勘探与开发，2009，36（1）：30-34.

[15] Ю А 热姆丘日尼柯夫，等. 煤系、煤层和煤的研究方法 [M]. 李濂清，译. 北京：科学出版社，1963：1-26.

[16] 梁宏斌，林玉祥，钱铮，等. 沁水盆地南部煤系地层吸附气与游离气共生成藏研究 [J]. 中国石油勘探，2011（2）：72-78.

[17] 张建民. 煤层气和相邻煤成气合采探索与研究 [C]. 2008 年煤层气学术研讨会论文集，2008.

[18] 陈刚，李五忠. 鄂尔多斯盆地深部煤层气吸附能力的影响因素及规律 [J]. 天然气工业，2011，31

(10): 47-49.

[19] 孟召平,侯泉林.煤储层应力敏感性及影响因素的试验分析[J].煤炭学报,2012,37(3):430-437.

[20] 陈振宏,贾承造,宋岩,等.高煤价与低煤阶煤层气藏物性差异及其成因[J].石油学报,2008,29(2):179-184.

[21] 单学军,张士诚,李安启,等.煤层气井压裂裂缝扩展规律分析[J].天然气工业,2005,25(1):130-132.

[22] 杨焦生,王一兵,李安启,等.煤岩水力裂缝扩展规律试验[J].煤炭学报,2012,37(1):73-77.

[23] 刘庆昌,冯文彦,于文军,等.沁水盆地南部煤层气田勘探开发技术探索与认识[J].天然气工业,2011,31(11):6-10.

[24] 秦义,李仰民,白建梅,等.沁水盆地南部高煤阶煤层气井排采工艺研究与实践[J].天然气工业,2011,31(11):22-25.

[25] 闫霞,李小军,赵辉,等.煤层气井井间干扰研究及应用[J].岩性油气藏,2015,27(2):126-132.

第六章 页 岩 气

　　页岩气是 21 世纪兴起的一种新的天然气类型。美国页岩气工业突破与规模化生产以来，开启了一场轰轰烈烈的全球"页岩气革命"，不仅改变了全球油气供给格局，也影响全球能源发展态势与油气价格走势。中国在 20 世纪 60 年代就已钻获了页岩气，受传统观念、理论、技术限制，一直没有开展针对性的理论研究和勘探开发实践。中国石油是中国页岩气勘探开发的先行者，自"十一五"的起始之年 2005 年就踏上页岩气勘探开发历程。从区域富有机质页岩筛查评价，到页岩气有利区带和层位评价优选；从页岩气开发先导性试验，到工业化生产示范区建设，再到"十二五"末，历经十余年的不懈探索（图 6-1），通过引进、吸收、自主创新，初步实现了中国石油页岩气工业突破、页岩气规模生产，创新了页岩气地质理论，攻克了关键工程技术与配套装备。基本建立了适合四川盆地及周缘高演化、超高压地质特征的页岩气富集理论，初步实现了目的层埋深 3500m 以浅海相页岩地层直井、长水平段井钻完井、分段体积压裂、平台井组"工厂化"作业、一体化高效组织管理等勘探开发关键技术与装备国产化。创造了中国国内页岩气勘探开发多项第一，填补了中国页岩气理论技术空白，坚定了页岩气勘探开发规模发展的信心，为中国页岩气发展起到了示范、引领作用，推动了中国页岩气快速发展。

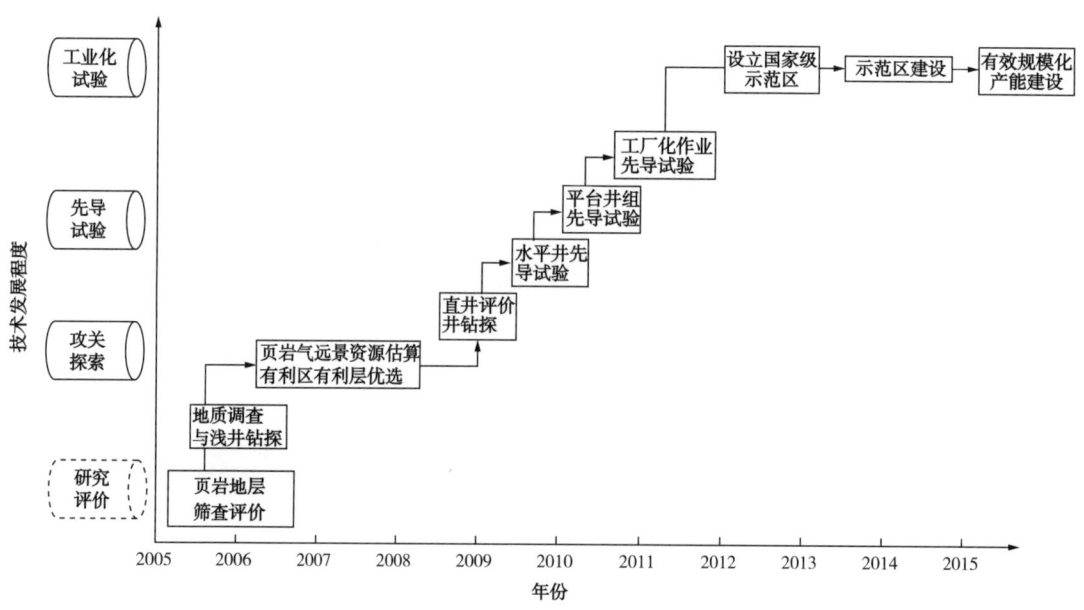

图 6-1　中国石油页岩气勘探开发历程简图

　　至 2015 年底，中国累计完钻页岩气井约 800 口，累计探明页岩气地质储量 $5441.29 \times 10^8 m^3$，页岩气年产量 $46 \times 10^8 m^3$。其中中国石油在四川盆地完钻页岩气井 150 余口，探明页岩气地质储量为 $1635.31 \times 10^8 m^3$，占中国页岩气探明地质储量的 30%，页岩气年产量 $12.24 \times 10^8 m^3$，占中国页岩气总产量的 28%。钻探发现了五峰组—龙马溪组、筇竹寺组两套含气页岩层系,基本明确了五峰组—龙马溪组具有区域整体含气、四川盆地内富集高产、筇竹寺组可能仅局部富气的特征。以四川盆地及邻区为重点,初步确定出五峰组—龙马溪组页岩气有利范围 $5.16 \times 10^4 km^2$,筇竹寺组页岩气有利范围 $6200 km^2$。通过一批评价井及先导试验水平井钻探,发现蜀南昭通、长宁、富顺—永川、威远及川东涪陵焦石坝等一批五峰组—龙马溪组特—大型海相页岩气区,形成了蜀南、川东两个主力页岩气产区,奠定了中国页岩气发展基础,逐步形成了中国特色的海相页岩气地质理论和勘探开发技术。

本章重点介绍国内外页岩气勘探开发现状、页岩气资源潜力,着重论述中国石油"十二五"页岩气理论、关键技术与装备创新与发展,以典型实例阐述理论技术的适应性,对未来发展明确其面临的主要挑战,对发展前景做出基本判断。

第一节　国内外勘探开发现状

以页岩气为代表的非常规油气资源成功勘探开发,是全球油气工业理论和技术的一次重大创新与跨越。其意义在于突破了传统油气储层下限和圈闭成藏概念,拓展了油气资源勘探开发类型,极大地增加了油气资源量。以长水平井钻完井、水平井分段体积压裂技术为代表的新技术规模化应用,实现了油气工业技术的升级换代。通过"页岩气革命",美国油气对外依存度不断降低,全球能源格局发生了深刻变化。中国随着经济迈向高质量发展,环保要求不断提高,对油气、特别是天然气的需求快速增长,页岩气的勘探开发对保障中国能源安全并改善能源结构、推动中国油气工业科技进步具有重要意义。自2005年开始,中国以四川盆地为重点,对南方海相页岩气展开了地质综合评价及勘探开发工作,至2015年底已在下寒武统筇竹寺组、上奥陶统五峰组—下志留统龙马溪组海相页岩取得突破,在五峰组—龙马溪组实现页岩气工业生产,成为世界上第三个实现页岩气工业化开采的国家。本节将对国内外页岩气勘探开发现状做一简述。

一、世界页岩气资源

1. 页岩气资源量

全球页岩气资源丰富,分布广泛,且随着勘探开发的深化,全球页岩气资源呈不断攀升趋势。多家单位对全球页岩气资源量都有过计算评估。主要分布在北美、中亚、中国、中东、北非和非洲南部等国家和地区(表6-1)。

表6-1　世界页岩气资源量调查统计[1]

地区	国家	地质资源量 $10^{12} m^3$	技术可采资源量 $10^{12} m^3$	地区	国家	地质资源量 $10^{12} m^3$	技术可采资源量 $10^{12} m^3$
南美	阿根廷	91.86	22.7	北美	加拿大	68.34	16.22
	玻利维亚	4.36	1.03		墨西哥	63.24	15.44
	巴西	36.23	6.94		美国	131.50	17.63
	智利	6.44	1.37	澳洲	澳大利亚	56.86	12.16
	哥伦比亚	8.72	1.55	北非	阿尔及利亚	96.82	20.02
	巴拉圭	9.91	2.13		埃及	15.15	2.83

续表

地区	国家	地质资源量 $10^{12}m^3$	技术可采资源量 $10^{12}m^3$	地区	国家	地质资源量 $10^{12}m^3$	技术可采资源量 $10^{12}m^3$
南美	乌拉圭	0.72	0.13	北非	利比亚	26.68	3.44
	委内瑞拉	23.08	4.74		摩洛哥		
东欧	保加利亚	1.87	0.47		西撒哈拉	2.70	0.58
	立陶宛/加里宁格勒	0.69	0.07		毛里塔尼亚		
	波兰	20.9	4.13		突尼斯		
	罗马尼亚	6.60	1.44	亚撒哈拉地区	乍得	12.42	1.26
	俄罗斯	54.38	8.06		南非	44.14	11.03
	土耳其	4.63	0.67	亚洲	中国	134.4	31.58
	乌克兰	16.20	3.62		印度	16.54	2.73
西欧	丹麦	4.49	0.90		印度尼西亚	8.58	1.31
	法国	20.58	3.87		蒙古	1.56	0.12
	德国	2.25	0.48		巴基斯坦	16.6	2.98
	荷兰	4.28	0.73		泰国	0.62	0.15
	挪威	0	0	里海	哈萨克斯坦	7.17	0.78
	西班牙	1.18	0.24	中东	约旦	0.99	0.19
	瑞典	1.38	0.28		阿曼	8.92	1.37
	英国	3.78	0.73		阿联酋	23.45	5.81
合计						1061.21	213.91

全球最早一次页岩气资源预测为 1997 年美国学者 Rogner 等的预测,当年对全球页岩气地质资源量的预测为 $456 \times 10^{12} m^3$。EIA 分别于 2011 年和 2013 年两次预测全球页岩气资源量。2011 年 EIA 预测了全球 32 个国家、48 个沉积盆地、69 套页岩的页岩气地质资源量为 $623.1 \times 10^{12} m^3$、技术可采资源量为 $187.4 \times 10^{12} m^3$,其中美国页岩气技术可采资源量 $24.4 \times 10^{12} m^3$,中国页岩气技术可采资源量 $36.2 \times 10^{12} m^3$;同期,ARI 预测美国页岩气地质资源量 $92.9 \times 10^{12} m^3$,技术可采资源量 $23.2 \times 10^{12} m^3$。2013 年 6 月,EIA 预测世界 10 个地理区域的 46 个国家 95 个页岩气盆地 137 个层位,页岩气地质资源量 $1064 \times 10^{12} m^3$,全球页岩气技术可采资源量约为 $214 \times 10^{12} m^3$。页岩气技术可采资源量排名前 5 位的国家占世界已知资源总量的一半(图 6-2),其中,中国以 $31.58 \times 10^{12} m^3$ 的技术可采资源量位居第一,占世界已知总量的 14.72%,其次为阿根廷和阿尔及利亚,技术可采资源量分别为 $22.70 \times 10^{12} m^3$ 和 $20.02 \times 10^{12} m^3$,美国以 $17.63 \times 10^{12} m^3$ 位列第 4,第 5 位是加拿大,技术可采资源量为 $16.22 \times 10^{12} m^3$。排名前 10 位的资源国页岩气资源量合计达 $163 \times 10^{12} m^3$,占全球页岩气资源总量的 79%。但在该报告中,世界油气资源大国俄罗斯、加拿大、巴西三国页岩气技术可采资源量之和为 $31.22 \times 10^{12} m^3$,较中国的 $31.58 \times 10^{12} m^3$ 尚低 1%,报告评价结果可靠性有待考证。

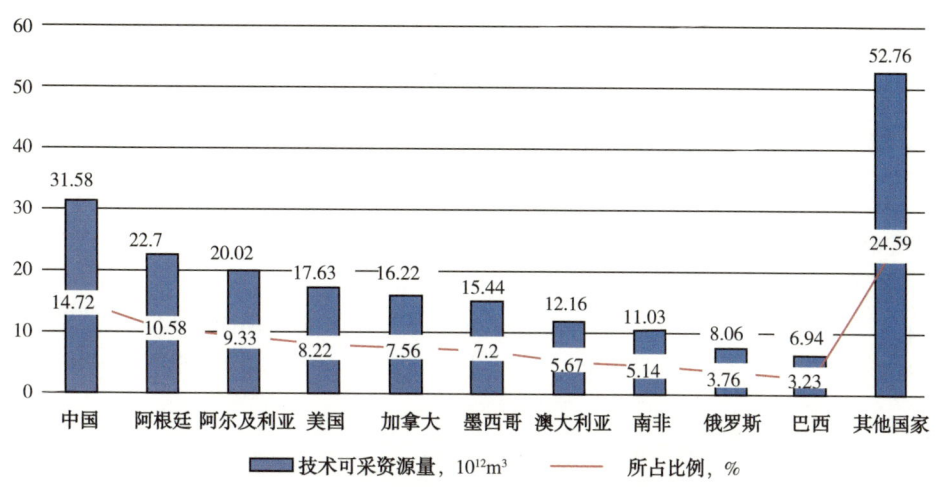

图 6-2 世界主要国家页岩气技术可采资源量统计图

与 2011 年相比，EIA（2013）在评价国家、盆地和页岩层数量方面有所增加以外，虽然两次评价方法类似，均采用与美国页岩油气的类比法。但此次评价对页岩层的总有机碳含量采用了 2% 的门限值，还考虑了页岩层地球物理属性、埋深 1000~5000m、工业开发的基础条件等因素，所以部分页岩层的页岩气资源区分布面积和资源量小于 2011 年的评估值。评价范围的扩大，使全球页岩气总的评价结果增加了 $20 \times 10^{12} m^3$。美洲地区页岩气技术可采资源量排名前三位的国家分别是阿根廷、美国和加拿大。中国页岩气技术可采资源量有所下降，印度、巴基斯坦、澳大利亚等国资源量有所上升。非洲地区阿尔及利亚、南非和利比亚的页岩气技术可采资源量位列非洲地区前三。

2. 页岩气资源分布

世界大型页岩气盆地主要分布于美洲、欧洲等地区。

1）美洲地区

美国已经在多个盆地中发现并开采了页岩气，主要发现于古生界—中生界中，目前页岩气的主产区以及潜在产区主要分布于美国的南部、中部及东部。著名的页岩气区块包括：南部 Fort Worth 盆地 Barnett 页岩、Anadarko 盆地 Woodford 页岩、Arkoma 盆地 Fayetteville 页岩、Appalachian 盆地 Marcellus 页岩和 No.LA/E.Tx 盆地 Haynesville 页岩气区块，以及东部、中东部的 Appalachian 盆地 Ohio 页岩、Illinois 盆地 New Albany 页岩和 Michigan 盆地 Antrim 页岩气区块等。目前页岩气的勘探开发正向中西部地区的盆地扩展。

加拿大的页岩气资源主要集中在西部和东部。西部有 5 大页岩气富集区，主要包括 BC 省东北部中泥盆统 Horn River 盆地和三叠系 Montney 页岩、Alberta 省与 Saskatchewan 省的白垩系 Colorado 群，资源量 $37.5 \times 10^{12} m^3$，可采资源量 $10.1 \times 10^{12} m^3$；东部有 4 大页岩气富集区，主要有 Québec 省的奥陶系 Utica 页岩、New Brunswick 省和 Nova Scotia 省的石炭系 Horton Bluff 页岩及 Ontario 地区的 Michigan 盆地，资源量和可采资源量分别为 $4.6 \times 10^{12} m^3$ 和 $0.9 \times 10^{12} m^3$。

2）欧洲地区

欧洲页岩气资源分布广泛，但并不均匀，主要集中在波兰、法国、乌克兰和保加利亚，技术可采资源量分别为 $4.1909\times10^{12}m^3$、$3.8794\times10^{12}m^3$、$3.6246\times10^{12}m^3$ 和 $1.4442\times10^{12}m^3$。此外，德国、英国、丹麦和奥地利等其他国家也预测有页岩气资源量。

二、美国页岩气勘探开发现状

美国开启"页岩气革命"，在页岩气理论认识、关键工程技术装备、管理模式等方面不断创新发展，带动了全球页岩气产业发展。

1. 美国页岩气发展历程

美国率先实现页岩气勘探开发，是全球重要的非常规油气勘探开发区。美国页岩气发展总体可划分为3个阶段：科学探索阶段、技术突破阶段和跨越发展阶段。

1）科学探索阶段（1821—1996年）

早在1821年Hart在纽约州Fredonia镇钻探美国陆上第一口油气井，首次成功获得页岩气。该井井深为21m，储层为埋深8.2m的泥盆系Dunkirk页岩，生产长达37年。20世纪40年代，部分企业将页岩气作为一种非常规油气资源开始进行真正意义上的探索，相继在Antrim、Barnett和Devonian等页岩气田进行了开发试验。1940年，Michigan盆地Antrim页岩钻了8口生产井，进行小规模页岩气开发。1965年，通过小型压裂对Ohio页岩和Cleveland页岩进行增产试验，并取得显著效果。

受20世纪70年代石油危机影响，美国政府出台多项政策促进页岩气等非常规油气开发，主要包括：1976年启动东部页岩气项目，重点加强Michigan、Illinois和Appalachian等盆地泥盆系页岩气的开发试验工作。1977年美国颁布《能源意外获利法》通过税收抵免以促进非常规油气发展。这一时期美国页岩气产量增长明显，由1976年的 $18.4\times10^8m^3$ 增至1992年的 $56.6\times10^8m^3$。

这一阶段，在美国政府政策推动下，页岩气产量初具规模，取得一些重要地质认识，并开展大量探索性开发试验。1997年，页岩气产量达到 $80\times10^8m^3$，主要来自Antrim和Marcellus等页岩气田；明确了页岩气存在生物成因、热成因和混合成因3种类型，并提出了"连续油气聚集"的概念；先后进行了小型压裂、冻胶压裂和水平井等增产试验。

2）技术突破阶段（1997—2003年）

页岩气关键工程技术不断突破，水平井多段压裂、大型水力压裂、多井工厂化开采等技术的应用，页岩气资源得到有效开发。Mitchell带领的米歇尔能源开发公司经过17年不懈努力，针对Fort Worth盆地Barnett页岩共钻探页岩气井30余口，于1997年由工程师Nick Steinsberger采用大型滑溜水压裂技术对3口页岩气井进行开发试验。1998年，采用大型滑溜水压裂的气井（S.H.Griffin No.3）前120d平均日产量达到 $4.2\times10^4m^3$，至此Barnett页岩气田开发获得突破。2001年，Devon能源公司以31亿美元的价格收购了米歇尔能源开发公司。2002年，Devon能源公司进一步发展了水平井多段压裂技术，水平井单井最终发展了水平井多段压裂技术，水平井单井最终可采储量（EUR）达 $0.8\times10^8m^3$，其中约有10%的井最终可采储量高达 $2.0\times10^8m^3$。

这一阶段，大型滑溜水压裂技术的突破使页岩气实现经济有效开发，重复压裂、水平井多段压裂等技术试验取得良好效果，进一步提升了页岩气开发效益。特别是2002年水平井多段压裂技术试验成功并开始推广应用，成为页岩气开发的有效技术。Barnett页岩气田开发突破后产量快速增长，2002年产量达到 $54\times10^8m^3$，成为美国最大的页岩气田，

2003年页岩气产量为 $75\times10^8m^3$，占美国页岩气田总产量的28%。

3）跨越发展阶段（2004年至今）

Barnett页岩气开发的成功经验在Haynesville、Marcellus、Utica等页岩气田推广应用，页岩气产量迅猛增长，快速成为美国天然气产量的主体。2007年，Fayetteville和Woodford页岩气田实现了规模有效开发，产量分别达到 $24\times10^8m^3$ 和 $22\times10^8m^3$；2008年，Haynesville页岩气田实现了规模有效开发，产量达到 $14\times10^8m^3$；2009年，Marcellus页岩气田实现规模有效开发，产量达到 $35\times10^8m^3$；2010年，Bakken、EagleFord页岩气田实现规模有效开发，产量分别达到 $15\times10^8m^3$ 和 $28\times10^8m^3$；2013年，Utica页岩气田实现规模有效开发，产量达到 $30\times10^8m^3$。2012年受低气价影响，水平井多段压裂技术在致密油开发中广泛应用，Bakken、EagleFord和Permian等一批以致密油为主的储层获得有效开发，致密油产量快速增长。

2015年产量跨越到 $4217\times10^8m^3$，页岩气资源实现了高效开发。特别是低油气价格促进了页岩油气规模开发，具体为：多井"工厂化"作业模式得到广泛应用，页岩气井施工作业效率大幅提高；页岩储层精细描述、顶驱旋转导向钻井、储层体积改造理论、微地震监测等高端技术及装备广泛应用，使页岩气开发成本持续降低，2014年开始油气价格走低，但页岩气产业仍保持快速发展。

2. 美国页岩气产量

2000年以来，美国页岩气产量增长显著，占全国天然气总产量的比重持续攀升。1999年，美国页岩气产量达到 $108\times10^8m^3$。2006年，美国页岩气井增至40000余口，页岩气产量占全国天然气总产量的5.9%，其中仅Barnett页岩产量 $311\times10^8m^3$。2007年，美国页岩气产量达到 $335\times10^8m^3$，其中以Barnett页岩为主的Newark East页岩气田的天然气产量列美国气田第二位，成为美国页岩气产量最大的气田。2009年，美国页岩气勘探开发更是取得了惊人的发展速度，页岩气生产井数增至98590口，产量超过 $878\times10^8m^3$。其中，仅Barnett页岩的产量就达到了 $560\times10^8m^3$。页岩气快速勘探开发使得美国天然气储量增加了40%，也首次超过俄罗斯成为世界第一大天然气生产国。2010年，美国页岩气技术可采储量增至 $23\times10^{12}m^3$，产量达到 $1379\times10^8m^3$，约占美国天然气总产量的23%。2012年，美国页岩气产量达到 $2870\times10^8m^3$，占其天然气总产量的37%。2013年，根据EIA和ARI（美国先进资源国际公司）数据，美国已对30余套页岩进行了勘探，发现Marcellus、Haynesville和Barnett等7套主力页岩气产层，Bakken、Eagle Ford和Niobrara等7套主力页岩油产层，2013年美国页岩气产量超过 $3200\times10^8m^3$。

2015年全球页岩气产量 $4632\times10^8m^3$，其中美国页岩气产量约 $4217\times10^8m^3$，占天然气总产量的56%，天然气基本实现自给，对外依存度由2000年的16%下降至2015年1%，位居全球第一，年产量超 $200\times10^{12}m^3$ 以上的产区7个，Marcellus年产量超 $1500\times10^{12}m^3$。美国发现了20个页岩气产区，规模开发了9个页岩气区带（图6-3）：Antrim、Barnett、Eagle Ford、Fayetteville、Haynesville、Horn River、Marcellus、Montney、Woodford。产层时代包括中上泥盆统、密西西比系（石炭系）、三叠系、侏罗系和白垩系、开发深度152~4200m（生物成因页岩气150~670m，热成因页岩气900~4200m），有效页岩厚度6~180m（以30~90m为主），热成熟度 R_o 为1.0%~4.0%，总有机碳含量为0.45%~25%，孔隙度为2.0%~14.0%，含气量为0.4~9.9m^3/t。

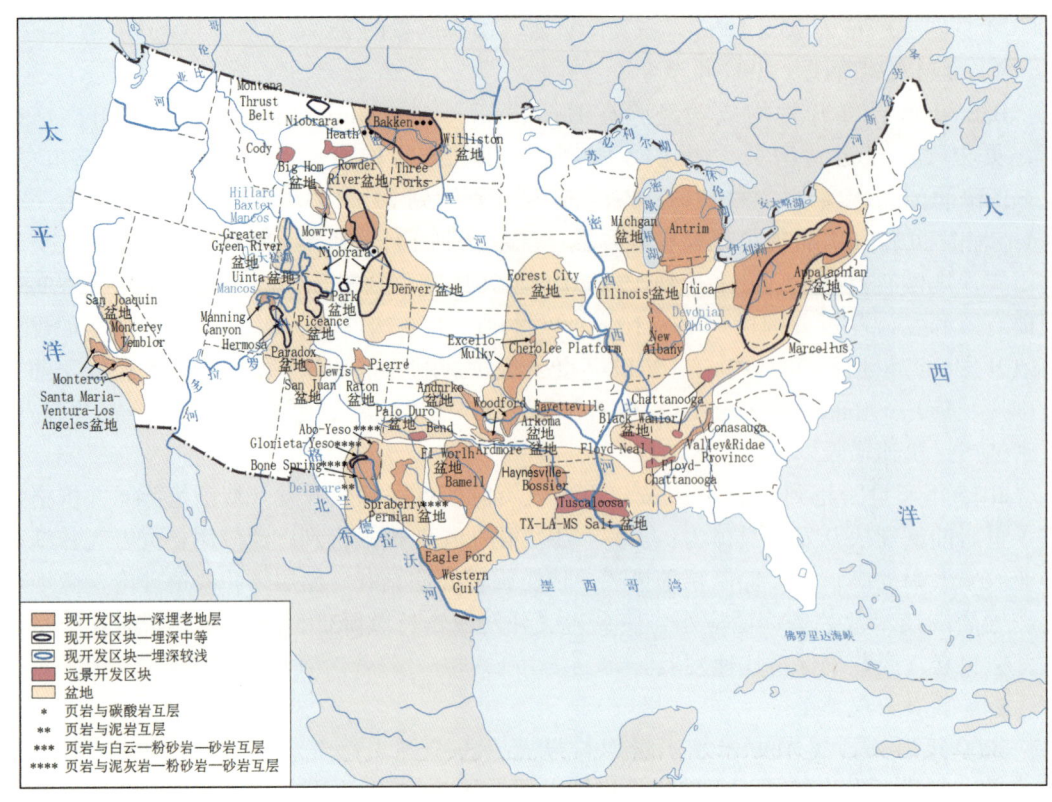

图6-3 美国主要页岩油气分布图

3. 美国页岩气革命启示

美国经过30年的探索准备，突破常规油气地质开发理论技术，非常规油气成功实现对常规油气的"第一次革命"。美国页岩气获得"革命性发展"，油气对外依存度大幅下降，持续推动美国"能源独立"战略实施。形成3项革命性创新成果[2]：（1）以纳米级油气连续聚集孔喉系统为核心的地质理论革命；（2）以长水平井规模压裂为核心的工程技术革命；（3）以多井平台式工厂化开采的生产革命。页岩气勘探开发"黑色页岩革命"是石油工业"黑天鹅事件"，导致2014年全球油价暴跌并低位运行，出乎意料而又深刻地改变油气工业，深刻影响世界油气供给态势、能源格局和大国博弈战略。在低油价大态势下，美国非常规油气正在通过以"降成本、求生存"为重点的三个技术与管理创新，进行自我"第二次革命"，一是提高单井产量和采收率，实现技术创新降成本；二是打井不压井和只释放"甜点区"中的高产井，实现方法创新降成本；三是规模裁人与全面市场机制，实现管理创新降成本。美国非常规油气"两次革命"对世界石油工业科技、油气供给版图、新能源发展等将产生深远影响。

三、加拿大页岩气勘探开发进展

加拿大页岩气资源量超过 $28\times10^{12}m^3$，可采储量约 $16\times10^{12}m^3$[1]，主要分布在西加拿大沉积盆地的白垩系、侏罗系、三叠系和泥盆系。其中，西加拿大沉积盆地面积 $140\times10^4km^2$，横跨马尼托巴省、萨斯喀彻温省、艾伯塔省和不列颠哥伦比亚省，南部通常以美国和加拿大两国边境线作为盆地边界。该沉积盆地不仅常规油气丰富，还蕴藏油

第六章 页岩气

砂、致密气、煤层气和页岩气等非常规油气资源，是加拿大最重要的页岩气资源盆地。该盆地的 Montney 页岩已大规模开发，Colorado 页岩已投入小规模开发，Horn River 盆地内页岩气处于开发早期。西加拿大沉积盆地以外，Utica 和 Horton Bluff 页岩区的页岩气资源仍然处于勘探阶段。

相比较美国而言，加拿大页岩气勘探开发起步较晚，规模也不及美国。加拿大 2000 年才开始加强对 11 个重点盆地地区的研究，涉及地层包括古生界（寒武系、奥陶系、泥盆系等）和中生界（三叠系至白垩系）。加拿大早期页岩气生产始自对艾伯塔省东南和萨斯喀彻温省西南的 Second White Speckled 页岩的开发。2001 年 Montney 页岩开始商业性生产，2005 年页岩气产量仅为 $2.7 \times 10^8 m^3$。2007 年，开始对不列颠哥伦比亚省东北的页岩气资源进行商业性开发，超过 $8.3 \times 10^8 m^3$，勘探开发地区主要集中于 Horn River 和 Montney 区。前者可采储量 $3.6 \times 10^{12} m^3$，后者可采储量 $3.1 \times 10^{12} m^3$。2009 年，加拿大页岩气产量达 $72 \times 10^8 m^3$，主要就来自这两个地区。EIA 公布的数据显示，2012 年 12 月，加拿大的页岩气产量为 $220 \times 10^8 m^3$，约占其天然气总产量的 15%。目前在加拿大已发现了 Horn River、Muskwa、Montney 和 Duvernay 等多套产气页岩。两个最主要的页岩气盆地 Horn River 和 Montney，2013 年 5 月平均产量为每天 $7929 \times 10^4 m^3$，约合年产量为 $289 \times 10^8 m^3$。据 ARI 预测，到 2020 年加拿大页岩气产量将超过 $625 \times 10^8 m^3$，届时非常规天然气将占到加拿大天然气总产量的 50%。

加拿大的页岩气开发出现向富液非常规油气转化和寻求出口多元化的趋势。美国页岩气的大规模开发直接导致天然气价格的走低，从 2007 年的 0.35 美元/m^3 降至 2012 年的 0.16 美元/m^3。目前，为了获取可观的经济效益，油气公司的勘探开发转向富液（Liquid-rich）非常规油气资源。同样的趋势出现在加拿大页岩气开发领域。在加拿大，除了已证实的西加拿大沉积盆地 Duvernay 富液页岩气外，其他富液非常规资源均为致密油。Duvernay 富液页岩气富集带面积约 $15 \times 10^4 km^2$，其页岩气藏为超压凝析页岩气，具有纯页岩厚度薄 5~45m、吸附气比例低 5.6%~8.5%、单位面积资源量丰度高以及含液比例高的特点，天然气的资源量为 $10 \times 10^{12} \sim 15 \times 10^{12} m^3$。加拿大开始学习美国经验来开发本国页岩气资源，2015 年加拿大页岩气产量约 $350 \times 10^8 m^3$，位居当年世界页岩气产量第二位。

四、中国页岩气勘探开发现状

2005 年开展页岩气勘探开发以来，历经 10 余年攻关，中国页岩气发展跨越了 3 个阶段：合作借鉴阶段、探索评价阶段和规模建产阶段。初步实现了海相页岩气勘探开发"理论、技术、生产"革命，正在进一步推动"成本"革命（理论、技术、生产和成本 4 个革命），实现了中国页岩气勘探开发 4 个一体化革命和规模性发展。

1. 中国页岩气发展历程

1) 合作借鉴阶段（2003—2009 年）

这一阶段是页岩气前期地质条件研究、"甜点区"评选与评价井钻探及勘探开发前期准备阶段。早在 2003 年，国内的一些学者开始借鉴美国成功经验引入页岩气概念，并对中国页岩气资源前景进行了预测。2005 年以来，中国在页岩气勘探开发上，借鉴北美地区成功经验，针对不同地质背景、不同类型页岩，开展中国页岩气赋存地质条件研究、资源前景评价和"甜点区"评价优选，在四川盆地及邻区钻探了长芯 1 井、渝页 1 井、威

201井、宁201井、焦页1井、巫溪2井等井,在滇东北昭通地区钻探了昭101井,在湘西地区钻探了湘页1井,在下扬子地区钻探了宣页1井,在鄂尔多斯盆地钻探了柳评177井等一批具有战略意义的区域评价井。先后在中国南方寒武系、奥陶—志留系、石炭—二叠系、三叠—侏罗系和鄂尔多斯盆地三叠系、石炭—二叠系等层系页岩中发现了页岩气,评价优选了四川盆地及邻区、鄂尔多斯盆地为中国页岩气勘探开发有利区,锁定了威远、长宁—昭通、富顺—永川、涪陵、巫溪、甘泉—下寺湾等一批有利页岩气目标。

2)探索评价阶段(2010—2013年)

这一阶段是海相页岩气工业化开采试验、海陆过渡相与陆相页岩气勘探评价阶段。各石油公司通过钻探评价落实页岩气资源潜力和开发前景,确立了中上扬子地区五峰组—龙马溪组海相页岩气的开发地位,并发现了蜀南和涪陵两大页岩气田,为页岩气规模开发奠定基础。

自2010年起,中国先后在四川盆地威远—长宁、富顺—永川、昭通、涪陵等区块发现高产页岩气流,建立了3个海相页岩气工业化生产示范区。重点是在海相页岩气"甜点区"评价方法、水平井优快钻进、大型体积压裂改造、安全与环保、"工厂化"平台井组生产模式、有效组织与管理等方面开展了大规模理论创新、技术攻关和产能建设试验。经等层系页岩中发现了页岩气,评价优选了四川盆地及邻区、鄂尔多斯盆地为中国页岩气勘探开发有利区,锁定了威远、长宁—昭通、富顺—永川、涪陵、巫溪、甘泉—下寺湾等一批有利页岩气目标。

页岩气地质研究取得重要进展,针对中国地质特点探索形成了一套适用的关键技术体系。通过对威201井岩心分析,首次在国内页岩中发现5~100nm的纳米级孔隙[3]。针对中上扬子地区海相页岩气成藏特点,提出了超压页岩气成藏理论[4]。邹才能等提出常规—非常规油气"有序聚集"认识,并建立了页岩气富集的稳定区连续型"甜点区"和改造区构造型"甜点"两种分布模式[5]。郭旭升等针对涪陵页岩气成藏特征,提出"二元富集"规律[6]。针对中上扬子地区海相页岩气地质特征,引入美国页岩气开发经验,初步提出水平井多段压裂技术适合中国3500m以浅页岩气开发需求。

国家政策大力支持,有力促进了页岩气产业发展。2010年,国家能源局设立了国家能源页岩气研发(实验)中心,重点开展页岩气勘探、开发、钻完井、增产改造和实验测试等研究和技术支撑。2012年,国家发展和改革委员会、财政部、国土资源部和国家能源局联合发布了《页岩气发展规划(2011—2015年)》(发改能源[2012]612号),提出2015年生产页岩气$65 \times 10^8 m^3$的规划目标。为促进页岩气产业发展,2012年财政部和国家能源局颁布了《关于出台页岩气开发利用补贴政策的通知》(财建[2012]847号),对2012—2015年开发利用的页岩气补贴0.4元/m^3。2012年3月,国家发展和改革委员会和能源局批准设立了涪陵、长宁—威远和昭通3个国家级页岩气产业化示范区。2011年国土资源部公开招标出让4个区块,2012年招标出让19个区块。

3)规模建产阶段(2014年至今)

这一阶段各石油公司在前期探索评价的基础上启动页岩气规模建产,中国页岩气产量逐步形成规模,并呈现快速增长趋势。截至目前,已经实现了蜀南和涪陵两个页岩气田的规模有效开发。

中国石油以蜀南页岩气田为重点,实现了长宁、威远和昭通区块的有效开发。2014

年，中国石油召开页岩气业务发展专题会议，成立现场协调指挥小组；批准第一个页岩气开发方案，建设产能 $25×10^8m^3/a$。2015 年，长宁 H6 平台"双钻机、批量化"作业，成为首个日产超百万立方米平台。

中国石化以涪陵页岩气田为重点，实现了页岩气资源的有效开发。2014 年，中国石化启动了涪陵页岩气田一期 $50×10^8m^3/a$ 产建工作，并组建了中国石化重庆涪陵页岩气勘探开发公司；2015 年 12 月，宣布建成一期 $50×10^8m^3/a$ 产能。

2. 中国页岩气勘探开发进展

1）四川盆地初步实现页岩气工业化开采，其他地区处于探索准备阶段

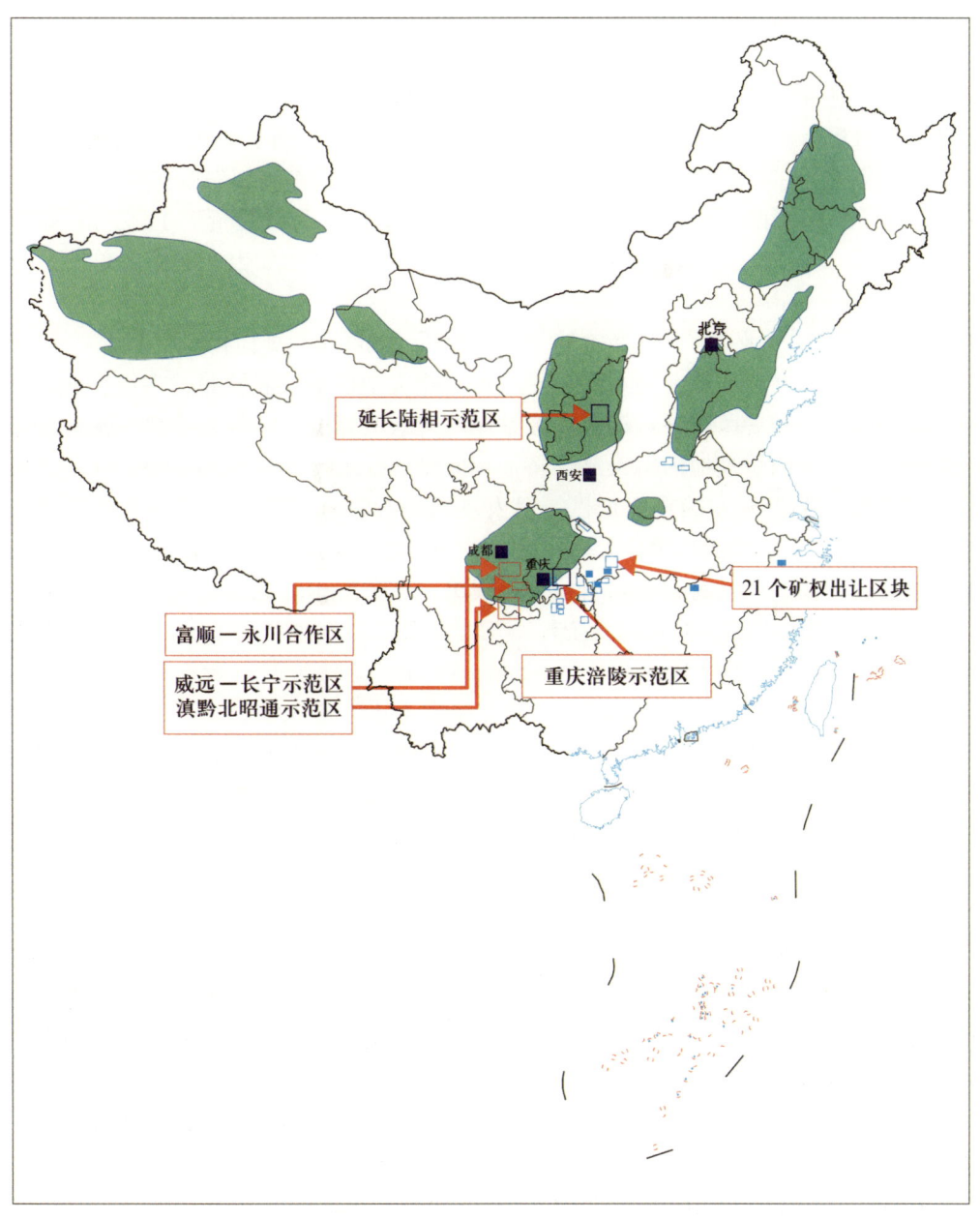

图 6-4 中国页岩气勘探开发区块分布[7]

截至 2015 年底，中国陆上累计设置页岩气探矿区块 54 个（其中 21 个区块为招标区块），面积为 $17\times10^4km^2$，20 余家国内外企业在 11 个省区 5 大沉积盆地开展页岩气勘探开发，勘探开发工作量见表 6-1，累计投资近 300 亿元，累计完成二维地震 2.2×10^4km、三维地震 $2134km^2$；铺设页岩气专输管线 235km；钻探页岩气井 700 余口，其中水平井近 400 口，投入生产井 291 口；压裂试气 270 余口井获页岩气流，累计建成页岩气产能 $75\times10^8m^3$。建立了涪陵、威远、长宁—昭通 3 个海相页岩气工业化生产示范区，以及延长陆相页岩气生产示范区富顺—永川合作开发区（图 6-4）[7]。探明地质储量 $5441.29\times10^8m^3$，2015 年页岩气产量 $46\times10^8m^3$，累计生产页岩气超过 $60\times10^8m^3$。页岩气探明地质储量及产量全部来自四川盆地海相五峰组—龙马溪组。除此之外，南方其他地区、南华北盆地、柴达木盆地、鄂尔多斯盆地等地区三类页岩气都有发现，但未能形成产能，勘探前景还在进一步探索中。云南、贵州、重庆、江西、内蒙古等地方政府以及延长石油在各自招标区块进行自主勘探评价，钻探 150 口井，见到了一些好的苗头。如陕西延长石油（集团）有限责任公司 2011 年以来在鄂尔多斯盆地东南部先后在 40 余口井发现页岩气，建立了中国第一个陆相页岩气工业化生产示范区，累计投资近 11 亿元，钻井近 60 口，初步落实页岩气地质储量 $677\times10^8m^3$，建成 $1.2\times10^8m^3/a$ 生产能力，单井日产气 $0.17\times10^4\sim4.0\times10^4m^3$。

2）海相页岩气工业化生产示范区建设进展顺利，局部实现规模化开发

2010 年以来，中国页岩气勘探研究主要围绕南方地区下寒武统筇竹寺组和五峰组—龙马溪组海相页岩开展区域评价勘探。经钻探发现这两套页岩中的五峰组—龙马溪组具有区域整体含气、四川盆地内富集高产特征，而筇竹寺组可能仅局部区块富气。四川盆地是中国页岩气勘探开发的重点地区，已发现筇竹寺组和五峰组—龙马溪组两套海相页岩产气层，鉴于筇竹寺组埋深大、产量低、技术要求高等特点，目前勘探开发工作主要集中在埋深浅、产量高的五峰组—龙马溪组，三个海相示范区实现页岩气工业化开采，年产量超 $40\times10^8m^3$，中国成为全球第三个实现页岩气生产的国家。2015 年建成页岩气产能 $75\times10^8m^3$；2015 年页岩气产量 $46\times10^8m^3$，累计生产页岩气超过 $60\times10^8m^3$。中国成为继美国（年产量 $3807\times10^8m^3$）和加拿大（年产量 $320\times10^8m^3$）之后，全球第三个实现页岩气工业化生产的国家。初步落实 4500m 以浅有利勘探面积 $4.0\times10^4km^2$，可采资源量 $4.5\times10^{12}m^3$；发现重庆涪陵焦石坝、四川长宁—昭通、威远、富顺—永川 4 个千亿立方米级页岩气大气田，落实地质储量超 $1.0\times10^{12}m^3$，其中探明储量 $5441.29\times10^8m^3$。

3）陆相和海陆过渡相页岩气仍处于地质评价、"甜点区"评选及工业化探索阶段

中国陆相页岩普遍具有厚度较大、有机质丰度高、以生油为主、含气量低、脆性指数低等特点；海陆过渡相页岩多与煤层伴生，具有高 TOC 集中段厚度小、连续性差、储集空间有限、含气量变化大、脆性指数中等的特征。在中国，陆相、海陆过渡相两类页岩气的勘探与海相页岩气基本同步，但实际勘探成效却明显不同。在四川盆地、南华北盆地、柴达木盆地、鄂尔多斯盆地等地区均发现这两类页岩气的存在，单井初始测试产量总体较低且递减很快，不能建立规模产能，资源前景有待进一步落实。2011—2012 年中国石化在四川盆地不同陆相页岩层段钻探近 20 口井，获日产气 $0.26\times10^4\sim51.7\times10^4m^3$；2013 年，中国地质调查局在北缘钻探柴页 1 井，在侏罗系发现陆相页岩气。海陆过渡相

页岩气勘探开发，在华北地区的钻探发现好苗头，其中鄂尔多斯盆地鄂页1井压后日产气 $1.95\times10^4m^3$，云页平1井压后日产气 $2.0\times10^4m^3$，神木0-5井压后日产气 $6695m^3$；南华北盆地尉参1井发现厚465m、含气量 $4.5m^3/t$ 的页岩层段。海陆过渡相页岩气钻井数不多，页岩气产量极不稳定，没有生产井和开采区块，资源前景不明确。此外，在四川盆地以外的海相页岩气勘探开发中，在广西柳州泥盆系罗富组、贵州六盘水石炭系大塘组钻探中获得日产气 $2.0\times10^4\sim5.0\times10^4m^3$，勘探开发前景可期。

总体看来，在四川盆地五峰组—龙马溪组海相页岩气以外的广大地区和层系，获气井较多，但单井产量偏低，产量不稳定，没有形成实际生产能力，其他地区和层系的页岩气资源虽然丰富，但需要进一步落实，实现工业化开采任重道远。

五、中国石油页岩气现状

1. 区域调查与评层选区

中国天然气工业起源于四川盆地，1964年发现了当时最大的气田—威远气田，1966年威远气田威5井在寒武系九老洞组（筇竹寺组）页岩段发生气浸与井喷，裸眼测试获日产气量 $24600m^3$。此后的60多年油气勘探开发历程中，我国在多个含油气盆地见到页岩气显示（流），但是，一直没有引起重视，没有针对页岩气层开展过专门的地质理论研究、页岩气资源评价和钻井，缺乏相应的认识、方法和技术体系。2005年中国石油勘探开发研究院开始了页岩气资源地质理论与评价研究工作。经过对全国主要含油气盆地富有机质页岩排查，重点产气盆地页岩地层气显示复查，借鉴北美页岩地质认识，认为我国海相页岩以南方地区下寒武筇竹寺组、上奥陶统五峰组—下志留龙马溪组等为主，上扬子地区，尤其是四川盆地，具备形成规模页岩气基本地质条件。2006年中国石油率先在四川盆地及周缘（云、贵、渝、鄂、湘）开展页岩气地质野外勘查和综合评价，2007年与美国新田石油公司联合开展四川盆地威远地区页岩气资源潜力及开发前景评价，2008年中国石油勘探开发研究院在四川盆地长宁构造钻探了首口五峰组—龙马溪组页岩全取心地质评价资料浅井—长芯1井取心154.6m，中国石油西南油气田公司在威远气田钻探威001-2井在寒武系页岩地层取心11.2m。通过上述工作，初步探索建立了海相地层页岩气地质调查和资源评价方法，创新建立了适合我国南方海相页岩气评层选区技术体系，初步明确了筇竹寺组、五峰组—龙马溪组页岩气形成条件优越，采用含气量发、地质类比法估算了四川盆地古生界海相页岩气资源量，评价认为五峰组—龙马溪组页岩为最有利页岩气勘探开发层系，蜀南、滇东（昭通）、黔北等三个地区为页岩气成藏有利区，确定了长宁、威远、富顺—永川三个最现实勘探开发目标。

2. 钻井评价与先导试验

2009年，中国石油管理层做出了中国石油开发页岩气等非常规油气资源的重大决策部署，提出了"落实资源、评价产能、攻克技术、效益开发"的发展战略，申报并获取了昭通首个页岩气探矿权，确定五峰组—龙马溪组和筇竹寺组为重点勘探层位，威远、富顺—永川、长宁、昭通为4个重点勘探区块。2009年11月中国石油与壳牌公司签订了"富顺—永川联合评价勘探"协议，2009年12月批准了《中国石油页岩气产业化示范区工作方案》，正式启动了中国石油威远、长宁、昭通3个页岩气区块的评价勘探与先导试验，产能建设目标为 $15\times10^8m^3$，踏上了中国石油页岩气钻井、压裂等工程机技术与配套装备先导试验征程。为了建立有效勘探开发技术方法和准确评价页岩气井工业产能,在评层选区基础上,中国石油又率先开展了直井评价井、水平井评价井的钻井和大型体积压裂先导试验,开展了平台水平井组设计参数优化和"工厂化"作业先导试验。

2009年12月开钻了我国第一口页岩气直井评价井——威201井,2010年8月压裂获气获0.15×10^4~2.31×10^4m^3/d。

2010年11月开钻了我国第一口页岩气水平井——威201-H1井,2011年4月压裂试气获1.1×10^4~1.8×10^4m^3/d。

2011年6月开钻了宁201-H1井,2011年12月压裂试气,首次获高产工业页岩气流15×10^4~20×10^4m^3/d,突破分段压裂技术关。

2011年8月钻探了阳201-H2井,2012年5月压裂试气,获高产工业页岩气流43×10^4m^3/d,突破垂深3500m钻井、分段压裂技术关。

同时,2012年7月起,中国石油在长宁H2、H3平台7口水平井开展了钻井、压裂"工厂化"作业先导试验,长宁H2平台4口井开展了不同水平段长和轨迹方位试验,长宁H3平台3口井开展了不同巷道间距试验。

经过上述评价井及先导试验,初步建立了平台水平井钻、完井及压裂主体工艺技术、评价页岩气井工业产能技术,突破了我国页岩气井出气关、水平井钻完井、体积压裂工艺技术关、页岩气商业开发关,坚定了大规模开发页岩气的信心,打破了国外技术封锁,初步确定了主体开发技术和"工厂化"作业模式。

3. 示范区建设与规模产量

2012年3月,国家发展和改革委员会、国家能源局在中国石油批准设立了第一批两个国家级页岩气示范区——四川"长宁—威远国家级页岩气示范区"、云南"昭通国家级页岩气示范区"(图6-5),从2013年开始中国石油实施示范区产能建设。2013年在长宁启动H2和H3两个平台14口井(8+6)"工厂化"生产作业模式试验,在昭通区块钻探了YS108H1-1水平井,获测试产量为20.86×10^4m^3/d,2014年在威远区块钻探的威204井直改平后获测试产量为16.5×10^4m^3/d。为全面推动国家页岩气示范区建设和中国石油页岩气产能建设,2014年2月中国石油召开页岩气业务发展专题会议,成立了中国石油西南页岩气现场协调指挥小组,2014年3月批准了第一批页岩气建设产能25×10^8m^3/a开发方案,并借鉴苏里格气田开发模式,组织开展了中国石油集团川庆钻探工程有限公司、中国石油集团长城钻探工程有限公司风险作业,推行"自营、对外合作、国内合作、风险作业"4种模式。截至2015年底,新采集二维地震9116.65km,三维地震满覆盖面积1069.31km^2,完成16391km地震老资料处理,累计钻井167口,压裂井128口,测试井103口,投产井121口,建成配套产能1812×10^4m^3/d,建设外输管线119km等,建成页岩气产量23×10^8m^3/a,2015年产页岩气11.7×10^8m^3,累计生产页岩气43×10^8m^3,掌握了页岩气有效开发技术方法和手段,发展完善了海相页岩气勘探开发六大主体技术和高产井培育方法,落实了四川盆地埋深4500m以浅资源量21.66×10^{12}m^3,提交页岩气探明地质储量1635.31×10^8m^3,初步实现了页岩气有效开发,投资内部收益率总体超过行业基准要求,中国石油基本跟上了国际"页岩气革命"发展步伐,持续引领着我国页岩气产业的发展,奠定了页岩气在我国作为一新兴天然气资源的重要地位。

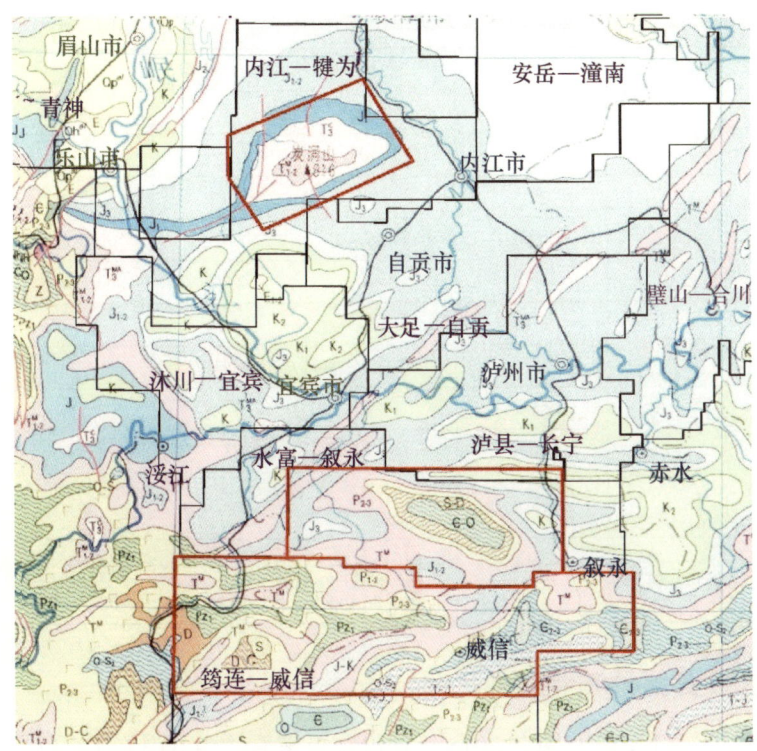

图 6-5　长宁—威远及昭通国家级页岩气示范区位置图

第二节　页岩气资源潜力

中国页岩气资源较丰富，海相页岩气资源量最大。2009 年以来，国内外不同机构采用类比法、体积法等多种方法对中国页岩气资源潜力做了大量预测，预测结果差异较大（表 6-2）。中国页岩气资源较为丰富，但现阶段勘探开发程度、认识程度都不高，对资源的预测结果差异较大，即不同单位、不同年份对资源的预测结果差异较大。中国页岩气地质资源量为 $80.45 \times 10^{12} \sim 144.5 \times 10^{12} m^3$，技术可采资源量为 $11.5 \times 10^{12} \sim 36.1 \times 10^{12} m^3$，以海相页岩气资源为主，海陆过渡相及陆相页岩气资源相对较少。

一、页岩气资源量

EIA 分别于 2011 年和 2013 年对中国页岩气资源量做了估算，地质资源量为 $134.40 \times 10^{12} \sim 144.50 \times 10^{12} m^3$，可采资源量为 $31.57 \times 10^{12} \sim 36.10 \times 10^{12} m^3$，该资源量分布位列全球当期第一位和第二位。2012 年国土资源评价认为，中国陆上（不含青藏区）页岩气地质资源为 $134.4 \times 10^{12} m^3$，技术可采资源量为 $25.08 \times 10^{12} m^3$。国土资源部估算的地质资源量与 EIA（2013）的估算相同，但可采资源量相差较大。2012 年，中国工程院估算的可采资源量为 $11.50 \times 10^{12} m^3$。2015 年，中国石化石油勘探开发研究院预测全国页岩气可采资源量为 $18.60 \times 10^{12} m^3$。同年，中国石油勘探开发研究院对重点地区页岩气资源量进行预测，其地质资源量为 $66.58 \times 10^{12} \sim 89.78 \times 10^{12} m^3$，期望值 $80.45 \times 10^{12} m^3$，技术可采资源量 $12.85 \times 10^{12} m^3$。

表 6-2　中国页岩气资源量预测结果统计表（单位：$10^{12}m^3$）

机构	评价年份	资源类型	海相	海陆过渡相	陆相	合计
EIA	2011	地质	144.50			144.50
		可采	36.10			36.10
国土资源部	2012	地质	59.08	40.08	35.26	134.42
		可采	8.19	8.97	7.92	25.08
中国工程院	2012	可采	8.80	2.20	0.50	11.50
EIA	2013	地质	93.60	21.64	19.16	134.40
		可采	21.12	6.54	1.91	29.57
中国石油勘探开发研究院	2015	地质	44.10	19.79	16.56	80.45
		可采	8.82	2.37	1.66	12.85
中国石化石油勘探开发研究院	2015	可采资源量		18.60		18.60
合计	2011—2015	地质	44.10~144.50	19.79~40.08	16.56~35.26	80.45~144.50
		可采	8.80~36.10	2.20~8.97	0.50~7.92	11.50~36.10

二、页岩气资源分布特征

从中国石油勘探开发研究院在 2015 年评价结果来看（表 6-2），中国页岩气资源特征主要体现在以下三个方面。

1. 中国页岩气资源丰富，以海相页岩气为主，资源相对较为落实

中国页岩气地质资源总量为 66.58×10^{12}~$89.78 \times 10^{12}m^3$，期望值（≈P50）为 $80.45 \times 10^{12}m^3$，技术可采资源总量为 11.10×10^{12}~$14.18 \times 10^{12}m^3$，期望值（≈P50）为 $12.85 \times 10^{12}m^3$。以海相页岩气为主，海相页岩气地质资源量 40.05×10^{12}~$47.70 \times 10^{12}m^3$（表 6-3），期望值（≈P50）为 $44.10 \times 10^{12}m^3$，技术可采资源量为 8.00×10^{12}~$9.54 \times 10^{12}m^3$，期望值 $8.82 \times 10^{12}m^3$，海相页岩气资源占我国页岩气总资源量的 69%。海陆过渡相页岩气地质资源量为 16.08×10^{12}~$21.66 \times 10^{12}m^3$，期望值 $19.79 \times 10^{12}m^3$，技术可采资源量为 1.93×10^{12}~$2.60 \times 10^{12}m^3$，期望值 $2.37 \times 10^{12}m^3$，海陆过渡相页岩气资源占中国页岩气总资源量的 18%。陆相页岩气地质资源量为 11.65×10^{12}~$20.41 \times 10^{12}m^3$，期望值 $16.56 \times 10^{12}m^3$，技术可采资源量为 1.16×10^{12}~$2.04 \times 10^{12}m^3$，期望值 $1.66 \times 10^{12}m^3$，陆相页岩气资源占中国页岩气总资源量的 13%。

南方海相页岩气资源相对较为落实。海相页岩气落实有利叠合面积 $14.6 \times 10^4 km^2$，厚度 20~260m，可采资源量 $8.82 \times 10^{12}m^3$，具有厚度大、有机质丰富、含气量高、脆性好等页岩气形成富集优越地质特点。主要分布在三大领域。一是四川盆地，技术可采资源量为 4.66×10^{12}~$5.56 \times 10^{12}m^3$，期望值 $5.14 \times 10^{12}m^3$，占海相页岩气总资源量的 58.3%。二是四川盆地周边，包括滇东—黔北、渝东—湘鄂西，技术可采资源量为 2.5×10^{12}~$2.98 \times 10^{12}m^3$，期望值 $2.75 \times 10^{12}m^3$，占海相页岩气总资源量的 31.2%。三是中—下扬子地区，技术可采资源量为 0.85×10^{12}~$0.99 \times 10^{12}m^3$，期望值 $0.93 \times 10^{12}m^3$，占海相页岩气总资源量的 10.0%。由此可见，四川盆地及周缘是海相页岩气资源的主体，技术可采资源量为 7.16×10^{12}~$8.54 \times 10^{12}m^3$，期望值 $7.89 \times 10^{12}m^3$，占海相页岩气总资源量的

89.5%。经 5 年的勘探开发实践，初步建立了海相页岩气形成富集地质理论，确定四川盆地、上—中扬子地区两大五峰组—龙马溪组页岩气"甜点区"。

四川盆地及邻区筇竹寺组、五峰组—龙马溪组预测 I—III 类页岩气有利区带 29 个，面积为 $5.78 \times 10^4 km^2$，页岩气可采资源量为 $5.85 \times 10^{12} m^3$，其中五峰组—龙马溪组是最现实的页岩气勘探开发层系，落实 I—III 类页岩气有利区带 28 个（图 6-6）、面积 $5.16 \times 10^4 km^2$，页岩气可采资源量 $5.3 \times 10^{12} m^3$。进一步评价认为，四川盆地内五峰组—龙马溪组 I—III 类页岩气有利区带 16 个，面积 $4.0 \times 10^4 km^2$，页岩气可采资源量 $4.5 \times 10^{12} m^3$。

海陆过渡相页岩气资源分布局限，海陆过渡相页岩气资源前景仍不太明朗，仅限于南方地区群及华北地区，海陆过渡相页岩多与煤层伴生、与致密砂岩互层，优质页岩厚度小、连续性差、含气量变化大、脆性一般等页岩气形成富集地质特征。初步落实海陆过渡相页岩气有利面积 $19.4 km^2$，厚度 10~150m，技术可采资源量 $2.37 \times 10^{12} m^3$，主要分布在两大盆地及一个地区。两大盆地一是四川盆地，技术可采资源量为 $0.72 \times 10^{12} \sim 0.97 \times 10^{12} m^3$，期望值 $0.88 \times 10^{12} m^3$，占海陆过渡相页岩气总资源量的 37%。二是鄂尔多斯盆地，技术可采资源量为 $0.61 \times 10^{12} \sim 0.82 \times 10^{12} m^3$，期望值 $0.75 \times 10^{12} m^3$，占海陆过渡相页岩气总资源量的 36%。一个地区是中—下扬子地区，技术可采资源量 $0.53 \times 10^{12} \sim 0.71 \times 10^{12} m^3$，期望值 $0.65 \times 10^{12} m^3$，占海陆过渡相页岩气总资源量的 27%。

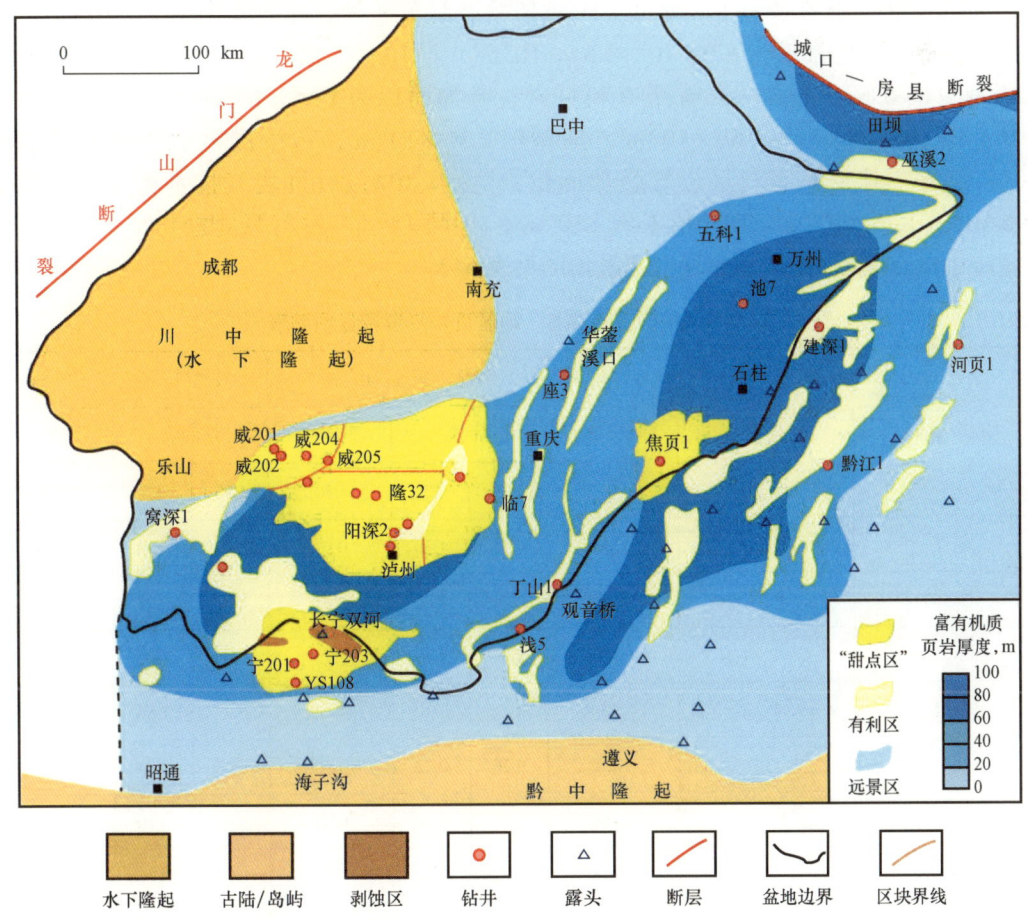

图 6-6 四川盆地及邻区奥陶系五峰组—志留系龙马溪组页岩气有利区分布图

陆相页岩气在陆上主要含油气盆地都有可能存在，但实际又很有限，尽管初步落实了陆相页岩气有利面积 $9.3 \times 10^4 km^2$（厚度 10~200m），但不确定性较大，资源潜力总体有限，陆相页岩具有厚度较大、有机质丰度高、以生油为主、生气潜力小、含气量低、脆性差等页岩气形成富集地质特点。陆相页岩气技术可采资源量 $1.66 \times 10^{12} m^3$，主要分布在四川盆地及鄂尔多斯盆地。四川盆地陆相页岩气技术可采资源量为 $0.84 \times 10^{12} \sim 1.32 \times 10^{12} m^3$，期望值 $1.14 \times 10^{12} m^3$，占陆相页岩气总资源量的 69%。鄂尔多斯盆地陆相页岩气技术可采资源量为 $0.04 \times 10^{12} \sim 0.24 \times 10^{12} m^3$，期望值 $0.15 \times 10^{12} m^3$，占陆相页岩气总资源量的 9%。

2. 中国页岩气资源地区分布较集中，以四川盆地及周边为主

中国页岩气资源重点分布在两个盆地及一个地区，两个盆地是四川盆地、鄂尔多斯盆地，一个地区则为中—下扬子地区。四川盆地及周边有利页岩气总面积为 $22.5 \times 10^4 km^2$，页岩气技术可采资源量为 $8.8 \times 10^{12} \sim 10.9 \times 10^{12} m^3$，期望值 $10.0 \times 10^{12} m^3$，占中国页岩气总资源量的 78%。鄂尔多斯盆地页岩气技术可采资源量为 $0.65 \times 10^{12} \sim 1.1 \times 10^{12} m^3$，期望值 $0.9 \times 10^{12} m^3$，占中国页岩气总资源量的 7%。中—下扬子地区页岩气技术可采资源量为 $1.26 \times 10^{12} \sim 1.57 \times 10^{12} m^3$，期望值 $1.45 \times 10^{12} m^3$，占中国页岩气总资源量的 11%。

3. 中国页岩气资源时代分布以古生代—中生代为主

中国页岩气资源在时代上为三分，寒武—志留系、石炭—二叠系、三叠—侏罗系，尤以寒武—志留系为主。寒武系—志留系有利页岩气叠加面积为 $14.6 \times 10^4 km^2$，页岩气技术可采资源量为 $8.0 \times 10^{12} \sim 9.54 \times 10^{12} m^3$，期望值 $8.82 \times 10^{12} m^3$，占中国页岩气总资源量的 69%。石炭—二叠系有利页岩气叠加面积为 $19.4 \times 10^4 km^2$，页岩气技术可采资源量为 $1.93 \times 10^{12} \sim 2.60 \times 10^{12} m^3$，期望值 $2.37 \times 10^{12} m^3$，占中国页岩气总资源量的 18%。三叠—侏罗系有利页岩气叠加面积为 $7.95 \times 10^4 km^2$，页岩气技术可采资源量为 $0.96 \times 10^{12} \sim 1.76 \times 10^{12} m^3$，期望值 $1.46 \times 10^{12} m^3$，占中国页岩气总资源量的 11%。

中国重点盆地/地区页岩气资源量预测见表 6–3。

表 6–3　中国重点盆地/地区页岩气资源量预测表

盆地/地区	层系	面积，km^2	地质资源量，$10^{12} m^3$			技术可采资源量，$10^{12} m^3$		
			区间值		期望值	区间值		期望值
			P95	P5	(P50)	P95	P5	(P50)
松辽	$K_1 qn$	4506	0.26	1.30	0.90	0.03	0.13	0.09
渤海湾	C—P, Es_{3-4}	15961	2.10	2.61	2.03	0.22	0.28	0.22
鄂尔多斯	C—P, $T_3 y$	109163	5.47	9.18	7.73	0.65	1.05	0.90
四川	Z—S, P, $T_3 x$, J	1478345	36.56	49.05	44.39	6.23	7.85	7.16
吐哈	J	1222	0.26	0.32	0.30	0.03	0.03	0.03
准噶尔	P, J	3046	0.43	0.96	0.80	0.04	0.10	0.08
塔里木	J	1689	0.35	0.53	0.50	0.03	0.05	0.05
渝东–湘鄂西	Z—S	29906	6.90	8.25	7.60	1.38	1.65	1.52

续表

盆地/地区	层系	面积，km²	地质资源量，10¹²m³			技术可采资源量，10¹²m³		
			区间值		期望值	区间值		期望值
			P95	P5	（P50）	P95	P5	（P50）
滇黔桂	Z—C	47574	5.60	6.65	6.15	1.12	1.33	1.23
中扬子	€、S	17565	6.06	7.64	7.05	0.96	1.20	1.11
下扬子	€、S	55757	2.59	3.28	3.00	0.41	0.51	0.47
合计		1764734	66.58	89.77	80.45	11.10	14.18	12.86

第三节 主要理论与技术进展

迄今，全球页岩气勘探开发最成功的仍是以美国为代表的北美地区，由此产生的重大影响有"页岩气革命"之称。北美地区页岩气（包括致密油）的"革命性发展"，主要得益于长水平井钻完井、水平井分段体积压裂、微地震监测、"工厂化"作业等核心理论技术与配套工艺的规模推广应用。

2009年以前，四川盆地以常规气勘探开发为主，缺乏针对页岩气的勘探开发技术方法体系。10年来，中国石油借鉴北美地区经验做法，通过引进、吸收、自主创新，快速建立了埋深3500m以浅，适合中国南方多期构造演化、高—过成熟海相页岩气勘探开发的系列技术与配套装备，主要包括页岩气地质评价技术、水平井钻井技术、页岩储层压裂技术、微地震监测技术等，有效支撑了页岩气勘探开发工作。

一、页岩气地质理论认识

中国页岩气工业整体处于起步阶段，地质理论和勘探开发技术进步是页岩气大气区（田）发现的关键勘探开发实践表明，发育"构造型甜点"和"连续型甜点区"两种页岩气富集模式，海相页岩气选区评价、目标优选等勘探评价技术体系日趋成熟。

1. 中国发育3类页岩，下古生界海相页岩是重点勘探对象

中国各地质历史时期富有机质页岩发育，形成了古生界海相、海陆过渡相、中新生界陆相3种页岩类型（图6-7）。不同时代页岩的发育和分布受塔里木、华北和华南三个板块影响[8]。海相富有机质页岩主要分布在：南方、华北、塔里木三大区；海陆过渡相富有机质页岩主要分布在华北、河西走廊和新疆地区；陆相富有机质页岩主要分布在松辽、渤海湾、鄂尔多斯、准噶尔、吐哈等5大盆地。中国海相富有机页岩地质特征与美国产气页岩极为类似，其含气性已在四川盆地南部得到证实。

海相页岩主要分布在中国南方、华北、塔里木盆地等3个地区的前古生界—古生界，面积$60×10^4$~$90×10^4km^2$。在南方地区有上震旦统陡山坨组、下寒武统筇竹寺组（牛蹄塘组、水井沱组、荷塘组等）、上奥陶统五峰组—下志留统龙马溪组、中—上泥盆统印塘组和下石炭统旧司组等及上述层组的相当层系；华北地区有新元古界串岭沟组、洪水庄组、

下马岭组、中奥陶统平凉组等及其相当层系；塔里木盆地主要为下寒武统玉尔吐斯组、中—上奥陶统萨尔干组与印干组等。

海陆过渡相页岩主要分布在中国南方地区和华北地区，面积为 15×10^4~$20\times10^4\mathrm{km}^2$，南方地区为二叠系的梁山组、龙潭组及相当层组，华北地区为石炭—二叠系的本溪组、太原组、山西组及其相当层位。陆相页岩分布广泛，面积为 20×10^4~$25\times10^4\mathrm{km}^2$，南方地区以四川盆地上三叠统须家河组，中—下侏罗统沙溪庙组、自流井组为主，在西部地区以二叠系黄山街组，侏罗系八道湾组、三工河组、西山窑组、阳霞组、克孜勒努尔组为主，在鄂尔多斯盆地以上三叠统延长组为主，在东北地区松辽盆地以白垩系青山口组、沙河子组为主，在渤海湾盆地以古近系沙河街组、孔店组为主。东部地区古近系、中部（鄂尔多斯盆地）三叠系、四川盆地（下侏罗统）等地层中，以青山口组、沙河街组、延长组和三叠系—侏罗系为重点层系。

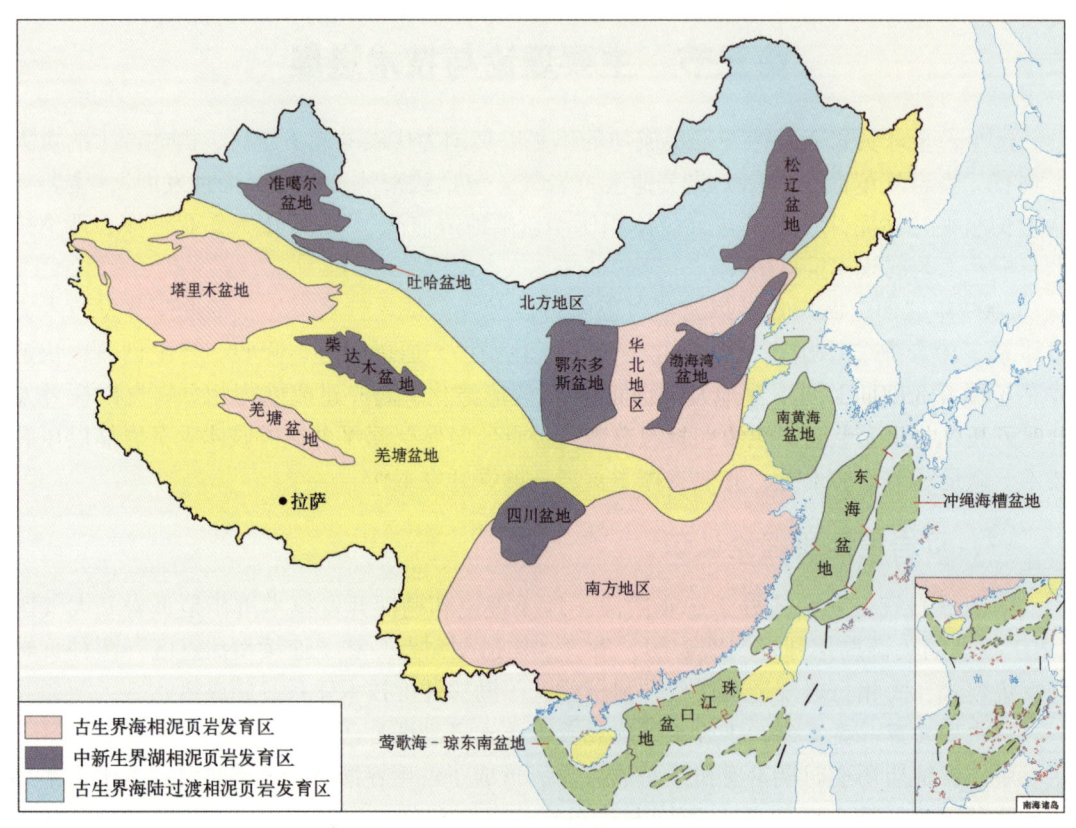

图 6-7　中国陆上 3 类页岩分布图

与北美地区相比，中国富有机质页岩的形成与分布非常复杂，不同区域、不同时期页岩气形成、成藏地质条件与富集主控因素差异大，具有"一深二杂三多"特点[9]，都具备页岩气形成富集基本地质条件，其中海相页岩气形成富集条件优越，页岩气勘探开发前景最为现实。"一深"是中国富有机质页岩埋藏深，据统计埋深超过 3500m 的页岩约占 65%。"二杂"是页岩演化历史复杂、地表条件复杂；演化历史复杂体现在演化时间长、经历期次多、改造强度大，其中热成熟度高、低差异大，南方地区海相页岩改造程度大；地表复杂是南方及中西部地区以山地、戈壁、沙漠等地貌为主。"三多"指页岩类型多、分布时代多、页岩气成藏及富集控制因素多。

中国南方五峰组—龙马溪组海相页岩为页岩气勘探重点层系，具有高 TOC、高脆性矿物含量、高孔隙度、高含气量等特征。

2. 发育"海洋雪"沉积相模式，深水陆棚相黑色页岩有机质最富集

缓慢沉降的稳定海盆、高海平面、半封闭水体和低沉积速率是海相富有机质页岩重要沉积模式，晚奥陶世—早志留世早期持续发育的大型深水陆棚沉积环境有利于黑色页岩发育，是富有机质页岩形成鼎盛期和页岩气"甜点段"发育关键期（图 6-8）。优质页岩厚 20~80m、TOC 为 2.0%~8.4%。

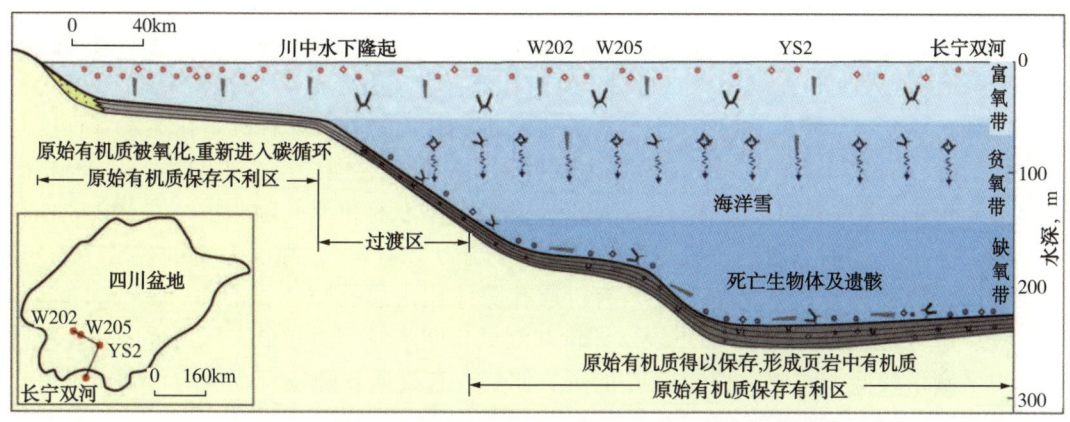

图 6-8　四川盆地五峰组—龙马溪组黑色页岩沉积相模式

五峰组沉积期，四川盆地及邻区形成了三隆夹一坳的古地理格局。中—上扬子地区出现了开口向北、水面辽阔的半封闭海湾，川南地区发育深水含钙质、硅质页岩，川东—川北地区发育深水硅质页岩。五峰组沉积早期（凯迪间冰期），气候温暖湿润，海平面上升至高位，海底出现大面积缺氧环境，藻类、放射虫、笔石等浮游生物生产率高，生物碎屑颗粒、有机质和黏土矿物等复合体以"海洋雪"方式缓慢沉降，形成富含有机质和生物硅的黏土质硅质页岩；五峰组沉积中晚期（即赫南特冰期），海平面下降（降幅为 50~100m），海水温度降低，以浮游生物为食物的笔石大量灭绝，在观音桥段中部，水中营养物质浓度剧增，营养物质浓度剧增，形成表层浮游生物勃发，底层有机质高埋藏率的滞留海盆，形成富含有机质和生物硅的硅质页岩、钙质硅质页岩。鲁丹早期，海平面再次快速上升，海域处于半封闭状态。坳陷中心出现大面积缺氧的深水陆棚环境，藻类、放射虫、笔石等浮游生物再次出现大繁盛，并以"海洋雪"方式缓慢沉积，以硅质页岩和钙质硅质页岩为主，坳陷周缘主体为浅水陆棚—滨岸相，发育贫有机质的黏土质页岩、钙质黏土质页岩和泥灰岩。鲁丹晚期—埃隆早期，海平面下降，陆源物质增多，表层水体浮游生物生产力降低，有机质保存条件表变差。

3. 纹层和页理发育，"四高"特征决定页岩气"甜点段"富集

纹层和页理发育：四川盆地五峰组—龙马溪组含气页岩普遍发育层理，其水平渗透率普遍高于 0.01mD（平均值为 1.33mD），远远高于对应相同深度的垂直渗透率（普遍低于 0.001 mD，平均值为 0.0032mD），二者相差超过 3 个数量级。含气页岩垂向上致密，垂直渗透率偏低，阻碍了页岩气垂向迅速逸散而有利保存；而水平层理（缝）发育大大改善了

页岩储层的水平渗流能力，且能够在水平井水力压裂改造后形成复杂裂缝网络，从而提高页岩气产量。

纳米级有机质孔隙丰富：页岩储层致密，纳米级孔喉系统发育，有机质孔丰富。有机质孔分为原始有机质孔隙和次生有机质孔隙两种，次生有机质孔隙的发育具有非均质性。随着有机质成熟度升高，有机质孔隙开始形成并且先增多再减少。R_o小于0.7%时有机质孔隙不发育，R_o达1.2%左右时，有机质孔隙开始形成，并随有机质成熟度增高而增加，当R_o大于2.0%以后，有机质孔隙度值总体呈减小趋势。页岩气"甜点段"以有机质孔隙为主，占总孔隙体积的50%以上，非"甜点段"孔隙类型以无机质孔隙、微裂隙为主，有机质孔隙体积占总孔隙体积的30.4%~35.4%。大量分析测试数据表明，页岩有机质体系内纳米级孔隙孔喉系统发育，为页岩气储集提供了大量有效空间。通过氩离子抛光电镜观察，中国蜀南五峰组—龙马溪组富有机质页岩孔隙直径集中分布于150~400nm，孔喉半径为10~30nm，页岩孔隙度为2%~8%，渗透率为2×10^{-5}~1.73mD。有机质孔隙发育程度与页岩含气性、单井产量、可采储量呈正比关系。五峰组—龙马溪组"甜点段"平均有机碳含量为3.39%，平均孔隙度为4.31%~7.80%，孔隙类型以有机质孔隙为主，占总孔隙体积的50%以上；非"甜点段"有机碳含量较低，平均为1.50%，孔隙度为3.38%~5.12%，孔隙类型以无机质孔隙、微裂隙为主，有机质孔隙体积占总孔隙体积的30.4%~35.4%。与"甜点段"开发井相比，非"甜点段"评价井测试初期产量相对较低，压力递减快，单井预测可采储量较低。同样，相同TOC的页岩储层，有机质孔隙发育程度与单井产量呈正比关系。

高有机碳含量、高硅质含量、高孔隙度和高含气性："甜点段"有机碳含量普遍大于4%，个别层位小于2%，平均有机碳含量大于3%。硅质平均含量高达60%左右，硅质放射虫骨架、硅质海绵骨针构成的生物成因石英含量占硅质含量的67%~90%。其他层位页岩平均硅质含量为42%~53%，硅质成分以碎屑石英为主。"甜点段"平均孔隙度大于5%，基质孔隙直径平均大于7nm，孔隙类型以有机质孔隙为主，占总孔隙度的50%以上。非"甜点段"储集空间以无机质孔隙为主，有机质孔隙含量较低，孔隙之间的连通性差，孔隙度值2.44%。"甜点段"平均含气量大于6 m^3/t，含气饱和度为67%~77%，明显高于TOC平均值小于2%的页岩。

4. 发育两类富集模式，保存条件是"构造型甜点"地质评价关键

五峰组—龙马溪组发育"构造型甜点"和"连续型甜点区"两类页岩气富集模式[5]（图6-9）。"构造型甜点"以焦石坝页岩气田为代表，具有构造边缘复杂、内部稳定、裂缝发育等特点。"连续型甜点区"以威远—富顺—永川—长宁页岩气区为代表，属盆地内大型凹陷中心和构造斜坡区，面积大、稳定、连续分布。无论哪种富集模式，其富集高产均受"沉积环境、有机质热演化程度、孔缝发育程度和构造保存"4大因素控制，特殊性在于高演化（R_o为2.0%~3.5%）和超高压（压力系数1.3~2.1）：（1）半深水—深水陆棚相控制了富有机质、生物硅质—钙质页岩规模分布；（2）富有机质页岩TOC高、类型好，处于有效热裂解气范围，控制了有效气源供给；（3）富生物成因硅质页岩脆性好，易发育基质孔隙、页理缝及构造缝，为页岩气富集提供充足空间；（4）拥有良好的储盖组合及处在构造相对稳定区，原油裂解气和储层经埋设后抬升但保存状态始终较好，形成页岩气"超压封存箱"。

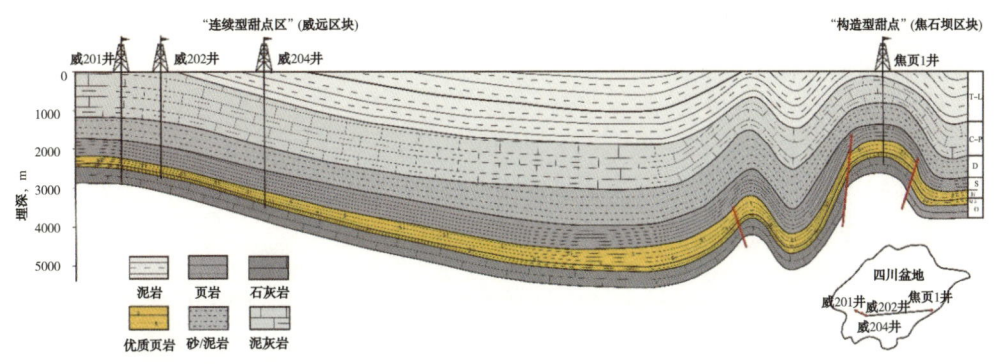

图 6-9 四川盆地页岩气"构造型甜点"与"连续型甜点区"聚集样式图

影响页岩气保存条件的地质因素较多，主要包括页岩自身封闭性与顶底板条件、构造作用下的改造时间与改造强度等。页岩储层具有高孔隙、低渗透性的特征，在构造应力作用下，页岩的岩石物理特性与早期层理控制了裂缝的发育程度，并对页岩储集性以及页岩气的保存产生影响。页岩顶底板指直接与含气页岩接触的上覆和下伏地层，其与含气页岩的接触关系以及是否具有高突破压力对页岩气的保存十分关键。构造深埋作用对泥页岩本身、顶底板的封闭性带来挑战，如果泥页岩本身及顶底板突破压力低，就会造成页岩气散失。在构造抬升作用下，页岩储层抬升幅度的大小、抬升作用的期次、抬升作用发生时间的早晚以及持续时间的长短都会对页岩气保存条件产生影响。断裂与裂缝作用对页岩气单井产量的影响十分明显。

5. 页岩气"经济甜点区"优选需地质、工程、效益一体化评价

海相页岩气富集高产"经济甜点区"需具备地质上"含气性优"、工程上"可压性优"、效益上"效益性优"，即"又甜、又脆、又好"三优特征。地质甜点是要明确页岩气最富集的空间分布范围；工程甜点是在优选出的"地质甜点区/段"中，优选出最利于水平井分段压裂施工的层位和平面区域；效益甜点是在页岩气获得勘探发现后，通过对施工参数经济性评价，明确开发技术政策，实现页岩气开发效益最大化。根据长宁、涪陵等页岩气田五峰组—龙马溪组产层特征，提出地质上"四高"（高 TOC、高含气量、高孔隙度、高地层压力）、"两发育"（页岩页/层理、天然微裂缝）是确定页岩气富集段与水平井轨迹的关键指标；工程条件以脆性指数高、地应力差小为好；地表简单、目的层埋深适中、管网较完善、气价合理、政策支持到位等是页岩气的关键经济指标。建立了有利埋深 2000~4000m 的海相页岩气"经济甜点区"评选条件与分类指标，Ⅰ类为经济性最好区带，Ⅱ类为次经济性区带，二者均为页岩气勘探开发重点目标，Ⅲ类区带的经济性较差，通常作为远景区带。

二、地质综合评价技术

地质综合评价技术主要包括测井储层评价技术、地震储层评价技术、页岩储层实验测试评价、页岩气评层选区技术、页岩气资源评价技术等综合评价方法。

1. 测井技术

1）测井响应分析技术

优质页岩气层具有自然伽马强度高、电阻率大、补偿中子低、地层体积密度低、声波

时差高和光电效应低等测井响应特征。利用测井曲线形态和测井曲线幅值相对大小可以快速直观地识别页岩气储层[10]。

2）储层特征参数评价技术

（1）物性参数评价。

页岩气储层主要包括有机质内的纳米级孔，黏土矿物晶间孔、层间孔，石英长石等矿物粒间孔以及页理缝等微裂缝等孔隙空间（图6-10）。

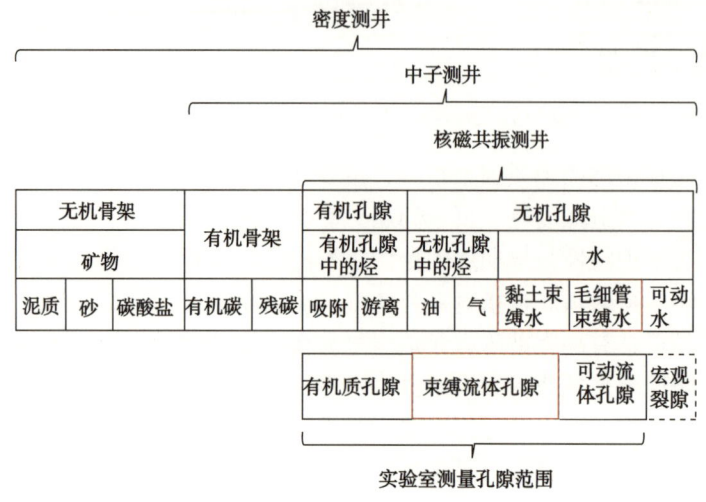

图6-10 页岩各组分及测井响应范围

有机孔孔隙度计算采用Dicman Alfred模型[11]，通过研究不同热成熟的页岩，获得页岩R_o与干酪根密度存在较好的幂指数关系。

无机孔孔隙度计算现有测井评价方法主要有中子密度交汇法、核磁共振法等。核磁共振资料处理流程包括回波生成、T_2谱反演，总孔隙度计算等步骤。

（2）有机碳含量测井评价。

自然伽马能谱法：页岩地层TOC高的高伽马异常主要是由能谱中高铀（U）引起，通过测量地层中放射性铀含量，可以间接地评价地层中有机质的富集程度（图6-11）。

密度曲线计算TOC方法：有机质密度变化范围在1.2~1.8g/cm^3，远小于石英、方解石等骨架矿物密度，利用有机质低密度特性可开展TOC测井评价（图6-12）。

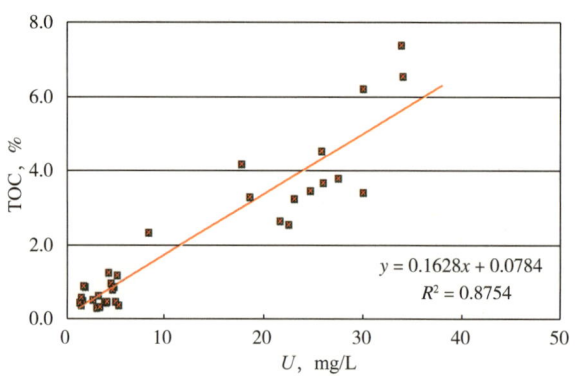

图6-11 昭104井TOC与铀曲线值关系

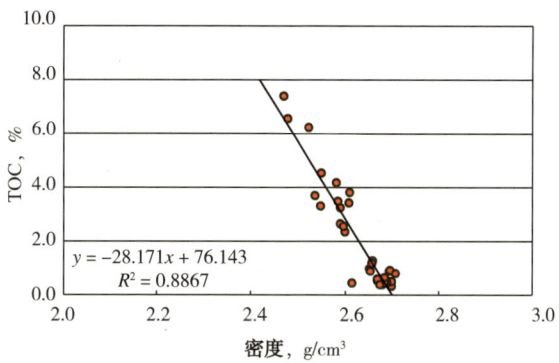

图 6-12　昭 104 井 TOC 与密度测井值关系

声波曲线计算 TOC 方法：根据声波实验结果，纵波时差测量值与 TOC 关系具有强正相关关系，横波时差与 TOC 也呈现正相关。

$\Delta \log R$ 方法：该方法是埃克森美孚公司自 1979 年以来研究并经试验获得，已在世界上许多井中都得以成功应用，在较大成熟度范围内能精确预测 TOC。

（3）岩石矿物组分分析。

目前用于分析页岩气储层矿物组分的测井方法主要有元素俘获能谱测井（ECS）、自然能谱测井（NGS）、密度、中子测井等和有效光电截面吸收指数（Pe）测井资料。

ECS 测井脆性矿物含量计算方法：当前页岩气脆性矿物含量评价技术主要依赖于 Schlumberger 公司的 ECS 元素俘获测井技术。

自然伽马能谱法：一般而言，自然伽马曲线是测井计算泥质含量最灵敏曲线，两者具有较高的相关性（图 6-13）。

岩性密度 Pe 曲线计算矿物含量方法：Pe 曲线是很好的岩性指示曲线，不同岩石（矿物）在 Pe 曲线上具有不同的响应值（图 6-14）。

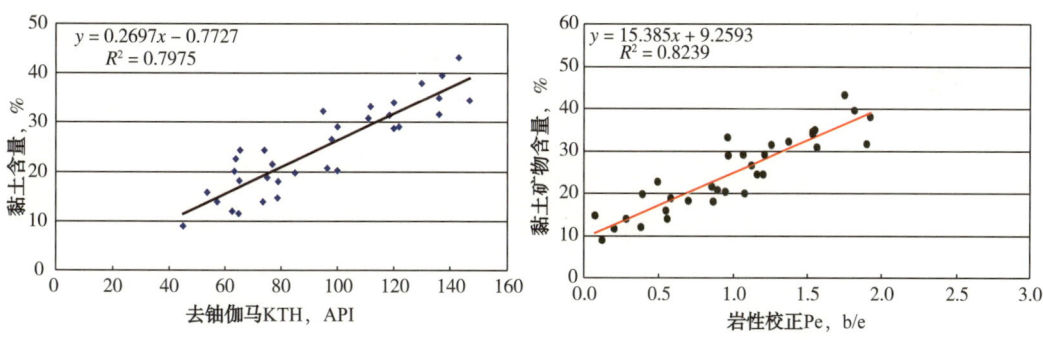

图 6-13　去铀伽马与黏土含量交会图　　图 6-14　岩性校正后 Pe 与黏土含量交会图

3）储层可压裂性评价技术

（1）储层岩石力学参数评价。

储层的岩石力学评价主要包括岩石弹性参数、地应力方位和大小，用到的测井技术有阵列声波测井、微电阻率成像测井和双井径测井等。

（2）脆性评价。

目前有基于岩石的脆性指数计算、基于岩石弹性参数的脆性指数计算和声波矿物组合法脆性指数计算三种方法。

（3）裂缝识别与评价。

考虑到页岩地层低阻背景特征，利用电阻率成像测井资料，可以有效识别页理缝及高阻裂缝，但是对于开启的低阻缝较难识别。

4）储层含气性参数评价技术

（1）吸附气含量计算。

国内外普遍采用岩心实验标定的兰格缪尔方程进行计算，现提出对页岩气储层类型可分为封闭型和开启型，对于不同储层类型的吸附气含量建立不同的评价方法。

（2）游离气含量计算。

游离气含量计算的关键参数为孔隙度和饱和度，现已开展岩电实验，对页岩气储层饱和度模型进行研究。

2. 地震技术

1）页岩气储层地震资料采集与处理技术

高品质的地震资料是页岩气储层预测的基础，中国目前重点开展的南方海相页岩气勘探区域地震地质条件相对复杂，激发条件较差；页岩层上覆和下伏构造复杂；储层相对较厚，但埋藏相对较浅，波阻抗差小，反射能量弱。因此，提高地震资料信噪比和分辨率，有效改善地震资料品质尤为重要。

中国石油在地震采集中，主要开展了三个方面的攻关：一是优选针对目的层的覆盖次数、道距、最大炮检距等参数；二是在保证足够信噪比的基础上，优选适合该区的最佳激发参数；三是优选组合串数、组合基距、组合图形等接收参数（图6—15）。在地震处理方面，各向异性是页岩气储层最重要的特征，现行页岩探区地震资料处理方法大多建立在地震各向同性的基础上[12]。

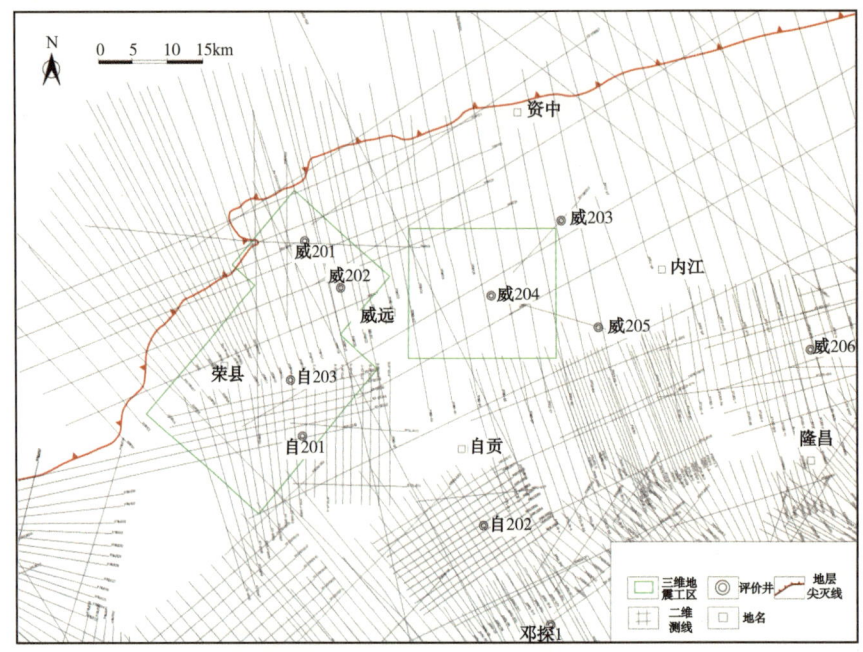

图6—15　威远页岩气田地震测网图

2）页岩气储层地震识别与综合预测技术

在勘探阶段，应用页岩气地震技术主要解决资源评价和选区问题。在开发阶段，应用页岩气地震技术主要解决储层物性问题，直接为钻井和压裂工程技术服务[12]。

（1）"甜点"预测技术。

页岩气储层"甜点"的平面分布预测则主要依赖于地震技术，具体地震勘探任务包括查明页岩层的深度、厚度、分布范围、产状形态，寻找页岩层内有机质丰度高、裂缝发育、渗透性好、脆性大的部位。

储层埋深预测技术：一种是通过高程图+构造图即可完成埋深图的编制；另一种是利用地震测量高程，结合时深转换深度进行计算，再网格成图。

储层厚度预测技术：除了通过储层顶底构造图相减获得储层厚度平面分布；还可通过岩石物理分析确定优质页岩储层敏感参数，进行反演，计算符合条件的样点数，乘以采样间隔和速度获得优质页岩储层厚度；也可通过拟声波曲线重构（重构的曲线具有低频声波及高频自然伽马信息），对优质页岩层进行厚度的预测。

TOC 地震预测技术：首先，通过地震岩石物理分析寻找 TOC 敏感参数并建立其与 TOC 的拟合关系；然后，通过叠前反演方法求得敏感参数体；最后，将敏感参数体转化为 TOC 数据体，从而定量预测 TOC 的纵向、横向展布。

储层脆性地震预测技术：通过叠前反演可得到杨氏模量和泊松比数据体，在此基础上计算脆性指数，预测脆性地层平面展布。

（2）烃类检测技术。

叠后波阻抗反演：在页岩层的地质模型约束下拾取页岩层波阻抗数据，其波阻抗低值区代表低密度或低速区，也是预测的储层含气区。

叠前 AVO 反演：由于页岩气富集，导致储层体积密度减小、弹性波速度降低，对含气性检测参数具有明显的影响，利用不同的 AVO 弹性参数及其交会图，可以很好地区分页岩气层与上下围岩。

叠前弹性阻抗反演：杨氏模量与密度乘积能够突显页岩气储层的异常特征，泊松比能够指示储层的含流体性。基于此二者的叠前纵横波联合反演可以获得更加精确的弹性参数，为页岩气储层识别和流体预测提供可靠的依据[13]。

（3）裂缝预测技术。

裂缝预测是页岩气勘探开发中的一项关键技术。目前常用的技术有曲率、相干体、方差等多属性裂缝检测技术，各向异性检测技术，转换横波分裂技术，蚂蚁追踪等。

相干体技术：利用地震相干体可预测含气页岩裂缝密度、方位、强度及地层最大水平主应力方向等。

曲率体技术：曲面的构造主曲率越大，就越弯曲，就越容易产生裂缝，因此构造主曲率在一定程度上反映了裂缝的分布。

蚂蚁追踪技术：基于蚂蚁算法，在地震数据中，"蚂蚁"根据地震振幅及相位之间的差异，沿着可能的断层和裂缝向前移动，直至将其完全刻画出来。

3）各向异性特征检测技术

页岩气储层具有强各向异性特征，大部分表现为具有垂直对称轴的横向各向同性（VTI）。页岩气储层的各向异性特征引起各种地震属性参数的变化，包括由岩性、裂缝、应力、流体饱和度、孔隙压力相互作用所引起的地下地震波速度以及各种弹性参数的变化等。

不平衡的水平应力和垂向上排列的裂缝会引起地震速度随激发—接收方位不同而变化，因此应用方位速度分析可以衡量出速度随方位的变化以及确定方位速度各向异性属性。通过这些研究还可提供有关应力场和天然裂缝系统的信息，帮助预测可能存在最优应力环境的区域[12]。

3. 页岩储层实验测试技术

页岩气分析实验技术体系包含页岩有机地球化学测试技术、页岩岩石矿物分析技术、页岩孔隙结构评价技术、页岩含气性测试与评价技术、页岩岩石力学特征测试技术、页岩岩石物性测试技术等6类页岩储层关键参数分析方法。

1）页岩有机地球化学测试技术

该技术包括有机碳分析、有机质类型、成熟度分析，用以确定页岩气生气物质基础。有机碳测试采用氯仿沥青"A"测定法、热解气相色谱法、燃烧法和碳硫测定法，以碳硫法应用最为广泛。有机质类型评价主要包括干酪根同位素、岩石热解分析、干酪根元素比、干酪根显微组分鉴定等。有机质成熟度可通过温度指数、干酪根自由基含量、可溶物抽提物化学组成特征、镜质组反射率、岩石热解参数表征。

2）页岩岩石矿物分析技术

矿物组成研究是泥页岩储层评价的重要内容，研究方法已由传统的薄片、X射线衍射分析向QEMSCAN、XRF、CT等发展。多方法结合可对储层矿物组成与分布进行较为全面的评价。由于泥页岩颗粒细小（粒径小于62.5μm），传统的薄片分析已经很难对岩石结构进行分析。X射线衍射分析是矿物组成评价的常见手段，主要测定页岩中黏土矿物、碳酸盐矿物、钾长石、斜长石、石英等矿物含量。QEMSCAN、XRF等基于扫描电镜的分析手段是岩石微观结构研究的重要手段。

QEMSCAN分析是基于扫描电镜能谱扫描分析，通过较大视域能谱逐点扫描，分析元素组成，并与矿物数据库比对实现对矿物成分的识别，最终形成矿物平面展布图。通过研究不同矿物与有机质分布的关系、黏土矿物共生类型及与脆性矿物的接触关系，进一步厘定泥页岩储层成岩演化阶段及关键性质，为后期储层岩石力学性质研究和压裂改造提供参考依据。

3）页岩孔隙结构评价技术

孔隙结构研究是泥页岩储层有效性评价的核心，主要包括对孔隙类型、孔隙大小、空间展布、连通性等特征进行描述，包括孔隙结构的定性表征和定量表征。目前研究维度包括二维平面和三维空间，既包括静态的描述与表征，又包括对孔隙系统演化的认识。通过孔隙系统展布特征的研究，明确页岩储集空间在时间与空间背景下的演化特征，对明确有利储层发育主控因素与空间预测具有重要参考价值。

定性表征法为直接观测研究储层内孔隙在二维平面与三维空间内的大小、形态与分布。在二维方面，按照分辨率从低到高，常用设备包括放大镜、光学显微镜、钨灯丝扫描电镜、场发射扫描电镜等，研究尺度涵盖了纳米级到毫米级；在三维方面，按照分辨率从低到高，常用的设备包括工业CT、微米CT、纳米CT、同步辐射及聚焦离子束场发射扫描电镜、原子力显微镜（AFM）等[14, 15]。

定量表征方法又称间接测量法，基于物理化学平衡原理，借助流体介质，实现对孔隙结构的测量。目前主要的方法包括物性测试、压汞法、低温氮气或 CO_2 气体吸附、核磁共振等（图 6-16），研究尺度从纳米级到毫米级[15]。由于每种定量方法工作原理不同，得到的数据也略有差异。

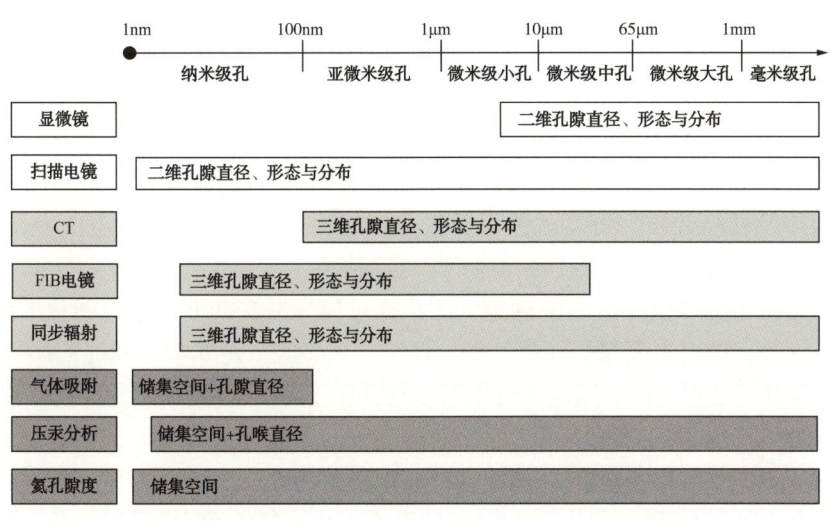

图 6-16　泥页岩孔隙结构表征技术及有效范围

4）页岩含气性测试与评价技术

该技术包括含气量、等温吸附、气体组分及同位素分析测试等方法。含气量是页岩含气性评价、储量预测的关键参数。目前国内外主要采用解吸法测定页岩含气量，包括损失气量、解吸气量和残余气量。等温吸附实验室是在相同温度、不同压力条件下进行吸附实验，获得等温吸附曲线，并根据朗格缪尔单分子层吸附理论，计算出表征页岩对气体吸附特性的朗格缪尔体积和朗格缪尔压力。气样在含气量测定过程中采用排饱和盐水直接法采集。气体组分对页岩气开发的经济评价十分重要，甲烷同位素数据可用于页岩气成因、来源、储层连续性及区域分布等研究[16]。

5）页岩岩石力学特征测试技术

页岩气开发需要对储层进行压裂改造，岩石力学性质用于"甜点段"选层和压裂设计，也是储层评价的重要内容之一。岩石力学性质一般通过三轴或单轴力学实验获取动态或静态下的弹性模量、泊松比、抗压强度、抗拉强度、软化系数等岩石力学参数，测试参考 GB/T 23561。为避免岩石结构及力学性质发生较大变化，多采用冷冻法保存岩心和液氮钻取制样技术。

静态岩石力学参数性质包括应力参数和弹性参数。应力参数包括岩石变形特征和强度特征，由单轴或三轴试验机上所得到的应力—应变曲线描述。弹性参数包括杨氏模量、泊松比等，通过井里法（静载压缩试验）和动力法（声波法）获得。

动态岩石力学参数为采用超声脉冲透射法，测量纵波或横波沿岩样长度方向的传播时间，计算岩样的纵波速度、横波速度。利用岩样的体积密度和纵波速度、横波速度计算其动态弹性模量。将岩样装置固定于夹持器中，岩样轴线平行于声波入射方向。测试设备除了夹持器外，还需具备脉冲发生器、换能器、显示和计时装置和加温系统。

6）页岩岩石物性测试技术

该技术包括孔隙度、渗透率、真密度、块体密度、氩离子抛光—扫描电镜、CT、比表面积、孔径分布、核磁共振等分析。主要用来研究页岩气储层空间和流体运移通道。

孔隙度直接控制游离气含量，渗透率判断页岩气是否具有开发经济价值。孔隙度测试有波义耳定律双室法、压汞、气体吸附、核磁共振、扫描电镜等方法。页岩的孔隙度和渗透率测试，国外最常用的是美国天然气研究协会研发的 GRI 法，利用 Dean–Stark 法抽提饱和度，根据颗粒密度与块体密度计算孔隙度，采用压力脉冲衰减法测试岩心渗透率和基质渗透率。

核磁共振方法中，由于孔隙内流体的弛豫时间和平均孔径相互对应，利用 T_2 分布可以评价孔隙大小及孔径分布。可动流体百分数能更好评价页岩气储层渗流能力及开发潜力。

4. 页岩气评层选区技术

页岩气资源富集"核心区"的确定，关系到页岩气勘探初期，是否能找准最富集的目标，突破出气关，进而实现规模经济开发。评选"核心区"是非常规油气勘探研究的核心，贯穿整个勘探开发过程。评层选区主要用来预测页岩气储层"甜点区"，优选"甜点层段"。

页岩气地质评价目的是获取页岩储层有效厚度与面积、岩石矿物成分、岩石物性、有机地球化学、含气性、岩石力学等关键参数，编制关键地质图件，根据区域地质特点，确定各项参数标准，综合判识和优选页岩气富集区。页岩气"甜点"包括地质"甜点"、工程"甜点"、经济"甜点"。地质"甜点"着眼于烃源岩、储层与裂缝、局部构造等综合评价，工程甜点着眼于埋深、压力系数、岩石可压性、地应力各向异性综合评价，经济"甜点"着眼于资源规模、地面条件等评价。

"甜点区"评价包括 5 项关键技术。（1）烃源岩"甜点区"预测技术：通过岩样测试、声波＋电阻率计算、核磁共振＋密度法等综合评价纵向烃源岩"甜点"分布，连井对比结合沉积相、地震相分析，明确烃源岩"甜点"平面分布特征。（2）储层"甜点区"预测技术：综合岩心实测物性资料与有利目的层段的沉积相、成岩相研究，进行孔、渗分布等多图叠合，确定储层"甜点区"。（3）脆性评价与预测技术：通过 X 射线衍射等方法进行矿物组分分析，结合应力实验及动态测井脆性分析确定有利层段，利用叠前地震属性反演确定平面分布。（4）地应力评价技术：通过岩石力学实验结合阵列声波等测井资料，计算岩石弹性模量，提供孔隙压力、上覆岩层压力、最大或最小水平应力等参数，指导井眼轨迹设计、确定压裂方式和规模。（5）"甜点区"地震属性综合预测技术：利用多参数交会分析与叠前弹性反演，确定岩性、孔隙度、脆性等关键参数的平面分布；利用叠后多属性裂缝预测技术，预测和解释裂缝发育区；集成岩性、物性、脆性等多参数分析，预测"甜点区"分布。

三、水平井优快钻井技术

页岩气钻井过程中存在井漏、垮塌、钻速低、周期长、成本高、油基钻井液依赖进口、长水平段水平井技术不成熟、固井质量低等诸多难点和挑战。中国石油通过技术攻关和积极试验集成钻井工艺技术，持续改进井身结构、优化井眼轨迹、提高机械钻速、自主研制油基钻井液、发展地质工程一体化导向、提高固井质量，实现了页岩气水平井安全快速钻井的目标。现场试验显示钻井周期降低 50%，完钻水平段长超过 2000m，Ⅰ类储层钻遇率超过95%，固井优质率达87%。针对长水平井优快钻井技术形成了井身结构设计、井眼轨迹优化、钻井提速、钻井液、地质工程一体化导向和水平井固井六个技术子序列。

1. 井身结构设计技术

水平井井身结构设计经历了三个阶段的持续优化。第一阶段采用"三开三完"井身结构设计，受页岩储层井壁失稳机理认识和钻井液技术限制，实钻过程中龙马溪组页岩垮塌严重（宁201-H1井）。该井钻进至3447.17m发生卡钻故障，处理未果后从井深2150m开始侧钻至完钻井深3790m，全井钻井周期156.22d，非生产时效占比60.24%。

第二阶段采用非标井身结构，将技术套管下至龙马溪组接近A点，实施龙马溪组水平段专打（长宁H2-1井、长宁H2-2井、长宁H2-3井、长宁H2-4井、长宁H3-1井、长宁H3-2井、长宁H3-3井）。实钻过程中井壁稳定，平均钻井周期63.5d，非生产时效占比下降至4.90%。该套井身结构能有效维持页岩层井壁稳定性，有利于井下安全钻进，但也存在韩家店组—石牛栏组高研磨性地层机械钻速慢、气体钻提速受限、大尺寸井眼定向耗时费力等弊端。

第三阶段通过国外技术引进和合作，油基钻井液技术逐渐成熟，解决了龙马溪组页岩井壁垮塌难题。井身结构将技术套管下至韩家店组顶，215.9mm井眼韩家店组—石牛栏组高研磨性地层采用气体钻井提速，钻至龙马溪组顶再倒换成钻井液开始造斜定向。实钻过程中提速效果显著，长宁H3-5井完钻周期33.7d，创造了长宁气田最短钻井周期记录。

井身结构为"三开三完"常规井身结构，采用139.7mm油层套管，满足大排量体积压裂的需要。针对宁201井区将技术套管上移至中志留统韩家店组顶部，为韩家店组—下志留统石牛栏组难钻地层采用氮气钻井创造条件。增下导管解决宁201井区部分山地井的表层漏垮复杂难题，长宁H13平台地表为上三叠统须家河组堆积体，漏、垮、出水、卡钻频繁，井身结构调整为增下三层导管（图6-17）。威201井、威202井区技术套管上移至龙马溪组顶部，充分发挥旋转导向工具提速作用。

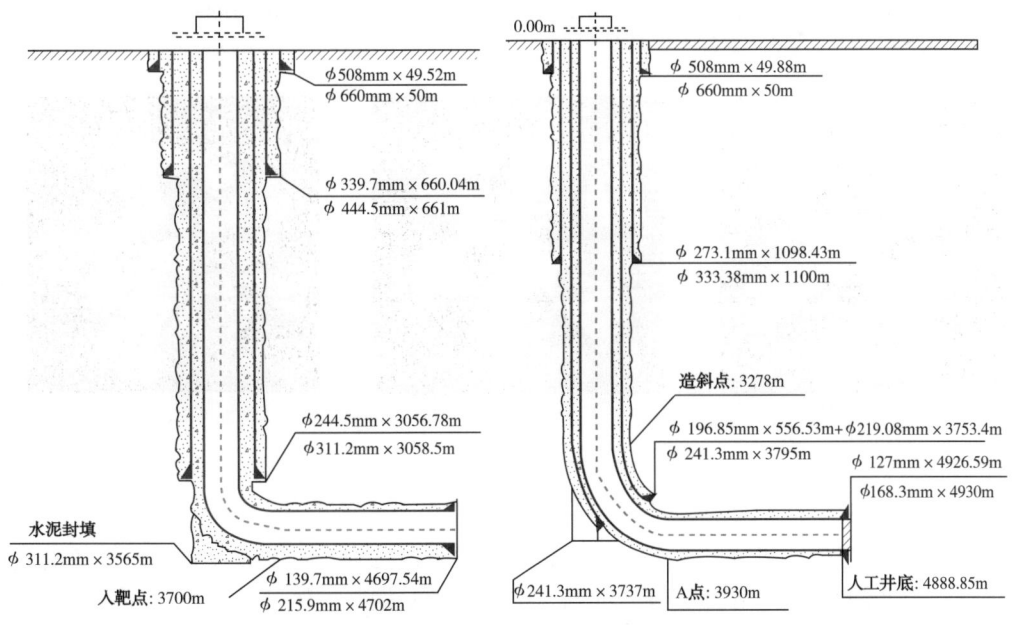

图6-17 威远区块两口典型页岩气水平井井身结构图

2. 井眼轨迹优化技术

随钻测井（LWD）、地质导向技术与工具的进步实现了对页岩气水平井轨迹的实时控制与优化。直井段采用"螺杆 + PDC 钻头"钻具组合。上部井段采用直螺杆复合钻进，下部易斜井段采用弯螺杆复合钻进，通过实时监测调整井眼轨迹，在确保井斜和轨迹控制条件下有效提高机械钻速。定向增斜井段采用弯螺杆钻具组合，按设定井眼轨迹合理控制造斜率。采用稳斜探顶和复合入窗的控制方式优化入窗轨迹，灵活调整垂深和应对储层变化。水平段广泛应用地质导向技术。钻前构建地质模型，利用实钻伽马曲线识别轨迹与地层切割关系，将钻进轨迹控制在箱体范围内。结合钻遇地层特征及录井地震等资料综合判断钻遇地层的倾角变化，有效提高储层钻遇率。

优化形成以"双二维"为主、龙马溪组顶集中增扭为辅的丛式井组大偏移距三维井眼轨迹设计方案。将造斜点下移至龙马溪组，增斜率提高至 8°/30m，石牛栏组—韩家店组复杂地层不定向，采用气体钻井提速。采用高造斜率旋转导向工具进行增斜扭方位着陆段作业，井下作业风险显著降低。水平段采用旋转导向或螺杆钻具组合进行钻进。"双二维"井眼轨迹方案将三维井眼轨迹剖面分解为"双二维"井眼剖面，上部"预增斜"即完成横向位移，降低了井碰风险，在水平段所在铅垂面内完成增斜及水平段作业，理论上可避免扭方位，减小摩阻，井眼轨迹控制难度降低，实钻狗腿度较低。

3. 钻井提速技术

通过持续优化，形成了以"PDC 钻头 + 长寿命螺杆 + 旋转导向 + 油基钻井液 + 气体钻井"为核心的钻井提速技术。形成了成熟 PDC 钻头序列（图 6-18），威远地区平均机械钻速提高 107%，长宁地区平均机械钻速提高 61.8%，长宁 H3-5 井创造了 5 只 PDC 钻头钻完全井进尺的纪录。针对表层易井漏层段，采用气体钻井技术提速、治漏，同比常规钻井单井减少漏失 2242m。上部地层采用"PDC+ 螺杆 +LWD"防碰绕障提速，同比 PDC 钻头其机械钻速提高 30%。韩家店—石牛栏组高研磨地层开展气体钻井提速，机械钻速比常规钻井提高超过两倍，节约钻井周期 10d 以上。造斜段应用旋转导向技术，平均机械钻速提高了 52%。

(a) MDSI716　　　　　(b) MDSI616　　　　　(c) MDSI516

图 6-18　MDSI 系列金刚石钻头图

4. 钻井液技术

基于页岩储层失稳机理，充分吸收消化国内外先进技术，自主研发并批量生产出乳化剂、封堵剂、降滤失剂等 6 种关键处理剂。形成了油基钻井液体系，性能达到国际大公司同等水平，现场应用 42 井次。单井油基钻井液费用（按 $300m^3$ 消耗计算）与钻井液引入费用相比成本可降低21%。为缓解油基岩屑环保处理压力，进一步扩大高性能水基钻井液应用范围，目前已在长宁—威远区块21口井水平段成功试验高性能水基钻井液，提高了机械钻速，缩短了钻井周期，降低了环保风险。

5. 地质工程一体化导向技术

全面推广页岩气水平井"自然伽马+元素录井+旋转导向"地质工程一体化钻井技术，显著提高了Ⅰ类储层钻遇率。长宁区块钻遇率由47.3%提高到96.5%，威远区块钻遇率由37.1%提高至94.9%。足201-H1井为目前国内最深页岩气井，垂深4374.35 m，完钻井深6038m，水平段长1503m，应用"自然伽马+元素录井+旋转导向"地质工程一体化技术，储层钻遇率达100%，其中Ⅰ类储层占比96.4%，Ⅱ类储层占比3.6%，无Ⅲ类储层。

6. 页岩气水平井固井技术

目前水平井是国内外页岩气开发的主要钻井方式，页岩气储层特征及钻完井工艺特点使页岩气水平井固井时面临以下三个方面的技术难点。（1）油基钻井液的置换及界面清洗困难，顶替效率不高。由于页岩地层的井壁稳定性问题和储层保护问题比较突出，页岩气水平井在页岩层段多采用油基钻井液钻进，固井前必须清洗井筒，将井筒内的油基钻井液循环、置换干净。但油基钻井液黏度高、附着力强，井筒内油基钻井液难以充分循环、驱替干净，固井时井壁与套管壁一二界面胶结效果较差，固井质量差，从而严重影响后续储层压裂改造。（2）水平段管串下入难度大。页岩气水平井水平段长，大斜度井段、水平井段钻具受力状况导致水平井眼呈椭圆形，套管串下入时摩阻较大、易阻卡，套管串难以顺利下至预定井深处。（3）对水泥浆性能及固井工艺要求较高。页岩气井固井不仅要考虑层间封隔效果，还要考虑后续的压裂增产措施。固井要求水泥浆稳定性要好、无沉降、失水量小，流变性控制合理、稠化时间控制得当，水化体积收缩率小，具有良好的防气窜能力。页岩气水平井井眼周围地应力复杂、套管居中度低，易导致水泥环不规则，射孔和压裂施工时容易导致水泥环开裂破坏。将严重影响压裂效果和产能。

中国石油通过"十二五"攻关，形成了以长水平段下套管、高效冲洗隔离液、微膨胀韧性水泥浆体系、预应力固井为核心的页岩气长水平段油基钻井液固井技术。水泥塞长度缩短25%，固井优质率由64%提高到87%。针对水平井油基钻井液固井技术主要包括三维井眼轨迹剖面优化、通井钻具组合优化、顶驱下套管技术、冲洗隔离液配方及工艺技术、微膨胀韧性水泥浆体系、防气窜固井技术、水泥浆力学性能改善技术和精准碰压胶塞。固井过程中表层套管采用双胶塞正注水泥浆，若井漏采用正注反挤工艺。技术套管采用高密度前置液+双凝水泥浆体系+双胶塞近平衡固井工艺，若井漏采用环空反挤工艺。油层套管主要采用了双胶塞、预应力、韧性防气窜水泥浆固井工艺技术。

四、水平井体积压裂技术

页岩气的最终采收率依赖于有效的压裂技术，压裂改造效果直接影响着页岩气开发的经济效益。"十一五"期间页岩气体积改造存在常规压裂设计方法不适用于体积压裂，主体压裂技术未定型，单井产量未突破，压裂施工参数无法实时调整优化，针对性有待提高，水平井分段压裂工具、液体主要依靠引进，套管变形制约压裂施工成功率和压裂效果等难点。"十二五"期间中国石油通过攻关，基本解决了体积压裂设计技术不成熟、压裂主体技术未形成、水平井分段工具和液体依靠引进等问题，实现了单井产量大幅提高，发展完善了页岩气地质工程一体化压裂设计技术，提高了压裂设计与地质特征适应性；形成埋深3500m以浅体积压裂工艺技术及施工配套技术，单井产量大幅提高。

中国石油页岩气储层改造经历了4个阶段。2011年以前为借鉴探索阶段，通过借鉴北美地区页岩气开发经验，国内自主开展直井体积压裂设计及现场试验。2012年为引进吸收阶段，通过引进北美技术和分段改造工具，安东—贝克、哈里伯顿、斯伦贝谢等国际服务公司开展水平井分段压裂设计及现场服务。2013—2014年为自主创新阶段，采用自主研发工具及材料，国内自主开展水平井分段压裂设计和现场试验，并在现场开展了同步压裂及交错压裂的试验。2014年至今为完善提高阶段，采用自主压裂设备、配套工具及压裂材料开展"工厂化"作业。

从借鉴北美地区体积压裂设计技术起步，逐步形成了页岩气地质工程一体化精细压裂设计技术，形成埋深3500m以浅体积压裂工艺技术及施工配套技术，基本解决了水平应力差大、缝网形成困难等压裂难题，有效提高了储层改造体积和裂缝复杂程度，单井产量大幅提高。实现了压裂关键工具与液体的国产化，大幅降低了作业成本。全面推广地质工程一体化精细压裂设计技术，提高压裂方案的针对性。综合利用三维地震预测、录井、测井、固井等成果对水平段的储层品质和完井品质进行综合评价，根据评价结果进行精细分段。将物性参数相近、应力差异较小、固井质量相当、位于同一小层的井段作为同一段进行压裂改造。优选脆性高、含气量高、最小水平主应力低的位置进行射孔，平台相邻井之间采用错位布缝。对于水平段偏离优质页岩的井段采用定向射孔，确保优质页岩有效改造。根据不同压裂段的储层特征，差异化设计压裂液和支撑剂组合、排量及泵注程序。

1. 分段多簇射孔技术

"分段多簇"射孔实施应力干扰是实现体积改造的技术关键。常规水平井分段压裂进行段间距优化时采用单段射孔，单段压裂模式，避免缝间干扰；体积改造时优化段间距则采用"分段多簇"射孔，多段一起压裂模式利用缝间干扰促使裂缝转向，产生复杂缝网。分段多簇射孔基本特点为一次装弹、电缆传输、液体输送、桥塞脱离、分级引爆，排量通常为 $16m^3/min$，单孔流量 $0.27m^3/min$，主要包括桥塞以及射孔枪定位技术、桥塞与射孔枪分离技术、分级引爆技术。每段的射孔孔眼数以施工中孔眼摩阻最小为选择标准（图6-19）。

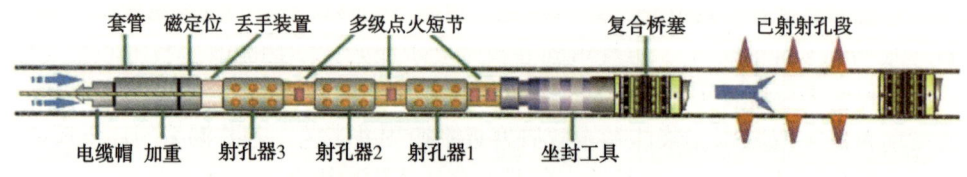

图6-19 多簇射孔管串示意

2. 地质工程一体化压裂设计技术

利用储层可压性评价结果，综合考虑储层矿物组分、岩石脆性、地应力特征等因素，优选合适的压裂液体系和施工参数。根据水平段所处的不同小层位置，分段设计时单段尽可能位于同一小层，实现"一小层一方案"的精细压裂设计。通过开展大物模实验优化压裂液体系及施工排量，提出滑溜水更易沟通天然裂缝，大排量更易突破页岩层理面。大尺度全三维水力压裂物理模拟实验系统由岩样加载框架、围压加载系统、注入系统及声波监测系统4大部分组成。岩样放置于加载框架内，垂向应力通过千斤顶液压方式加载，最高可达 35MPa。水平地应力通过放置于岩样与框架间隙内的加压板加载。加压板中注水，水压增大致加压板膨胀，然后将水压传递至岩样表面，达到模拟水平地应力的目的，最高可达 69MPa。此种柔性加压的特殊方式相比传统的刚性加压有效地保证应力加载的均匀性。注入系统由液压伺服系统控制，实验最高注入排量可达 200cm³/s，井口最高泵注压力为 82MPa。实验流体分别采用滑溜水和交联冻胶两种体系，同时便于事后观察裂缝形态，压裂液中混入一定量的荧光粉颗粒。页岩压裂实验流体注入速率控制在 1~170cm³/s。实验计算机控制系统可以对井口压力、泵注排量、三向围压数据进行实时记录，并可根据实验情况实时调整泵注速率。此外为了监测水力裂缝在岩样内部扩展，本实验引进被动声波监测系统，将 24 路声波传感器均匀布置在岩样 6 个表面。

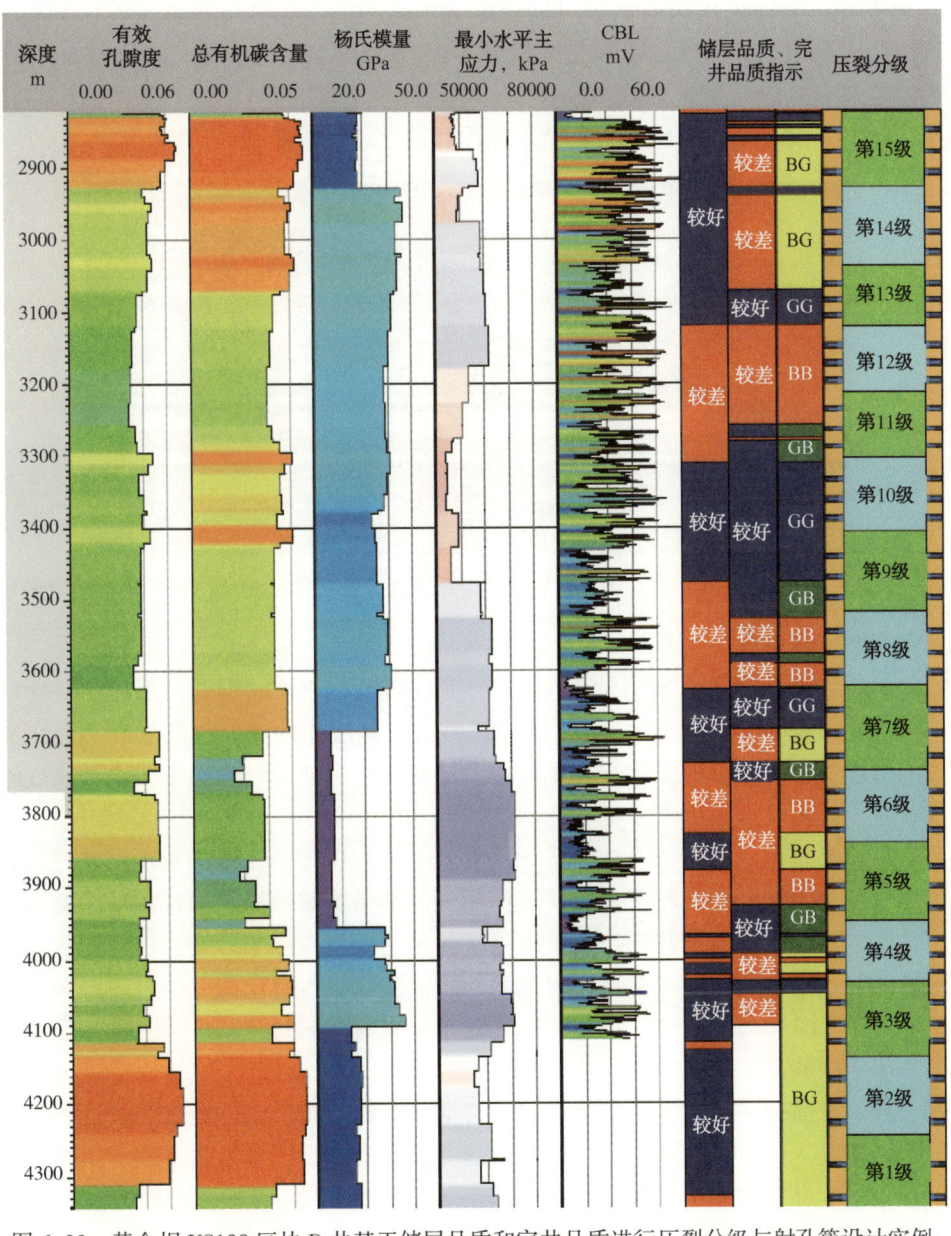

图 6-20 黄金坝 YS108 区块 D 井基于储层品质和完井品质进行压裂分级与射孔簇设计实例

按照过去分段原则和考虑水平段均质，参考测井资料，对含气性、天然裂缝考虑较少。"十二五"期间依据录井、测井储层地质工程特征参数，结合三维地震裂缝预测成果，优化压裂分段方案及射孔方案、划分重点改造段及复杂预防段，据此差异化设计规模、排量等关键参数，使压裂设计更具针对性（图6-20）。

3. 3500m以浅主体压裂工艺技术

针对四川盆地埋深3500m以浅页岩气储层，以增加裂缝复杂性，实现体积压裂为目标，通过在宁201井区及威202井区开展工程参数对比试验，形成了以"低黏滑溜水+陶粒支撑剂"的水平井体积压裂主体工艺技术（图6-21）。根据物性、应力差异、测井解释、钻井显示、固井质量，优化射孔位置，分段间距60~80m。采用大通径桥塞分段工具，提高作业效率。液体采用国产低黏可回收滑溜水压裂液体系降低作业成本。通过多粒径支撑剂组合，采用国产100目粉砂支撑缝网，40/70目陶粒支撑主缝，形成有效体积支持。施工参数控制包括施工排量下限$10m^3/min$，单段砂量下限80t，单段液量下限$1800m^3$。为顺利泵送桥塞及射孔枪，避免施工复杂，采用井筒化学清洗技术。

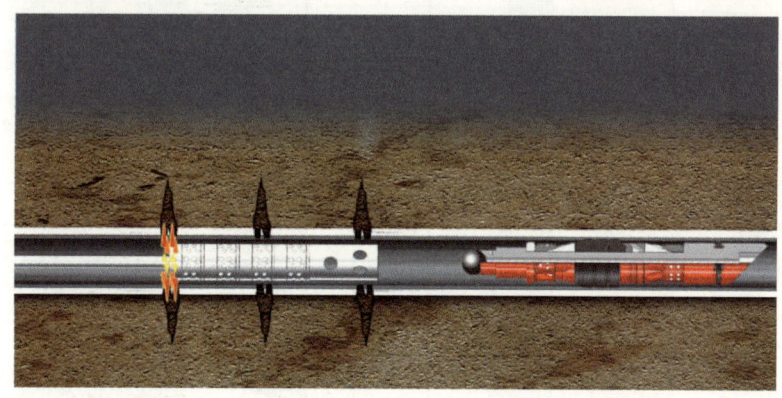

图6-21 电缆传输分簇射孔+复合桥塞分段压裂

4. 复杂井况压裂配套工艺技术

针对放弃套变段压裂，被迫"丢段"，严重影响压裂效果的难题，形成"暂堵球+缝内转向"，套变段也可实施压裂。针对暂停携砂，大量液体冲洗后重新加砂不能完成设计加砂量的难题，形成"阶梯排量+高黏液体"造近井主缝技术，确保按照设计完成施工。

5. 微地震监测技术/压裂方案实时调整技术

实施高效裂缝监测技术可以在线指导压裂施工与压后评估，中国石油页岩气改造裂缝监测以微地震为主，微形变起了重要补充作用，前期借鉴威德福等国外微地震监测公司的过程中，国内的自主微地震监测技术也取得了长足的进步，像东方物探、川庆物探等单位的微地震监测技术也迅猛发展起来。根据微地震监测结果实时反馈，结合三维地震解释成果，集成多种实时调整技术，实现施工现场对压裂方案的实时调整优化，确保压裂施工参数更具匹配地层特征。

（1）微地震监测采集技术。微地震波场特征、资料品质、定位精度与合理的微地震观测系统密切相关。微地震观测系统优化涉及震源产生机理、信号接收方式、压裂施工环境等多种因素。为此，研制了微地震监测可探测距离分析技术、微地震井中监测正演技术、微地震监测地面正演技术、微地震监测观测系统设计技术。通过应用上述技术，可以根据地质特征、物性参数、压裂参数、检波器灵敏度等数据，设计合理的微地震监测方式、采集参数、监测距离、观测系统等，从而保障微地震监测记录的品质。

（2）微地震资料去噪技术。微地震事件能量弱，震级一般小于零级，易于被噪声掩盖，因而去噪技术尤为重要。根据微地震信号与噪声单道与多道特征（如振幅、统计特征、速度特征、相关性等）的差异，研发的微地震资料去噪技术能够实现增强微地震信号能量的目的。

（3）微地震事件识别技术。面对压裂监测需要较长时间（大于24h）、不间断监测，有效微地震事件又需要快速识别和拾取等问题，需结合微地震直达波与其他噪声在能量、偏振特性、走时等存在区别的特点，研发的多窗能量比法、基于AIC理论的自动拾取方法，能够快速对微地震事件进行有效识别。

（4）微地震震源定位技术。现已研制成功纵横波时差法、震源速度联合反演法、四维聚焦定位方法等4种。通过模型正演和射孔定位的验证，上述方法定位的精度一般小于10m。

（5）微地震监测裂缝解释技术。计算压裂裂缝长度、高度、宽度、方位、倾角以及SRV（增产处理储集体）等参数，评估压裂效果，为压裂方案设计提供参考。

（6）基于微震信息的井旁裂缝模型建立技术。依据微地震监测结果提供的井中裂缝分布等信息，建立井旁裂缝模型，并融入油藏模型，为油藏数值模拟提供更为合理的三维油藏模型。

6. 体积压裂工艺关键工具与液体

1）复合桥塞

复合桥塞本体采用复合材料，可钻性强，耐压耐温都比较高，其中Quick drill桥塞耐压86MPa，耐温232℃，Fas Drill桥塞耐压70MPa，耐温177℃。"十二五"期间研发了金属卡瓦及陶瓷卡瓦两类桥塞，可适用114.3mm、127.0mm、139.7mm等套管完井的井眼尺寸，可耐温150℃，承受工作压差70MPa。性能指标：适合4½in、5in、5½in套管，耐温120℃，耐压70MPa，价格较国外公司降低30%。

2）大通径桥塞

桥塞中部有通道，压裂时配合可溶球分段，压后球溶解，桥塞无须钻磨，即可形成油气流动通道，所有井段施工结束后，可溶球溶解，直接返排并进行试油（气）、投产。性能指标：适合5in、5½in套管，耐温150℃，耐压70MPa，通道直径62mm。价格较外国公司降低50%。

3）套管启动滑套

套管固井滑套分段压裂技术将滑套与套管一趟下入井内，实施常规固井，再通过下入开关工具，逐级打开各段滑套进行逐段改造。目前国外公司有4种典型类型滑套，包括投球打开式固井滑套、飞镖打开式固井滑套、液压打开式固井滑套、机械开关式固井滑套。中国石油针对水平井分段压裂技术需求，研发了套管定位球座多段压裂技术。适合4½in、5½in套管，耐温180℃，价格较进口降低40%。

4）分簇射孔工具

分段多簇射孔技术使用复合桥塞对拟改造层位进行分段，每段分成若干簇，电缆一次下井将射孔管柱输送至目的层完成多簇射孔，为后续分段压裂改造创造条件。该技术目前为页岩气等非常规油气藏储层改造和压裂分段的主体技术。分段多簇射孔+桥塞分段压裂完井的工艺流程是：用电缆将射孔枪+桥塞工具串送到施工段位置，然后座封桥塞—射孔—加砂压裂，如此重复，可以实现对水平井无限多段的压裂改造，施工完成后，下连续油管钻开所有桥塞，放喷排液。研发了分簇射孔工具，可实现20簇射孔，耐温140℃，耐压140MPa，适用于3½in、4½in、5in、5½in、7in套管。

5）滑溜水体系

滑溜水压裂液具有改造成本低、配制简单、减阻效果好，适合大规模水力压裂和连续混配要求，是目前页岩气储层改造中应用最多的压裂液体系。通过学习国外经验技术和自主研发，针对中国页岩储层特点，完成减阻剂，微乳助排剂等添加剂的研发，开发出多功能滑溜水体系，应用效果良好。针对页岩返排液回收利用，开发出耐盐滑溜水体系。解决了高矿化度返排液的重复配液使用。同时开展了页岩气压裂液携砂机理研究、压裂液减阻机理研究。

多功能滑溜水体系具备合成长支链分子体系结构，利于携砂减阻剂，形成多功能滑溜水体系。多功能滑溜水压裂液3min溶解率90%以上；耐剪切性能良好，低剪切速率下黏度较高，对支撑剂悬浮有利；高剪切速率下黏度低，稳定性好，对降低流动阻力有利；无残渣低损害；减阻率在75%以上。多功能低分子压裂液满足了现场复合压裂液施工要求和配制要求，一剂多用，体系简单，配制方便。在昭104井压裂施工中获得应用，泵入滑溜水压裂液量2213m³；加入石英砂的粒径20目、40目、80目，加量100.4m³；施工排量14~16m³/min；施工压力36.0~51.7MPa；最高砂浓度240kg/m³。减阻剂3min溶解率为90%，可以满足页岩气压裂施工中大液量，连续混配的要求。减阻剂注入水后能迅速分散，避免了聚合物链之间相互纠缠，分子链伸展不受限制，现场应用也证明了该体系减阻效果很好。滑溜水体系具有良好的润湿性能，降阻率达到82%。

页岩气储层改造后有15%~60%返排液排至地面，随着返排时间的延长，返排液量中氯根等离子含量不断增高。返排液中总溶解固体含量往往超过3×10^4mg/L。考察反应体系pH值、单体浓度、单体配比、引发剂浓度和反应温度5个单因素对聚合物合成的影响，确定聚合物合成的最佳条件。确定单因素最佳条件后，通过正交实验，优化聚合物合成条件，合成三元共聚物耐盐滑溜水体系。

五、"工厂化"作业技术

"工厂化"是一种集中配置人力、设备、投资、组织等要素，以丛式井组的安全、快速、高效钻完井为目标，集成运用先进技术和设备，优化生产组织方式，整体协调施工队伍，完善固化技术模板，最大限度提升效率的一种作业模式，主要包括工厂化钻井和工厂化压裂。

立足四川盆地地形地貌及人居环境与北美的明显差异，创新形成了适应于盆地复杂山地条件的工厂化作业技术，实现了钻井、压裂、排采多工种交叉作业、各工序无缝衔接、资源共享，有效解决了复杂山地地形条件下场地受限、大规模、多工序、多单位同时作业效率较低的难题，作业效率显著提升，成本大幅下降。

1. 钻井工厂化作业技术

四川盆地与北美地区页岩气压裂作业环境有很大不同，不能简单照搬北美地区"工厂化"作业模式，山地丘陵地形限制了钻机、橇装设备、单边压裂车摆放和24h连续作业的应用。通过优化工序、安装钻机滑轨，实现"双钻机作业、批量化钻进、标准化运作"的工厂化钻井模式，钻前工程周期节约30%，设备安装时间减少70%。研制了滑轨式和步进式钻机平移装置，制订了平移评估流程和平移方案，钻机平移时间大幅降低。"工厂化"钻井作业模式有效减少井场的占地、减少钻井液转换次数并大幅度降低钻井成本。

2. 压裂"工厂化"作业技术

"工厂化"压裂即所有的压裂装备都布置在井场中央区，不需要移动设备、人员和材料，就可以对多口井进行压裂。采用平台储水、集中管网供水，实现区域水资源的统一调配以及返排液就近重复利用。受四川山地环境、井场大小、供水能力、作业噪声等因素的影响，形成"整体化部署、分布式压裂、拉链式作业"的"工厂化"压裂模式（图6-22），压裂效率提高50%以上。页岩气"工厂化"压裂模式最主要的方法是"拉链式水力压裂"（图6-23），这种模式减少了设备动迁次数，提高了压裂效率，降低了施工的成本，同时可以利用裂缝之间的应力干扰增加改造体积和裂缝网络的复杂性，大幅提高初期产量和最终采收率。

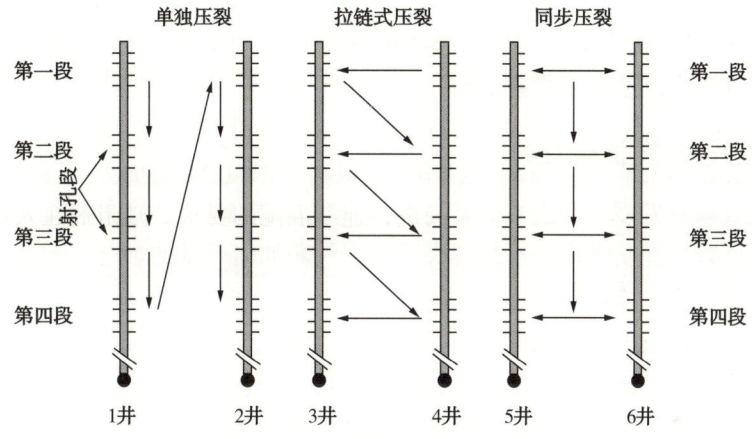

图6-22 不同压裂模式示意图

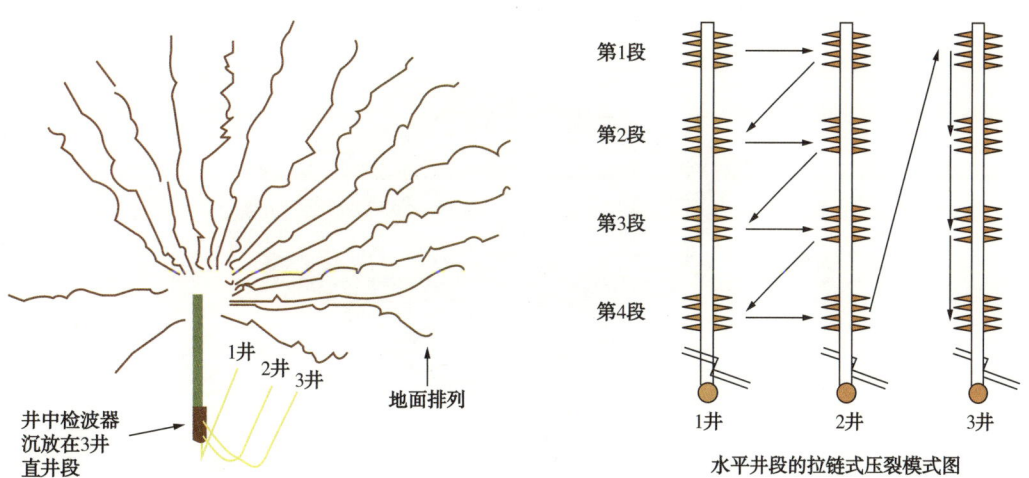

图6-23 拉链式压裂模式示意

"拉链式水力压裂"即同一井场中，一口井进行压裂时，另一口井进行电缆桥塞射孔联作，为压裂做准备，两项作业在两口井间逐段交替进行并无缝衔接。以长宁区块某平台为例，拉链式压裂的具体作业流程是：1 井第 1 段进行压裂时，2 井第 1 段进行电缆桥塞射孔联作；2 井第 1 段进行压裂时，1 井第 2 段进行电缆桥塞射孔联作；以此类推，直至 1 井、2 井完成压裂，在此期间，3 井实施微地震监测；最后，单独对监测井（3 井）进行压裂，3 井压裂时，1 井、2 井开始钻磨桥塞，完毕后，钻磨 3 井桥塞；钻磨完 1 口井的桥塞后即开始放喷排液，最终实现 3 口井放喷排液试采。该平台 24 段"拉链式"压裂平均每天压裂 3.16 段，最多 1d 压裂 4 段，段与段之间的准备时间在 2~3h，完成设备保养、燃料添加等工作，施工效率比传统压裂方式提高了 78%，极大提高了作业时效。

3. 井区"工厂化"作业技术

采用"工厂化布置、批量化实施、流水线作业"井区"工厂化"作业模式，减少了资源占用，降低了设备材料消耗，精简了人员及设备，提升了效率，降低了费用。井位平台、设备材料、水电信路"工厂化"布置，为资源共享、重复利用奠定基础。同一区块、同一平台多口井人员、设备共享，钻井液、工具重复利用，达到批量化实施的目的。同一区块、同一平台多口井钻井压裂各工序间有序衔接，流水线作业，简化了流程，优化了资源，提高了效率，降低了成本。在威 204H9 平台开展了同平台钻井压裂同场作业现场试验，为该模式进一步改进完善积累了经验。

六、页岩气开发优化技术

依托常规气藏开发理念和技术，针对页岩气独有的流动、生产等特征进行创新，建立了独具特色的页岩气开发优化技术，解决了页岩气藏如何开发的难题。

1. 地质工程一体化建模技术

针对示范区建设过程中存在的"Ⅰ类储层钻遇率较低、井筒完整性较差和体积压裂效果仍需提高"等难题，借鉴国外地质工程一体化理念，发展完善了页岩气地质工程一体化建模技术。建立了涵盖从构造、储层、天然裂缝、地质力学等各种要素的地质工程一体化模型，定量刻画了储层关键地质和工程参数在三维空间的展布规律，实现了页岩气藏的可视化、打造"透明页岩气藏"（图 6-24、图 6-25）。

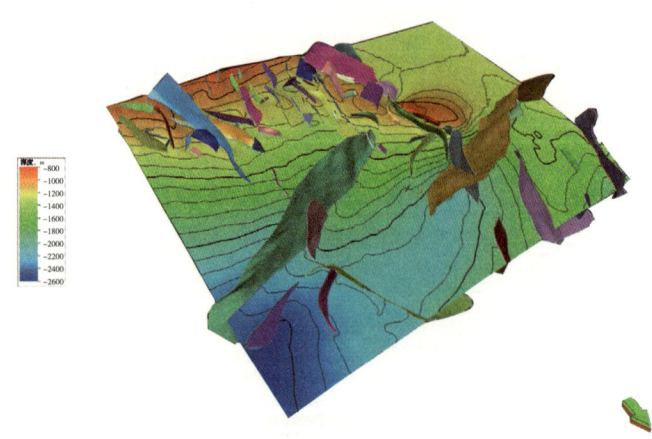

图 6-24　YS108 井区构造和断层模型

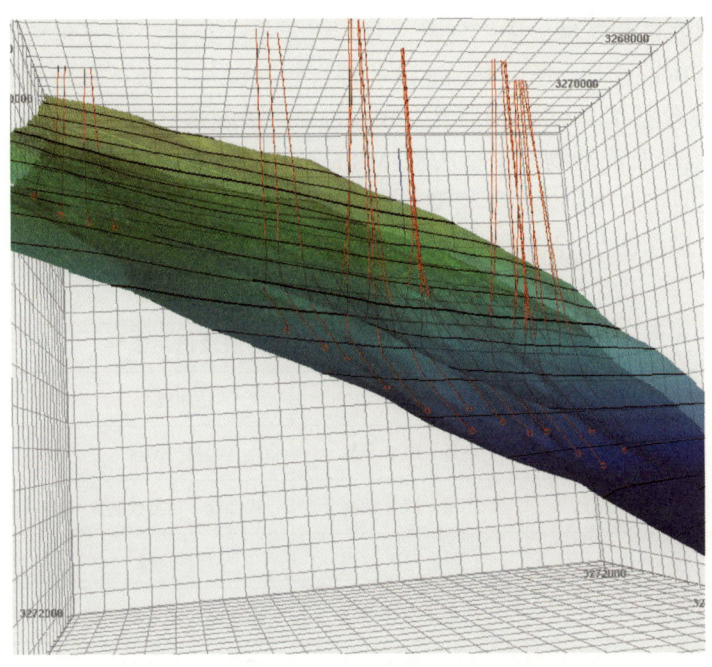

图 6-25 威远页岩气田威 202 井区构造模型

2. 地质工程一体化设计技术

应用地质工程一体化模型，优化井位部署和井眼轨迹设计、实现水平段沿"甜点"钻进，有效避开断裂复杂带；同时，为井下定向钻具组合优选、地质导向方案设计、钻井液密度窗口优化等钻井工程应用提供最直观的依据，也可预判可能发生井漏、滤失、套损等工程问题的位置，指导钻完井、压裂等工程实施，为确保井眼轨迹平滑、提高 I 类储层钻遇率奠定基础。

3. 页岩气返排制度优化技术

页岩气压裂后的返排技术基本可行，以"控制、连续、稳定"为原则，逐渐放大油嘴，每个油嘴至少返排 24~48h，且稳定 3h 以上再调整。合理排液，控制出砂，避免井筒沉砂或地面流程砂堵，但闷井制度的确定还需进一步研究。

4. 页岩气藏生产动态分析与气井产能评价技术

页岩中含有大量的吸附气，且微孔和介孔发育，页岩气流动机理特殊。与常规气藏相比，页岩气藏气体赋存方式更为复杂、气体流动方式呈现多样化。页岩气井受储层人工裂缝、吸附气解吸及特殊流动机理影响，投产初期与中后期的产量递减趋势差异大，表现出初期递减指数变化较快、后期趋于稳定的特征。首次提出以首年平均产量、规范测试产量、年产量递减率、压裂液返排率、单井 EUR、I 类储层钻遇率、井筒完整性等为关键指标的页岩气藏生产动态分析方法，并形成了产量递减分析、数值模拟及解析法等产能预测技术。

5. 页岩气水平井组合 EUR 评价技术

页岩气水平井 EUR 预测方法较多，不同的方法适用于不同的流态和不同的生产条件。根据适用条件，页岩气水平井的 EUR 计算方法主要可分为经验法、现代产量递减法及模拟预测法（表 6-4）。经验法共同的特征是分析定压生产条件下的数据，分析对象是气井产量，可以是日产气量、周产气量或月产气量等。经验法主要包括 Arps 递减法、扩展指数递减法、Duong 法、修正 Duong 法、幂指数递减法、修正幂指数递减法等。现代产量递减法主要包括 Fetkovish 图版法、Blasingame 图版法、NPI 图版法、A—G 图版法、Wattenbarger 图版法及流动物质平衡法（FMB）等。解析预测法主要是根据页岩气水平井分段压裂物理模型建立相应的数学模型，求出数学模型的解析解，再结合实际生产数据的历史拟合进行产量预测与 EUR 预测。模拟预测法主要包括以解析模型为基础的解析模拟法与数值模拟法。

表 6-4 页岩气水平井 EUR 预测方法及适用条件

	EUR 预测方法	功能	适用流态	适用条件
经验法	Arps 递减法	产量、EUR 预测	边界控制流	定压生产
	扩展指数递减法	产量、EUR 预测	线性流、边界控制流	定压生产
	Duong 法	产量、EUR 预测	线性流段	定压生产
	修正 Duong 法	产量、EUR 预测	线性流、边界控制流	定压生产
	幂指数递减法	产量、EUR 预测	线性流、边界控制流	定压生产
	修正幂指数递减法	产量、EUR 预测	线性流、边界控制流	定压生产
现代产量递减分析法	流动物质平衡法	EUR 预测	边界控制流	变压力、变产量
	Fetkovish 图版法	EUR 预测	边界控制流	定压生产
	Blasingame 图版法	EUR 预测	不稳定流、边界控制流	变压力、变产量
	NPI 图版法	EUR 预测	不稳定流、边界控制流	变压力、变产量
	A—G 图版法	EUR 预测	不稳定流、边界控制流	变压力、变产量
	Wattenbarger 图版法	EUR 预测	不稳定流、边界控制流	变压力、变产量
模拟预测法	解析法	产量、压力、EUR 预测	所有流态	变产量、变压力
	数值模拟法	产量、压力、EUR 预测	所有流态	变产量、变压力

页岩气水平井整个生命周期内共经历 6 个流态，分别是双线性流、早期线性流、早期径向流、复合线性流、晚期径向流以及边界控制流。复合线性流与边界控制流延续时间长，特征显著，其他一些流态由于缺失或持续时间短难以被识别。除此之外，中国页岩气井生产方式也有别于北美地区。由于开发设计理念与生产制度不同，开发初期通常不采用定压方式生产，而是把产量作为主要控制对象，保持产量相对稳定，即"限产控压"。目前长宁、威远及昭通区块已投产气井普遍采用该"限产控压"生产方式。

综合页岩气水平井 EUR 预测方法适用条件、气井流态特征及国内气井"限产控压"生产方式，首次提出了基于流态分析的页岩气水平井组合 EUR 预测方法，建立了线性流、边界控制流单井 EUR 预测方法，根据气井所处生产阶段，实现单井 EUR 的多方法综合准确评估。当气井到达边界流时，采用 FMB、线性流分析法、解析预测法、Blasingame 图版法和 Wattenbarger 图版法 5 种方法综合预测气井 EUR。当气井处于线性流阶段时，采用解析预测法、Blasingame 图版法、Watterbarger 图版法和线性流分析法 4 种方法综合预测气井 EUR。

七、地面集输工艺技术

为了实现快建快投和自动化生产、智能化管理，节约土地和水资源、防止地下水和地表水污染，实现清洁开发，创新形成了页岩气地面采输技术、数字化气田建设技术及清洁开发技术。

1. 高效地面集输工艺技术

针对页岩气田滚动接替开发模式，地面集输整体部署、分期实施、阶段调整、持续优化。井区气、电、水、通信"四网"统筹布局，管道和增压优化设计，集输、外输与市场一体化，确保全产全销。采用地面标准化设计和集成化橇装，实现了不同生产阶段的任意橇装组合和平台间快速复用，达到了"快建快投、节能降耗、无人值守"的目的。创新形成标准化设计和一体化橇装，实现不同阶段的橇装组合，缩短建设周期。排液阶段将试油流程与地面高压橇连接回收天然气。高压排采阶段利用高压排采橇进行气液分离和轮换计量。中压混输阶段拆掉水套炉，单井分离、轮换计量、气液混输，实现井站无人值守，满足初期压力高、产量大、产液量大、递减快，中后期产量小、压力低生产特点。

2. 数字化气田建设技术

两化融合，打造数字化气田，助推信息化条件下开发管理转型升级。充分运用"互联网+"的新理念、新技术，强化"云、网、端"基础设施建设，深化信息系统与应用的集成共享，全面提升自动化生产、数字化办公、智能化管理水平。提高了运行效率和安全管控水平，革命性转变一线生产组织方式，节约了人力资源和生产成本。按照"一个气田、一个控制中心、一个倒班公寓"的运行模式，建成前端"自动采集"、中端"集中控制"、后端"分析决策"的数字化气田。

3. 清洁开发技术

广泛采用与北美地区标准一致的成熟清洁开发技术，形成了两控制（温室气体排放、噪声）、三利用（水基岩屑、含油岩屑、压裂返排液）、四保护（地表水、地下水、土地、植被）为核心的页岩气清洁开采环保技术，建产区环境质量与开发前保持在相同水平，实现了资源的高效利用和绿色开发。

第四节 典型案例

四川盆地长宁—威远页岩气示范区建设取得重要进展，已转入大规模开发阶段，本节将以长宁—威远页岩气示范区为例，介绍页岩气勘探开发取得的重大进步。

一、基本概况

2012 年，为落实《页岩气发展规划（2011—2015）》，加快页岩气勘探开发技术集成和突破，国家发展和改革委员会和国家能源局批复建设"长宁—威远国家级页岩气示范区"，总面积 6534 km^2，其中长宁区块 4230 km^2，威远区块 2304 km^2。示范区建设目标为：建立海相页岩气勘探开发技术及装备体系，探索形成市场化低成本运作的页岩气效益开发模式，研究制订压裂液成分、排放标准及循环利用规范，探明页岩气地质储量$3000\times10^8m^3$以上，建成产能$20\times10^8m^3/a$以上。通过示范区建设，发展完善了主体技术，形成了特色管理模式，建成了$23\times10^8m^3/a$的产能，初步实现了页岩气规模有效开发，推动了我国页岩气产业的快速发展。

二、气藏地质特征

1. 威远页岩气田

威远页岩气田构造上隶属于川西南古中斜坡低褶带，以古隆起为背景，发育威远背斜构造。五峰组底界地震反射构造图显示，区域整体表现为由北西向南、东方向倾斜的大型宽缓单斜构造，局部发育鼻状构造（图6-26）。地层整体较为平缓，倾角小，断裂整体不发育，仅在自201井区南部发育一些Ⅱ级、Ⅲ级小断裂。其中Ⅱ级断裂延伸长度大于1km、断距大于20m，Ⅲ级断裂平面延伸长度小于1km、断距大于20m。工区五峰组—龙马溪组底界地层埋深为1500~4000m。由威远背斜北西向南、东方向埋深逐渐增加。五峰组—龙马溪组埋深3000m以浅面积为$1205km^2$，埋深3500m以浅面积为$1865km^2$，埋深4000m以浅面积为$5500km^2$。

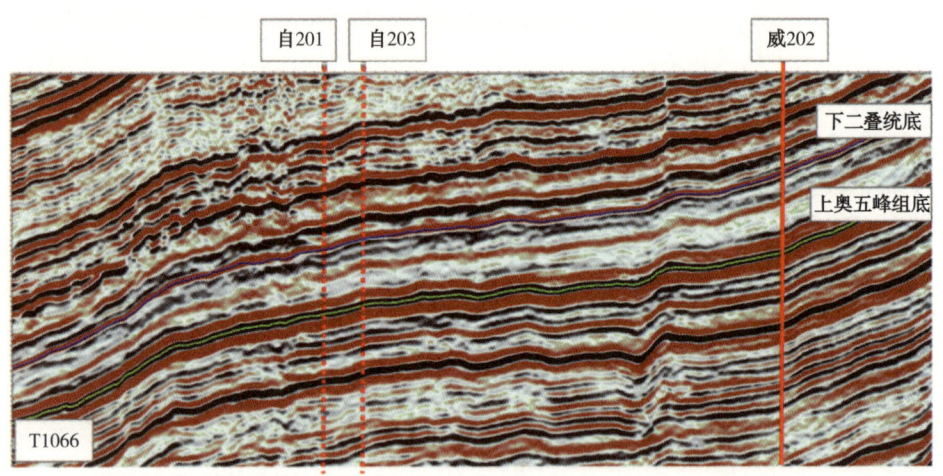

图6-26 过威202井—自203井—自201井三维地震剖面图

该区在五峰组—龙马溪组沉积期主要为陆棚相沉积，总体沉积一套深水富含有机质的碳质笔石页岩，是页岩气储层发育的有利相带。根据单井沉积相及海平面升降变化分析，并结合区域地质资料研究，从五峰组沉积期到龙马溪组沉积晚期，深水陆棚范围不断缩小，水深逐渐减小，页岩有机质含量向上减少（图6-27）。

威远地区五峰组—龙一$_1$亚段页岩储集空间类型复杂多样，按照其成因主要可分为4种孔隙类型，即有机质孔、粒间孔、晶间孔及晶内溶孔等。威远地区页岩气田五峰组—龙一$_1$亚段孔隙度总体较高，单井实测平均值4.7%~7.4%，测井解释平均值5.0%~8.2%（图6-28）。通过对威远地区页岩气田5口井74块岩心样品分析，测得的页岩基质渗透率分布在1.06×10^{-5}~6.14×10^{-4}mD，平均1.60×10^{-4}mD。威远地区页岩气田9口井五峰组—龙一$_1$亚段页岩储层320块含气饱和度岩心实验分析表明：含气饱和度整体较高，分布在53.7%~76.4%，平均达62.2%。

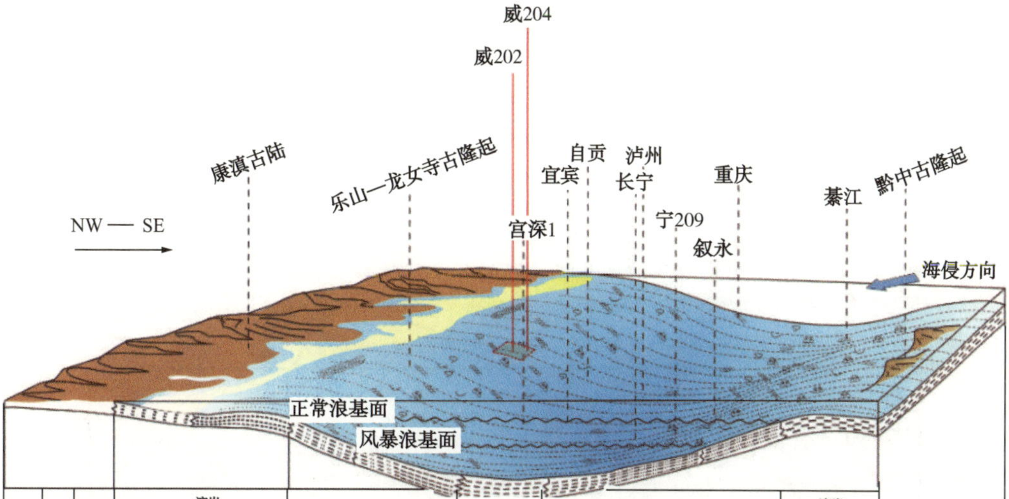

沉积相模式	沉积相	相	滨岸(水下古隆起)	陆棚			陆棚		滨岸(水下古隆起)
		亚相	—	内陆棚	外陆棚	盆地	外陆棚	内陆棚	—
		微相	—	泥质粉砂棚 粉砂棚 灰泥质粉砂棚 泥质灰棚 灰质粉砂棚	泥棚等深流 灰质粉砂质泥棚 粉砂质泥棚	—	泥棚等深流 灰质粉砂质泥棚 粉砂质泥棚	泥质粉砂棚 粉砂棚 灰泥质粉砂棚 泥质灰棚 灰质粉砂棚	—
	沉积环境	水深	<20m	20~50m	50~200m	水深>20m	50~200m	20~50m	<20m
		水动力	波浪潮汐 沿岸流	风暴浪 冲刷回流	特大风暴浪 等深流	—	特大风暴浪 等深流	风暴浪 冲刷回流	波浪潮汐 沿岸流
		能量	强	弱，局部强	十分弱 偶强	—	十分弱 偶强	弱，局部强	强
	沉积物特征	岩石类型	砂岩 砾岩 粉砂岩	粉砂岩 泥质粉砂岩 风暴岩 钙质粉砂岩 粉砂质泥岩	泥岩 等积岩 粉砂质泥岩 含钙质粉砂质泥岩 泥质粉砂岩	—	泥岩 等积岩 粉砂质泥岩 含钙质粉砂质泥岩 泥质粉砂岩	粉砂岩 泥质粉砂岩 风暴岩 钙质粉砂岩 粉砂质泥岩	砂岩 砾岩 粉砂岩
		颜色	浅色	灰绿色 灰黑色	灰黑色 黑色	—	灰黑色 黑色	灰绿色 灰黑色	浅色
		沉积构造	槽状交错层理 生物扰动强烈	水平层理 冲刷面生 物扰动	水平层理 偶见 冲刷面 生物扰动	—	水平层理 偶见 冲刷面 生物扰动	水平层理 冲刷面生 物扰动	槽状交错层理 生物扰动强烈
		生物	大量生物	少量棘屑 腕足 笔石 三叶虫	大量笔石 钙球 介形虫等	—	大量笔石 钙球 介形虫等	少量棘屑 腕足 笔石 三叶虫	大量生物

图 6-27 威远页岩气田晚奥陶世五峰组沉积期至早志留世龙马溪组沉积期沉积微相模式图

图 6-28 威远页岩气田五峰组—龙一$_1$亚段各小层测井孔隙度统计直方图

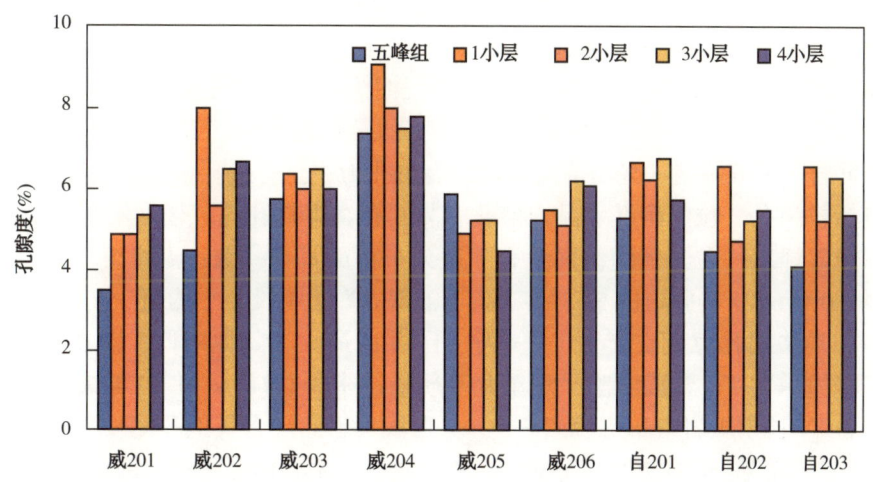

2. 长宁页岩气田

长宁页岩气田内发育向斜构造及多个不同规模的背斜构造。建武向斜为一近东西向宽缓向斜，背斜构造共13个，主要分布于长宁页岩气田边缘，累计面积182.68km²。长宁背斜构造规模最大，背斜轴向整体呈北西西—南东东向，南西翼较平缓，北东翼较陡。长宁页岩气田受多期构造影响，主要发育北东—南西、近东西向两组断裂体系，均为逆断层，断层规模以中小断层为主，多数消失在志留系地层内部（图6-29）。

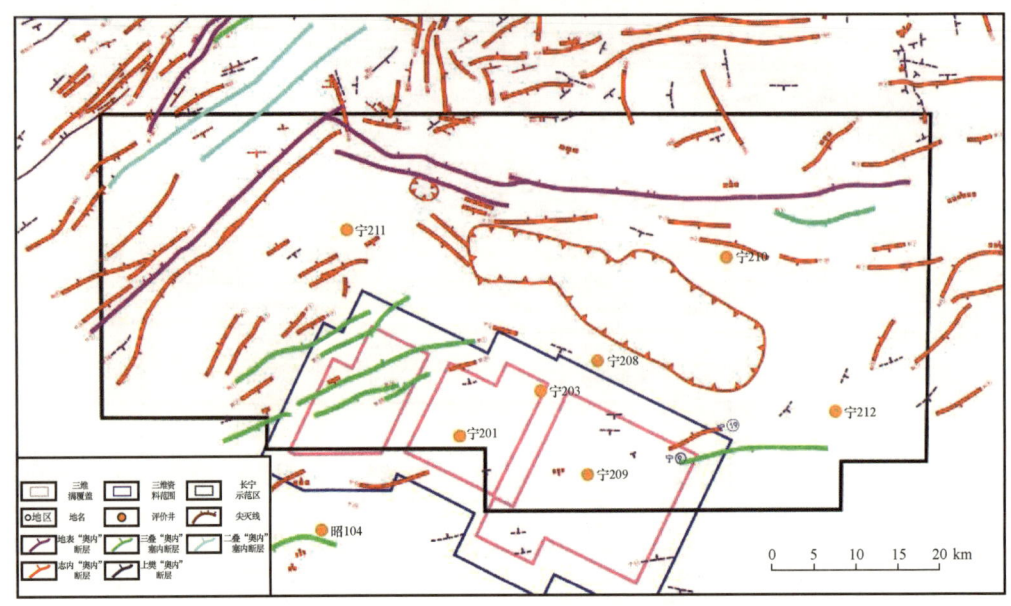

图6-29 长宁页岩气田五峰组底界断裂系统分布图

长宁页岩气田五峰组底界埋深主要介于1500~4000m之间，长宁构造高部位及南翼地区埋深普遍小于3500m，向斜构造以北和以西埋深逐渐增大。长宁页岩气田五峰组埋深4000m以浅面积为2524km²，埋深3500m以浅面积为1907km²，埋深3000m以浅面积为1360km²。

长宁页岩气田五峰组—龙一段主要为深水陆棚相沉积，其上限位于正常浪基面附近，下限水深一般在200m左右；平面上向陆方向紧靠滨岸相带，沉积物多以暗色的泥级碎屑物质为特征。进一步可以划分为富有机质硅质泥棚等3种类型的微相沉积，其中富有机质硅质泥棚和富有机质粉砂质泥棚是页岩储层发育的最有利微相。

长宁页岩气田五峰组—龙马溪组页岩以有机孔为主。有机孔包括有机质孔和生物孔；无机孔包括粒间孔、粒内溶孔、晶内溶孔、晶间孔、生物孔等。根据实验分析数据，长宁页岩气田五峰组—龙马溪组纵向上孔隙度分布特征基本一致：五峰组—龙一$_1$亚段实测孔隙度2.0%~6.8%（平均值5.53%），高于上部龙一$_2$亚段（平均值3.96%）。长宁页岩气田Ⅰ+Ⅱ类储层孔隙度在宁201井—宁211井区最大，其他略低（图6-30）。长宁页岩气田五峰组—龙一$_1$亚段实测平均单井基质渗透率为0.714×10^{-4}~1.48×10^{-4}mD，平均1.02×10^{-4}mD。长宁页岩气田五峰组—龙一$_1$亚段页岩储层含气饱和度较高，实测单井平均含气饱和度分布在50%~70%。平面上，长宁页岩气田西南部及东北部含气饱和度较高，各小层分布规律基本一致。

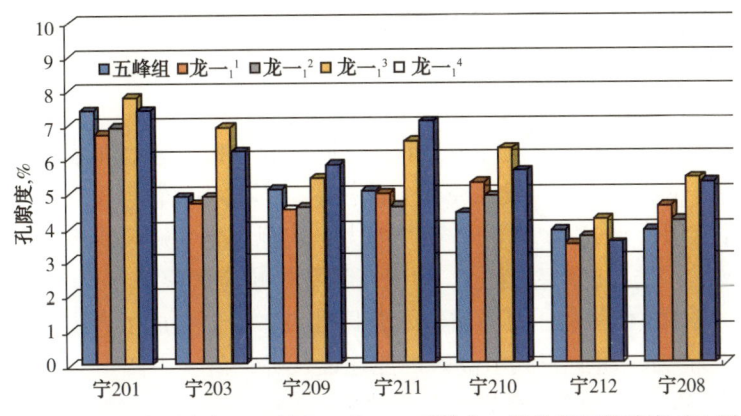

图 6-30　长宁页岩气田五峰组—龙一₁亚段 I + II 类储层孔隙度对比图

三、气田开发历程

1. 第一阶段：评层选区阶段（2006—2009 年）

中国石油西南油气田公司在 2006 年率先开展盆地页岩气资源评价和评层选区工作。通过研究认为四川盆地发育多套富有机质黑色页岩，下古生界沉积有利、分布稳定、厚度大，分布范围广，品质与北美地区具有可比性，钻井显示普遍，具有较大的勘探开发潜力。在此期间，针对国内对页岩气的研究不系统、缺乏核心技术和关键工具、没有掌握定量的评价方法和关键技术、没有弄清资源分布规律和有利区层等问题，先后于 2007 年与美国新田石油公司开展页岩气联合研究，于 2009 年与壳牌公司在富顺—永川地区实施中国第一个页岩气联合评价项目。开展了盆地专层取心、剖面观察、分析化验和老资料处理等工作，取得了盆地页岩气评价的关键参数，探索建立了地质和资源评价方法，建立了资源评价和选区选层的技术方法及定量指标体系，确定了五峰组—龙马溪组为现阶段最有利的勘探开发层系，优选了长宁、威远有利区。

2. 第二阶段：先导试验阶段（2009—2014 年）

在资源评价和选区选层基础上，为了有效动用盆地丰富的页岩气资源，实施页岩气开发先导试验，落实资源、考察产能、评价潜力；攻关形成开发主体技术，提高单井产量；探索形成高效管理模式，提高效率、降低成本。在此期间，实施了一批水平井，开展了钻井压裂主体工艺技术试验；实施了一批平台井，开展了水平井钻井压裂"工厂化"作业先导试验；设计了不同水平井巷道位置、间距、方位和水平段长度，开展了开发技术优化试验。通过先导试验，实现了三个突破，发现了中国第一口页岩气井——威 201 井，突破了出气关；钻获了中国第一口页岩气水平井——威 201-H1 井，突破了水平井钻井和大型体积压裂工艺技术关；宁 201-H1 井实现了中国第一口具有商业价值开发的井，突破了页岩气商业开发关，坚定了开发页岩气的信心。同时也打破了国外技术封锁，初步确定了主体开发技术和"工厂化"作业模式。设计水平井靶体龙一₁亚段下部，巷道间距 300~400m，轨迹方位垂直最大主应力或与最大主应力、裂缝大角度相交；钻井采用高效个性化 PDC 钻头 + 螺杆提速，页岩段采用油基钻井液防塌，单伽马 + 螺杆导向；压裂采用电缆泵送桥塞分簇射孔分段压裂工艺，低黏滑溜水 + 低密度中强度陶粒、段塞式加砂工艺；采用"双钻机作业、批量化钻井、标准化作业"及"整体化部署、分布式压裂、拉链式作业"的钻井压裂"工厂化"作业模式，提高了作业效率、降低了成本。同时还实施了一批评价井和二维地震、三维地震，继续开展长宁区块和威远区块的资源和产能评价。

3. 第三阶段：示范区建设阶段（2014年至今）

为加快页岩气产业发展，国家2012年3月批准设立长宁区块和威远区块为国家级页岩气示范区。通过示范区建设，发展完善主体技术，形成特色管理模式，培养锻炼页岩气技术和管理人才队伍，建成 $20\times10^8m^3$ 年产能力，实现页岩气规模有效开发，引领中国页岩气产业的发展。在先导试验基础上，中国石油积极响应国家号召，于2014年启动了两个示范区建设，发挥整体优势，高效推进示范区建设，全面完成了各项示范任务：建成了 $25\times10^8m^3$ 年生产能力，超额完成示范区产能建设任务；落实了四川盆地可工作有利区资源分布，提交了 $1635.31\times10^8m^3$ 页岩气探明储量；掌握了有效开发的技术和手段，实施效果一轮比一轮好，井均测试产量由 $11.1\times10^4m^3/d$ 提高到 $21.9\times10^4m^3/d$；形成了特色管理体制机制和工厂化作业模式，单井综合成本由13000万元降至5000万元；全面推广了生产作业HSE体系，实现了安全清洁生产。

四、页岩气勘探开发关键技术

借鉴北美地区的经验做法，创新建立了适合中国南方多期构造演化、高—过成熟海相页岩气资源评价和有利区优选技术体系，应用该技术实施了资源和有利区评价，解决了能否开发、在哪里建产的问题。

1. 页岩气分析实验技术

由于页岩"纳米级孔隙发育、有机质大量散布、气源多成因等"特点，系统建立了页岩气分析实验技术体系，包括脉冲法衰减、颗粒法等渗透率测试技术，高压压汞、液氮吸附、低温二氧化碳吸附等孔隙结构分析技术以及FIB三维立体重构等微观结构可视化技术，图6-31为储层岩心CT孔隙空间分布。

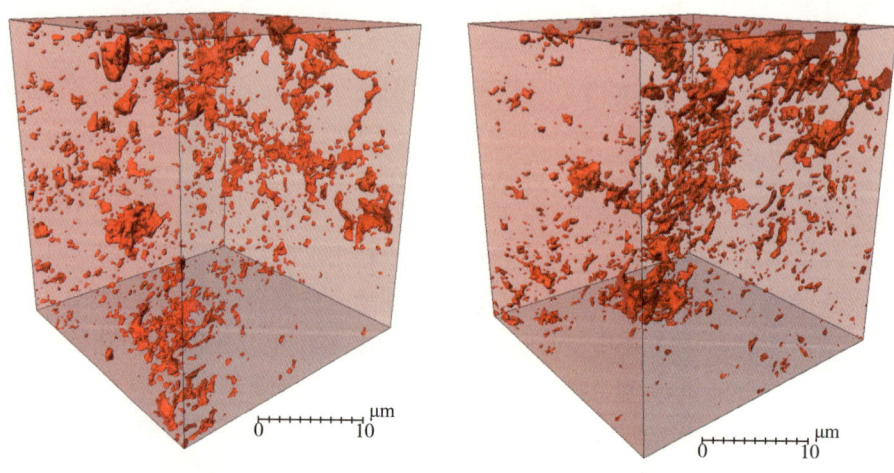

图6-31 威远页岩气田储层岩心CT孔隙空间分布（3D）（红色代表孔隙）

2. 地震储层预测技术

建立了三分量多波采集处理技术，地震频带由10~60Hz拓宽至8~70Hz。发展完善了页岩气各向异性及叠前深度偏移处理技术，可提高成像精度，使断点更清楚（图6-32）。

攻关形成了页岩气三维地震精细构造、小断层、埋深解释、特征参数及裂缝预测技术。形成了多波联合反演页岩储层预测技术，横波阻抗反演结果更稳定、分辨率更高，下志留统龙马溪底部的优质页岩层刻画更加清楚。

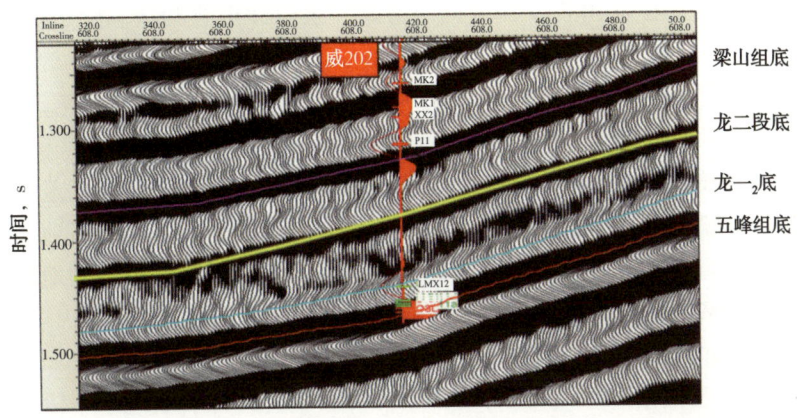

图 6-32　威远页岩气田五峰组—龙马溪组三维地震反射特征剖面图

3. 测井储层评价技术

建立了页岩气水平井测井解释技术，实现矿物组分、孔隙度、TOC、含气量、脆性指数等关键评价参数精细计算（图 6-33）。开展页岩岩电和岩石物理实验工作，建立了页岩岩石力学动静态转换、吸附气等参数的计算模型。

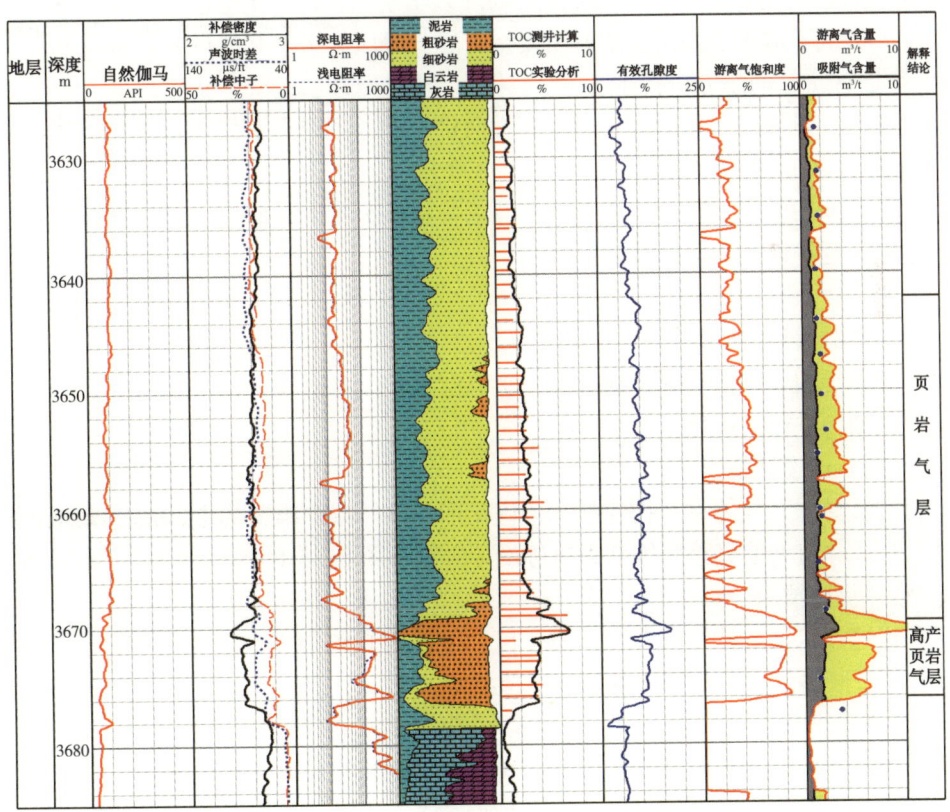

图 6-33　自 201 井五峰组—龙马溪组 $\Delta \log R$ 法计算 TOC

4. 评层选区技术

创新建立了适合中国南方多期构造演化、高—过成熟海相页岩气评层选区技术体系，核心是增加了保存条件等关键指标。应用评层选区技术明确了上奥陶统五峰组—龙马溪组是最有利的开发层系，优选出长宁、威远、富顺—永川3个有利区和宁201、威202-204井区两个建产区。

5. 页岩气开发优化技术

1）地质工程一体化建模技术

针对示范区建设过程中存在的"Ⅰ类储层钻遇率较低、井筒完整性较差和体积压裂效果仍需提高"等难题，借鉴国外地质工程一体化理念，发展完善了页岩气地质工程一体化建模技术。建立了涵盖从构造、储层、天然裂缝、地质力学等各种要素的地质工程一体化模型，定量刻画了储层关键地质和工程参数在三维空间的展布规律。

2）地质工程一体化设计技术

应用地质工程一体化模型，优化井位部署和井眼轨迹设计、实现水平段沿"甜点"钻进，有效避开断裂复杂带；同时，为井下定向钻具组合优选、地质导向方案设计、钻井液密度窗口优化等钻井工程应用提供最直观的依据，也可预判可能发生井漏、滤失、套损等工程问题的位置，指导钻完井、压裂等工程实施，为确保井眼轨迹平滑、提高Ⅰ类储层钻遇率奠定基础。

3）渗流与试井分析技术

建立了页岩气水平井分段压裂渗流的物理数学模型，分析了分段压裂水平井压力动态响应特征，形成了适用于四川盆地龙马溪组页岩分段压裂水平井的试井分析技术。

4）产能评价与动态分析技术

对经典的产量递减分析方法进行创新性改进，建立了符合页岩气水平井生产特征的产量递减分析和EUR评价方法，预测了3个井区超过100余口页岩气井产量、递减规律及EUR，指导了开发生产。以分段压裂水平井返排特征为基础，研究了返排规律和返排影响因素，建立了返排评价指标体系。

6. 水平井优快钻井技术

1）井身结构设计技术

针对旋转导向、气体钻井提速技术、页岩层水平段井壁稳定性以及大规模体积压裂的要求对井身结构进行了优化（图6-34）。

2）井眼轨迹设计技术

针对旋转导向、气体钻井提速技术，优化形成以"双二维"为主、龙马溪组顶集中增扭为辅的丛式井组大偏移距三维井眼轨迹设计方案（图6-35）。

3）钻井提速技术

钻井提速技术通过持续优化，形成了以"个性化PDC钻头+长寿命螺杆、旋转导向、油基钻井液、气体钻井"为核心的钻井提速技术。

4）钻井液技术

自主研发并批量生产出乳化剂、封堵剂、降滤失剂等6种关键处理剂，并形成了白油基钻井液体系，性能达到国际大公司同等水平。

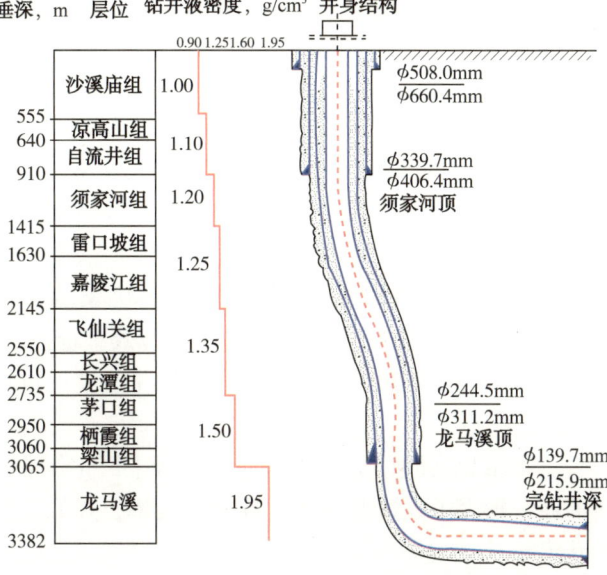

图 6-34 地表出露沙溪庙组区块井身结构示意图

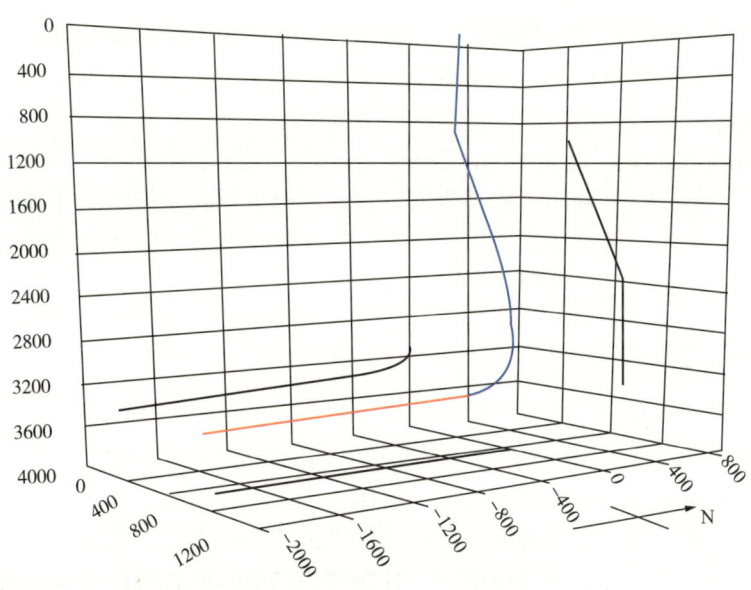

图 6-35 井眼轨迹三维示意图

5）地质工程一体化导向技术

全面推广"自然伽马+元素录井+旋转导向"页岩气水平井地质工程一体化钻井技术，显著提高了Ⅰ类储层的钻遇率。长宁区块钻遇率由47.3%提高到96.5%，威远区块钻遇率由37.1%提高到94.9%。

7. 水平井体积压裂技术

形成埋深3500m以浅体积压裂工艺技术及施工配套技术，基本解决了水平应力差大、缝网形成困难等压裂难题，有效提高了储层改造体积和裂缝复杂程度，单井产量大幅提高。实现了压裂关键工具与液体的国产化，大幅降低了作业成本。全面推广地质工程一体化精细压裂设计技术，提高压裂方案的针对性。

8.水平井工厂化作业技术

1）钻井工厂化作业技术

通过优化工序、安装钻机滑轨，实现"双钻机作业、批量化钻进、标准化运作"的工厂化钻井模式，钻前工程周期节约30%，设备安装时间减少70%。研制了滑轨式和步进式钻机平移装置，制订了平移评估流程和平移方案，钻机平移时间大幅降低。

2）压裂工厂化作业技术

受四川山地环境、井场大小、供水能力、作业噪声等因素的影响，形成"整体化部署、分布式压裂、拉链式作业"的工厂化压裂模式，压裂效率提高50%以上。采用平台储水、集中管网供水，实现区域水资源的统一调配以及返排液就近重复利用。

3）井区工厂化作业技术

采用"工厂化布置、批量化实施、流水线作业"井区工厂化作业模式，减少了资源占用，降低了设备材料消耗，精简了人员及设备，提升了效率，降低了费用。

9.高效清洁开采技术

（1）页岩气特色的高效地面集输工艺技术。针对页岩气田滚动接替开发模式，地面集输整体部署、分期实施、阶段调整、持续优化。

（2）数字化气田建设技术。两化融合，打造数字化气田，助推信息化条件下开发管理转型升级。提高了运行效率和安全管控水平，革命性转变一线生产组织方式，节约了人力资源和生产成本。

（3）清洁开发技术。广泛采用与北美标准一致的成熟清洁开发技术，形成了两控制（温室气体排放、噪声）、三利用（水基岩屑、含油岩屑、压裂返排液）、四保护（地表水、地下水、土地、植被）为核心的页岩气清洁开采环保技术，建产区环境质量与开发前保持在相同水平，实现了资源的高效利用和绿色开发。

五、勘探开发启示

1.准确把握页岩气内涵

在页岩气勘探开发实践中，应该注重页岩气的内涵：页岩气是以游离态、吸附态为主，赋存于富有机质页岩层段中的天然气，主体上为自生自储的、大面积连续型天然气聚集，单井一般无自然产能，需要通过一定的技术措施才能获得工业气流，页岩的定义重点是基于富有机质和主要成分的粒径而确定，且必须为已证实的有效烃源岩。高点区是页岩气"甜点"评价优选时必须考虑的重要因素，但不是必备要素。必备要素是有足够量的富有机质页岩、TOC、适中的热演化，保证有足够的天然气赋存及足够的天然气持续补充[9]。

2.正确认识中国页岩气

充分认识中国页岩气资源的特殊性、复杂性，不能简单地用北美页岩气概念认识中国页岩气而产生"过于乐观"的情绪。同时应该重视优质"甜点区"资源评价与选区的研究，而非只是关注钻井、分段体积压裂等工艺技术的突破，造成"工艺成功、产量不高"的局面，客观定位中国页岩气的发展阶段。

3.勘探开发关键技术与装备有待进一步完善

长宁—威远地区五峰—龙马溪组气层主体埋深为2000~3500m，对于埋深小于

3500m 的页岩气勘探开发技术与装备基本实现了国产化与规模应用。但是，对于埋深大于 3500m 页岩气资源，技术与装备还不成熟，所以，应开展深层页岩气关键工程技术及装备攻关，形成适用技术系列，设立深层页岩气开发先导试验区，推动深层页岩气规模有效开发。

4. 实现页岩气经济开采是关键

中国页岩气地质、地表条件复杂，有效优质页岩气资源及"甜点区"落实程度低，勘探开发处在起步阶段，导致页岩气勘探开发成本高，完全经济开采还需要一定时日。页岩气资源富集区总体管网不足、建设难度大、成本高，长宁—威远页岩气田都由于无管网或管网输送能力不足而降低产能生产。所以页岩气实现效益开发必须降低成本和提高产量，全面规划对于一个地区页岩气发展至关重要。

第五节 面临的挑战与发展前景

"十一五"至"十二五"期间，中国在四川盆地及周缘埋深 3500m 以浅五峰组—龙马溪组海相页岩气勘探开发取得重大突破、地质认识和关键技术有了重要进展，尤其是初步形成了六大类勘探开发配套技术（图 6-36），奠定了中国页岩气快速发展基础。但是中国页岩气勘探开发程度非常低、处于起步阶段，实现中国页岩气规模发展仍面临系列挑战。本节重点介绍"十三五"及今后中国页岩气发展面临主要挑战和其发展前景。

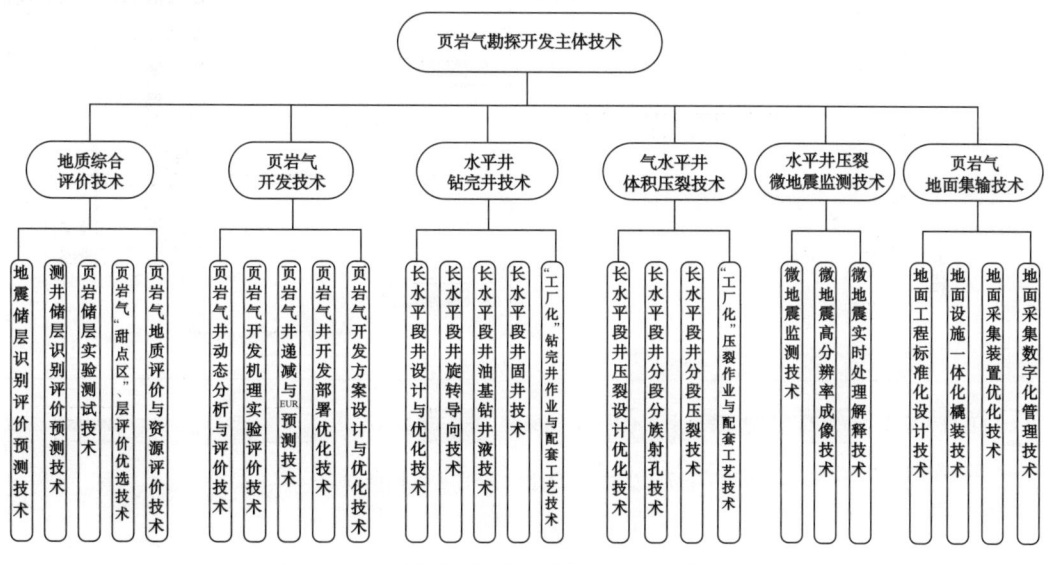

图 6-36 中国石油页岩气勘探开发主体技术构成

一、面临的挑战

中国发育海相、海陆过渡相和陆相等多类型页岩，与北美地区主要发育海相页岩相比（图 6-37），页岩气地质特征和适应的勘探开发技术普遍具有特殊性，勘探开发存在系列问题。（1）中国页岩气地质特征认识尚不明确、富集机理尚不清楚，页岩气资源不确定性较大,页岩气勘探有利领域、重点区域、主要层位尚不确定,优质页岩气储层及页岩气富集"甜点区/段"地球物理精细识别与预测评价技术尚不完善。(2)埋深3500m以浅的成熟技术对复杂构造目标、低压—常压储层、复杂地表条件仍需进一步优化完善,"穿针式"水平井精准地质导向技术还不具备,山地—丘陵地区有效"工厂化"生产模式仍在探索中。(3)高效开发理论与产能评价处于起步阶段,提高采收率技术需要探索。(4)低压、低产页岩气井增产压裂技术需要攻关,压裂效果微地震监测与评估方法需要完善。(5)全过程低成本勘探开发模式还没有形成,大幅度降低开发成本配套工艺尚需完善。(6)较高水资源消耗与环境保护有待改善,发展或探索少水或无水压裂技术迫在眉睫。(7)有效组织与管理方法需要进一步深化。归纳起来就是中国页岩气地质理论认识尚不成熟,目的层埋深3500m以浅主体技术还不完善,3500m以深主体技术尚在探索中,非海相页岩气勘探开发技术尚未涉足。

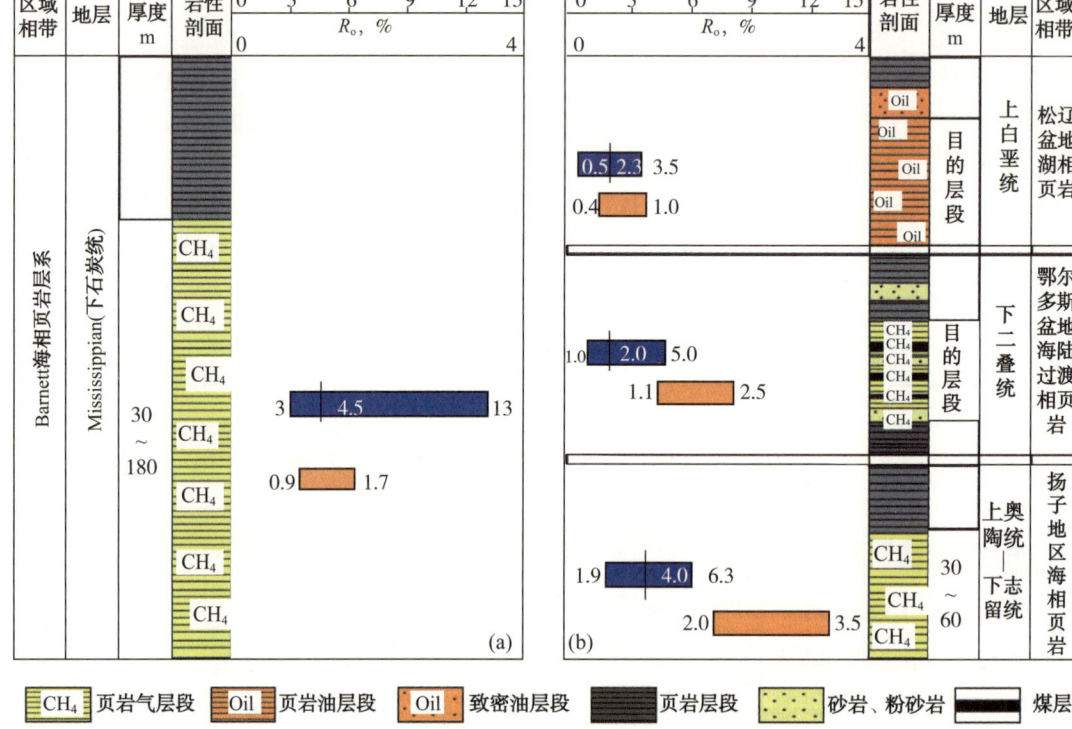

图6-37 中美页岩地层关键地质特征对比

1. 页岩气理论认识需进一步发展和完善

以四川盆地五峰组—龙马溪组为基础建立起来的中国海相页岩气地质理论认识,揭示了五峰组—龙马溪组页岩气成藏基本特征和富集主要规律,尚未形成适合其他不同特征海相页岩气、非海相页岩气形成条件及差异性的页岩气地质理论及认识,中国页岩气地质理论体系需要新突破新发展。震旦系、寒武系等海相页岩层系、石炭—二叠系海陆过渡相页岩层系及三叠—侏罗系等陆相页岩层系发育特征认识有待深化,页岩储集特征内在机理有待深化,深层、低压—常压区、复杂构造区海相页岩气、陆相与海陆过渡相页岩气富集规律尚未建立。页岩气高效开发理论、页岩可压裂性基础、页岩气经济评价等需要建立系理论认识、统评价体系与标准。

2. 页岩气资源不确定性较大

中国页岩气资源已经有过多轮次评价，但中国页岩气勘探开发钻井仅800余口，且主要集中于四川盆地及邻区的五峰组—龙马溪组，广大区域钻井控制程度非常低，无论是海相、海陆过渡相，还是陆相，其地质特征认识都很肤浅，页岩气资源估算结果、分布特征、有利区及"甜点区/段"优选具明显的不确定性。中国页岩气技术可采资源量 $10 \times 10^{12} \sim 32 \times 10^{12} m^3$，海相页岩气资源 $8.0 \times 10^{12} \sim 9.0 \times 10^{12} m^3$，评价将结果相对一致，海陆过渡相、陆相页岩气可采资源量认识较大差异。中国页岩气资源量评价风险主要在于4个方面：一是评价标准不统一，二是有利区落实程度低、评价精度不高；三是经济资源埋藏深度不明确，3500m以浅界线为技术适应范围，更深资源的经济性尚不清楚；四是构造复杂区、低压—常压低产区海相页岩气、非海相页岩气资源前景不明确。

3. 3500m 以深关键技术尚未突破

在中国，65%的页岩气资源位于3500m以深范围，深层页岩气勘探开发技术处于探索阶段。针对3500m以深层段主要技术难点在于：（1）随埋深增大，构造更复杂，水平井钻井工程、井眼轨迹控制难度更大；（2）地层突破压力高，储层体积改造难度大，改造效果差；（3）储层物性变差，单井产量低，单井最终可采储量减小；（4）高温高压条件下，配套设备与工具性能要求高。需要进一步自主创新并形成中国特色的深层页岩气勘探开发关键技术，包括优质页岩气储层精细地震识别与预测、水平井地质导向、压裂效果有效监测与评估、山地"工厂化"生产模式、高效开发理论与产能评价等技术。

4. 开发技术政策需进一步优化

在中国，页岩气开发时间短，页岩气井生产规律、开发技术和政策尚未完全建立，寒武系、二叠系等层系虽单井获气，但并未进入真正意义的商业突破。开发技术政策是页岩气田科学、高效开发的最关键问题，如开发井距影响气藏的最终采收率，生产制度影响单井累计产量等。这些关键技术政策的确定目前主要基于理论分析、模拟论证和北美地区经验借鉴，尚缺少足够量的实际现场试验数据、生产井数据的验证和支撑，或现场的测试手段不适应导致测试数据误差大。理论与现场实际相结合，开展页岩气关键开发技术政策综合论证意义重大。同时，页岩气开发还面临着页岩气储层地质建模、产能评价方法、井网优化方法和提高采收率等方面挑战。

5. 水资源总体不足与环境保护难度较大

根据中国石油四川盆地页岩气井统计，单井钻井、压裂所用水量一般为 $25000 \sim 43000 m^3$，平均为 $35000 m^3$。有预测认为，随着开采规模增大，技术不断完善，页岩气井数量、水平井段长度、压裂级数将不断增加，水资源耗费会越来越大。中国页岩气资源分布区水资源相对匮乏是中国页岩气勘探开发今后将面临的重要瓶颈之一。与此密切相关的另一个问题是环境保护，据统计67%的海相页岩气资源有利区位于丘陵与山地，生态脆弱，环保要求高。可能涉及的环境风险有井场建设占用土地与地表植被破坏、钻井液与压裂液使用对土地与地下水资源污染、甲烷等烃类气体泄漏及其他有害物质排放对环境的污染，以及钻井、压裂、井场建设等产生的噪声对周边居民、动物的影响等。

6. 勘探开发成本仍较高

中国页岩气不仅地质条件复杂，地表条件也复杂，勘探开发难度大、技术要求高，勘探开发成本持续居高不下。涪陵页岩气田单井综合费用平均为7000万~8500万元，威远—长宁—昭通页岩气田单井综合费用平均为6500万~7500万元，虽通过管理创新在不断降低成本，但目前仍处在低效益或无效益阶段，四川盆地外各区块的勘探开发目前还只有投入，没有产出，未来效益需要进一步评估。与此同时，传统天然气主产区外，天然气管网缺乏，对页岩气实现效益开发就提出了更高的要求。

二、发展前景

页岩气作为一种新型的非常规天然气资源，资源丰富，发展前景良好。根据四川盆地蜀南地区五峰组—龙马溪组勘探开发成果，考虑页岩气地质理论认识不断提升和关键技术与装备水平的不断进步，预计2030年中国页岩气产量 400×10^8~$500\times10^8\,m^3$，中国石油页岩气产量 350×10^8~$400\times10^8\,m^3$（表6-5、图6-38）。

表6-5 中国页岩气发展前景预测

年份	低情景，$10^8\,m^3$		中情景，$10^8\,m^3$		高情景，$10^8\,m^3$	
	全国	中国石油	全国	中国石油	全国	中国石油
2020	150~200	100	200	100	200	120
2030	400	350	450	350	500	400

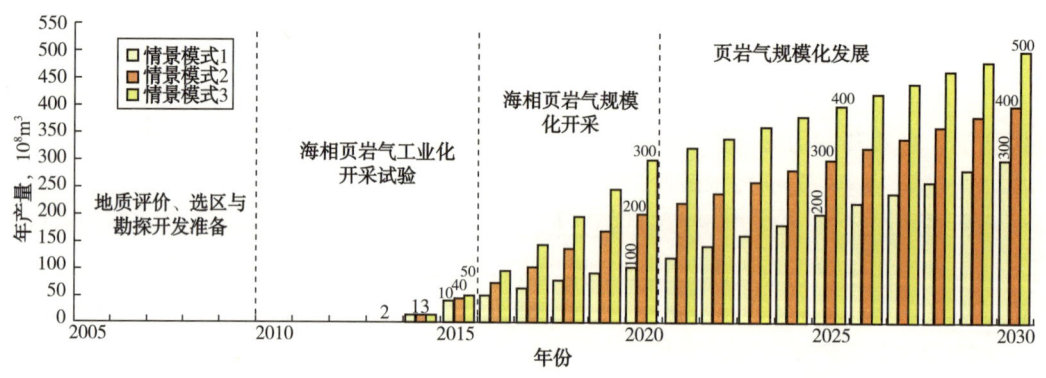

图6-38 四川盆地五峰组—龙马溪组页岩气产量增长趋势预测图

1. 预测依据

对中国页岩气发展前景的预测，主要依据如下：

（1）中国页岩气勘探开发整体处在发展初期，近期优先以四川盆地及周缘（上扬子区）五峰组—龙马溪组海相页岩气为重点；

（2）以四川盆地涪陵、威远、长宁—昭通等页岩气田取得的成功经验为基础，采取平台式"工厂化"生产模式和区块间接替；

（3）每一平台井组钻探水平井4~8口（平均6口），控制面积 $5.0\,km^2$；

（4）单井平均初始产量为 $6.0\times10^4\,m^3/d$，生产周期20a，第1~2年稳产，第2~3年产量递减 50%，第 3~5 年再稳产 2a，此后逐年递减，第 20 年单井累计产量约为 $1.17 \times 10^8 \mathrm{m}^3$（图 6-39）；

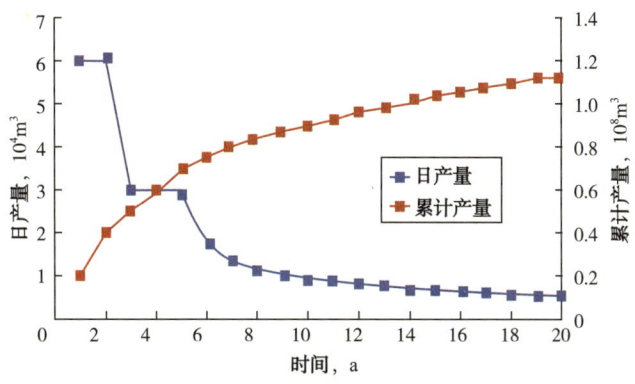

图 6-39　四川盆地五峰组—龙马溪组页岩气单井生产模式图

（5）南方下古生界页岩气赋存地质条件、富集"甜点区"较为落实，勘探开发成功率为 80%~85%。

2. 预测结果

综合上述方法，按低、中、高 3 种情景，来预测中国页岩气发展前景。预测结果认为，实现页岩气年产量 $300 \times 10^8 \mathrm{m}^3$ 左右，需要可供开发有利区面积约 $1.6 \times 10^4 \mathrm{km}^2$；实现页岩气年产量 $500 \times 10^8 \mathrm{m}^3$，需要可供开发有利区面积约 $3.6 \times 10^4 \mathrm{km}^2$。据此，2030 年中国页岩气年产量有望达到 $400 \times 10^8 \sim 500 \times 10^8 \mathrm{m}^3$。

（1）低情景模式：页岩气勘探开发关键技术与装备稳定发展，气价保持稳定，市场与政策补贴部分到位，地面设施建设初步具备。埋深小于 3500m 的海相页岩气取得重要进展，以四川盆地超压区为开发重点，五峰组—龙马溪组为主要目的层系，其他地区海相、过渡相、陆相页岩气未取得突破。预测中国 2020 年产量突破 $120 \times 10^8 \sim 150 \times 10^8 \mathrm{m}^3$，2030 年产量达 $400 \times 10^8 \mathrm{m}^3$，其中中国石油 2020 年产量突破 $100 \times 10^8 \mathrm{m}^3$，2030 年产量达 $350 \times 10^8 \mathrm{m}^3$。

（2）中情景模式：关键技术与装备主体突破，气价保持稳定并增长，市场较发育，政策补贴基本到位，地面设施建设基本完备。以埋深 2000~4500m 范围超压区为主，五峰组—龙马溪组页岩气大规模开发，其他海相页岩气实现工业化开发，过渡相、陆相页岩气取得重大突破。预测中国 2020 年产量突破 $200 \times 10^8 \mathrm{m}^3$，2030 年产量达 $450 \times 10^8 \mathrm{m}^3$，其中中国石油 2020 年产量突破 $100 \times 10^8 \mathrm{m}^3$，2030 年产量达 $350 \times 10^8 \mathrm{m}^3$。

（3）高情景模式：关键技术与装备全面突破，气价维持增长，市场发育，政策支持充分到位，地面设施建设完备。常压或低压区实现工业开发，突破了埋深 3500m 的限制，海相页岩气规模化开发，过渡相、陆相页岩气实现工业化生产。2020 年产量突破 $200 \times 10^8 \mathrm{m}^3$，2030 年产量达 $500 \times 10^8 \mathrm{m}^3$，其中中国石油 2020 年产量突破 $120 \times 10^8 \mathrm{m}^3$，2030 年产量达 $400 \times 10^8 \mathrm{m}^3$。

3. 技术发展前景预测

1）实现技术体系标准化、一体化、配套化

对于已初步形成的工程技术，进一步完善技术参数及技术配套，形成完整的技术体系，实现技术的规范化、有形化、标准化，逐步形成页岩气勘探开发一体化工作流程及配套技术，降低勘探开发成本、提高压裂效果、实现页岩高效开发。

2）发展高效钻完井技术，提高效益，降低成本

以直井、导眼井做评价，水平井求产能，"平台井工厂"规模化开发，发展高效"平台井工厂"钻完井技术，不断完善和形成提高页岩气钻完井效率和速度的配套工程技术，以利用较小占地面积，最大限度发挥设备利用率，实现顺序化、批量化钻完井作业，提高作业效率，降低作业成本。

3）发展高效压裂技术，提高储量动用率和页岩气采收率

发展和完善形成网络缝和增大压裂裂缝有效体积的新型压裂技术和新型分段压裂工具；加强地质与工程一体化，发展"工程甜点"评价技术，研发精细压裂技术，优化压裂的段数、段长、压裂规模与加砂量等，实现以"地质甜点"为核心、"工程甜点"为控制的分段、段间距和段数的压裂技术，发展以"井工厂"为核心、以"井平台"为单元的完全压裂技术，使压裂由单井压裂向多井、整体压裂和规模化压裂方向发展，提高压裂效果，提高资源动用率和页岩气井采收率，降低压裂成本。

4）发展优质钻井液和环境保护技术

开展高性能水基钻井液与环保型压裂液的技术攻关，研发高效油基钻井液与压裂液回收重复再利用技术，开展钻井岩屑、钻井液不落地及综合利用技术，实现钻井液、压裂返排液无害化处理及岩屑综合利用，以保护环境，降低开发成本。

5）发展无水压裂技术，实现无水压裂

页岩气井压裂用水量大，平均每口井压裂用水为 15000~30000m^3，威远区块单井压裂用液量高达 43542m^3，长宁区块单井压裂用液量高达 33000m^3，昭通区块单井压裂用液量高达 41500m^3。在"井工厂"化作业模式下，随着单井压裂规模、压裂井数增加，压裂用水量将进一步增加。中国石油矿权区，除四川盆地及周缘外，大部分地区水资源短缺，未来压裂用水的来源、运输、保存及循环利用可能存在较大困难。因而，发展无水压裂技术（如 LPG 压裂技术、CO_2 等高能气体压裂技术等）将是一个重要发展方向，不但可以大大节约水资源，还可以提高压裂有效性。

参 考 文 献

[1] EIA. Technically Recoverable Shale Oil and Shale Gas Resources : An Assessment of 137 ShaleFormations in 41 Countries Outside the United States [R]. Office of Integrated and International Energy Analysis ; Washington, 2013.

[2] 邹才能，董大忠，王玉满，等. 我国页岩气特征、挑战及前景（二）[J]. 石油勘探与开发，2016，43（2）：166-178.

[3] 邹才能，李建忠，董大忠，等. 中国首次在页岩气储层中发现丰富的纳米级孔隙 [J]. 石油勘探与开发，2010，375（5）：508-509.

[4] 刘洪林，王红岩，方朝合，等. 中国南方海相页岩气超压机制及选区指标研究 [J]. 地学前缘，2016，23（2）：48-54.

[5] 邹才能，董大忠，王玉满，等. 中国页岩气特征、挑战及前景（一）[J]. 石油勘探与开发，2015，42（6）：689-701.

[6] 郭旭升. 南方海相页岩气"二元富集"规律——四川盆地及周缘龙马溪组页岩气勘探实践认识[J]. 地质学报, 2014, 88 (7): 1209-1218.

[7] 董大忠, 邹才能, 戴金星, 等. 中国页岩气发展战略对策建议[J]. 天然气地球科学, 2016, 27 (3): 397-406.

[8] 张金川, 杨超, 陈前, 等. 中国潜质页岩形成和分布[J]. 地学前缘, 2016, 23 (1): 74-86.

[9] 董大忠, 王玉满, 黄旭楠, 等. 中国页岩气地质特征、资源评价方法及关键参数[J]. 天然气地球科学, 2016, 27 (9): 1583-1601.

[10] 万金彬, 李庆华, 白松涛. 页岩气储层测井评价及进展[J]. 测井技术, 2012, 36 (5): 441-447.

[11] Alfred D VernikL.Marathon Oil Corpooration: "A New Petrophysical Model for Organic Shales"[C]: SPWLA, 2012.

[12] 刘振武, 撒利明, 杨晓, 等. 页岩气勘探开发对地球物理技术的需求[J]. 石油地球物理勘探, 2011, 46 (5): 810-818.

[13] 张广智, 杜炳毅, 李海山, 等. 页岩气储层纵横波叠前联合反演方法[J]. 地球物理学报, 2014, 57 (12): 4141-4149.

[14] Curtis J B, Montgomery S L. Recoverable Natural Gas Resource of the United States: Summary of Recent Estimates[J]. AAPG Bulletin, 2002, 86 (10): 1671-1678.

[15] 朱如凯, 白斌, 崔景伟, 等. 非常规油气致密储层微观结构研究进展[J]. 古地理学报, 2013, 15 (5): 615-623.

[16] 丁安徐, 李小越, 蔡潇, 等. 页岩气地质评价实验测试技术研究进展[J]. 天然气与石油, 2014, 32 (2): 43-48.

第七章 天然气水合物

天然气水合物是由烃类气体（主要是甲烷）和水在低温和高压条件下组成的笼形固态似冰状物质，广泛分布于全球大陆边缘和永久冻土区，资源潜力巨大，被视为未来潜在的接替能源。在美国、日本、加拿大、中国等国家以及国际合作组织的支持下，墨西哥湾、卡斯卡迪亚、南海海槽、中国南海北部等区域通过钻探发现了天然气水合物，2008年在加拿大麦肯齐三角洲通过降压法成功试采天然气水合物，2013年在日本南海海槽利用降压法成功试采天然气水合物。2005年，中国石油科技管理部在"共性技术超前储备与集成配套研究"项目下设了天然气水合物跟踪研究课题，"十一五""十二五"期间在"非常规油气资源勘探开发技术研究"项目下又延续设立了天然气水合物研究课题（图7-1）。历经10年攻关研究，在天然气水合物成藏、勘查识别技术、实验室建设等方面取得了积极进展，为今后的业务发展奠定了基础。

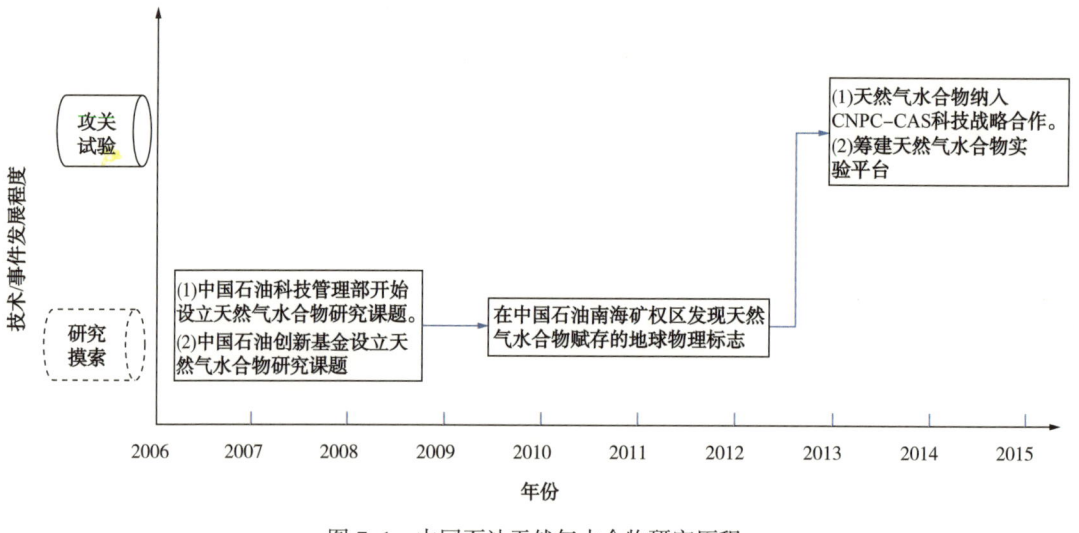

图7-1 中国石油天然气水合物研究历程

第一节 国内外勘探开发现状

天然气水合物勘探开发具有重要的科学、能源、环境和政治意义。世界各国重视并加大了对天然气水合物资源调查与研究工作，逐渐由资源调查向开发利用发展，日本在2013年率先在海域开展了天然气水合物试采，突破试采出气关。

一、天然气水合物的研究历程

天然气水合物，又称"固态甲烷"，常温常压下遇火发生燃烧（图7-2），俗称"可燃冰"，是由水分子和气体分子在低温高压条件下形成的、具有笼状结构的似冰状结晶化合物。天然气水合物在沉积物孔隙中具有多种生长模式，主要包括孔隙填充型、颗粒承载型、胶结型和颗粒包裹型等 4 种（图 7-3），由于沉积物孔隙中天然气水合物晶粒的不同生长模式，从而也导致沉积物中的天然气水合物具有多种赋存模型。通常，海洋沉积物中观测到的天然气水合物赋存模型主要包括弥散型、结节型、脉状型和块状型（图 7-4）。

图 7-2　常温常压下燃烧中的天然气水合物

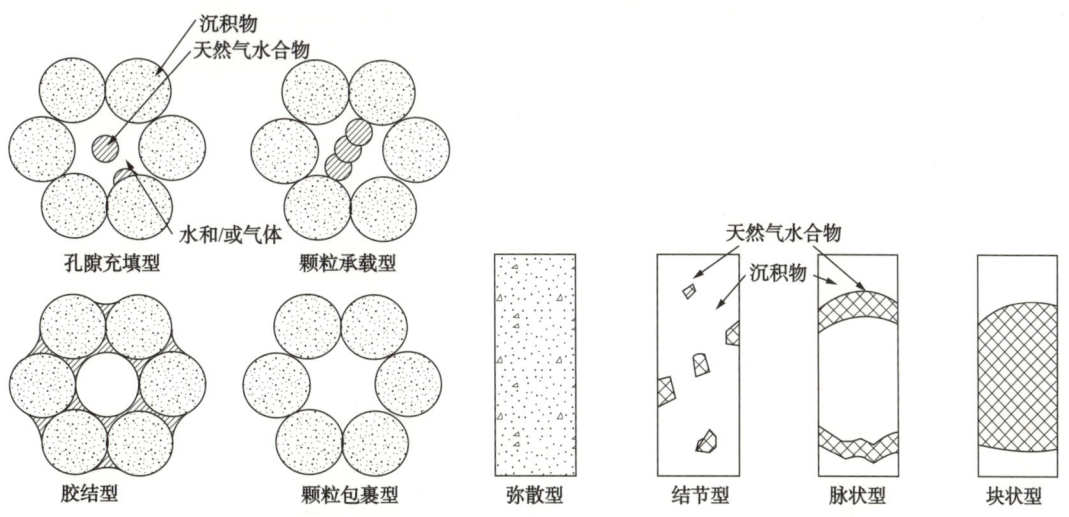

图 7-3　孔隙中天然气水合物的生长模式[1]　　　图 7-4　天然气水合物赋存的多种模式[1]

自人类发现天然气水合物以来，大致可以将天然气水合物研究历程划分为实验室发现与管道防堵、资源勘查与钻探、试采与开发等 3 个阶段。

1. 实验室发现与管道防堵阶段（1810 年—20 世纪 60 年代）

1810 年英国科学家 Davy 在实验室首次发现天然气水合物，此后，科学家们在实验室人工合成了不同气体组分的天然气水合物。1934 年，美国学者用实验确认了堵塞天然气管道的固体物质是天然气与水形成的天然气水合物而不是冰。20 世纪 60 年代之前，伴随着美国石油天然气工业的发展，人们关注研究天然气水合物的组成、结构、相平衡和生成条件，研究主题是工业条件下天然气水合物的预报和清除、天然气水合物生成阻化剂的研究和应用。

2. 资源勘查与钻探阶段（20世纪60年代—2001年）

20世纪60年代后，随着国际深海钻探计划（DSDP）和大洋钻探计划（ODP）的实施，先后在秘鲁陆坡、中美洲陆坡（哥斯达黎加、危地马拉、墨西哥）、美国东南大西洋海域、美洲西部太平洋海域、日本海域、阿拉斯加近海和墨西哥湾等海域，钻获了天然气水合物实物样品，证实了自然界中天然气水合物的存在。天然气水合物作为一种资源能源类型受到各国的广泛关注，世界各地科学家对天然气水合物的类型和物化性质、自然赋存和成藏条件、资源评价、勘探开发手段以及天然气水合物与全球变化和海洋地质灾害的关系等进行了广泛的研究。

3. 天然气水合物试采与开发阶段（2001年至今）

进入21世纪以来，天然气水合物资源的开发利用提上了议程，先后在冻土区开展了加热法、降压法和二氧化碳置换法试采天然气水合物，并在海域开展了降压法试采天然气水合物[2,3]（表7-1），预测2030年前后有望实现天然气水合物的商业性开发。2002年，美国、日本、加拿大、德国、印度等多个国家合作在加拿大麦肯齐三角洲冻土区采用加热法首次进行了天然气水合物试验性开发，通过注入约80℃的钻探钻井液，成功地从埋深1200m的天然气水合物层中开采出甲烷气体；2008年，采用降压法在麦肯齐三角洲冻土区进行天然气水合物试采，为期6d（139h），天然气产量达到2000~4000m³/d，累计产量约为13000m³。2013年，日本利用"地球号"探测船在爱知县渥美半岛附近海域，通过降压法进行了天然气水合物试采，为期6d，累计产气达120000m³。

表7-1 国际天然气水合物试采情况

地区		年份	试采方法	试采周期	累计产量，m³
冻土区	加拿大麦肯齐三角洲	2002	加热法	5d	470
	加拿大麦肯齐三角洲	2008	降压法	6d	13000
	中国祁连山木里地区	2011	加热法	101h	95
	美国阿拉斯加北坡	2012	置换法	30d	28300
海域	日本南海海槽	2013	降压法	6d	120000

二、国外天然气水合物研究进展

美国、日本、俄罗斯、加拿大、印度、德国及挪威等国政府积极开展天然气水合物的调查和研究工作，并从能源战略储备角度考虑，制订了各自的国家长远发展规划和实施计划。调查研究热点区域主要集中在麦肯齐、阿拉斯加、西伯利亚、青藏高原冻土区等冻土区、以及墨西哥湾、布莱克海台、韩国陆缘、日本南海海槽、南海北部、印度大陆边缘、贝加尔湖等海域（图7-5）。

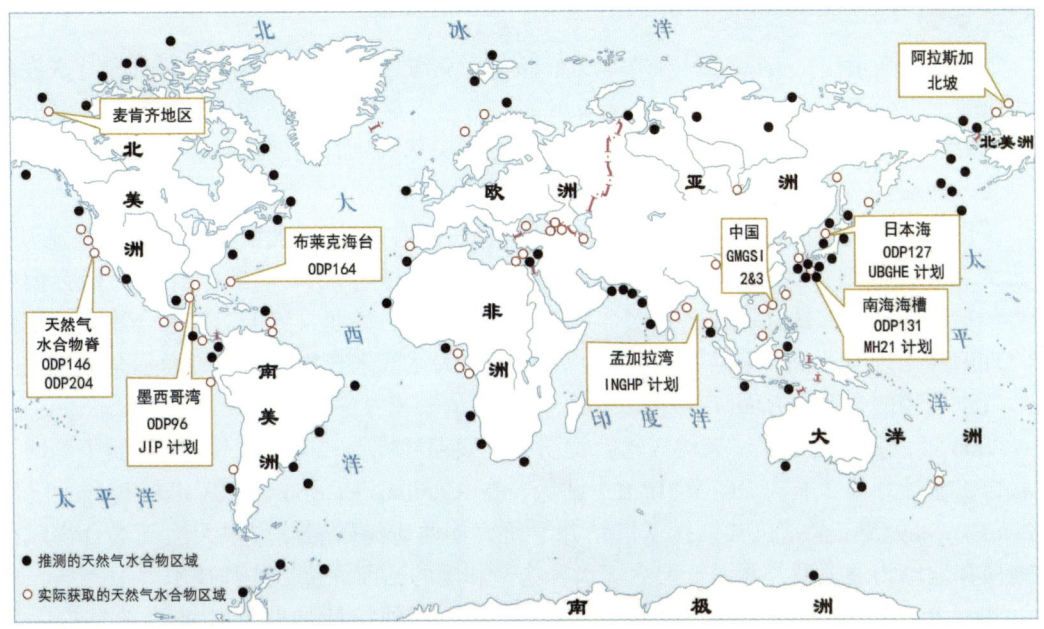

图 7-5 世界天然气水合物主要勘探区域[4]

1. 俄罗斯

1965 年，在俄罗斯西伯利亚多年冻土区麦索雅哈气田发现天然气水合物。麦索雅哈气田是目前世界上天然气水合物开采成功的案例，气田可划分为上部天然气水合物聚集带和下部游离气聚集带，气体成因为热成因天然气，该气田位于西伯利亚 Yenisei-Khatanga 坳陷中[5]，为一背斜构造[图 7-6（a）]，面积 230km^2。该气田从 1969 年开始开采，半连续生产到 2011 年[图 7-6（b）]，累计天然气产量为 $129 \times 10^8 m^3$，其中 $5 \times 10^8 m^3$ 的天然气是通过降压后上覆天然气水合物分解而获得的[6]。

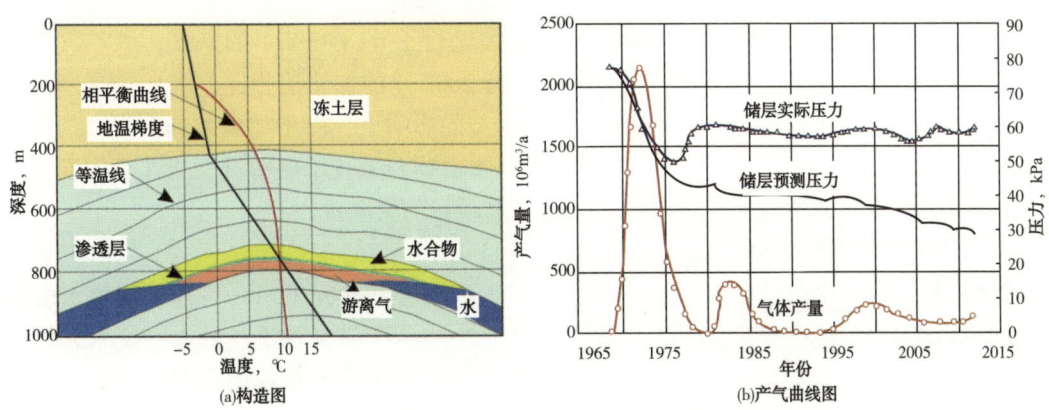

图 7-6 麦索亚哈天然气水合物构造与产气曲线图

通过勘探，划分出了西西伯利亚、贝加尔湖、鄂霍次克海和黑海等 4 个天然气水合物远景区。在黑海海域海底 6~650m 深度发现存在 150 多个天然气水合物矿藏，天然气水合物矿层厚度达 6m；针对天然气水合物开采技术，与日本合作，对贝加尔湖底进行了天然气水合物相关开采技术的实验。

- 227 -

2. 美国

20世纪60年代，美国在墨西哥湾及东部布莱克海台实施油气地震勘探时，首次发现了似海底反射（BSR）。1970年，在美国布莱克海台实施了深海钻探（DSDP），证实BSR之上存在天然气水合物，之后，BSR作为识别海洋天然气水合物的地震标志，被广泛地用于世界各海域的天然气水合物调查[7]。

美国能源部先后制订了各项天然气水合物研究计划，设立了大型项目"国家甲烷水合物研究和开发规划"，项目起止时间为2001年9月30日到2014年3月31日，研究内容主要包括阿拉斯加北部陆坡天然气水合物储层特征描述、墨西哥湾天然气水合物高精度地球物理解释处理与评价、天然气水合物生产试验、天然气水合物层岩石力学、全球气候与天然气水合物的关系等方面。

2006年，美国制订了"天然气水合物研究开发路线图"。2009年，美国开展了墨西哥湾联合工业计划第2航次（GoM JIP II）钻探，在Alamlnos Canyon 21、Walker Ridge313和Green Canyon955三个站位共钻探7口钻井，研究墨西哥湾砂岩储层中天然气水合物赋存的地质和地球物理模型，并评价天然气水合物饱和度的钻前评价方法和技术[8]。

2007年，BP公司与美国能源部、USGS合作，在阿拉斯加北部陆坡成功钻探一口天然气水合物研究井，井深914m，天然气水合物层位于地面以下549~762m，获得总长131m的天然气水合物岩心，同时开展了随钻录井等测试。2011年，康菲等公司在阿拉斯加北部陆坡钻探IgnIk SIkumI #1井并安装了测试及试采设备，2012年进行了CO_2/CH_4置换天然气水合物试验，采气30d获甲烷气体28300m^3。

3. 加拿大

1992年，加拿大地质调查局（GSC）、帝国石油公司和壳牌加拿大公司在北极地区钻了一口科学探井，采集到第一块永久冻土中的天然气水合物。1993年，大洋钻探计划ODP146航次在温哥华岛外海域发现了天然气水合物。从1998年开始，实施了加拿大麦肯齐三角洲冻土带天然气水合物开发试验计划，先后于2002年和2008年进行了天然气水合物开发试验。2008年采用降压法开发试验，连续进行了6d（139h）的采气，天然气产量达到2000~4000m^3/d，累计产量约为13000m^3。与2002年的加热法相比，降压法是当前较为有效的天然气水合物开发方法。在国际经济形势的影响下，由于加拿大具有丰富的常规油气资源和油砂等非常规油气资源、以及天然气水合物开采技术的相对不成熟等因素，加拿大政府在2013年初暂时停止了对天然气水合物项目的资金投入。

4. 日本

2001年，日本成立了一个行业—政府—学术的联合型研究组织——日本甲烷水合物资源研究联盟，承担天然气水合物的研究，并于2001年7月宣布了"日本甲烷水合物研究及开发规划"，主要思路是通过与国外联合合作研究，先在加拿大麦肯齐等极地冻土区开展天然气水合物试采试验，研发天然气水合物钻采和开发技术，然后在日本周边海域开展天然气水合物试采试验，最终实现天然气水合物商业性开发。

2013年3月12日，日本利用"地球号"探测船从爱知县渥美半岛附近约1000m的海底钻入330m，并在海底通过降压法使天然气水合物实现分离，然后抽取出甲烷气体。日本成为世界上首个掌握海底天然气水合物试采技术的国家。通过勘探试采显示，深埋式富砂浊流沉积体系是海域天然气水合物勘探、钻探以及试采的最佳地质目标。

5. 韩国

韩国的天然气水合物研究始于 1996 年，启动了第一个天然气水合物项目，由韩国地球科学和矿产资源研究院组织实施。2005 年 7 月，韩国启动了"天然气水合物开发十年计划"，总体分为 3 个阶段（表 7-2）。同时，成立了国家天然气水合物研究机构，由韩国知识经济部韩国地球科学和矿业资源研究院、韩国天然气公司、韩国国家石油公司 4 个部门组成。韩国政府、知识经济部、天然气公司、海洋与渔业部、科技部等多个机构共同开展天然气水合物的研究，总体目标是到 2015 年为止，发展天然气水合物开采技术，研发郁龙（Ulleung）盆地商业开采天然气水合物技术。

表 7-2 韩国国家天然气水合物计划阶段划分

阶段	区域	年份	任务	目标
Ⅰ	东海远景目标区Ⅰ	2005	二维地震详查，数据处理分析和勘探技术研究	确定天然气水合物有利区，通过钻探获得天然气水合物样品
		2006	三维地震调查，数据处理和资料解释，资源评价，勘探技术研究	
		2007	钻探和钻探资料研究	
Ⅱ	东海远景目标区Ⅱ	2008	二维地震详查，数据处理、解释和勘探、开发技术方法研究	确定天然气水合物有利区，通过钻探获得天然气水合物样品，并确定天然气水合物开发技术初步方案
		2009	三维地震调查，数据处理和资料解释，资源评价，勘探、开发技术方法研究	
		2010	钻探和钻探资料研究，开发技术研究	
		2011	开发钻探位置的初步确定，钻探资料研究，开发技术确定	
Ⅲ	最有利区域	2012	试开发，钻探资料研究	形成天然气水合物开发技术方案
		2013	试开发数据研究	
		2014	开发确认，最适合的开发技术方法研究	

2007 年 9 月 20 日至 11 月 17 日针对韩国东海郁龙盆地实施了第一航次天然气水合物钻探，共计 59d，在 5 个站位钻探 5 口井，证实了郁龙海盆天然气水合物的赋存。2009 年 6 月 7 日至 8 月 30 日实施了第二航次天然气水合物钻探，历时 84d，钻井 18 口，随钻测井 13 个站位，取心 10 个站位，进一步研究了天然气水合物赋存特征。

6. 印度

2006 年 5 月 28 日至 8 月 19 日，印度实施了国家天然气水合物规划第 01 航次（NGHP-01）钻探，历时 113d，在印度近海的 21 个站位钻探了 39 口天然气水合物勘探井，证实了天然气水合物的存在[9]。研究显示印度周边海域天然气水合物分布潜在区域面积达到 142845km^2，其中最有潜力区域面积为 55850km^2。天然气水合物资源量保守估计为 1894×10^{12}m^3，仅按 1% 的甲烷采收率计算，就达 18.94×10^{12}m^3。

2010 年，印度国家天然气水合物发展纲要开始实施第二阶段计划，即海底天然气水合物试验开采研究。2014 年在孟加拉湾完成 20 个站位的随钻测井勘探；2015 年在孟加拉湾完成了 10 个站位的钻探取心和电缆测井勘探。

三、中国天然气水合物研究进展

中国天然气水合物研究主要以国家相关职能部门组织开展钻探与研究为主,科研院校和石油公司积极参与。

1999年,中国利用"奋斗五号"调查船首次针对天然气水合物在西沙海槽开展高分辨率多道地震调查,发现了天然气水合物存在的重要标志。2002年,设立了"我国海域天然气水合物资源调查与评价"国家专项(又称"118专项"),加大了天然气水合物的研究投入,以促进天然气水合物勘探及研究的发展。2009年启动了国家"973"项目"南海天然气水合物富集规律与开采基础研究"。2011年,启动了"天然气水合物资源勘查与试采工程"国家专项(又称"127工程")。此外,中国科学院、国家自然科学基金、中国海洋石油公司等设立天然气水合物研究专门项目。在国家和相关单位的高度重视和持续投入下,中国天然气水合物勘查及技术进步迅速,为今后天然气水合物勘探及试采奠定了良好的基础[10]。

2007年4—6月,在神狐海域实施了第1航次天然气水合物钻探(GMGS 01),完成钻探站位8个,取心孔5个,其中在SH2、SH3和SH7三个站位取得天然气水合物实物样品。2013年6—9月,在珠江口盆地东部海域实施了第二航次天然气水合物钻探(GMGS 02),首次钻获高纯度天然气水合物样品,岩心中天然气水合物含矿率平均为45%~55%,其中天然气水合物样品中甲烷含量最高达到99%;通过实施23口钻探井,控制天然气水合物分布面积55km^2,折算天然气控制储量$1000×10^8$~$1500×10^8$m^3。2015年,在神狐海域开展了第三航次天然气水合物钻探,控制天然气水合物分布面积128km^2,预测资源量超$1500×10^8$m^3,并在琼东南盆地发现"海马"冷泉区,重力活塞取样获得块状天然气水合物样品。

在冻土区天然气水合物研究方面,从2002年开始,中国地质调查局先后设立了"青藏高原多年冻土区天然气水合物地球化学勘查预研究""青藏铁路沿线天然气水合物遥感识别标志研究""我国陆域永久冻土带天然气水合物资源远景调查"和"陆地永久冻土天然气水合物钻探技术研究"等多个调查研究项目。2008年11月5日在DK-1孔井深133.5~135.5m处首次发现天然气水合物实物样品,之后分别在11月7日和11月10日再次发现天然气水合物。2009年5月31日至10月11日在DK-2和DK-3钻孔中再次钻获天然气水合物,证实了中国冻土区存在天然气水合物。这是中国冻土区首次发现天然气水合物,同时也是世界中低纬度高山冻土区首次发现天然气水合物[11]。此后,在青藏高原和东北漠河等冻土地区钻探天然气水合物钻井20余口,除了祁连山木里地区外,其余地区只观察到与天然气水合物相关的异常现象,但未能获得天然气水合物实物样品。2011年,中国在祁连山木里地区开展了电磁、太阳能加热与有杆泵法排水降压相结合的方式进行试采天然气水合物,试采101h,产甲烷95m^3。

2004年中国海洋石油公司成立了深水工程重点实验室,将天然气水合物研究作为主要研究方向之一。2007年以来,开展了"天然气水合物专业调研与开采机理探索"、"天然气水合物模拟开采技术研究"(863)、"深水浅层水合物风险评价探索"("十一五"国家科技重大专项)、"天然气水合物开采过程多相渗流与传热特性研究"(973)等研究。2009年建立具有先进水平的三维可视天然气水合物开采模拟试验系统。中国海洋石油总公司将

"天然气水合物目标和试开采关键技术"列为"十二五"重大项目，以冻土和潜在深水天然气水合物富集区为研究对象，开展室内开采模拟、试验开采装备研制和工程实施方案设计，进行海上试验开采工程设计和实施技术前期研究，为海上试验开采天然气水合物做前期技术储备。

四、中国石油天然气水合物研究进展

中国石油一直关注天然气水合物的发展，做了大量跟踪研究工作，并把天然气水合物勘探开发技术作为超前储备技术列入了科技发展规划，开展攻关研究和攻关试验。从"十一五"起，中国石油科技管理部连续设立天然气水合物研究课题；2013年，天然气水合物纳入中国石油与中国科学院科技战略合作，共同开展天然气水合物的联合研究；2014年，中国石油开始筹建天然气水合物实验平台建设。同时，中国石油科技创新基金设立天然气水合物研究课题，资助了中国国内研究院校的中青年学者开展原创性、基础性研究和前沿技术探索。

通过研究，主要取得了以下几方面的进展与认识：(1)探索了适合中国石油南海矿权区天然气水合物的勘查识别方法，对中国石油南海矿权区开展了地震资料特殊处理与解释，发现了天然气水合物存在的地球物理证据；(2)进一步研究了吸收特征对天然气水合物识别，并在中国石油琼东南矿权区块进行了天然气水合物识别应用，显示出吸收特征方法具有较好的适用性；(3)天然气水合物富集主要受有利沉积体的控制，将有利沉积体展布、流体运移条件、温度压力物理条件的有机结合，可以更准确评价天然气水合物富集分布；(4)基于天然气水合物油气系统，初步探讨了中国青藏高原冻土区水合物成藏潜力，开展了青藏高原冻土区水合物资源潜力远景和有利区分析，初步优选了昆仑山垭口盆地等4个有利区；(5)总结了国内外天然气水合物实验技术及实验室建设，开展了实验设备论证，启动了非常规油气重点实验会天然气水合物实验平台建设；(6)基于中国石油第四次油气资源评价，总结了天然气水合物资源量评价方法，初步评价了中国天然气水合物资源量。

在天然气水合物实验平台建设方面，瞄准天然气水合物勘探开发技术，进行相关设备的研发及引进，设立天然气水合物勘查与成藏实验子平台、天然气水合物钻采实验子平台、天然气水合物安全环保实验子平台3个专业实验子平台，方向主要包括：(1)天然气水合物基础物性及实验探测；(2)天然气水合物资源勘探、成藏系统和富集规律；(3)天然气水合物钻井工艺及开采模拟；(4)天然气水合物沉积物力学性质和安全及稳定性控制。通过实验平台的建设，建立国内领先的天然气水合物成藏模拟系统、钻井开采试验模拟系统和流动安全试验系统，开展天然气水合物勘探目标预测评价、钻完井、高效开采和安全控制评价等实验研究，制订符合实际地质条件的天然气水合物开采技术方案，形成具有自主知识产权的天然气水合物勘探目标预测评价、钻完井、开采和安全控制等关键技术体系。2014年，天然气水合物实验平台开始筹建，一期主要建设天然气水合物勘查与成藏实验子平台，实验设备的主要功能包括天然气水合物勘探评价、储层识别技术、成藏机理与模拟技术、水合物分解控制机理、资源评价方法体系等方面。通过研发，设计了"天然气水合物实验模拟装置"，并获得国家实用新型专利和发明专利。相关实验设备正逐步开展技术论证等工作，天然气水合物实验平台建设正稳步推进。

第二节 资 源 潜 力

天然气水合物资源潜力巨大，是重要的战略资源。天然气水合物勘探程度整体还较低，主要采用体积法估算天然气水合物资源量。在"十一五"和"十二五"研究认识的基础上，依托中国石油第四次油气资源评价，初步估算中国天然气水合物的资源量约为 $153 \times 10^{12} m^3$。

一、天然气水合物资源量评价方法

天然气水合物资源量评价方法众多，依据评价思路的不同，可归纳为两大类、4 种方法[12]（表 7-3）。其中，体积法由于原理简单且适用于描述天然气水合物在自然界中特定的赋存状态，在各海域乃至全球天然热水合物资源量评价过程中应用最为广泛。

1. 基于成藏思路的评价方法

基于成藏思路的天然气水合物资源量评价是在天然气水合物地质、地球物理及地球化学综合分析的基础上，以天然气赋存状态为研究对象，按聚集单元划分出评价单元，评价出天然气水合物聚集区单元规模和数量分布，然后计算出资源量。根据对天然气水合物赋存状态理解程度的不同，可分为面积法、体积法和概率统计法 3 种。

1）面积法

面积法假定含油气层系逸泄范围以内所生成的烃类将就近运移聚集于含油气区带内，然后根据地质构造或沉积发育所划分的供烃面积单元，按其生烃量计算所得的聚集烃量即为资源量，其主要公式为：

$$V_{glod} = AR \tag{7-1}$$

式中　V_{glod}——天然气水合物资源量；
　　　A——有效供烃面积；
　　　R——供烃面积内的单位供烃量。

面积法主要通过划分和界定有效的生—供烃类面积单元，然后运用概率模型分析方法对烃源岩的生、排、供烃量进行预测研究，最终计算分析不同条件概率下的油气资源量。其适用于勘探开发程度较低的地区，计算结果主要受限于对区域地质资料的掌握程度，该方法目前主要应用于全球海域的天然气水合物资源量评价。

表 7-3　天然气水合物资源量评价方法

评价思路	主要方法	基本原理	主要参数	数据来源							资源量分类				
				类比	地质	地震	测井	钻井	地化	遥感	推测资源量	潜在资源量	预测资源量	控制资源量	探明资源量
成藏思路	面积法	$V_{glob}=AR$	A		√				√	√	√	√	√		
			R	√	√	√	√	√							

续表

评价思路	主要方法	基本原理	主要参数	数据来源						资源量分类				
				类比	地质	地震	测井	钻井	地化	遥感	推测资源量	潜在资源量	预测资源量	控制资源量	探明资源量
成藏思路	体积法	$V_{\text{glod}}=V_{\text{GHZ}}D$	V_{GHZ}		√	√					√	√	√		
			D				√	√							
		$V_{\text{glod}}=Az\phi HGE$	A						√	√	√	√	√	√	√
			z			√									
			ϕ		√										
			H	√											
			G	√					√						
			E	√											
	概率统计法	同体积法									√	√	√	√	√
生烃思路	物质平衡法	物质守恒原理	五史参数	√	√	√	√	√	√	√	√	√	√	√

2）体积法

体积法直接从储层的有效储集空间入手，不考虑烃源岩，用数理统计的方法建立圈闭天然气水合物资源量与单位体积油气资源密度和体积变量的关系，然后加总求和得到区带资源量，其主要公式为：

$$V_{\text{glob}}=Az\phi HGE \quad (7-2)$$

或：

$$V_{\text{glob}}=V_{\text{GHZ}}D \quad (7-3)$$

式中　A——天然气水合物存在带面积；

z——天然气水合物存在带厚度；

ϕ——天然气水合物孔隙度；

H——天然气水合物饱和度；

G——天然气水合物容积倍率；

E——天然气水合物聚集率；

V_{GHZ}——含天然气水合物沉积层体积；

D——天然气水合物充填率。

体积法主要通过分析油气藏基本属性，划分油气藏内储量计算单元，对储量精度评价，计算的地质储量是油气换算到地面标准条件下的体积。其适用于大中型构造控制油气藏计算结果精度较高，对复杂油气藏储量计算结果可靠性较差。计算精度和可靠程度取决于相关资料的程度和质量。该方法主要用于印度陆缘及全球海域的天然气水合物资源量评价。

3）概率统计法

概率统计法主要原理同体积法，但在参数取值和储量计算中考虑了概率分布规律，以数理统计的概率理论为指导，将控制储量大小的不确定性因素作为随机变量进行处理，经过模拟计算，得到不同概率风险条件下的储量，从而求得不同期望的储量数据，它的计算结果是对体积法计算的合理补充。针对复杂断块小油气藏、透镜体岩性油气藏、裂缝性油气藏以及在复杂地质条件下或油气藏资料较少的情况下，该方法的使用效果较体积法计算好，目前主要用于中国南海天然气水合物资源量评价研究。

2. 基于生烃思路的评价方法

基于生烃思路的评价方法是物质平衡法，即从有机质的沉积、演化过程出发，依据物质守恒原理，通过对发育史、热史、生烃史、排烃史和运聚史模拟，计算烃源岩中烃类的生成量、排出量和吸附量、运移量以及散失损耗量，确定油气藏重大油气聚集量。

物质平衡法通过盆地分析，建立地质过程的概念模型或地质模型，抽提其中最主要的作用变化控制因素，使用数学方法将原因变量与结果数据联系起来，构建地质过程的数学模型，对盆地地质过程进行恢复计算、结果预测或研究分析，最终得出可靠准确的定量地质结论。评价结果主要依赖于对生烃、运移和聚集等主要石油地质问题的全面理解以及对地球化学参数的正确选取。该方法目前主要应用于墨西哥湾东北海域天然气水合物资源量的评价。

二、全球天然气水合物资源量评价

针对全球天然气水合物资源量的评价，不同的研究者得到的估算值甚至相差了几个数量级，其原因主要是评价方法不同及评价参数差异大。丛晓荣等将全球天然气水合物资源量估算值的研究划分为初始阶段（20世纪70年代—20世纪80年代早期）、发展阶段（20世纪80年代—21世纪初）和理性阶段（21世纪初至今）等3个阶段（图7-7），认为反映全球海底天然气水合物资源量的最佳值为 $1 \times 10^{15} \sim 3 \times 10^{15} m^3$。

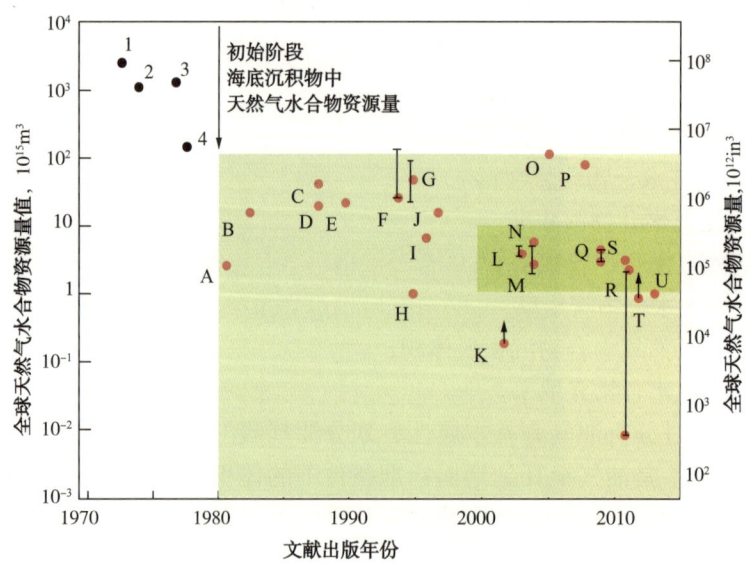

图7-7 全球天然气水合物中甲烷估算与出版时间关系图

1. 初始阶段（20 世纪 70 年代—20 世纪 80 年代早期）

这一时期全球天然气水合物资源量的数量级普遍在 10^{17}~10^{18} m^3，估算值过大，主要原因是由于当时人们对于天然气水合物的认识尚浅，虽然在海洋沉积物中发现了少量的天然气水合物样品，但对于天然气水合物的形成过程和条件等因素还不是很了解，没有实际的数据和资料，只能假定天然气水合物的存在面积和含天然气水合物的沉积层厚度，使得估算值过高。

2. 发展阶段（20 世纪 80 年代—21 世纪初）

这一时期估算的全球天然气水合物资源量数量级比前一个时期降低了 1~2 个数量级，这主要是因为 DSDP（1979—1981 年）和 ODP（1985—2003 年）早期实测资料的获得，使得人们对天然气水合物的认识有着进一步的提高，表现在：（1）这个时期的研究者普遍认识到沉积物中 TOC 的问题（通常 >0.5% 或者 <1%），即微生物成因气体来源甚至考虑深部流体运移等气源；（2）天然气水合物主要赋存在大陆边缘地区，并且认为天然气水合物也只是在大陆边缘的一部分区域存在；（3）天然气水合物没有占据天然气水合物稳定带中的所有空间等等；（4）利用 DSDP 地震资料及 ODP 早期实测资料来假设天然气水合物饱和度、孔隙度、资源密度等参数，使得估算结果有很大的限定性和合理性。

3. 理性阶段（21 世纪初至今）

这一阶段的研究者对全球天然气水合物资源量的估算比较理性，表现在：（1）研究者基于 ODP（1985—2003 年）、IODP（国际综合大洋钻探计划）(2004—2013 年）直接或间接数据来确定相关参数，利用完善的体积法或者面积法进行计算，如加载概率统计等；（2）研究者普遍认识到天然气水合物的形成受颗粒有机碳（POC）、沉积速率、微生物降解有机质动力学（产生甲烷的速率）、稳定带厚度、稳定带内甲烷溶解度和深部沉积层中甲烷流体对天然气水合物稳定带的补充等因素的控制；（3）Buffett 等[13]首次提出了全新世边界条件下的全球天然气水合物资源量估算模。此后，研究者认为天然气水合物的形成受地球物理、生物地球化学等参数控制，采用基于全球网格数据的输运化学反应模型来估算天然气水合物资源量。这一阶段对全球天然气水合物资源量的估算值集中在 1×10^{15}~3×10^{15} m^3。

三、中国天然气水合物资源量评价

根据对天然气水合物勘探规律认识以及对天然气水合物资源量评价方法及用途的不同，多位学者评价了中国天然气水合物资源量（表 7-4）。体积法和概率统计法蒙特卡罗法是中国天然气水合物资源量评价广泛采用的方法。

表 7-4 中国天然气水合物资源量

资源量，$10^{12} m^3$	评价方法	资源类型	评价地区	文献来源
86.85	体积法	预测资源量	南海	姚伯初，2001[14]
24.13	体积法	潜在资源量	冲绳海槽	方银霞等，2001[15]
84.5	体积法	预测资源量	南海	张光学等，2002[16]
17.29~21.69	体积法	推测资源量	南海南部	曾维平、周蒂，2003[17]
1.97~9.86	体积法	预测资源量	东海	杨文达等，2004[18]

续表

资源量，$10^{12}m^3$	评价方法	资源类型	评价地区	文献来源
生物气1.11、热解气0.51	体积法	潜在资源量	琼东南盆地	陈多福等，2004[19]
23.2	体积法	预测资源量	南海南部	王淑红等，2005[20]
58.49	体积法	推测资源量	冲绳海槽	唐勇等，2005[21]
6×10^{-9}	面积法	预测资源量	南海	葛倩等，2006[22]
64.9	概率统计法	预测资源量	南海	梁金强等，2006[23]
8.7~60.4	体积法	预测资源量	白云凹陷	张树林，2007[24]
63	体积法	预测资源量	南海北部陆坡	卢振权等，2007[25]
2.2~2.54	体积法	预测资源量	神狐海域	Guan Jinan等，2009[26]
0.1	体积法	预测资源量	神狐海域	王秀娟等，2010[27]
0.12~240	体积法	预测资源量	青藏高原	陈多福等，2005[28]
45~298	体积法	预测资源量	青藏高原	库新勃等，2007[29]
0.27~0.29	体积法	潜在资源量	祁连山木里	徐水师等，2009[30]
9.42×10^{-7}	体积法	推测资源量	祁连山钻探区	卢振权等，2010[31]
35	体积法+概率统计法	潜在资源量	青藏高原	祝有海等，2011[11]
3	体积法+概率统计法	潜在资源量	漠河	祝有海等，2011[32]

由于中国开展的天然气水合物勘探工作较少，参数取值存在较大的不确定性，在中国石油第四次油气资源评价中，对于天然气水合物资源量的评价采用体积法和概率统计法，在研究基础上[33]，主要参考了广州海洋地质调查局对中国海域天然气水合物资源量的评价。在评价过程中，分别针对南海、东海、陆域的青藏高原和东北冻土区的天然气水合物资源量进行评价，然后汇总得到中国天然气水合物资源总量，在50%概率条件下，中国天然气水合物资源总量预测值为$1530.56\times10^{11}m^3$，其中海域$922.42\times10^{11}m^3$，陆域$608.14\times10^{11}m^3$。

1. 南海天然气水合物资源量

1）计算参数选择

（1）天然气水合物的分布面积。

BSR的分布面积与研究区海域的面积具有一定的统计规律。一般BSR分布的区块面积约占该海域的20%~25%[34]。据杨木壮等[35]计算，南海海域天然气水合物稳定带的厚度大于50m、水深3000m以浅的陆坡区的面积约为$817453.35km^2$。如果按照其面积的25%作为南海海域BSR潜在分布区的话，其面积约为$204363.3km^2$。为进一步获得更加准确的资源量评价数据，结合广州海洋地质调查局对南海海域的地震等研究工作和远景区划分，在南海划分出了10个天然气水合物远景分布区，分别是：东沙海域、神狐海域、西沙海域、琼东南海域、中建南海域、万安北海域、北康北海域、南沙中海域、礼乐东海域和台西南海域。分别统计出各远景区块天然气水合物的有效分布面积，最后得到整个南海海域天然气水合物潜在的分布面积约为$124979km^2$（表7-5）。上述10个区块中，东沙海域、神狐海域、西沙海域和琼东南海域4个区块勘探程度又相对较高，天然气水合物的分布可靠性也较高；而其余海域，主要根据地震调查资料结合天然气水合物形成的地质构造条件、水深条件和温度和压力条件等综合确定，可靠性相对较低。

（2）天然气水合物层的厚度。

为了获得整个南海海域潜在的天然气水合物分布区的有效面积和含天然气水合物层的厚度，根据南海海域的海水深度、温度和海底热流资料对水合物稳定带的厚度和天然气水合物潜在的分布区域进行预测，以各区天然气水合物稳定带厚度作为确定含天然气水合物层厚度的基础数据，然后参考各区典型BSR深度以及振幅空白带厚度来修正含天然气水合物层的有效厚度，在已经开展天然气水合物资源调查的海域，直接将BSR之上的弱振幅带的厚度作为含天然气水合物层的厚度，南海海域含天然气水合物层厚度大体在19~508m。

表7-5 中国天然气水合物资源量评价参数及结果

地区		面积，km²	稳定带厚度平均值，m	厚度成藏比例，%	孔隙度平均值，%	饱和度平均值，%	产气因子平均值	50%概率下的资源量，$10^{11}m^3$
南海海域	东沙海域	15419	103	100	40	5	150	53.07
	神狐海域	5970	118	100	40	5	150	34.12
	西沙海域	5717	275	100	50	5	150	59.21
	琼东南海域	11872	213	100	55	5	150	128.28
	中建南海域	12635	122	100	40	5	150	64.31
	万安北海域	7563	197	100	40	5	150	50.02
	北康北海域	26123	194	100	40	5	150	184.98
	南沙中海域	8256	186	100	40	5	150	50.94
	礼乐东海域	7482	116	100	40	5	150	33.55
	台西南海域	23942	260	100	40	5	150	223.06
南海海域小计		124979						881.54
东海海域		5290	141	100	40	5	150	40.88
海域合计		130269						922.42
青藏高原		1400000	260	26	5.27	5.10	150	476.96
东北地区		382000	260	26	5.27	5.10	150	131.18
冻土区合计		1782000						608.14
中国总计								1530.56

（3）孔隙度。

近年在南海北部天然气水合物勘探中，利用地震速度得到了东沙海域、西沙海槽、神狐海域和琼东南海域天然气水合物稳定带所在地层的孔隙度，分布范围介于40%~75%，其平均值与ODP184钻孔实测值比较接近。在计算天然气水合物资源量时，上述4个海域含天然气水合物层的孔隙度根据地震速度来计算确定，分别为取30%~75%、25%~60%、40%~75%和50%~82%。由于在南海西部和南部海域没有开展天然气水合物勘探工作，孔隙度一律取30%~75%，平均取40%。

（4）天然气水合物饱和度。

天然气水合物饱和度参数较难确定。ODP钻井结果显示，在整个稳定带中的天然气水合物分布并不均匀，富集层位的饱和度可能较高（大于15%），但平均饱和度通常不会很高。参考布莱克海台地震速度下的饱和度值（表7-6），结合神狐海域钻探，南海天然气水合物饱和度取2%~10%，平均值取5%。

表7-6 天然气水合物饱和度估算

位置	ODP钻孔	孔隙水		保压取心	地震速度	电阻率测井	声波测井
		Cl⁻	氧同位素				
卡斯卡迪大陆边缘	889				11~20		>15
布莱克海台	994	1.3	6	0~9	2	3.3	3.9
	995	1.8		0~9	5~7	5.2	5.7
	997	2.4	12	0~9	5~7	5.8	3.8

（5）产气因子。

中国南海天然气水合物成矿地质条件与布莱克海台有一定的相似性，根据相关资料分析，天然气水合物最可能的产气因子范围在121.5（满足70%气体填充率）至160.5（水合物指数6.2）之间。因此，在计算中国天然气水合物资源量时，产气因子取121.5~160.0，平均取150.0。

2）资源量计算结果

利用上述确定的参数，利用蒙托卡罗法分别计算了中国南海海域10个天然气水合物远景区的资源量。根据计算结果，在50%概率条件下，东沙海域、神狐海域、西沙海域、琼东南海域、中建南海域、万安北海域、北康北海域、南沙中海域、礼乐东海域和台西南海域的分区资源量分别为$53.07 \times 10^{11} m^3$、$34.12 \times 10^{11} m^3$、$59.21 \times 10^{11} m^3$、$128.28 \times 10^{11} m^3$、$64.31 \times 10^{11} m^3$、$50.02 \times 10^{11} m^3$、$184.98 \times 10^{11} m^3$、$50.94 \times 10^{11} m^3$、$33.55 \times 10^{11} m^3$和$233.06 \times 10^{11} m^3$。根据上述分区计算结果，利用蒙托卡罗法求取了整个南海的天然气水合物资源量，而在50%概率条件下，南海海域天然气水合物资源总量约为$881.54 \times 10^{11} m^3$（表7-5）。

2. 东海天然气水合物资源量

1）计算参数选择

（1）孔隙度、饱和度和产气因子。

由于在中国东海海域天然气水合物勘探程度较低，这三个参数主要参考南海的取值。孔隙度取30%~75%；天然气水合物饱和度取2%~10%；产气因子取121.5~160.0，平均取150.0。

（2）天然气水合物分布面积和厚度。

研究表明，东海天然气水合物的分布的有利远景区主要在冲绳海槽西南部，大约在北纬24°~28°，东经122°~128°区域范围内。许红等利用该海域的海底温度、地温梯度、海水深度和盐度参数，计算了纯甲烷体系中天然气水合物稳定带厚度，绝大多数天然气水合物稳定带厚度均在 500m 以下，分布区间介于 50~491.7m，平均值为 141m。天然气水合物稳定带的分布面积约 5290km²。

2）资源量计算结果

根据上述数据，利用蒙托卡罗法对东海海域天然气水合物资源量进行了初步测算，在 90% 概率条件下东海海域水合物资源量约为 $18.25 \times 10^{11} m^3$；在 50% 概率条件下水合物资源量约 $40.88 \times 10^{11} m^3$；在 10% 概率条件下水合物资源量约 $83.25 \times 10^{11} m^3$（表 7–5）。

3. 陆域冻土区天然气水合物资源量

1）计算参数选择

（1）天然气水合物分布面积和厚度。

在评价过程中，利用蒙托卡罗法分别对青藏高原、东北冻土带天然气水合物资源量进行了初步测算。青藏高原和东北漠河盆地冻土区面积分别为 1400000km² 和 382000km²；天然气水合物稳定带厚度在 0~760m，平均取 260m。由于受资料的限制，在计算陆地资源量时，结合祁连山木里地区天然气水合物钻探情况，以稳定带的厚度与成藏厚度比例的乘积作为天然气水合物的厚度值，成藏厚度比例取值 26%。

（2）孔隙度、饱和度和产气因子。

经取样测试分析显示，木里含天然气水合物砂岩的孔隙度介于 3.21%~10.23%，平均为 5.27%；天然气水合物的饱和度为 2.01%~8.16%，平均 5.1%；产气因子取 121.5~160.0，平均取 150.0。为此，针对青藏高原和东北冻土区，这三个参数的选取主要参考木里地区的参数值。

2）资源量计算结果

在 50% 概率条件下，中国陆地冻土带天然气水合物资源量为 $608.14 \times 10^{11} m^3$，其中青藏高原和东北冻土区天然气水合物资源量分别为 $476.96 \times 10^{11} m^3$ 和 $131.18 \times 10^{11} m^3$（表 7–5）。

第三节　主要理论与技术进展

基于国内外冻土区和海域天然气水合物勘探实践，天然气水合物成藏体系的研究在稳定条件、气源、气体运移、有利储层等方面都取得了不同程度的进展。中国在海底天然气水合物岩石物理模型、AVO 分析、多种地球物理资料的综合分析和速度全波形反演等方面取得了较突出成果。依托公司科技攻关课题，中国石油的天然气水合物业务在天然气水合物成藏与富集等方面的研究取得了一定的进展。

一、国内外主要理论与技术进展

系统论成为天然气水合物成藏研究的趋势。系统科学是新兴的横断科学，善于纵观全局、深入研究复杂的事物及其与环境之间的关系。天然气水合物勘查识别技术仍主要以地球物理勘查识别为主，并朝着多方法多手段综合勘查的方向发展。

1. 主要成藏理论

基于常规油气勘探理念，Milkov[36] 根据构造对天然气水合物的影响，将天然气水合物分为构造圈闭型、地层圈闭型及复合圈闭型 3 种天然气水合物成藏类型。特殊的构造环境对天然气水合物富集具有重要的控制作用，并形成不同的构造圈闭形式。在总结海域天然气水合物和陆地永久冻土区天然气水合物成藏地质背景的前提下，国外学者提出了涵盖天然气水合物温度—压力条件、气源、气体运移和适宜储层等要素的天然气水合物油气系统，并运用天然气水合物油气系统方法进行区域天然气水合物资源勘探评价[37,38]。根据地质、储层特征及其开发策略，将天然气水合物分为四大聚集类型[39,41]：（1）类型一天然气水合物，主要特征是天然气水合物层上覆在含有游离气和自由水的地层之上，天然气水合物层底部通常与天然气水合物稳定带底部一致，被认为是最具开采潜力的天然气水合物；（2）类型二天然气水合物，主要特征是天然气水合物层上覆在含有自由水的地层之上；（3）类型三天然气水合物，主要特征是仅赋存天然气水合物层，其底层和盖层均为非渗透层；（4）类型四天然气水合物，特征是天然气水合物为弥散状态，饱和度低，无盖层和底层。类型一、类型二和类型三天然气水合物在海洋和冻土系统中均存在，而类型四天然气水合物仅存在海洋系统中，同时海洋和冻土系统中的天然气水合物在盐度、初始温度和压力、以及饱和度等方面存在一定的差异。

中国学者也逐渐运用系统论思想来探索天然气水合物气体来源、运移与聚集成藏之间的内在联系（即天然气水合物成藏系统研究），这是揭示天然气水合物成藏机制、探寻天然气水合物富集规律的重要方法和手段。卢振权等[42]从地质系统论角度出发，通过对天然气水合物形成到保存的地质作用过程及地质要素组合的研究，分别从烃类生成体系、流体运移体系、天然气水合物成藏富集体系对天然气水合物成藏过程进行了探讨，提出了天然气水合物成藏系统；吴能友等[43]在系统总结海洋天然气水合物形成的物质来源、物理化学响应、形成环境及成藏模式、分布规律和资源评价进展的基础上，提出了中国开展天然气水合物成藏机理研究的方向；吴能友等[44]研究认为神狐海域天然气水合物成藏主要流体运移体系包括底辟构造、高角度断裂和垂向裂隙系统等，这些流体运移体系是神狐海域天然气水合物成藏的关键因素；乔少华等[45]基于天然气水合物油气系统的理论和方法，对比分析了国际主要天然气水合物赋存区，进而提出了天然气水合物运聚体系观点，认为在天然气水合物赋存区的相对较小范围内，有利的流体运移体系是天然气水合物富集的关键因素之一。

依托中国海域天然气水合物调查与钻探、国家"973"项目"天然气水合物富集规律与开采基础研究"等，逐步形成了以中国南海北部陆坡天然气水合物研究为基础的海域天然气水合物成藏理论，该理论体系主要包括南海北部陆坡天然气水合物成矿区带理论、天然气水合物成藏地质控制因素、天然气水合物成因模式以及天然气水合物成藏系统分析理论等方面。

1）南海北部陆坡天然气水合物成矿区带理论

根据南海北部大陆边缘天然气水合物成藏地质条件、异常响应、天然气水合物富集特征及分布规律，形成了南海北部两个成矿带的理论认识。

天然气水合物第一富集带为现今水深800~1300m、新生代大型沉积盆地发育的区域。该富集带以热解气源天然气水合物为主要类型，部分有混合气源水合物型，富天然气水合物地段多受盆地边缘断层控制。由东而西分3个区域，东区为台西南盆地北坡带，中间区域为珠江口盆地南缘的白云凹陷南坡，西区则为琼东南盆地的深水带。

天然气水合物第二富集带为现今水深大于2000m、新生代中小型沉积盆地发育的古斜坡区域，以生物气源的天然气水合物为主要类型，该富集带东起台西南盆地、笔架盆地，往西到尖峰北盆地、双峰北盆地、双峰南盆地，一直到西沙海槽盆地。

2）南海北部陆坡天然气水合物成藏地质控制因素

南海北部陆坡从东到西天然气水合物成矿条件及成藏控制因素具有明显的差异性。南海北部新构造活动从陆坡的东段到西段渐次减弱，在陆坡的东部和中部，断裂体系作为气体的有效疏导体系，对天然气水合物成藏控制明显。在陆坡的西部，泥底辟和气烟囱作为气体的有效疏导体系，对天然气水合物成藏控制明显。同时沉积体系对天然气水合物的分布有明显的控制作用，重力流、等深流、三角洲前缘及深水扇等为天然气水合物储层发育的有利相带。

天然气水合物主要赋存于更新世、中新世和上新世 8~32μm 和 32~63μm 粒级的沉积物中，与世界其他海域相比，含天然气水合物层的沉积物粒径偏细，而且富含钙质生物、钙质超微化石和有孔虫。有孔虫的大量存在增加了沉积物中由颗粒支撑形成的原始粒间空隙，同时有孔虫房室内的空隙为天然气水合物的形成提供了更有效的成核空间。

3）南海北部陆坡天然气水合物成因模式

提出南海北部陆坡扩散型、渗漏型和复合型 3 种天然气水合物成因模式及其成藏机制。

对于扩散型天然气水合物藏，天然气主要以溶解气的形式在孔隙流体中扩散迁移。温度压力场的变化通过控制气体溶解度来影响天然气水合物的富集，海底深层温度较高、压力较大，孔隙水溶解气体较多，当由下向上扩散至海底浅部温度较低、压力较小的环境中时，气体溶解度变小，从而释出富集。

对于渗漏型水合物藏，天然气主要以游离气的形式沿裂隙上升，进入过冷区域后，天然气水合物在气泡边界的成核以及天然气水合物膜的生长控制了天然气水合物的富集速率。

在国际上首先提出了天然气水合物成核机制的笼子吸附假说，指出天然气水合物的成核主要由水分子笼子对气体分子的吸附作用诱发，局部气体浓度需要达到临界值——0.05摩尔分数，主要受控于温度而不是压力。依据天然气水合物膜生长模型和气泡捕获方程可知气泡数量越多、体积越大，携带天然气水合物越多，上升速度越慢，越容易被捕获富集。

4）海域天然气水合物成藏系统理论

针对南海天然气水合物资源勘查实践，提出海域天然气水合物成藏系统理论分析及方法。海域天然气水合物成藏系统复杂，反映了天然气水合物从形成到保存的地质作用过程及地质要素组合。它包含烃类生成体系、流体运移体系和成藏储集体系，它们彼此之间在时间和空间上的有效匹配将共同决定天然气水合物的成藏特征，烃类生成体系、流体运移体系和成藏储集体系等 3 方面要素的互相作用，共同控制着天然气水合物的形成与分布。

海域天然气水合物成藏理论在中国海域天然气水合物资源勘探工程中发挥了重要的指导作用，为天然水合物源勘查部署、钻探目标的确定以及与钻探井位的部署提供了理论依据，也为下一步的天然气水合物试采工作提供了重要的理论指导。

2. 主要技术进展

天然气水合物的技术进展，主要体现在天然气水合物的勘查和识别等方面，主要包括地球物理勘探、地球化学和地质（包括冷泉大生物）等方法[46, 47]。对钻孔取样，则还可以用测井方法识别和钻获岩心后使用多学科和多手段的测试分析并给予钻后识别评价。国内外海洋天然气水合物勘查和识别方法发展迅速。一方面常规方法技术的引入和不断革新,如地震方法,由二维地震向高分辨率三维地震发展,地震资料的处理和解释方法也在不断提高和进步。另一方面,新方法不断出现,如国际大洋钻探204航次就同时使用了十多种新方法和技术,相互验证海底沉积物中天然气水合物的识别效果。

1) 地震勘查识别技术

地震方法一直是用于海洋天然气水合物勘探和评价最重要的地球物理方法。21世纪以来,随着地震勘探设备与勘探技术、岩石物理学理论和水合物研究的迅速发展,天然气水合物地震识别方法研究也逐步深入。天然气水合物地震识别技术主要是依据各种天然气水合物地震识别标志,这些标志通过地震资料反演或提取与地震识别标志相关的地震属性得到,据此预测天然气水合物赋存区域的系列方法。天然气水合物地震评价技术主要是应用岩石物理理论由地震资料反演水合物和游离气层的厚度及其饱和度、天然气水合物在沉积物中的赋存模式来研究天然气水合物的分布特征,估算天然气水合物和游离气储量的系列方法。

中国通过多年的天然气水合物勘查实践,研发了一套适合中国海洋天然气水合物的地震检测技术,包括天然气水合物地震识别处理技术(保幅处理、子波零相位化、精细速度分析等)和地震属性提取技术(AVO反演及定量模拟检测、波阻抗反演、相干体检测、稳定带顶底面检测等)[48]。

BSR的形成与天然气水合物成矿带及其下部游离气的存在有关。它在地震剖面上的特征明显,易于识别,是识别天然气水合物的重要标志,并且能够应用瞬时振幅、瞬时频率、瞬时相位和道积分等属性剖面来凸显BSR特征。瞬时频率剖面能清楚地反映游离气富集区,瞬时相位剖面反映的是地震剖面上反射同相轴的连续性,能突出BSR斜穿地层的特征。当BSR不连续或振幅较弱时,在瞬时相位剖面上能清晰追踪BSR,提高解释精度。道积分剖面是相对的波阻抗剖面,能更清晰地反映海底和BSR的极性特征[48]。

速度倒转是含天然气水合物地层与正常沉积地层区别的一个显著标志。为识别这种异常,提高速度分析精度是识别的关键。含天然气水合物地层的地震波纵波速度明显高于其上部水饱和地层,当天然气水合物成矿带之下的地层孔隙中充填了游离气时,地震波纵波速度降低,出现速度反转。因此,在垂向纵波层速度剖面上,含天然气水合物地层及其上、下地层的层速度呈现典型的三段式,即上下低、中间高的特征,这种现象也称为速度反转,它已成为识别天然气水合物的一个地球物理标志。纵波层速度反演所利用的地震资料包括二维地震和三维地震资料。由于地震资料提供了地震波的走时和波形两种主要信息,现有用于天然气水合物纵波层速度反演的方法也主要为利用走时信息的层析成像层速度反演(走时反演)和利用波形信息的全波形反演。

用于反演地层弹性参数的方法主要包括AVO反演、波阻抗反演、纵横波速度增量比、地震瞬时属性等多种技术。刘学伟等[49]研究发现在低饱和度情况下,天然气水合物引起的地层的纵、横波速度增量比值很大,远大于非天然气水合物因素引起的地层的纵、横波速度增量比值,二者分离度很好。因此,利用纵、横波速度增量比值识别天然气水合物,可以大大提高天然气水合物识别结果的可信度。波阻抗反演是利用地震资料反演地层波阻抗,把常规地质界面型剖面转换成地层岩性型剖面的处理技术。由于含天然气水合物层具有高波阻抗特征,而其下部的含游离气层则为低波阻抗地层,因此在有利的条件下,波阻抗反演能更加突出含天然气水合物层和含游离气层的波阻抗差异,划分天然气水合物成矿带的顶底界面，确定天然气水合物富集区[48]。

2）钻采技术和实验技术

中国天然气水合物钻采技术在浅水区海试成功。自主研发的浅水钻探取心、流体取样、原位测试等相关仪器设备在北部湾实施海上试验，并取得了初步成功，为形成自主化的天然气水合物钻采体系、加快天然气水合物勘探奠定了基础。

中国天然气水合物实验测试技术研究取得快速发展。初步建立了固体核磁共振、X射线衍射测定天然气水合物结构的实验技术，获取了中国南海天然气水合物结构类型及晶格参数等信息；初步建立了X-CT、核磁共振成像原位观测沉积物中天然气水合物赋存状态的测试技术，可用于了解天然气水合物的生长、分布和成藏特征研究；初步建立了天然气水合物气体以及同位素组成的测试方法、高压差示扫描量热仪测定天然气水合物的技术方法、天然气水合物生成过程中离子变化和同位素分馏实验测试技术等。

二、中国石油天然气水合物理论与技术进展

1. 祁连山木里地区天然气水合物成藏认识

通过对木里地区的烃类生成体系、流体运移体系、成藏富集体系等要素分析，天然气水合物是由下部热解气借助断层等构造通道，向上运移聚集形成，可总结为热解气—低温冷冻—地层型为主的动态成藏模式[50]。

在烃类生成体系方面，"源控论"是天然气水合物成藏的主要理论依据之一。木里地区具有较好的热成因气来源，以甲烷为主，此外还含有较高的乙烷、丙烷等重烃组分。气源成因关系到天然气水合物的成藏机制[51]，生物成因气可以在原地或附近形成天然气水合物矿藏，热解成因气则需要通过断层或裂隙向上运移到水合物稳定带才能形成天然气水合物藏。针对木里地区天然气水合物气体来源，有不同的看法，但基本都认同其属于热成因气。黄霞等[52]分析木里地区水合物气样显示$\delta^{13}C_1$均大于$-50‰$，$C_1/(C_2+C_3)$值普遍小于100，显示出明显的热解气特征，认为气体大多来源于深部迁移上来的油型气，并有部分原地煤成气的混合。王佟等[53]分析表明$\delta^{13}C_1$为50.5‰，并具有$\delta^{13}C_1<\delta^{13}C_2<\delta^{13}C_3<\delta^{13}iC_4<\delta^{13}nC_4$的特征，认为煤层气是木里煤田天然气水合物的主要来源。文怀军等[54]认为该天然气水合物与页岩气源具有成因联系。卢振权等[55]通过对气体组成和同位素特征等分析认为木里天然气水合物的气体为有机成因，且以热解成因为主，主要与原油裂解气、原油伴生气有关。

在流体运移体系方面，木里煤田聚乎更矿区断裂构造发育。印支运动晚期的构造运动决定了区内现今构造格局，表现为中间以三叠系地层组成的一个背斜和南北两侧为侏罗系含煤地层组成的两个向斜[56]。北向斜的南北两侧大部发育有规模较大的向盆地内逆冲推覆断裂，南北两个向斜中发育有一组北东向规模较大的剪切断裂。断裂构造为地壳深部热解作用形成的烃类气体提供了运移的重要通道，为深部油气运移创造了有利条件。

在成藏富集体系方面，木里地区中侏罗统木里组和江仓组以砂岩、泥岩和煤层为主[54]，其中，天然气水合物赋存的江仓组可分为下部含煤段和上部泥岩段，含煤段上部以深灰色—灰绿色粉砂岩和黑色泥岩为主，中部以砂岩为主，中下部以黑色粉砂岩、泥岩、细砂岩为主；泥岩段为黑色泥岩，夹薄层油页岩。岩层孔隙—裂隙条件较好，对所取样品进行孔隙度分析得出其平均值为2.35%。孔隙—裂隙条件为天然气水合物的赋存提供了有利的

场所，同时，木里煤田的冻土在第四纪冰川时期形成，由于新构造运动使之不断上升，保持了高寒的特点，使冻土保存至今[57]，冻土层的封盖作用以及泥岩的封盖作用可以防止烃类气体逸散，从而有利于天然气水合物矿藏的形成。

综合分析认为，木里地区天然气水合物具有以下的成藏模式[58]（图7-8）：天然气水合物稳定带下部烃源岩热解形成的烃类气体（油型气或/和煤型气）通过断裂等构造向上运移到水合物稳定带，同时，稳定带内的页岩、煤层产生的气体发生局部运移，在粉砂岩及裂隙中形成脉状或颗粒状天然气水合物；此外，也可能存在已聚集的气藏，由于永久冻土带的形成和新构造抬升作用，使气藏到达天然气水合物形成的稳定带，逐渐形成天然气水合物，并在水合物下方还可能赋存常规气藏或（和）非常规页岩气藏。

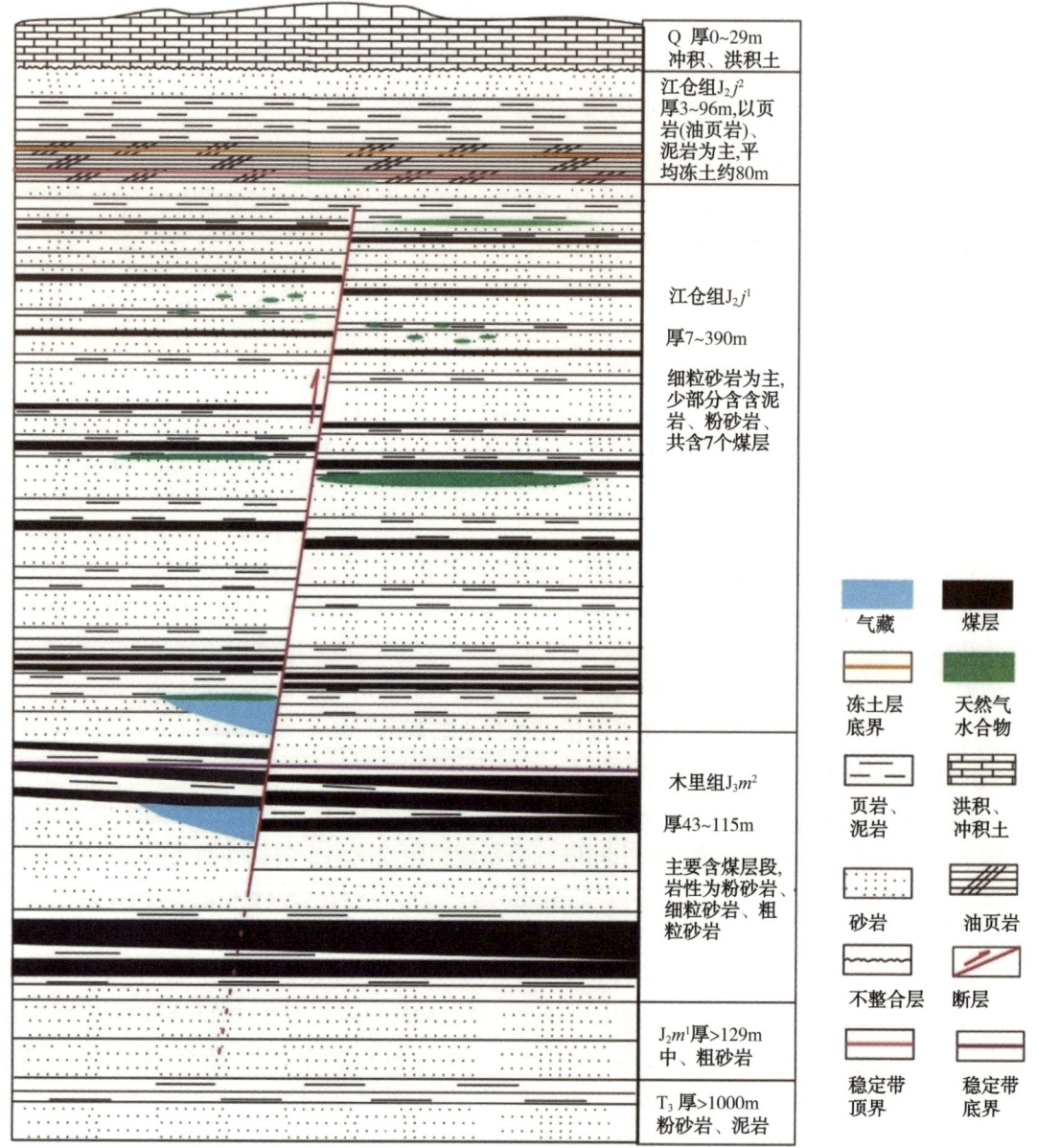

图7-8 木里冻土区天然气水合物成藏模式

2. 海域天然气水合物成藏特征及控制因素

全球天然气水合物资源的97%分布在海域,海域是未来勘探开发天然气水合物资源的主战场。海域天然气水合物主要储集在第四系(Q)和新近系(N)中,沉积物往往为疏松未固结的泥质或砂质(或粉砂质),孔隙度高,埋藏深度通常在500m以内(表7–7)。

表7–7 主要天然气水合物区域的BSR/稳定带底部埋深

序号	区域	水深, m	BSR距海底深度, m
1	墨西哥湾	>2000	450~900
2	布莱克海台	>2000	300~510
3	水合物脊	>800	110~140
4	日本南海海槽	>1000	100~330
5	中国神狐海域	>1000	170~300
6	韩国郁龙盆地	>1300	170~200
7	印度大陆陆缘	>1000	100~600

(1)海域天然气水合物成藏特征:受低温和高压环境控制,埋深较浅,稳定带内动态成藏,大面积分布与局部甜点富集。

天然气水合物的形成与成藏受温度和压力条件控制是天然气水合物藏与其他油气藏的重要差异之一。天然气水合物是一种过渡性的矿床,具有高度可逆的物理化学反应特征。在合适的温度和压力条件下,天然气水合物处于一种动态平衡过程中,天然气水合物藏本质上是一种"现代"沉积,其关键时间大概为距今数万至数十万年[38]。海域天然气水合物主要形成于第四系和新近系疏松未固结的泥质或砂质(或粉砂质)沉积物中,孔隙度高,埋藏深度通常在500m以内(表7–7)。天然气水合物的动态成藏,一方面指当天然气水合物在沉积层中生成的同时,由于气液界面的传质和传热的变动,必然也同时存在着天然气水合物的分解过程,这种天然气水合物生成和分解的共同作用决定了天然气水合物的储集性质[59]。另一方面指天然气水合物藏形成以后,当温度、压力等天然气水合物稳定带影响因素的变化,将改变天然气水合物稳定带的范围,从而使天然气水合物发生分解—再生成及其天然气水合物赋存位置重新分布。

勘探实践显示,天然气水合物存在大面积连续分布的现象,但同时显示出局部集中分布的特征。卡斯卡迪亚水合物脊ODP 204航次钻探及地震资料显示,在面积为4km×11km的研究范围内天然气水合物广泛分布,但天然气水合物饱和度差异较大[60],从约1%到约10%不等,并显示局部富集的特征。中国神狐海域首个天然气水合物钻探实际情况显示,区域内天然气水合物在平面上和垂向上均显示出明显的"不均匀性"特征,获得天然气水合物样品的站位分布于钻探区的西部,垂向上天然气水合物主要赋存在水合物稳定带底部之上的20~40m沉积物中[61]。

（2）气源和储集条件是影响天然气水合物富集区形成的关键因素。

已发现的天然气水合物气源主要表现为微生物成因或混合成因特征，如黑海、里海、墨西哥湾、地中海、挪威海等地区，但是富生烃凹陷深部优异的生排烃潜力能够提供较为充足的热成因气这一事实应更为重视，如在鄂霍次克海北部盆地、墨西哥湾盆地、麦肯齐地区均发现热成因气的天然气水合物[62-64]。统计显示，天然气水合物赋存及其厚度也与下伏常规油气资源存在着较为密切的关系。多数深水油气盆地也是天然气水合物赋存区域，如墨西哥湾天然气水合物赋存区也是常规油气主要富集区[65]；深水烃类渗透和天然气水合物"丘状体"的存在说明了热成因烃类气体进入天然气水合物的稳定带之中[66]。

沉积速率较高、沉积厚度较大、砂泥比适中的三角洲、扇三角洲以及浊积扇、斜坡扇和等深流等各种重力流沉积是天然气水合物发育较为有利的相带。深水沉积环境决定了天然气水合物主要生成于细粒级的沉积物中，富集于细粒沉积物背景下的较粗沉积物中。相对于细粒沉积物，粗粒沉积物有着更大的孔隙度和渗透率，更适合天然气水合物的富集。日本南海海槽钻探资料表明，含天然气水合物的砂质沉积物孔隙度可达55%，而泥质沉积物的孔隙度大多数小于40%，较大的孔隙空间拥有较小的毛细管压力，使得天然气水合物可以以较高的饱和度聚集。据评价，日本南海海槽以富砂质浊积水道砂体为天然气水合物富集带，16个浊积水道中的天然气水合物资源量约占整个南海海槽资源量的一半。因此，砂体是海域水合物最理想的储集空间。

第四节 典 型 案 例

天然气水合物的勘探开发处于探索试验阶段，尚无投入商业开发的实例（苏联麦索亚哈除外），仅在冻土区和海域开展了试验性开采。

中国石油南海油气探矿权共计22个区块，面积$15.7301 \times 10^4 km^2$，可分为南（曾母盆地、北康盆地、南薇西盆地）、北（琼东南盆地、中建南盆地、双峰南盆地）两大探区，其中南部探区8个区块，面积$56821 km^2$；北部探区14个区块，面积$100480 km^2$。2005年，中国石油在华光凹陷开展了5013km的二维地震勘探，2006年部署三维地震勘探$5800 km^2$。"十一五""十二五"期间，重点围绕琼东南盆地探区区块，对区域内天然气水合物成藏条件进行了研究和评价。

一、琼东南盆地天然气水合物成藏基础条件

琼东南盆地探区位于琼东南盆地南部（图7-9），处于200m水深线以下，东北部水深大于1000m，区域内主体水深位于500~1500m。

琼东南盆地处于陆洋过渡壳上，伴随南海的形成而形成，历经古新世—渐新世裂陷成盆阶段和中新世以来的断坳两个构造演化阶段。琼东南盆地内部受基底断裂控制，形成了"三坳两隆"的凹凸格局，即北部坳陷带、崖城—松涛中央凸起带、中央坳陷带、南部隆起带和南部坳陷带。凹陷结构以半地堑构造为主。北部坳陷带包括崖北凹陷、松西凹陷和松东凹陷等3个凹陷；中央坳陷带包括崖南凹陷、乐东凹陷、陵水凹陷、松南凹陷、宝岛凹陷等5个凹陷；南部坳陷带主要包括北礁凹陷和华光凹陷。中国石油部分矿权即位于华光凹陷。

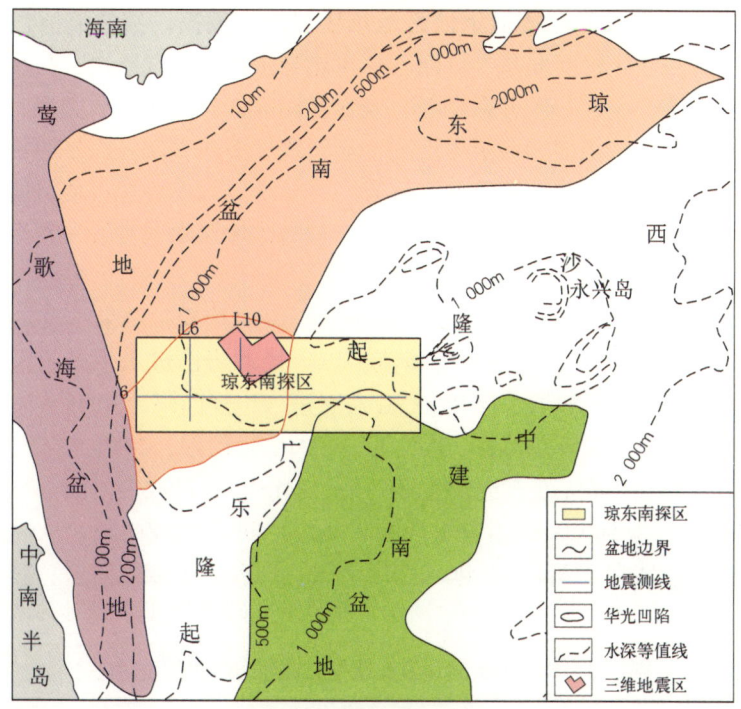

图 7-9 琼东南盆地探区及测线位置

1. 烃源条件

李文浩等[67]通过琼东南盆地渐新统的研究，认为琼东南盆地渐新统崖城组和陵水组煤和碳质泥岩有机碳含量值高，生烃潜力大，达到好的烃源岩标准，尤其是渐新统煤系烃源岩（主要分布在崖城组）有机质丰度高，生烃潜力大。何家雄等[68]开展了南海北部大陆边缘深水盆地烃源岩早期预测与评价研究，认为华光凹陷始新统以深湖相沉积为主，泥岩厚度2200m，有机质母质类型为Ⅱ—Ⅲ型，评价为较好的烃源岩。渐新统崖城组以三角洲、滨海、浅海相泥岩、碳质泥岩和煤为主，泥岩厚度1500m。泥岩有机碳含量为0.2%~4.38%、碳质泥岩有机碳含量为6.39%~9.9%、煤层有机碳含量为32.37%~81.3%，有机质母质类型为Ⅱ—Ⅲ型，评价为中等—好的烃源岩。渐新统陵水组以三角洲、滨海、浅海相泥岩和煤为主，泥岩厚度为1400m。泥岩有机碳含量为0.24%~5.25%、煤层有机碳含量为70.9%~95.93%，有机质类型以Ⅱ—Ⅲ型干酪根为主，为中等—好的烃源岩（表7-8）。

表 7-8 沉积盆地烃源岩参数

盆地	岩性	主要烃源岩层位	沉积环境	泥岩厚度，m	有机碳含量，%	有机质类型	综合评价
华光凹陷	泥岩	始新统文昌组	深湖	2200	—	Ⅱ、Ⅲ	较好
	泥岩 碳质泥岩 煤	渐新统崖城组	三角洲、滨海、浅海、	1500	0.20~4.38 6.39~9.90 32.37~81.3	Ⅱ、Ⅲ	中等 好 好
	泥岩 煤	渐新统陵水组	三角洲、滨海、浅海、	1400	0.24~5.25 70.90~95.93	Ⅱ、Ⅲ	中等 好
	泥岩	中新统三亚组	浅海	1600	—	Ⅱ、Ⅲ	—

据广州海洋地质调查局调查显示该区地热场热流值偏高，其热流值达75~90mW/m²。因此，该区有机质热演化程度偏高，可能已达高熟凝析油及湿气阶段，甚至高熟—过熟干气演化阶段。鉴于该区古近—新近系烃源岩成熟度偏高，且生源母质类型，据北部邻区陆架浅水凹陷相同层位及沉积相的烃源岩推测，渐新统烃源岩多属滨海平原沼泽相煤系富集性腐殖型和半封闭浅海相分散性腐殖型有机质；始新统烃源岩生源母质可能为中深湖相偏腐泥型，但埋藏偏深，成熟度高。因此，预测琼东南盆地深水区古近—新近系烃源岩主要以生天然气为主。

冯常茂等[69]得出了琼东南盆地烃源岩热演化—埋藏史模拟结果（表7-9）。中央坳陷现今生烃门限在2525m左右，上中新统黄流组以下烃源岩已进入生烃门限。从烃源岩演化历史看，中—下始新统烃源岩总体在38Ma左右进入生烃门限，30Ma左右过成熟；上始新统—下渐新统崖城组烃源岩总体在30Ma左右进入生烃门限，24Ma左右过成熟；上渐新统陵水组烃源岩总体在24Ma左右进入生烃门限，2Ma左右过成熟。南部坳陷现今生烃门限在2625m左右，中中新统梅山组以下烃源岩基本已进入生烃门限，从烃源岩演化历史看，崖城组烃源岩总体在22Ma左右进入生烃门限，现今处于成熟阶段；陵水组烃源岩现今处于成熟阶段。

表7-9 南海北大陆边缘盆地主力烃源岩演化阶段对比

盆地名称	主力烃源岩层位	进入成熟门限时间，Ma	进入过成熟门限时间，Ma
珠江口盆地	中—下始新统文昌组	20	—
	下渐新统—上始新统恩平组	18	—
琼东南盆地	中—下始新统岭头组	38	30
	下渐新统—上始新统崖城组	30（22）	24（—）
	上渐新统陵水组	24	2
中建南盆地	下渐新统—始新统	22（18）	—（6）
	上渐新统	12	—

北部探区新生界地层厚度4000~8000m，上部发育生物气、下部发育热解气。上部生物气以与探区相邻的莺—琼盆地类比，其TOC一般为0.23%~1.05%。莺—琼盆地第四系—上中新统生物气生成总量估算与资源预测显示浅层生物气具有天然气水合物成藏巨大潜力。下部发育三套成熟烃源岩，形成热解气。烃源岩基本都已成熟—过成熟，部分尚处在成熟生油窗内，具有晚期生烃特征，即可生油又可生气，因此从烃源岩评价的角度看，探区具有形成天然气水合物的气源条件。

2. 储集条件

浊积水道、等深流、块体流、重力流等沉积体系是天然气水合物成藏富集的有利沉积体。

晚中新世以来，琼东南盆地进入到滨浅海—半深海沉积环境当中，盆地的充填序列主要为黄流组，莺歌海组以及第四系地层（图7-10）。这一时期盆地内的主要沉积物可以按照来源大致分为两类，自西向东的轴向中央峡谷体系和自北向南的陆架陆坡体系[70]。

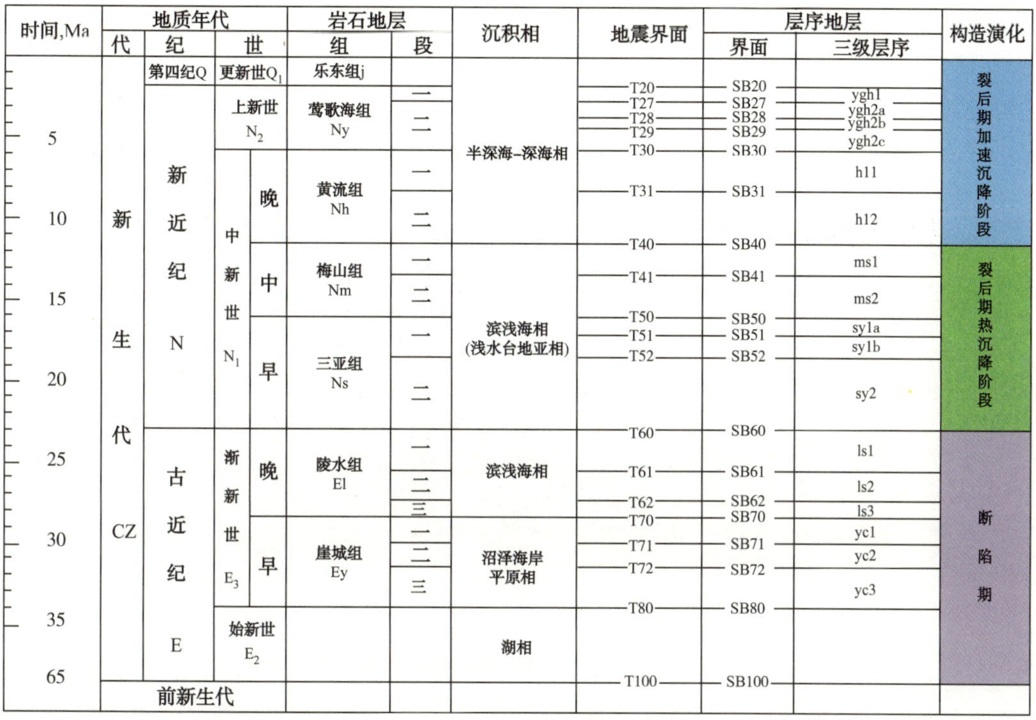

时间,Ma	地质年代			岩石地层		沉积相	地震界面	层序地层		构造演化
	代	纪	世	组	段			界面	三级层序	
5	新生代 CZ	第四纪Q	更新世Q_1	乐东组j		半深海–深海相	T20	SB20	ygh1	裂后期加速沉降阶段
			上新世 N_2	莺歌海组 Ny	一		T27	SB27	ygh2a	
					二		T28	SB28	ygh2b	
							T29	SB29	ygh2c	
							T30	SB30		
10		新近纪 N	晚中新世	黄流组 Nh	一		T31	SB31	h11	
					二				h12	
							T40	SB40		
15			中中新世	梅山组 Nm	一	滨浅海相 (浅水台地亚相)	T41	SB41	ms1	裂后期热沉降阶段
					二				ms2	
							T50	SB50	sy1a	
20			早中新世 N_1	三亚组 Ns	一		T51	SB51	sy1b	
					二		T52	SB52		
									sy2	
25		古近纪 E	晚渐新世	陵水组 El	一	滨浅海相	T60	SB60	ls1	断陷期
					二		T61	SB61	ls2	
					三		T62	SB62	ls3	
30			早渐新世 E_3	崖城组 Ey	一	沼泽海岸平原相	T70	SB70	yc1	
					二		T71	SB71	yc2	
					三		T72	SB72	yc3	
35			始新世 E_2			湖相	T80	SB80		
65	前新生代						T100	SB100		

图 7-10 琼东南盆地地层综合柱状图

根据莺歌海盆地和琼东南盆地内钻井的岩心资料研究结果，沉积物主要源自北部的红河水系。这些沉积物主要表现为块体流沉积体的特征。整体上来看，滑塌型陆架陆坡体系下的块体流沉积非常发育，从莺歌海组二段一直到现今都有大规模的块体流沉积。整个块体流沉积的面积和厚度几乎占了上新世以来陆架边缘到盆地南部隆起边缘之间沉积地层的 70% 以上。

探区有利沉积体发育，沉积速率较高，含砂率通常在 50%。西侧的浅表层存在浊积水道，可以将沉积物向东、东北输送，再次沉积的沉积体为天然气水合物潜在的储层。

3. 运移条件

天然气水合物的生成要求其稳定带内岩石孔隙水中的天然气（如甲烷）达到过饱和，即需要足够的天然气运移到天然气水合物稳定带内。研究表明天然气水合物区天然气的有利运移通道主要包括断层、气烟囱、泥底辟以及滑塌构造等。

琼东南盆地主要受到南海西部剪切带影响。北西走向的红河—莺歌海断裂到海南岛南端，向南和万安断裂相接，形成一条南北向的越东—万安断裂带。该断裂带在新生代时是一条走滑断裂，断至海底，并仍然还在发生走滑活动，造成晚新生代沉积中的流体非常活跃，再加上深部热解气沿深断裂向上垂直运移，在浅层具有形成天然气水合物的良好构造运移条件。

探区断层非常发育，特别是始新世末期形成的一系列断层，具有发育早和长期活动的特点，从始新世末至上新世一直处于活动期，与本探区烃源岩生烃期形成了良好的配置关系。探区内的 QZL-2005-10 测线天然气区分布与断层的位置关系揭示它们是探区油气垂向上运移的主要通道，与断层沟通的储层为油气侧向运移的主要通道（图 7-11）。

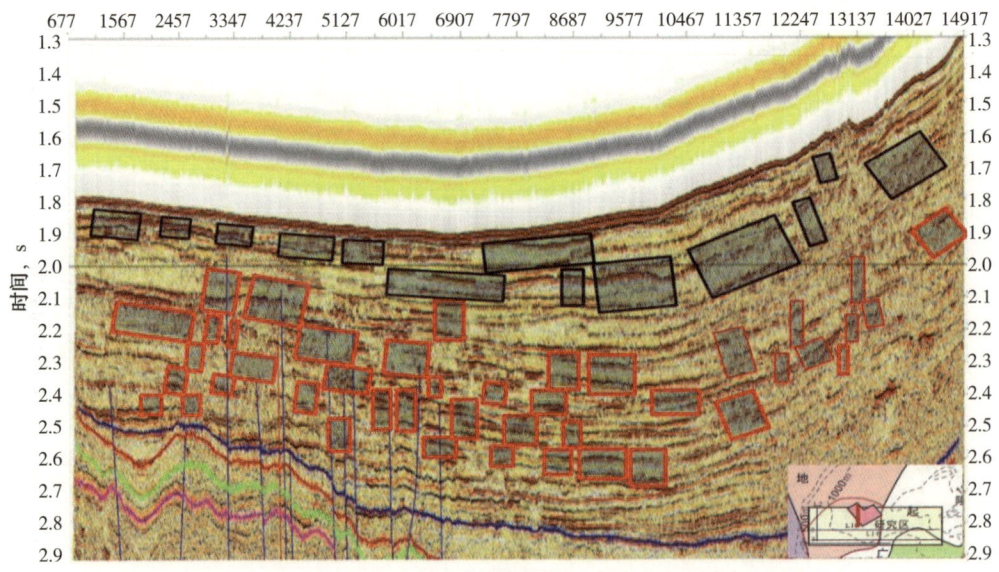

图7-11　QZL-2005-10测线天然气区分布与断层的位置关系

测线QZ-2005-06及测线QZL-2005-06分别呈N—S向和E—W向正交分布于琼东南盆地南缘即北部工区的主体部分（图7-10）。该区域自晚中新世以来构造活动频繁，断块、泥底辟、生物礁、复式背斜及各种性质的断裂构造非常发育，具有较优越的天然气水合物运聚条件。测线QZ-2005-06在E—W方向上沿琼东南盆地南缘展布，穿越南海西部大量南北向断层。在南海地区邻接中南半岛的地带，著名的红河断裂入海后沿半岛南缘折向正南，形成较为密集的切穿不同深度的N—S向走滑断层束，为气体的运移和渗透提供了良好条件，使得测线全程均有疑似天然气水合物的充分显示。QZL-2005-06测线在走向上纵贯琼东南盆地南缘，与反映盆地构造沉降与物质堆积状况的等厚线大角度相交，呈厚度上北厚南薄、地势上北低南高的态势，一旦盆地内的有机质形成气源，则顺层沿陆坡爬升，在地势较高的盆地边缘形成与海底平行程度甚好的天然气水合物富集层。

二、探区天然气水合物识别与分布

对探区的多条地震测线开展了天然气水合物识别，发现了天然气水合物赋存的地球物理标志，显示出了较好的赋存条件。

测线QZL-2005-06处理成果图显示具有气体沿地层断裂系统上涌现象的特征（图7-13），从而为该区域天然气水合物成藏提供了气体来源。地震剖面上发现的同相轴与海底平行，具有较强的异常反射波，反映波阻抗变化较大，且其上部存在反射空白带，符合BSR反射特征，所以初步判断为天然气水合物存在的BSR反射。QZL-2005-06测线纵横波速度增量比剖面表明该线存在反映天然气水合物的弹性参数异常（图7-13）。该测线大体沿新生代盆地展布方向切割沉积物等厚线。根据地震数据解释可知，该测线所涉及地区水深从左至右（从南至北）由800m逐渐加深至1200m，地势平坦，坡度缓和。未固结沉积物厚度从左至右（从南至北）由270m逐渐加深至540m，天然气水合物稳定带底界距海底距离140~360m（图7-14）。区域内地层清晰。该测线位于琼东南盆地东南边缘，整体地貌为北部低（盆地中心）南部高（盆地边缘）。气体在盆地中心巨厚沉积物中形成，由海水压力驱使沿未固结沉积物的层理向地势高的地区运移。游离气运移到适宜的温、压场中则形成天然气水合物。该测线内天然气水合物明显分布在两个界面内，单层天然气水合物厚度在 25~180m，两层间距 80~100m，顶层天然气水合物埋藏深度约 80m。

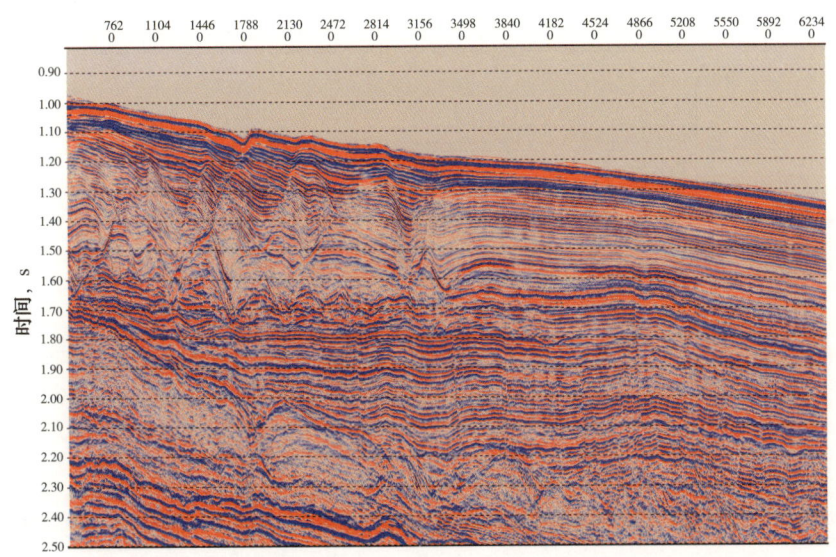

图 7-12　测线 QZL-2005-06 部分区段偏移剖面处理成果图

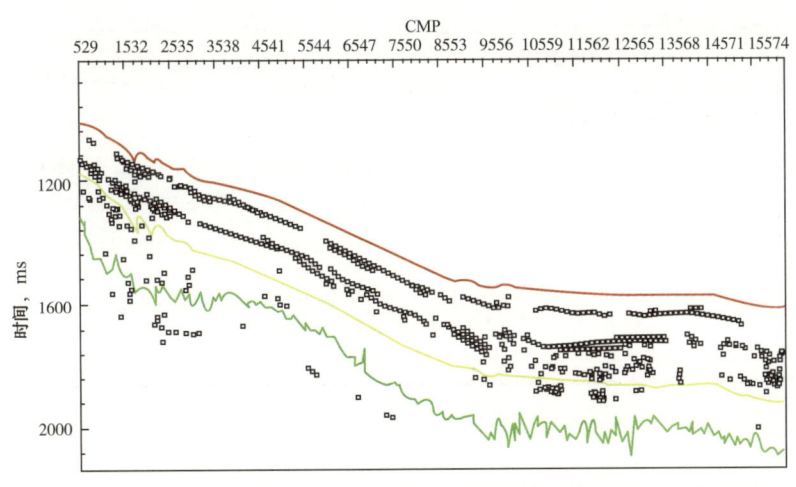

图 7-13　测线 QZL-2005-06 横波速度增量之比

红线代表海底，绿线是未固结地层的底界，黄线代表天然气水合物稳定带底界（地温梯度按 4℃ /100m）

　　QZ-2005-06 测线的纵横波速度增量比剖面也显示该线存在反映天然气水合物的弹性参数异常（图 7-15）。该线位于地貌上沿西部陆坡伸展与横切 S—N 断层束方向。根据地震数据解释可知，该测线所涉及地区水深主要集中在 1000~1250m，地势相对平坦，未固结沉积物厚度比较均匀，在 350~400m。天然气水合物稳定带底界距海底距离在 240~500m。测线两端地层清晰，在中部出现贯穿至固结底层的强烈的断裂带，复杂密集的深部断层为深层气体的向上运移提供了良好的通道，有利于深部气源向上运移，直达未固结沉积物层中，气体沿未固结沉积物的层理运移。通道较大坡降和连续增加的水深能够形成一个连续变化的温、压场环境，游离气运移到适宜的温、压场中则形成天然气水合物（图中白色斑点）。该测线内天然气水合物明显分布在两个界面内，单层天然气水合物厚度在 30~50m，两层间距 100~150m，顶层天然气水合物埋藏深度约 80m。

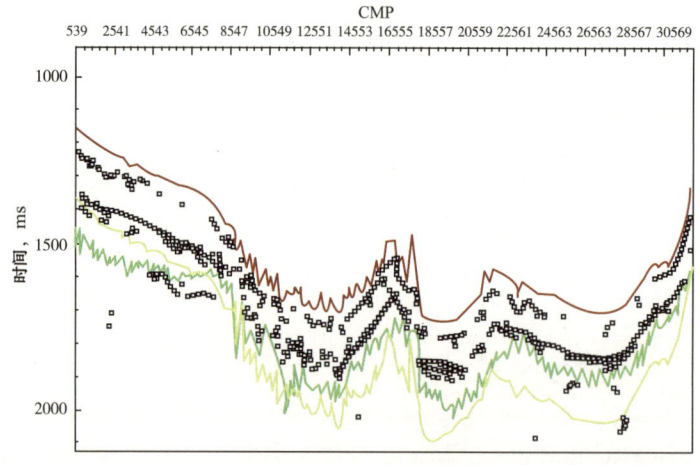

图 7-14　测线 QZ-2005-06 横波速度增量之比

红线代表海底，绿线是未固结地层的底界，黄线代表天然气水合物稳定带底界（地温梯度按 4℃/100m）

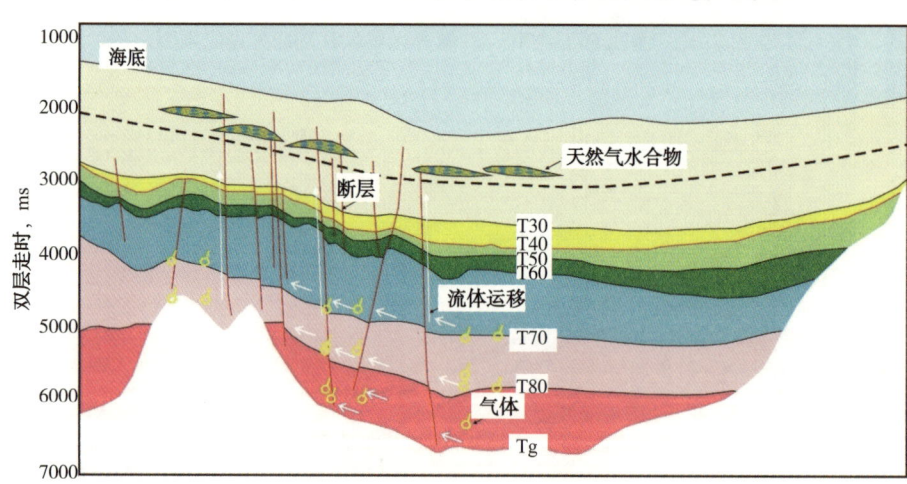

图 7-15　探区天然气水合物成藏模式图

三、探区天然气水合物成藏类型

通过综合研究，初步建立了探区天然气合物成藏模式（图 7-15）：深部的烃源岩达到生烃门限后开始生烃，受压力控制，油气沿断层向上运移，并沿与断层沟通的储层发生侧向运移，运到合适的圈闭条件形成常规油气藏和天然气水合物矿藏。此外，浅层发育在天然气水合物稳定带内的生物气也可为天然气水合物的形成提供气源，它们与深部运移来的天然气一起为该区天然气水合物的形成提供了丰富的气源。在气体供给充足、地层的封闭条件较好的区域，天然气水合物和游离气含量较高，会形成强 BSR；一旦这些条件发生变化，致使天然气水合物和游离气含量较低，导致在地震剖面上难以发现 BSR。

第五节 面临的挑战与发展前景

由跟踪研究入手,通过综合地质研究、地震资料处理解释和野外现场调查,开展天然气水合物的勘查识别技术、成藏规律和实验测试技术的研究工作,逐步掌握天然气水合物的勘探开发关键技术;整体规划技术发展路线(图7-16),稳步推进天然气水合物业务。"十一五""十二五"期间,分析了天然气水合物成藏机理和主控因素[71],在祁连山木里地区天然气水合物成藏认识以及海域天然气水合物成藏特征及控制因素等方面取得了积极进展。

目前,天然气水合物的勘查评价技术、成藏理论还处于探索中,资源量尚不落实,工业化开发还面临着一系列挑战。天然气水合物资源的勘探开发,对满足国家能源发展战略需求具有重要的意义。为此,需瞄准天然气水合物勘探开发技术,进行持续的技术攻关和现场试验,实现天然气水合物成藏富集理论和勘探开发技术体系的突破,力争到2035年实现中国天然气水合物商业化开采。

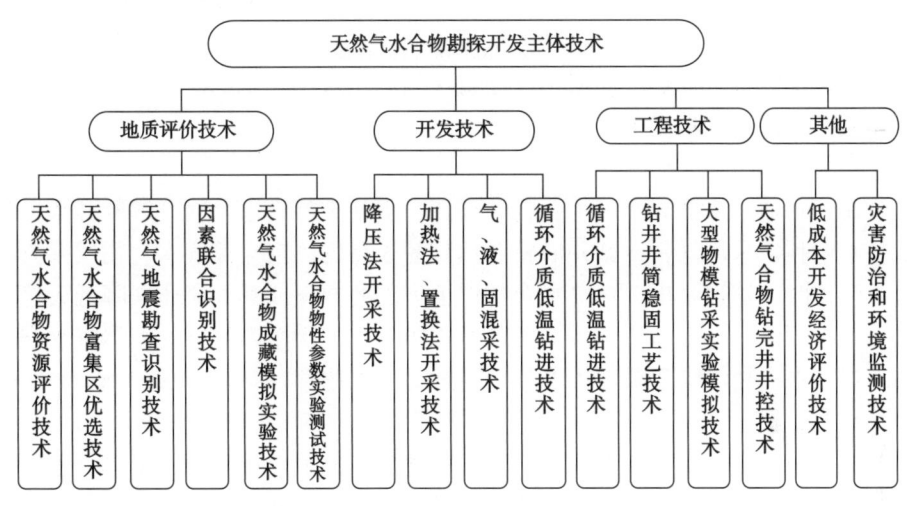

图7-16 天然气水合物勘探开发技术树

一、面临的挑战

1. 天然气水合物成藏理论还有待深化

资源评价是天然气水合物资源开发的基础。天然气水合物成藏规律等方面尚待认识和突破,传统的资源经济评价方法不适用于天然气水合物,控制储量和递减规律不清。目前,几乎所有的天然气水合物资源量数据都只是粗略统计,远不能作为商业性开采评价的基础。

需要加强地质条件对天然气水合物成藏的控制、温度和压力条件对天然气水合物成藏的制约、天然气水合物成藏演化的动力学过程、天然气水合物的地球物理和地球化学异常机理、沉积物物性特征与天然气水合物形成的关系、烃类热解和浅层生物气对天然气水合物成藏的贡献、非烃气体对天然气水合物成藏的影响、天然气水合物成藏的盖层问题、天然气水合物成藏机制等方面的攻关研究。

2. 天然气水合物"甜点区"选择技术还不成熟

天然气水合物资源虽分布广泛且资源量大，但其饱和度普遍偏低，要获得单井高产，必须寻找到资源富集"甜点区"。但是，针对天然气水合物有利区评价方法研究还相对较少。

在同一个区域的勘探效果差别较大。如南海神狐海域第一航次钻探8个站位，仅在3个站位中获取天然气水合物，并且天然气水合物集中赋存在天然气水合物稳定带底部之上10~40m的范围之内。

3. 开采路线及模式还处于探索中

天然气水合物矿藏具有埋藏深度浅、储层松散未固结等特征，有效开发难度大，需要进一步探索天然气水合物高效开采关键技术。国际上提出的传统天然气水合物开采方法主要包括加热法、降压法、抑制剂法、CO_2置换法和固体开采法。加拿大麦肯齐三角洲冻土区天然气水合物试采和日本南海海槽天然气水合物试采表明，降压法是现阶段较为有效的开采方法。

1）加热法

加热法是直接对天然气水合物层进行加热，使天然气水合物层的温度超过其平衡温度，从而促使天然气水合物分解。这种方法可包括注入热流体加热、火驱法加热、井下电磁加热以及微波加热等。加热法尚未很好地解决热利用效率较低的问题，而且只能进行局部加热，因此尚有待进一步完善。

2）降压法

降压法是一种通过降低天然气水合物储层压力促使天然气水合物分解的开采方法。降压途径主要有两种：采用低密度钻井液钻井达到减压目的；当天然气水合物层下方存在游离气或其他流体时，通过泵出天然气水合物层下方的游离气或其他流体来降低天然气水合物层的压力。降压法适合大面积开采，尤其适用于存在下伏游离气层的天然气水合物藏的开采，是天然气水合物传统开采方法中最有前景的一种技术。

3）抑制剂法

抑制剂法的通过向天然气水合物层中注入某些化学试剂，如盐水、甲醇、乙醇、乙二醇、丙三醇等，破坏天然气水合物藏的相平衡条件，促使天然气水合物分解。这种方法虽然可降低初期能量输入，但缺陷却很明显，它所需的化学试剂费用昂贵，对天然气水合物层的作用缓慢，而且还会带来一些环境问题，所以，目前对这种方法投入的研究相对较少。

4）CO_2置换法

CO_2置换法依据是天然气水合物稳定带的压力条件。在一定的温度条件下，天然气水合物保持稳定需要的压力比CO_2水合物更高。因此在某一特定的压力范围内，天然气水合物会分解，而CO_2水合物则易于形成并保持稳定。如果此时向天然气水合物藏内注入CO_2气体，CO_2气体就可能与天然气水合物分解出的水生成CO_2水合物。这种作用释放出的热量可使天然气水合物的分解反应得以持续地进行下去。

5）固体开采法

固体开采法是直接采集海底固态天然气水合物，将天然气水合物拖至浅水区进行控制性分解，并进而演化为混合开采法或矿钻井液开采法。该方法的具体步骤是，首先促使天然气水合物在原地分解为气液混合相，采集混有气、液、固体水合物的混合钻井液，然后将这种混合钻井液导入海面作业船或生产平台进行处理，促使天然气水合物彻底分解，从而获取天然气。

4. 经济效益开发面临较大挑战

天然气水合物勘探开发是一个复杂的投入—产出果汁，经济可行性主要应考虑资源条件、地质条件、地理条件、技术条件和经济环境等因素[72]。天然气水合物在水深1000m以下海底，即使开采技术过关，还要实现"经济上可行"，规模商业化开采还要过产量关，不仅要有单井较高产量，还要保持足够长期的生产时间。2013年日本在南海海槽进行了为期6d的天然气水合物试采，产量$12\times10^4m^3$，取得试采突破，但日产量仅达商业化要求的1/5，成本是液化天然气进口价的数倍。据国外研究机构估计，现有技术条件下，天然气水合物开采成本达每立方米200美元，约合每立方米天然气成本1.1美元，与当前常规天然气成本价相比，存在非常大的价格劣势。同时将天然气水合物气从深水区输送到用户运输管网的基础设施缺乏，还将进一步增大了开采成本。

5. 规模开发面临安全环境方面的考验

天然气水合物藏的开采会改变天然气水合物赖以赋存的温压条件，引起天然气水合物的分解。在天然气水合物藏的开采过程中，如果不能有效地实现对温压条件的控制，造成天然气水合物大量释放，就可能产生一系列环境问题，如气体泄漏引起温室效应加剧、海洋生态变化、大范围滑塌和海底滑坡、对井筒和平台的破坏等地质灾害。环境影响评价是天然气水合物资源开采的前提条件，只有在保障不对人类生存及世界可持续发展产生影响，才能开发应用资源。目前行业内对地质灾害和环境影响的产生机理、影响后果还缺乏深入研究，没有明确的理论指导和实验数据支撑。

二、发展前景

天然气水合物得到全球各国高度重视，已有40余个国家在开展天然气水合物调查研究与试验开采。美、日、加、韩、中、印等都制定了天然气水合物调查研究与开采试验计划。

中国天然气水合物资源量$153\times10^{12}m^3$，资源丰富，开发利用天然气水合物对改变中国能源格局、保障能源安全具有重要战略地位。中国政府对天然气水合物研究高度重视。国家中长期科技发展规划纲要（2006—2020年）、能源发展战略行动计划（2014—2020年）等国家纲领，都针对天然气水合物资源勘查、试采和开采技术等进行了部署。中国有望引领"天然气水合物革命"，对南海以及全球海洋天然气水合物开采具有战略意义。

天然气水合物勘探开发对推动中国科技进步、带动经济发展、改善能源结构和保障能源安全具有重要的意义。（1）改善能源结构、保障能源安全。通过天然气水合物资源的勘探与开发，形成完整的天然气水合物产业体系，使天然气水合物成为常规天然气的战略补充，从而改善能源结构，有效缓解中国油气供给压力，增加对外天然气进口的谈判筹码，保障中国能源安全。（2）推动油气勘探理论创新和科技进步。天然气水合物勘探开发关键技术主要为深水地震勘探、深水钻完井、安全与防灾、储层防砂举升工艺等。这些技术可应用到其他深水油气领域，推动油气勘探理论创新和科技进步。（3）国民经济拉动效益。天然气水合物勘探开发和利用是一项庞大的系统工程，开发过程中需要大量钻井、开采和深海管道设备器材，对于扩大内需，增加国家税收，拉动地方经济具有重要意义。

根据国内外天然气水合物调查研究现状和发展趋势，中国天然气水合物勘探开发应分三步走：首先，开展天然气水合物资源调查和技术储备。尽快查明中国海域和陆上冻土区天然气水合物的分布状况及其资源潜力，对重点区块加大详细勘查和钻探，查明其地质储量及其可采储量，提供试验性开发靶区，同时开展开发利用的试验性研究；其次，开展天然气水合物工业化试验开采。选择具有代表性的试验区开展天然气水合物试生产，开展海域天然气水合物关键技术攻关，建立天然气水合物勘探开发技术标准体系；最后，到2035年左右实现天然气水合物商业性开发，为中国国民经济可持续发展提供清洁能源。

参 考 文 献

[1] Dangayach S, Singh D N, Kumar P, et al. Thermal instability of gas hydrate bearing sediments: Some issues[J]. Marine and Petroleum Geology, 2015, 67: 653-662.

[2] Yamamoto K, Dallimore S. Aurora-JOGMEC-NRCan Mallik 2006-2008 gas hydrate research project progress[J]. Fire in the Ice, 2008, 8（3）: 1-5.

[3] Boswell R. Japan completes first offshore methane hydrate production test-methane successfully produced from deep water hydrate layers[J]. Fire in the Ice, 2013, 13（2）: 1-2.

[4] 苏明，匡增桂，乔少华，等. 海域天然气水合物钻探研究进展及启示（Ⅰ）：站位选择[J]. 新能源进展，2015, 3（2）: 116-130.

[5] 张卫东，等. 由麦索雅哈水合物气田的开发谈水合物的开采[J]. 石油钻探技术，2007, 35（4）: 94-96.

[6] Makogon Y F, Omelchenko R Y. Commercial gas production from Messoyakha deposit in hydrate conditions[J]. Journal of Natural Gas Science and Engineering, 2013, 11: 1-6.

[7] 龙学渊，袁宗明，倪杰. 国外天然气水合物研究进展及我国的对策建议[J]. 勘探地球物理进展，2006, 29（3）: 170-177.

[8] Boswell R, Collett Ts, McConnell D, et al. Joint industry project leg Ⅱ discovers rich gas hydrate accumulations in sand reservoirs in the Gulf of Mexico[J]. Fire in the Ice, 2009, 9（3）: 1-5.

[9] Collett T S, Riedel M, Boswell R, et al. International Team Completes Landmark Gas Hydrate Expedition in the Offshore of India[J]. Fire in the Ice, 2006, 6（3）: 1-4.

[10] 张金华，魏伟，魏兴华，等. 我国天然气水合物勘探及研究进展[J]. 非常规油气，2014, 1（1）: 75-81.

[11] 祝有海，张永勤，文怀军，等. 青海祁连山冻土区发现天然气水合物[J]. 地质学报，2009, 83（11）: 1762-1771.

[12] 孙运宝，赵铁虎，蔡峰. 国外海域天然气水合物资源量评价方法对我国的启示[J]. 海洋地质前沿，2013, 29（1）: 27-35.

[13] Buffett B, Acher D. Global inventory of methane clathrate: sensitivity to changes in the deep ocean[J]. Earth and Planetary Science Letters, 2004, 227（3）: 185-199.

[14] 姚伯初. 南海的天然气水合物矿藏[J]. 热带海洋学报，2001, 20（2）: 20-28.

[15] 方银霞，黎明碧，金翔龙，等. 东海冲绳海槽天然气水合物的资源前景[J]. 天然气地球科学，2001, 12（6）: 33-37.

[16] 张光学，黄永样，祝有海，等. 南海天然气水合物的成矿远景[J]. 海洋地质与第四纪地质，2002, 22（1）: 75-81.

[17] 曾维平, 周蒂. GIS辅助估算南海南部天然气水合物资源量[J]. 热带海洋学报, 2003, 22(6): 35-45.

[18] 杨文达, 曾久岭, 王振宇. 东海陆坡天然气水合物成矿远景[J]. 海洋石油, 2004, 24(2): 1-8.

[19] 陈多福, 李绪宣, 夏斌. 南海琼东南盆地天然气水合物稳定域分布特征及资源预测[J]. 地球物理学报, 2004, 47(3): 483-489.

[20] 王淑红, 宋海斌, 颜文. 全球与区域天然气水合物中天然气资源量估算[J]. 地球物理学进展, 2005, 20(4): 1145-1154.

[21] 唐勇, 方银霞, 高金耀, 等. 冲绳海槽天然气水合物稳定带特征及资源量评估[J]. 海洋地质与第四纪地质, 2005, 25(4): 79-84.

[22] 葛倩, 王家生, 向华, 等. 南海天然气水合物稳定带厚度及资源量估算[J]. 地球科学: 中国地质大学学报, 2006, 31(2): 245-249.

[23] 梁金强, 吴能友, 杨木壮, 等. 天然气水合物资源量估算方法及应用[J]. 地质通报, 2006, 25(9-10): 1205-1210.

[24] 张树林. 珠江口盆地白云凹陷天然气水合物成藏条件及资源量前景[J]. 中国石油勘探, 2007, 12(6): 23-27, 75, 76.

[25] 卢振权, 吴必豪, 金春爽. 天然气水合物资源量的一种估算方法——以南海北部陆坡为例[J]. 石油实验地质, 2007, 29(3): 319-323.

[26] Guan J, Liang D, Wu N, et al. The methane hydrate formation and the resource estimate resulting from free gas migration in seeping seafloor hydrate stability zone[J]. Journal of Asian Earth Sciences, 2009, 36(4-5): 277-288.

[27] 王秀娟, 吴时国, 刘学伟, 等. 基于测井和地震资料的神狐海域天然气水合物资源量估[J]. 地球物理学进展, 2010, 25(4): 1288-1297.

[28] 陈多福, 王茂春, 夏斌. 青藏高原冻土带天然气水合物的形成条件与分布预测[J]. 地球物理学报, 2005, 48(1): 165-172.

[29] 库新勃, 吴青柏, 蒋观利. 青藏高原多年冻土区天然气水合物可能分布范围研究[J]. 天然气地球科学, 2007, 18(4): 588-592.

[30] 徐水师, 王佟, 刘天绩, 等. 青海省木里煤田天然气水合物资源量估算[J]. 中国煤炭地质, 2009, 21(9): 1-6.

[31] 卢振权, 祝有海, 张永勤, 等. 青海祁连山冻土区天然气水合物资源量的估算方法——以钻探区为例[J]. 地质通报, 2010, 29(9): 1310-1318.

[32] 祝有海, 赵省民, 卢振权. 中国冻土区天然气水合物的找矿选区及其资源潜力[J]. 天然气工业, 2011, 31(1): 13-19.

[33] 魏伟, 张金华, 魏兴华, 等. 我国南海天然气水合物资源潜力分析[J]. 地球物理学进展, 2012, 27(6): 2646-2655.

[34] Satoh M, Maekawa T, Okuda Y. Estimation of amount of methane and resources of natural gas hydrates in the world and around Japan[J]. Journal Geological Society Japan, 1996, 102: 959-971 (in Japanese with English abstract).

[35] 杨木壮, 梁金强, 郭依群. 天然气水合物调查研究方法与技术[J]. 海洋地质动态, 2001, 17(7): 14-19.

［36］Milkov A V. Worldwide distribution of submarine mud volcanoes and associated gas hydrates［J］. Marine Geology, 2000, 167（1-2）：29-42.

［37］Collett T S. Gas hydrate petroleum systems in marine and arctic permafrost environments［J］. 29th Annual Research Conference. Houston：GCSSEPM, 2009：6-30.

［38］Max M D, Johnson A H. Hydrate petroleum system approach to natural gas hydrate exploration［J］. Petroleum Geoscience, 2014, 20：187-199.

［39］Moridis G J, Collett T S. Strategies for gas production from hydrate accumulations under various geologic conditions［J］. Report Berkeley：Lawrence Berkeley National Laboratory, 2003.

［40］Moridis G J, Sloan E D. Gas Production Potential of Disperse Low-Saturation Hydrate Accumulations in Oceanic Sediments［J］. Energy Conversion and Management, 2007, 48（6）：1834-1849.

［41］Moridis G, Reagan M T. Estimating the upper limit of gas production from Class 2 hydrate accumulations in the permafrost：1.Concepts, system description, and the production base case［J］. Journal of Petroleum Science and Engineering, 2011, 76（3-4）：194-204.

［42］卢振权, 吴能友, 陈建文, 等. 试论天然气水合物成藏系统［J］. 现代地质, 2008, 22（3）：363-375.

［43］吴能友, 梁金强, 王宏斌, 等. 海洋天然气水合物成藏系统研究进展［J］. 现代地质, 2008, 22（3）：356-362.

［44］吴能友, 杨胜雄, 王宏斌, 等. 南海北部陆坡神狐海域天然气水合物成藏的流体运移体系［J］. 地球物理学报, 2009, 52（6）：1641-1650.

［45］乔少华, 苏明, 杨睿, 等. 运聚体系——天然气水合物不均匀性分布的关键控制因素初探［J］. 新能源进展, 2013, 1（3）：245-256.

［46］魏伟, 张金华, 孙爱, 等. 天然气水合物勘查识别与实验技术［J］. 天然气工业, 2009, 29（9）：123-125.

［47］苏新, 陈芳, 张勇, 等. 海洋天然气水合物勘查和识别新技术：地质微生物技术［J］. 现代地质, 2010, 24（3）：409-423.

［48］张光学, 张明, 杨胜雄, 等. 海洋天然气水合物地震检测技术及其应用［J］. 海洋地质与第四纪地质, 2011, 31（4）：51-58.

［49］刘学伟, 李敏锋, 张聿文, 等. 天然气水合物地震响应研究——中国南海HD152测线应用实例［J］. 现代地质, 2005, 19（1）：33-38.

［50］张金华, 魏伟, 魏兴华, 等. 祁连山木里地区天然气水合物成藏模式分析［J］. 中国矿业, 2014, 23（4）：75-78.

［51］龚建明, 张敏, 陈建文, 等. 天然气水合物发现区和潜在区气源成因［J］. 现代地质, 2008, 22（3）：415-419.

［52］黄霞, 祝有海, 王平康, 等. 祁连山冻土区天然气水合物烃类气体组分的特征和成因［J］. 地质通报, 2011, 30（12）：1851-1856.

［53］王佟, 刘天绩, 邵龙义, 等. 青海木里煤田天然气水合物特征与成因［J］. 煤田地质与勘探, 2009, 37（6）：26-30.

［54］文怀军, 邵龙义, 李永红, 等. 青海省天峻县木里煤田聚乎更矿区构造轮廓和地层格架［J］. 地质通报, 2011, 30（12）：1823-1828.

[55] 卢振权, 祝有海, 张永勤, 等. 青海祁连山冻土区天然气水合物的气体成因研究[J]. 现代地质, 2010, 24(3): 581-588.

[56] 邓文诗, 张丽霞, 成永盛. 青海省下中侏罗统含煤岩系沉积特征及聚煤作用[J]. 中国煤炭地质, 2009, 21(S2): 14-18.

[57] 张凤鸣, 高鸿烈. 青海木里煤田多年冻土水文地质工程地质特征[J]. 青海地质, 1981(3): 52-57.

[58] 张金华, 魏伟, 魏兴华, 等. 我国主要冻土区天然气水合物形成条件及成藏模式探讨[J]. 中国石油勘探, 2013, 18(5): 74-78.

[59] 樊栓狮, 关进安, 梁德青, 等. 天然气水合物动态成藏理论[J]. 天然气地球科学, 2007, 18(6): 819-826.

[60] Tréhu A M, Ruppel C, Holland M, et al. Gas hydrates in marine sediments: lessons from scientific ocean drilling[J]. Oceanography, 2006, 19(4): 124-142.

[61] 苏明, 沙志彬, 乔少华, 等. 南海北部神狐海域天然气水合物钻探区第四纪以来的沉积演化特征[J]. 地球物理学报, 2015, 58(8): 2975-2985.

[62] Collett T S. Permafrost-associated gas hydrate accumulations[J]. Annals of the New York Academy of Sciences, 1994, 715(1): 247-269.

[63] Lüdmann T, Wong H K. Characteristics of gas hydrate occurrences associated with mud diapirism and gas escape structures in the northwestern Sea of Okhotsk[J]. Marine Geology, 2003, 201(4): 269-286.

[64] Boswell R, Collett T S, Frye M, et al. Subsurface gas hydrates in the northern Gulf of Mexico[J]. Marine and Petroleum Geology, 2012, 34(1): 4-30.

[65] Hood K C, Wenger L, Gross O, et al. Hydrocarbon systems analysis of the northern gulf of mexico: Delineation of hydrocarbon migration pathways using seeps and seismic imaging[J]. Surface exploration case histories: Applications of geochemistry, magnetics, and remote sensing. AAPG Studies in Geology, 2002, 48: 25-40.

[66] Shedd W, Boswell R, Frye M, et al. Occurrence and nature of "bottom simulating reflectors" in the northern gulf of mexico[J]. Marine and Petroleum Geology, 2012, 34(1): 31-40.

[67] 李文浩, 张枝焕, 李友川, 等. 琼东南盆地古近系渐新统烃源岩地球化学特征及生烃潜力分析[J]. 天然气地球科学, 2011, 22(4): 700-708.

[68] 何家雄, 颜文, 祝有海, 等. 南海北部边缘盆地生物气/亚生物气资源与天然气水合物成矿成藏[J]. 天然气工业, 2013, 33(6): 121-134.

[69] 冯常茂, 王后金, 解习农, 等. 南海南、北大陆边缘盆地烃源岩热演化差异及成因分析[J]. 现代地质, 2015, 29(1): 97-108.

[70] 苏明, 姜涛, 张翠梅, 等. 琼东南盆地中央峡谷体系东段形态-充填特征及其地质意义[J]. 吉林大学学报(地球科学版), 2014, 44(6): 1805-1815.

[71] 魏伟, 张金华, 客文, 等. 天然气水合物成藏机理及主控因素[J]. 新疆石油地质, 2010, 31(6): 563-566.

[72] 张金华, 魏伟, 客文, 等. 天然气水合物经济地质分析[J]. 天然气技术, 2010, 4(6): 42-45.

第八章 其他非常规油气资源

除了煤层气、页岩气、致密气、致密油等非常规油气资源以外，油砂、油页岩和页岩油也是我国重要的非常规油气资源，资源十分丰富，发展前景广阔。目前我国在准噶尔盆地西北缘等地区开展了油砂开发利用试验，在大庆油田柳树河开展了油页岩开发利用试验，页岩油原位改质技术研究也取得了重要进展。本章重点介绍油砂、油页岩、页岩油资源分布、开发利用现状、技术进展以及面临的挑战与发展前景等内容。

第一节 油 砂

油砂是一种典型的非常规石油能源，因为其含有天然沥青因此也被叫作沥青砂。油砂多为黑色或灰黑色，是由砂粒、沥青、黏土颗粒等物质组成的一种混合物，指含有沥青或其他重质油的沉积岩。此外，关于油砂的定义还有一种说法，这种说法特指油砂中所含的原油，并且该原油的绝对黏度大于 $10Pa·s$ 或者其相对密度大于 $1g/cm^3$。

20 世纪 90 年代新疆石油管理局和青海石油管理局进行了准噶尔盆地和柴达木盆地的油砂初步调查。2003 年 10 月，国土资源部、国家发展和改革委员会及财政部联合设立了国家专项"新一轮全国油气资源评价"，油砂被列为重点评价内容之一[1]。2004 年至 2005 年中国石油勘探开发研究院廊坊分院和国土资源部油气资源战略研究中心开展全国油砂地质概查工作，同时探索了油砂分离试验。中国石油自从 2006 年开始加大油砂资源勘探，通过 10 年攻关，优选出新疆风城为有利目标区，探明了油砂储量，开展了干馏分离、水洗分离和蒸汽辅助重力泄油技术（SAGD）开采试验，初步建立了适合中国油砂特点的勘探开发技术，为中国油砂勘探开发迈出了关键一步，对今后中国油砂资源的开发利用起到重要示范推动作用（图 8-1）。

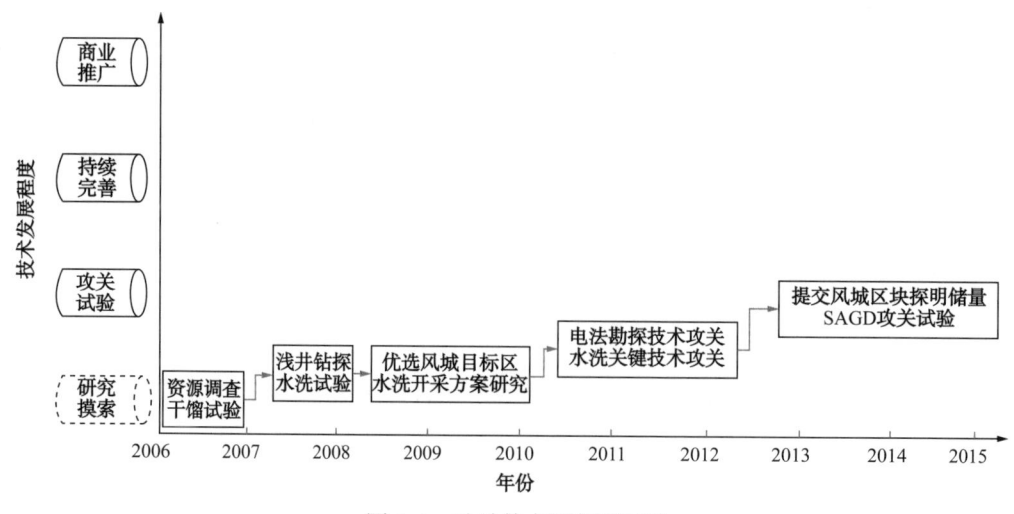

图 8-1 油砂技术研究历程图

一、国内外现状

1. 国外油砂资源开发现状

世界油砂资源量 6580×10^8t,主要分布在加拿大、委内瑞拉、美国、俄罗斯和中国(图8-2)[2]。加拿大艾伯塔盆地油砂已经实现商业化开发近50年。其油砂油产量从2005年的 13.6×10^4t/d 增加到2015年的 33.6×10^4t/d,占石油总产量的60%以上。加拿大油砂油探明储量约为 246×10^8t,占世界油砂探明储量总额的84%。Syncrude 和 Suncor 两大公司主要采用热碱水抽提技术进行大规模工业化生产,近年来开展了出砂冷采技术(Cold Floe)、蒸汽循环吞吐技术(Cyclic Steam Stimulation)、SAGD 和地下水平井注气体溶积萃取技术(VAPEX)攻关,促进了油砂开采技术向环保、规模化、现代化发展。

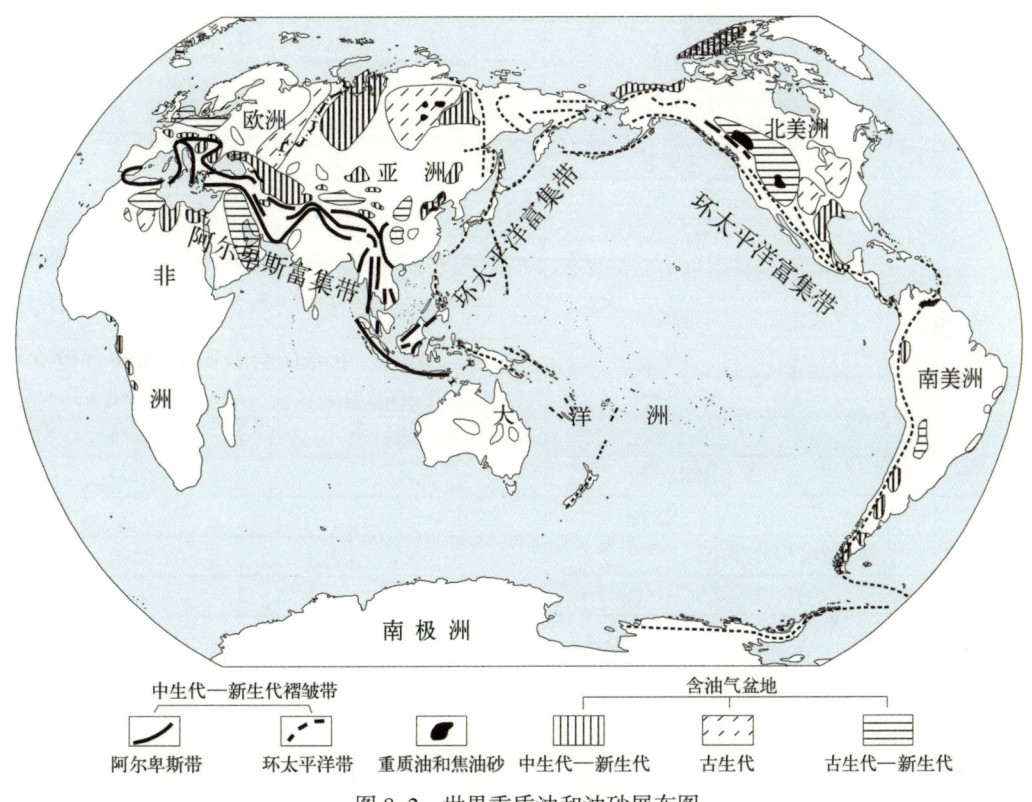

图 8-2 世界重质油和油砂展布图

2. 国内油砂资源开发现状

中国油砂勘探开发起步较晚,尚处于普查与初步研究阶段。2006年至2008年由于原油资源短缺和国际油价持续走高,石油公司、部分科研院所、民营企业开始关注油砂开采[2-4]。先后在准噶尔盆地、松辽盆地等开展小规模水洗分离开采试验,并探索了SAGD技术适用性。中国石油勘探开发研究院廊坊分院采用水洗分离装置成功分离出了第一桶油砂油。分离温度80℃,洗油效率80%以上,油砂最大处理能力10~15t/d。吉林套堡油田采用螺杆泵携砂冷采技术进行产油区92区块油砂开采,井深为300m左右,年产油 4.5×10^4t。内蒙古扎赉特旗恒源矿业综合开发有限责任公司在内蒙古图牧吉建成了年产能 $3 \times 10^4 \sim 5 \times 10^4$t 的油砂油分离工厂[5]。2011年之后,随着国际油价的持续走高,中国石油和各级地方政府高度重视新疆油砂矿综合利用工作，开展了风城油砂详细勘察和 SAGD 开采试验攻关，取得突破，向油砂的产业化发展迈出了关键的一步。

二、资源潜力

中国油砂资源丰富，具有分布范围大、层位多、厚度小、含油率低的特点[6,7]。据 2009 年全国油砂资源评价，中国油砂油地质资源量为 59.7×10^8t，其中可采资源量达 22.58×10^8t，位居世界第五位。埋深在 0~100m、100~500m 范围内的油砂油地质资源量分别为 18.56×10^8t、41.14×10^8t；可采资源量分别为 11.31×10^8t、11.27×10^8t。2006 年至 2015 年针对准噶尔盆地、松辽盆地和二连盆地进行了油砂开采有利目标优选。

表 8-1 中国油砂油资源

大区	盆地	油砂油资源量，10^8t	
		地质资源量	可采资源量
西部	准噶尔	14.30	6.36
西部	塔里木	12.36	4.64
青藏	羌塘	9.31	2.15
中部	鄂尔多斯	3.50	1.24
西部	柴达木	4.94	2.10
东部	松辽	4.75	1.75
中部	四川	3.76	1.54
南方	麻江—瓮安	2.22（干沥青 1.21）	0.96（干沥青 0.5）
南方	桂中坳陷	1.44（干沥青）	0.62（干沥青）
西部	库木库里	1.11	0.44
东部	二连	0.55	0.22
其他盆地（13 个）		1.45	0.56
合计		59.69	22.58

准噶尔盆地油砂主要分布在西北缘地区的风城、黑油山等地区浅部。风城白垩系吐谷鲁组地层总体为一向南东倾斜的平缓单斜构造，倾向 155°，倾角 2°，平均厚度为 48.25m，含油率 3%~30%，储量为 5496×10^4t [8]。红山嘴白垩系吐谷鲁组油砂呈带状分布于盆地边缘，总体为一向南东倾斜的单斜构造，地层倾角 1°~3°，面积约 $50km^2$，单层厚度 0.5~5m，纵向上厚度较大的有 5~7 层，累计厚度 0.5~48m，埋深 100m 以浅的油砂平均厚度 9.7m，100~300m 的油砂平均厚度 14.6m，储量为 4215×10^4t。黑油山三叠系克拉玛依组上段油砂分布面积大、油砂单层厚度大（5~11m），含油率约 7.2%，储量为 2754×10^4t。白碱滩九区浅部油砂主要分布在白垩系吐谷鲁组及侏罗系齐古组，平均厚度 6.5m，含油率约 7.2%，储量为 2379×10^4t。

松辽盆地的油砂位于盆地西部斜坡的盆缘超覆带，赋存于姚二—姚三段和嫩一段下部，主要分布于图牧吉和镇赉大岗。图牧吉镇西南部油砂埋深小于 40m，含油率 9.1%，埋深 0~100m，油砂油储量为 3275.1×10^4t，埋深 100~150m 油砂油储量为 2144×10^4t。镇赉大岗油砂埋深约 140~210m，含油率较高，最高可达 59.6%，油砂油储量为 3494×10^4t，可采资源量为 2096×10^4t，具有良好的勘探前景。

二连盆地油砂矿主要分布于巴音都兰凹陷包楞地区、吉尔嘎郎图、巴达拉胡地区[3]。包楞地区油砂主要分布于白垩系腾格尔组腾一段中。单层厚度大,多井多层大于10m,油砂孔隙度为26.3%,含油饱和度65%,油砂油储量$1055×10^4$t。吉尔嘎郎图凹陷处于二连盆地乌尼特坳陷南部,呈北东向展布,油砂赋存于下白垩统巴彦花群的阿尔善组、腾格尔组和赛汉组,油砂油储量为$1765×10^4$t。巴达拉湖油砂构造上属二连盆地内,阿力担合力凹陷东南部。油砂层位属下白垩统巴彦花群腾格尔组中下部,厚度7~16m,油砂油储量为$441×10^4$t。

三、主要理论、技术进展

通过10年油砂技术攻关,初步建立了总结了中国油砂成藏富集规律,提出油砂富集成矿控制因素,形成了油砂水洗分离技术,在SAGD攻关中取得了新认识。

1. 油砂富集成矿控制因素

尽管油砂矿与重质油藏有许多成因上的联系及相似之处,但重质油藏的分类方法并不完全适合油砂矿的分类[9]。在总结中国油砂矿地质特征的基础上,考虑油砂矿的成因及构造部位,把中国油砂矿的构造成因类型分为以下三种类型。

1)三种构造成因类型

(1)斜坡逸散型。

生油凹陷及深部的原油沿断裂、不整合面、输导层等通道运移至斜坡浅部或近地表砂岩或松散堆积物中,受氧化或生物降解、稠化后形成。如准噶尔盆地西北缘及松辽盆地西斜坡油砂[10-14]。斜坡逸散型可进一步划分为:简单斜坡逸散型和复杂斜坡逸散型。简单斜坡逸散型常见于断层、褶皱不发育的盆地或凹陷,例如松辽西斜坡的图牧吉油砂、白城—镇赉西油砂有利区。复杂斜坡逸散型常见于断层、褶皱发育的盆地或凹陷,如准噶尔盆地西北缘油砂[15]。

(2)次生集聚型。

受破坏的古油藏中的油运移至近地表砂岩或松散堆积物中聚集,受氧化或生物降解、稠化后形成。如西藏伦坡拉古近—新近系次生油砂、克拉玛依油砂山沥青丘、玉门石油沟第四系次生油砂。

(3)古油藏破坏型。

由于低凸起遮挡作用,使得在盆地或凹陷的低凸起下倾一侧形成品质较好的油砂,如辽河西部油砂。盆地中央隆起带,是油气运移的长期指向,在隆起的两侧斜坡及隆起主体带上,容易形成油藏。如果中央隆起带后期抬升遭受剥蚀,则有利于形成油砂,如二连盆地包楞油砂。构造抬升使古油藏储层裸露或在近地表,受氧化或生物降解、稠化后形成,如贵州麻江古油藏沥青、塔里木盆地柯坪隆起带油砂。

2)三种油砂矿的控制作用

(1)砂体圈闭控油。

物性较好的河流及冲积扇砂体成为油砂有利的储集空间。在陡坡型相模式中,成带的冲积扇、扇三角洲等沉积相及其叠置成为主要的油气聚集体,而在缓坡型相模式中,河湖相和扇三角洲相是良好的储集单元。近半个世纪的油气勘探产生了"扇控论"的观点,对指导油砂勘探起到了重要作用,三叠—侏罗系(洪)冲积扇、扇三角洲和水下扇受到同沉积断裂活动和不整合面的控制。该区有利的沉积相带为断崖扇体、洪冲积扇体、扇三角洲体，其为油气聚集提供了良好空间，成为油砂富集的良好场所。

（2）不整合断层导油。

位于深处的原油及稠油只有运移至较浅部位才能形成油砂，因此不整合面、断裂体系、孔渗较好的输道层对形成油砂矿有重要的控制作用。多组地层之间呈不整合接触，在不整合面附近地层的孔隙度和渗透率明显增大，因而是油气运移的主要通道。深部的稠油沿盆地边缘的大型内部断裂上升到不整合面，在运移到地层中形成油砂，这些盆缘逆冲断层控制了油砂的分布[16]。局部的小型断裂为稠油的运移提供了良好通道和局部遮挡，为油砂成矿富集形成了良好条件。

（3）降解稠化成油。

油砂沥青的黏度及密度都很大，只有经过稠化作用才能形成严格意义上的油砂，稠化作用是油砂形成过程中的一个必不可少的条件。

盆地在其地质历史的演化过程中，具有相当规模的常规油气聚集是形成稠油、油砂资源的前提。足够数量的石油由非连通系统进入连通系统、遭受各种稠变因素的作用，并使之在有相当数量的原油的连通系统中聚集，最终形成重油油砂。

2. 水洗分离技术

水洗法通过化学剂的作用，改变砂子表面的润湿性，实现砂与沥青分离。

1）水洗配方

水洗化学配方具有高效、无碱、污染小等特点，分离效率85%以上。明确了影响油砂水洗的主要因素：温度、药剂浓度、加热时间和水/砂体积比。并完成了4个主要影响因素的室内实验分析：随着温度的升高油砂洗油效率增加，在80℃之前几乎呈线性变化，而后随温度增加洗油效率增加缓慢，85℃时的洗油效率达到92%；洗油效率随着试剂浓度的增加而增加，当浓度为4%时，油砂洗油效率已达92%，而后随着分离药剂浓度的增加洗油效率增幅不明显；加热清洗20min后洗油效率基本上维持在90%以上，之后再加热对出油率影响很小；水和砂的体积比为2时，油砂洗油效率最好，可达到90%以上。新型配方的效果比以前配方有明显效果：药剂浓度由5%以上降低到4.5%，分离温度降低到85℃，且分离效率仍然达到85%以上。

2）水洗分离工艺

在充分吸取国内外经验的基础上，采用新的研究思路，集成创新，大循环系统工艺设计，形成的一套新型方案，具有国内领先水平。设备日处理油砂30t，每天可生产1~3t油，年处理油砂$1×10^4$t，采用蒸汽加热方式，扩展了原料预处理、污水回用、钻井液无害化、稠油降黏处理等工段。

3. SAGD

水平井SAGD是开发超稠油及油砂的一项前沿技术，其基本原理是以蒸汽作为加热介质，依靠热流体对流、热传导作用及重力作用开采稠油。

通过风城油砂矿1号矿SAGD先导试验生产实践，证明了油砂有效开发的可行性，目前已初步认识了油砂矿SAGD生产动态规律，掌握了油砂矿SAGD开发设计、生产调控技术，基本形成了钻井、采油、地面工程系统配套技术，具备了进一步开展工业化开发试验的条件。

四、典型案例

准噶尔盆地西北缘风城油砂矿是中国目前规模最大，开展过干馏、水洗和 SAGD 开采实验，具有典型性和代表性。

2006—2015 年，中国石油新疆油田公司和中国石油勘探开发研究院廊坊分院对国内储量规模最大、品质较好准噶尔盆地西北缘风城油砂矿进行了勘探与评价、现场露天开采试验和技术攻关，标志着中国油砂开采迈出了关键一步，对今后中国非常规能源的开发利用具有十分重要的意义。

准噶尔盆地西北缘逆冲断层发育，构造复杂，属于典型的复杂斜坡。油砂成藏控制因素主要有三个方面：(1) 砂体空间展布及物性；(2) 不整合面；(3) 断裂体系。其中，石炭系不整合面及侏罗系、三叠系的逆断层为主要的油运移通道，这些同生断裂对沉积作用及油气运移有控制作用。盆地边缘物性较好的河流及冲积扇砂体成为有利的储集空间。

准噶尔盆地西北缘油砂属于斜坡逸散型成藏模式[17,18]，玛纳斯湖生烃凹陷产生的烃类液体，沿着不整合和断层组成的运移通道，由生烃中心向盆地边缘运移，在这个过程中，不断的降解和稠化，最终在盆地边缘砂体中聚集形成重油沥青[19]。油源主要来自盆地内部玛纳斯湖生油凹陷，各项地化指标均表明，本区各油层的油源均来自石炭—二叠系生油岩系。油气沿地层不整合面运移，聚集在断裂带的不同类型圈闭中，并一直运移聚集在盆地边缘侏罗—白垩系地层型圈闭中，形成系列油藏（图 8-3）。这些常规油、稠油、油砂分布具有一定规律：在纵向上年轻地层中含油范围均位于下伏层系盖层缺失区的上倾部位，在平面上各层系含油范围呈明显的阶状排列，构成不同层系重油藏和常规油藏叠合连片格局。

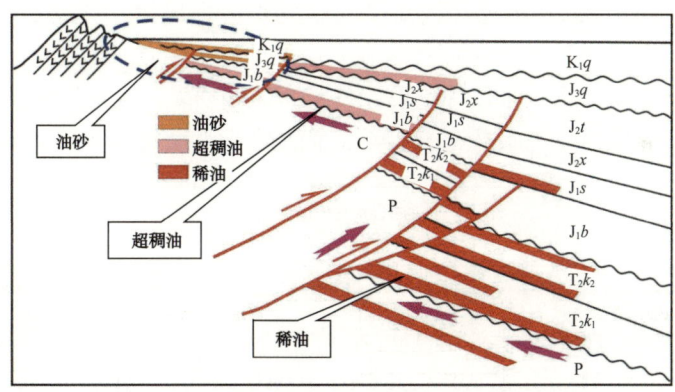

图 8-3　准噶尔盆地西北缘风城油砂成矿模式图

2006—2008 年，在风城油砂矿勘探取得重要突破，在该区浅层钻油砂孔 80 个，全孔取心，发现了 1 号、2 号、3 号三个油砂矿富集区，估算西北缘油砂资源量 $1.6 \times 10^8 t$，初步估算油砂油探明地质储量 $5498 \times 10^4 t$。2011 年以来，中国石油和各级地方政府高度重视新疆油砂矿综合利用工作，2013 年 4 月成立新疆金戈壁油砂矿开发有限责任公司。2014 年 1 月，"金戈壁油砂矿风城 1 号矿工业化开发试验方案"编制完成，设计在 1 号矿风砂 73 井、风重 007 井断块齐古组储量落实区开展工业化开发试验以及风重 010 井区白垩系清水河组储量较落实区进行开发先导试验。2014 年 10 月，"新疆克拉玛依市风城 1 号油砂矿勘探报告"及 5 个附件通过了新疆维吾尔自治区国土资源厅矿产资源评审中心的审查，填补了国内油砂资源探明储量为 0 的空白。在风砂 72 断块、风砂 73 断块侏罗系齐古组及白垩系清水河组申报油砂油探明地质储量 4247.68×10^4t，探明叠合含油面积 5.57km²。2015 年 5 月编制完成"风城 1 号油砂矿矿产资源开发利用方案"，总体部署 SAGD 水平井 77 对，直井控制 77 口，动用地质储量为 1589.80×10^4t，可新建产能 46.2×10^4t；部署常规蒸汽吞吐直井 630 口，动用地质储量 2657.88×10^4t，可新建产能 44.1×10^4t/a。

水洗工艺技术室内实验结果表明风城油砂水洗技术工艺是可行的，根据室内水洗工艺技术研究的水洗剂能够满足现场中试实验的需要，沥青油洗脱率达到 90% 以上。影响风城油砂水洗效果的主要影响因素排序是：加热温度 > 分离时间 > 分离剂质量分数 > 剂砂质量比。推荐的现场工艺参数为加热温度为 80℃、分离时间为 15min、分离剂质量分数为 1.0%、剂砂质量比为 3.5：1。现场试验系统一直在非稳定状态下运行，处理设备也存在一些技术上的小问题，比较突出的问题有油砂破碎、物料平衡、工艺参数稳定控制等。面临经济效益差、原油黏度高、环境污染大、工艺技术不成熟等，目前不宜采用水洗工艺技术。

SAGD 开采试验首次在国内取得工业化连续运行，并确定了 SAGD 为有效开采方式。形成了从 SAGD 钻井、采油和地面等各环节工程设计方案，在 1 号油砂矿齐古组主力油层分布稳定，连续油层厚度大于 10m 区域部署 3 对 SAGD 试验井。根据综合地质研究结果及 SAGD 开发筛选基本条件，确定了目前采用 SAGD 技术先动用埋深大于 200m、油层连续厚度大于 10m 的地质储量；埋深 100~200m、油层连续厚度大于 10m 的油砂层开展 SAGD 斜直水平井钻井、采油、测试等技术攻关。

五、面临的挑战与发展前景

通过 10 年攻关，中国石油已经摸清了油砂成矿富集规律，形成了勘查与评价技术、有利区优选技术、隐蔽油砂矿物化探技术和中浅层油砂 SAGD，并达到国内领先水平[20]。油砂水洗配方优选技术、露天采场优化设计技术、油砂开采三维可视化技术和油砂水洗设备研发及制造，达到国内先进水平（图 8-4）。但是在一些关键技术仍然面临挑战。

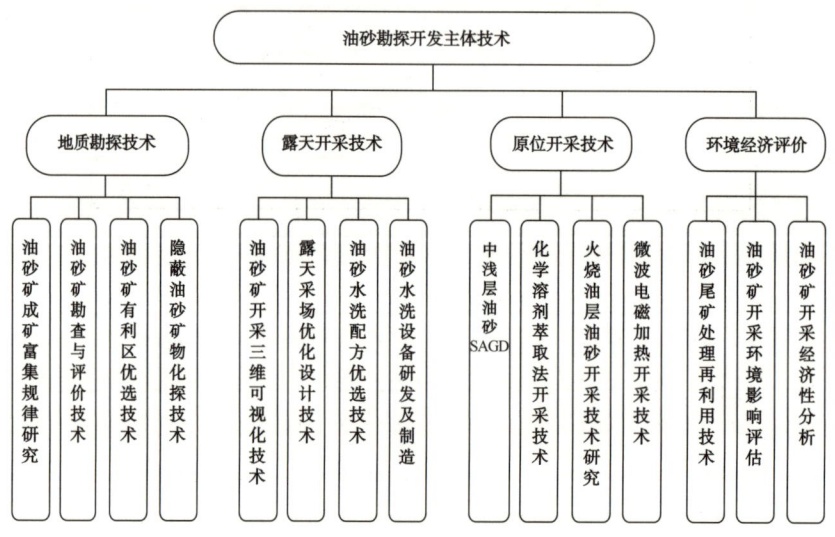

图 8-4 油砂勘探开发主体技术树

第八章 其他非常规油气资源

1. 面临的挑战

国内勘探发现的单个油砂矿资源规模相对加拿大较小，对油砂矿的规模开发造成困难。资源勘查程度较低，多处于地质普查阶段，仅少部分地区进行了勘探工作。露天开采对地表环境破坏，对自然环境产生负面影响，油砂水洗配方及分离工艺技术有待于进一步优化，提高油收率。针对中国油砂原位地下经济性开采技术尚未工业化规模应用。

2. 发展前景

未来几年，随着技术的不断引进开发，油砂开发将会向着规模化、挖掘技术现代化、提取温度低温化、开采就地化、高效环保化方向发展。准噶尔盆地、塔里木盆地、柴达木盆地、松辽盆地和四川盆地，为进一步勘探开发的主要目标区域，这5个盆地将是下一步勘探的重点。据国土资源部有关专家预测，到2020年产能可达到$100 \times 10^4 t$，到2030年产能将突破$500 \times 10^4 t$，随着技术低不断进步，开采成本会逐步降低，产能也会稳步上升。

第二节 油 页 岩

油页岩（又称油母页岩）是一种高灰分的固体可燃有机沉积岩，低温干馏可获得页岩油，含油率大于3.5%，有机质含量较高，主要为腐泥型和混合型，其发热量一般不小于4.18MJ/kg。油页岩中的矿物质，一般占60%~80%，其组成很复杂，常见的有石英、黏土矿物、碳酸盐、硫酸盐（石膏）、硫化物（黄铁矿）、以及氧化亚铁和食盐等。除了这些矿物外，还有少量的铜、镍、钴、钼、钒、镓、钛及稀土等化合物，有时甚至还有铀[21]。

2008年设立了国家科技重大专项，展开了油页岩的综合勘探开发综合研究，同年，在中国石油勘探开发研究院成立非常规油气重点实验室；2009年中国石油开始了大庆油田柳树河$3 \times 10^4 t$油页岩中试先导基地项目建设（图8-5）。

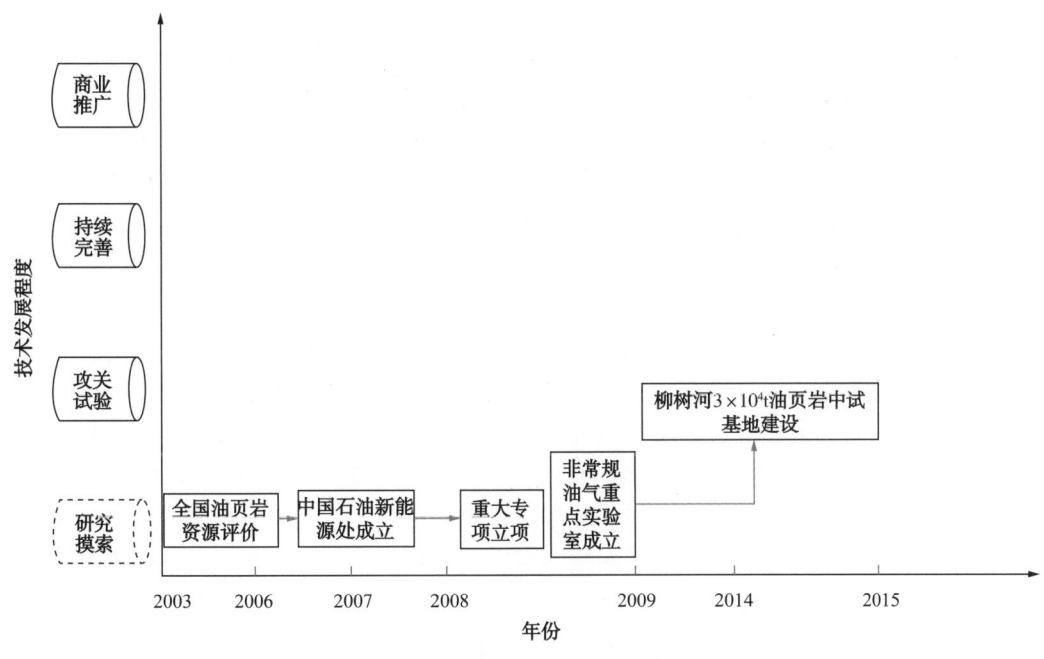

图8-5 中国油页岩发展的主要历程

一、国内外现状

1. 国外油页岩开发现状

目前,从全球油页岩开发利用来看,地面干馏技术是油页岩开发利用的主体,该工艺经过几十年的发展,现在主要分为气体热载体和固体热载体两种干馏工艺。目前世界成熟的气体热载体干馏工艺主要有巴西 PETROSIX、爱沙尼亚 KIVITER 和国内块状干馏技术;固体热载体干馏工艺主要有俄罗斯 GALOTER 工艺和澳大利亚 ATP 工艺,都进行了工业化试验。

传统干馏工艺技术在中深层油页岩的开发上,由于开采成本过高而造成经济效益较低,自 20 世纪 80 年代开始,许多世界大油公司都在积极开发更为经济、环保的页岩油制取技术,油页岩原位开采技术就是其中一种,原位开采技术就是通过直接给地下油页岩加温,使其在地下进行裂解,生成油气通过生产井采出。该工艺对于中深层油页岩(300m以深)开发具有优势,另外由于不需要露天和矿井开采,没有大量的油页岩废料堆积,副产物非常少,水资源的用量也非常少[22, 23]。

目前,油页岩原位开采技术达十余种,按照油页岩层加热方式可分为电加热、流体加热、辐射加热三类工艺。

(1)电加热技术的特点:技术成熟,容易控制,但加热速度较慢,容易造成热量大量损失,成本较高,产生的油气压力较低,难开采等。

(2)流体加热技术的特点:该技术加热速度较快,并且由于流体压力的作用,产生的裂缝一般不会闭合,产出的油气易于开采;加热过程中流体流速过快,易形成流体短路,仅与油页岩进行少量热交换就流出地层。

(3)射频加热技术的特点:该技术产生的热量穿透力强,加热速度较快;但技术难度较大,成本较高。

目前在原位开采技术研究方面,壳牌公司、埃克森美孚公司和 EGL 公司走在了世界前列。其中壳牌公司 ICP 技术相对成熟,并且已经进行了现场试验,2004 年初,在长 35ft、宽 20ft 的试验区内进行电加热试验,2005 年 8 月产出轻质油 1500bbl,同时还有伴生气产出。目前,壳牌公司 ICP 技术已经研发到了第二代 E-ICP 技术,2006 年编制 E-ICP 试验计划,并申请获得美国科罗拉多州 3 个油页岩开发、试验和示范区块,目前试验正在进行加热阶段。

2. 国内油页岩开发现状

中国油页岩沉积环境以陆相湖泊为主,油页岩分布层系范围很宽,从石炭系、二叠系、三叠系、侏罗系、白垩系到古近—新近系都有产出,其中以中生界、新生界为主。目前,中国对油页岩的成因、成矿机制研究十分薄弱,页岩油成矿模式及成矿富集规律研究的相对滞后,严重影响了页岩油有利目标区的优选研究,阻碍了油页岩的勘探开发利用。中国油页岩勘查工作主要是在 20 世纪 50 年代进行的,在大庆油田发现之后长期处于停顿状态。近年来,国内部分单位开展了一些油页岩勘查和评价工作,在页岩油资源评价技术规范上,主要借鉴煤炭勘查模式,勘探手段主要为露头测量、探槽和浅钻,勘探范围有限,工作程度不够深入全面,只能作为下一步勘探的基础[24]。

中国油页岩原位开采研究刚刚起步,基础理论研究和工艺技术研究非常缺乏,不管是在理论研究上,还是在技术工艺研究上,基本属于起步阶段。

3. 国内外油页岩综合利用技术现状

20世纪90年代以来,世界油页岩综合利用呈现增长的趋势。其中,以油页岩燃烧发电应用最为广泛。如苏联将油页岩作为燃料大规模的用于电站锅炉。20年代开始,爱沙尼亚就开始研究粉末燃烧技术。以色列和美国也利用油页岩流化床燃烧技术进行发电[25, 26]。中国在60年代以后,开始利用流化床燃烧技术,然而,传统的流化床燃烧技术由于燃烧强度低、占用空间大、热效率低和环境指标差等存在一定局限性。页岩灰为油页岩和半焦燃烧副产品,易造成环境污染,处理成本昂贵,在600~800℃形成的页岩灰具有一定的溶结强度,可在建筑方面得到良好的应用,水泥工业使用页岩灰,不仅可以降低水泥生产成本,而且可以提高它的硬度;页岩灰替换10%的水泥或沙子或两者总量的10%,将提高耐压强度;页岩灰若作为沥青混凝土的掺和剂,会给混合料带来很好的机械和耐久特性,也可以在玻璃和玻璃陶瓷的产品上得到应用[27, 28]。

二、资源潜力

油页岩分布在寒武系以新的地层中,在海相和陆相沉积环境都有分布,国外一般以海相为主,中国主要以陆相沉积为主。中国油页岩资源主要分布在松辽、鄂尔多斯、伦坡拉、准噶尔等几个大型含油气盆地中,油页岩资源量占全国总量的82%[29]。根据油页岩资源储量规模可将49个含油页岩盆地划分为4类:Ⅰ类指有一定油页岩查明资源储量规模并且已开发的盆地;Ⅱ类指有一定油页岩查明资源储量规模未开发的盆地;Ⅲ类指已有少量油页岩查明资源储量未开发的盆地;Ⅳ类指没有油页岩查明资源储量只有潜在资源量的盆地(表8-2)。

表8-2 中国各含油页岩盆地分类表

盆地分类	个数	盆地名称
Ⅰ类盆地	7	抚顺、茂名、民和、敦密、胶莱、罗子沟、柳树河
Ⅱ类盆地	12	松辽、鄂尔多斯、杨树沟、黑山、四岔口、朝阳、建昌、渤海湾、海南儋州、桐柏、银额、阜新
Ⅲ类盆地	23	准噶尔、依兰伊通、大杨树、老黑山、鱼卡等23个盆地
Ⅳ类盆地	7	林口、四川、阿坝、新宁、吉安、伦坡拉、羌塘

中国油页岩资源总量达 $11602 \times 10^8 t$(含1000~1500m的资源 $3324 \times 10^8 t$),集中于松辽、鄂尔多斯、准噶尔、伦坡拉4大大盆地;松辽盆地油页岩资源 $5266 \times 10^8 t$(含1000~1500m的资源 $1928 \times 10^8 t$),占全国的45.4%;鄂尔多斯盆地油页岩资源 $4224 \times 10^8 t$(含1000~1500m的资源 $1397 \times 10^8 t$),占全国的36.4%;准噶尔盆地油页岩资源 $652 \times 10^8 t$(为0~1000m的资源量),占全国的5.6%;伦坡拉盆地油页岩资源 $414 \times 10^8 t$(为0~1000m的资源量),占全国的3.6%[30]。

三、主要理论、技术进展

经过近几十年的发展,对于油页岩的开发利用,目前主要的技术可分为两类:油页岩地面干馏技术和油页岩原位开采试验技术。

1. 油页岩地面干馏技术

地面干馏指对露天开采或井下开采的油页岩，经破碎筛分至所需的粒度后放入干馏炉内，通过加热裂解生成油、裂解气、水及页岩半焦等产物。干馏炉有外热式干馏炉和内热式干馏炉。外热式干馏炉由于热效率低，很少被采用。内热式干馏具有热效率高、干馏速度快等优点，被工业界广泛采用，目前世界上用于工业生产的干馏炉都属于内热式干馏炉。内热式干馏炉又分为气体热载体和固体热载体两种炉型。

1）气体热载体干馏工艺技术

目前世界上工业运转的适合块状油页岩干馏的气体热载体干馏炉主要有中国抚顺式干馏炉、爱沙尼亚 Kiviter 干馏炉、巴西 Petrosix 干馏炉等。

（1）中国抚顺式干馏炉。

抚顺式干馏炉在中国抚顺已有长达70多年的工业应用历史。该炉为直立圆筒形，外壁为钢板，内衬耐火砖，内径约5m，高10m以上（图8-6）。油页岩直径为10~75mm，原料从炉顶加入，自上而下地在炉子上半段（干馏段）被自下而上的热气体加热升温进行干燥、干馏（至温度约500℃）；产生的页岩油气自炉上部逸出，油页岩转化成页岩半焦进入炉子下半段（发生段），与自炉底进入的空气、水蒸气相遇而汽化燃烧，页岩灰自炉底的灰皿排出。此外，该工艺还在炉中部引入了500~700℃热循环气作为补充进入炉上部加热页岩。

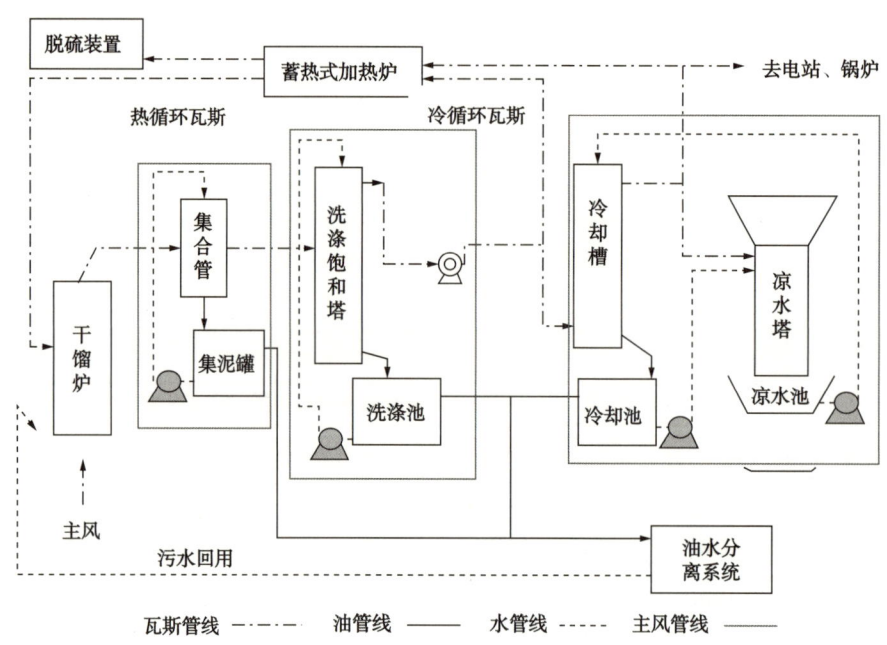

图8-6　抚顺式干馏工艺流程示意图

目前国内抚顺页岩油厂、山东龙口龙福公司、吉林成大弘晟能源有限公司、内蒙古敖汉旗玖顺合通油页岩厂、甘肃窑街煤电公司等都采用了抚顺干馏炉及其改进炉型。

（2）爱沙尼亚 Kiviter 干馏炉。

Kiviter 炉是直立圆筒型气燃式炉，炉上部和炉中部两侧有长方形燃烧室，有燃烧嘴通入空气和干馏循环气进行燃烧，生成热烟气横向进入炉上部的两个干馏室，加热自上而下的油页岩（形成薄层干馏），生成的油气径向导出，页岩半焦被炉下部进入的冷循环干馏气冷却后经水封排出。

1953年曾在爱沙尼亚基维利（Kivili）市油页岩炼油厂建设一台日处理200t颗粒油页岩固体热载体干馏装置（UTT-200），运转至1963年，1963年又建一台日处理500t的放大规模的同类葛洛特装置（UTT-500），运转至1981年，生产锅炉燃料、浸枕木油等[31]。1984年，爱沙尼亚纳尔瓦（Narva）油页岩电厂（当前该电厂隶属于爱沙尼亚国营的Eesti Energia能源公司）建起了两台日处理3000t颗粒页岩的葛洛特干馏装置（UTT-3000），运转至今。

（3）巴西Petrosix干馏炉。

20世纪50年代，巴西国家石油公司设计并开展了小型实验研究，1972年建成了一个半商业化工厂。反应器直径为5.5m，单炉页岩处理能力为1500t/d，原料块径6.4~76mm。1982年建立商业性生产装置，反应器直径11m，每天处理6000t，油收率90%，年产页岩油约20×10^4t[30]。Petrosix干馏技术属于成熟工艺技术，目前巴西石油公司一直在使用。

2）固体热载体干馏工艺技术

国内外的固体热载体工艺主要有爱沙尼亚Galoter和加拿大ATP干馏工艺，已被工业化应用，是"十二五"期间国内外矿场固体热载体干馏应用最多的工艺；其他如美国Tosco Ⅱ干馏工艺、德国LR干馏工艺、大连DG干馏工艺和中国石油CNPC-STP干馏工艺还没有商业应用。

（1）爱沙尼亚Galoter干馏工艺。

Galoter工艺最早是由莫斯科能源研究院和圣彼得堡原子能设计院设计，历经半个世纪的发展，工艺成熟，技术可靠，年运转时间达到6600h，环保指标可以达到欧盟标准。该工艺第三套在建装置处理能力可以达到90×10^4~100×10^4t/a，经济可行性可靠。将原料为0~25mm颗粒页岩，用烟气进行气流干燥，升温至180℃，进入预混合器（折流板混合器），混合后进入回转式干馏炉，炉长约15m，直径5m。干馏温度500℃，炉内衬耐火砖，回转炉转速为1r/min，干馏时间约20min。油气经2级旋风粉粒除尘后，进入冷凝回收系统，经油洗冷却至300℃，得重油，再经3级空冷，冷却至250℃，得重质油，油气再进分馏塔。分出轻油（15%）、中油（35%）和重油（约55%，用作铺路材料）[31]。

（2）加拿大ATP干馏工艺。

ATP（Alberta-Taciuk Processor）技术的核心为回转炉，它是一个水平放置的旋转容器，包括4个部分：燃烧段、干馏段、预热段和冷却段。预热段与干馏段之间有内螺旋式料封密封页岩半焦输送管，干馏段中心有气体产物导出管，该管通过燃烧段一直延伸到窑外。燃烧段顶部有燃烧空气入口管和启动燃烧器管[31]。

该工艺用于处理颗粒直径小于10mm的页岩，页岩首先经预热干燥，然后在进料管与外层的高温页岩灰和烟气间接热交换，页岩继续预热，最后页岩在预热段与干馏段之间的料封密封管与高温页岩灰直接混合后进入干馏段。油页岩被加热到500℃，油母分解后，产物从窑的气体导出口导出窑外，直接进入油品分馏装置。生产出石脑油和中页岩油。干馏后的页岩半焦进入外螺旋式料封密封输送管送到燃烧段与空气进行燃烧反应。半焦中的固体炭从20.4%降到6%左右，燃烧后的高温页岩灰回到干馏段继续作热载体。图8-7是抚顺的ATP水平旋转干馏炉。

图 8-7 抚顺 ATP 干馏炉现场照片

（3）中国石油 CNPC-SRTP 干馏工艺。

中国石油勘探开发研究院廊坊分院针对小颗粒油页岩的特性，借鉴加拿大 ATP 工艺和爱沙尼亚 Galoter 工艺，提出了一种小颗粒固体热载体干馏工艺，2005 年设计了处理量 20t/d，在新疆开展了油砂的干馏试验，取得了主要工业参数。2011 年设计了日处理 500t 的小颗粒固体热载体水平旋转干馏装置。该工艺主要有以下 7 大关键技术：回转高效混合反应器（高效、均匀）；旋转动态密封技术（运动状态下的密封技术）；内部物料动态密封技术（料封长度，料封结构设计）；温度自动控制技术（干馏段温度、预热段温度控制）；物料动平衡输送技术（物料安全位控制，匹配控制）；系统压力自动控制技术（干馏室压力匹配）；油气除尘技术（水喷淋技术，旋风除尘技术）；流化燃烧控制技术（燃烧影响因素、配氧控制技术）。

2. 油页岩原位开采试验技术

由于受埋深影响，地面采矿成本大幅度提高，因此开发一种低成本适合原位就地开采的方式成为可能。油页岩原位开采技术研究最早出现在 20 世纪 40 年代的瑞典，70 年代后，以壳牌公司为代表国际能源公司就开始致力于原位开采技术的研究，该技术的原理是：通过直接给地下油页岩层加热，使其在地下进行裂解，生成油气，最后通过生产井把油气开采出来。目前，国内外油页岩原位开采技术已达十几种，就油页岩层加热方式可分为电加热、流体加热、辐射加热三类工艺（表 8-3）。

表 8-3 国内外油页岩原位开采主要研发单位及技术

加热方式	技术研发单位或公司	工艺技术	年份	现场试验
电加热	壳牌公司	ICP 技术	1981—	是
	埃克森美孚公司	Electrofrac 工艺	1999—	无
	IEP 公司	GFC（燃料电池技术）		无
	中国石油	氮气辅助电加热技术	2008—	无

续表

加热方式	技术研发单位或公司	工艺技术	年份	现场试验
流体加热	美国页岩油公司（前身 EGL）	CCR 技术（前身 EGL 技术）	2005—	未成功
	雪佛龙公司	CRUSH 技术	2005—2012	
	Mountain West Energy 公司	IVE 技术		
	Petro Probe 公司	Superheated Air 技术		
	吉林大学	IIST-VTCP 技术	2015	是
	太原理工大学	MTI 技术		
	中国石化	电/流体加热技术	2012—	
辐射加热	劳伦斯—利弗莫尔国家实验室	LLNL 的射频工艺		
	Phoenix Wyoming 公司	Microwave 技术		
	雷神公司	RF/CF 技术		

1）电加热技术

目前利用电加热方式加热页岩层的主要有壳牌公司 ICP 技术、埃克森美孚公司 Electrofrac™ 技术、IEP 公司 GFC 技术、吉林大学 IIST-VTCP 技术等。

（1）壳牌公司 ICP 技术。

从 1980 年，壳牌公司 Houston R&D 研究中心开始研究 ICP 技术，壳牌公司 ICP 技术，即油页岩地下转化工艺，是利用电加热器给地下油页岩层加热，加快干酪根自然成熟进度，使其中的有机质干酪根热解生成油气的一种地下转化工艺[32]。通过加 H_2，可得到超清洁的轻质油和天然气，然后用常规采油工艺将产出的油气输送到地面加工装置，再用常规加工工艺进行加工或销售，如图 8-8 所示。

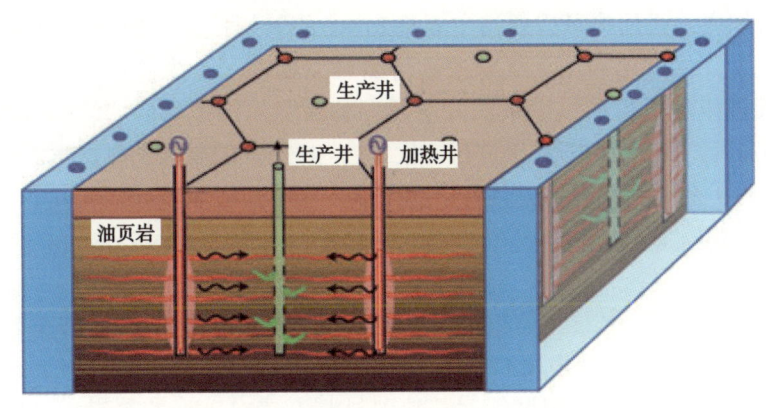

图 8-8 壳牌公司 ICP 技术示意图

ICP 地下转化工艺流程包括：在含油页岩地区钻生产井、加热井、监测井、疏干井等，并在加热井中下入电磁加热器；通过加热井中的电磁加热器对油页岩层进行加热；

轻烃从油页岩中释放出来并向生产井汇聚；通过生产井将轻烃采出；对采出的轻烃进行加工。

（2）埃克森美孚公司的Electrofrac™技术。

埃克森美孚公司自从1960年就进行油页岩地下干馏工艺的研究、开发。1990年通过对30多种工艺的调研，开发了Electrofrac™技术，进行了实验室和小规模的试验及数值模拟，取得了较好的试验结果。

Electrofrac™技术先利用平行井对页岩层进行水力压裂，填充导电介质，形成加热单元。导电介质通过热传导把热量传递给页岩，使页岩内的干酪根热解产生油气。产生的油气通过采油井采到地面上来。同时，伴生矿——碳酸氢钠也遇热反应生成碳酸钠，用水抽提出来，作为副产品。

2）流体加热技术

目前主流加热方式加热页岩层的主要有雪佛龙公司Crush技术、EGL技术和太原理工大学的蒸汽加热技术等。

（1）雪佛龙公司Crush技术。

2006年，拥有160acre的油页岩矿权的雪佛龙公司和Los Alamos国家实验室联合开发了Crush技术，并将根据设计的含有2~5个四点井网单元的工业试验模型，进行实验室室内实验和小规模的现场试验。目前主要研究利用CO_2注入页岩层加热油页岩的技术。该技术首先对页岩层进行爆破压裂，提高CO_2与干酪根接触的表面积，将CO_2以对流的方式从竖直井导入，透过一系列水平裂缝加热页岩层。烃气通过传统的竖直井采出[32]。

（2）EGL公司技术。

EGL公司提出了一种新的原位开采技术，该技术主要利用对流和回流传热原理来加热油页岩层的。该技术主要由两部分组成，加热系统和采油系统。加热系统是一个封闭的环形系统，主要由几个平行的水平井组成。向环形系统中通入高温天然气或丙烷、干馏气带入热量来加热油页岩层。竖直井主要用于收集热解生成的油气，并输送到地面上来。

3）辐射加热技术

目前辐射加热方式加热页岩层的主要是LLNL的射频技术。20世纪70年代后期美国伊利诺理工大学开始提出利用无线电波进行加热油页岩。该技术利用垂直的电极组合缓慢加热深层大规模的页岩层。后来被劳伦斯—利弗莫尔国家实验室（Lawrence Livermore National Laboratory，简写为LLNL）进行开发。LLNL开发的射频加热技术，克服了传导加热需要大量的热扩散时间的缺点，具有穿透力强，容易控制等优点。

四、典型案例

"十一五"以来，中国石油积极推进新能源战略布局，不断提升油页岩资源勘查和中试实验基地建设。2009年8月12日，作为中国石油批准的首个油页岩示范项目，大庆油田柳树河3×10^4t油页岩中试先导基地项目开工建设。该油页岩示范项目利用国内领先工艺，炼厂主体设施设计年处理油页岩矿石能力60×10^4t，年产页岩油3×10^4t、页岩半焦26×10^4t。该基地的建设将为中国石油开拓和发展油页岩业务提供可靠的技术支持（图8-9）。

图 8-9　柳树河 3×10^4t 油页岩中试先导基地项目

根据柳树河油页岩热解时易崩碎的特性，经过专家论证和可行性评估，选择了小颗粒固体热载体油页岩干馏工艺技术，作为柳树河 3×10^4t 油页岩中试先导基地建设主体关键技术。小颗粒固体热载体技术面对的是国内其他油页岩企业无法加工处理的小颗粒油页岩，从资源利用率、油收率、自动化控制、环境友好程度来看，这一技术路线要好于国内其他技术。

该项目于 2009 年 2 月启动初步设计，同年 12 月完成了初步设计，由中国石油勘探与生产分公司组织了初步设计审查会，2010 年 3 月初步设计得到了中国石油的批复，批准投资 42177 万元。按初设，到 2012 年 3 月完成施工图设计。在前期论证与立项阶段，进行了厂前区综合楼的建设，2009 年 10 月达到使用条件。自 2011 年 9 月开始，项目基建工作全面展开，至 2013 年 7 月，装置完成中交，进入试运行阶段。

装置试运行准备经历了单机试运、单系统试运、固体物料带负荷试运等三个阶段。2013 年 5 月 9 日开始组织单机试运，处理了 40 多项设备问题。从 8 月中旬开始陆续进行单系统试运，完成了干燥工序烟气系统、页岩输送系统、干馏工序烟气系统、半焦输送系统、净化工序溶液系统、煤气系统的联运。8 月 26 日开始，用无烟煤对装置进行了固体物料带负荷试运，实现了干馏工序烟气循环系统与固体物料输送系统的联动，净化工序煤气系统与溶液循环系统的联动。在此期间，发现并处理了冷焦机运转故障、流化床干燥器移动隔板连接件脱落、埋刮板堵塞等大量问题。

运行情况表明，在柳树河 3×10^4t 油页岩中试先导基地项目中，工艺的选择符合油页岩干馏技术的发展方向，工艺技术路线还要继续探索不断调整才能完善。陕煤集团神木富油科技有限公司采用此技术处理褐粉煤提炼煤焦油，装置建成后，虽已进行 12 次试验，仍有较大工艺技术缺陷需要整改。

五、面临的挑战与发展前景

从近十年来中国油页岩的发展来看，中国已经开展了资源评价、油页岩成矿理论研究、油页岩开发利用等各个方面的研究。油页岩勘探开发的主体技术可分为 4 类：地质勘探技术、地面干馏技术、原位开采技术及综合利用技术（图8-10），在目前在油页岩特性分析、资源平均、有利区优选等方面形成特色技术。但是，由于中国起步较晚，在某些方面还与国外存在一定的差距，尤其是在油页岩成矿理论、干馏技术和原位开采技术方面，缺少自主的知识产权。

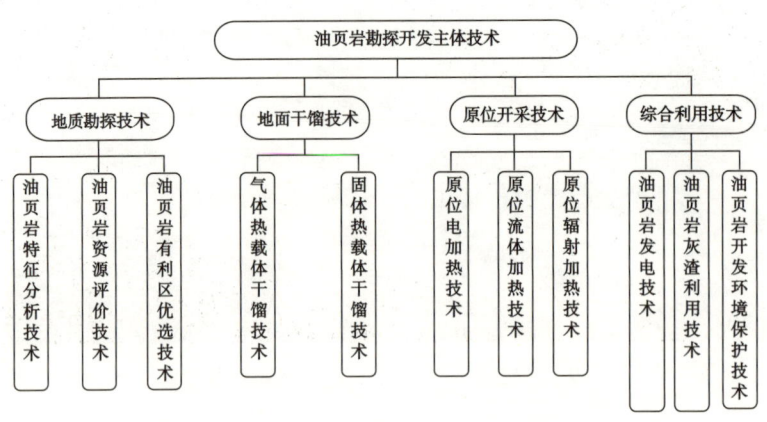

图8-10 油页岩勘探开发主体技术

1. 面临的挑战

（1）中国油页岩勘探程度低，成矿理论和资源评价方法研究薄弱。

中国油页岩资源主要富集在陆相沉积盆地，盆地演化具有多旋回的特征，沉积环境复杂，相变快，油页岩资源成矿条件复杂，富集条件多变。有关油页岩成矿理论、矿床地质特征、控矿作用以及勘探评价技术都少有研究，研究水平相当薄弱。

（2）中国中深层油页岩资源量大，利用常规开采方法成本高。

中国油页岩资源主要集中在大型油气盆地内，300m以深的油页岩资源量占总资源量60%以上。300m以深的油页岩资源品位高，但采矿成本高，地面干馏经济效益低。中国油页岩原位开采研究刚刚起步，基础理论研究和工艺技术研究缺乏，优选适合中国油页岩特点的原位开采技术为今后攻关的重点。

（3）中国传统油页岩干馏工艺技术落后，资源利用率低。

通过对世界各国干馏工艺分析对比表明，固体热载体干馏工艺由于具有出油率高、综合利用率高、节能环保等优点而成为未来国际主流技术，应大力发展。目前，国内全部采用块状干馏工艺，该工艺规模小，单台炉日处理量100t，只能对大块的油页岩进行干馏，对于10mm以下小颗粒资源无法利用，作为尾料被浪费，含油率小于6%的低品位油页岩不能有效利用，资源利用率低，浪费严重。

（4）油页岩综合利用效率低，环境污染严重。

油页岩不管是低温干馏还是燃烧发电，其废渣、废气和废水排放率都很高。目前，对油页岩渣的处理方式都是将其直接丢弃，废气和废水进行简单处理后作为无价值废弃物进行排放。多途径开发利用油页岩，充分合理利用油页岩废渣、废气和废水，保护环境，做好资源的二次开发利用，提高资源开发利用率，是未来油页岩综合利用的方向。

2. 发展前景

随着近年来世界能源消费的不断攀升，加之传统油气资源生产和供应面临的诸多挑战,包括油页岩在内的非常规能源受到越来越多的重视。油页岩除了以上用于提炼页岩油、发电外,在矿产、化工、医药、建筑、农业和环保方面具有许多可供综合利用的潜在前途。随着油页岩灰渣利用技术的不断创新,变废为宝,将创造更多的经济效益。因此,坚持走炼油—化工—发电—多金属提取—建材一条龙联合生产的途径,对实现高效、节能、环保可持续发展战略目标具有举足轻重的地位。

中国油页岩资源丰富,油页岩开采、加工方面历史悠久,在某些技术上具有自己的优势,随着世界对能源需求的不断增加,常规油气资源产量的不断减少,油页岩炼油新技术的不断出现,页岩油成本将不断减少,油页岩与常规油气资源之间的价格差距将缩小。目前中国油页岩资源的原位开发刚刚起步,经验匮乏,技术不成熟,应加强对外合作,学习先进技术,降低资金投入,最终加快中国油页岩资勘探、开发的步伐。

第三节 页 岩 油

页岩油是指储存于富有机质页岩地层中的石油,主要指中—高成熟度(R_o大于0.9%)有机质页岩石油。页岩既是生油岩,又是储集岩,可称为"源岩石油"。页岩油以吸附态和游离态形式存在,一般油质较轻、黏度较低。主要储集于纳米级孔喉和裂缝系统中,多沿片状层理面或与其平行的微裂缝分布。富有机质页岩一般在盆地中心大面积连续聚集,整体普遍含油,大量钻遇的富有机质泥页岩地层,发现了丰富的石油显示,证明存在规模页岩油资源。页岩油无明显圈闭界限,地质特征与常规石油明显不同,单井一般无自然产能或自然产能低于工业油流下限。寻找工业石油富集的"甜点区/段"是页岩油勘探的主要任务,页岩油"甜点区/段"评价包括储集空间分布、储层脆性指数、页岩油黏度、地层能量和富有机质页岩规模等关键参数[30]。

页岩气的成功开采为页岩油开采提供了技术参考,水平井体积压裂、重复压裂等"人造渗透率"改造技术,是实现页岩油有效开发的关键技术。目前,裂缝型页岩油及轻质—凝析页岩油已实现工业开采,在阿巴拉契亚、墨西哥湾、西西伯利亚、松辽等盆地发现了泥页岩裂缝型油气,特殊泥页岩裂缝出油已成共识;理论上,页岩纳米级孔喉中可储集凝析油和轻质油,中—高成熟度的生烃泥页岩在全球广泛分布,具有在孔隙型泥页岩中储集凝析油或轻质油的有利地质条件。在中国松辽盆地的白垩系、渤海湾等东部断陷盆地古近系、鄂尔多斯盆地上三叠统、四川盆地上三叠统和中—下侏罗统、西北地区的二叠系—侏罗系中蕴藏着巨大的页岩油气资源。

此外,另一类中低成熟度(R_o小于1.0%)的页岩油,即埋藏深度大于300m的富有机质页岩地层中赋存的石油和多类有机物的统称,包括地下已经形成的石油烃、沥青和尚未转化的有机物质,也具有非常大的资源规模。利用原位加热转化等针对性技术,这类页岩油资源有望成为最具潜力的接替石油资源。

从2006年起,中国石油启动了页岩油研究工作,在页岩油资源评价方法、赋存与渗流机理、"地质甜点"选区以及关键配套技术等取得初步进展(图8-11),在四川盆地、鄂尔多斯盆地、松辽盆地及渤海湾盆地实施了少量探井,取得了一定的进展,但是页岩油整体勘探开发工作启动较晚,尚处在起步阶段,未形成工业性开采。

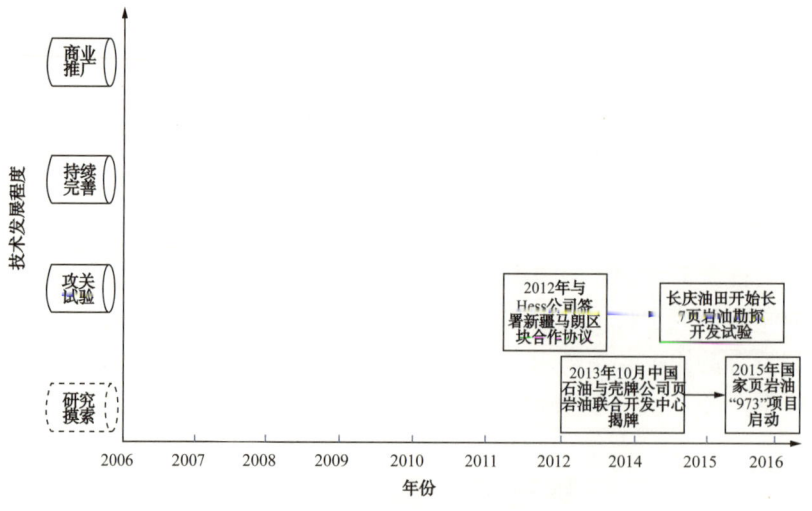

图 8-11　页岩油研究历程

一、国内外现状

全球页岩油主要分布于美国、刚果、巴西、意大利、摩洛哥、约旦、澳大利亚、中国和加拿大等 9 个国家。据统计，全球页岩油气资源量极大，全球技术可采储量 473×10^8t（图 8-12）[31]。

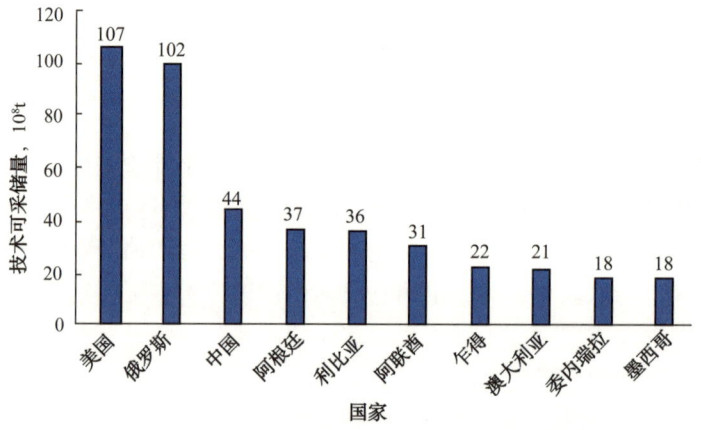

图 8-12　世界页岩油资源分布（技术可采储量）

1. 国外页岩油发展现状

国外开发利用页岩油的国家主要为美国。美国页岩油主要产于晚古生代—新生代构造相对稳定的克拉通盆地或前陆盆地中，主要分布在 16 个盆地内，其中主要页岩油产区包括 Permian、Bakken、Eagle Ford、Niobrara、Haynesville、Anadarko、Appalachian 等，估算可采资源量 34×10^8t 以上[32, 33]。2006 年以来美国在超长水平井分段压裂技术等方面取得重大突破，揭开了页岩油开发革命的序幕，掀起了全球新一轮非常规油气能源发展的高潮。成功开发了以惠灵顿（Willinston）盆地巴肯（Bakken）页岩为代表的页岩油藏，2009 年进入页岩油产量快速增长期，产量持续攀升[34]。2005 年美国原油对外依存度 60%，2015 年降低到 24%，已成为未来 20~30 年美国石油工业可持续发展的重要战略支撑。

美国页岩油勘探开发主要集中在鹰滩（Eagle Ford）页岩、奈厄布拉勒（Niobrara）页岩以及横跨美国和加拿大的巴肯页岩，其中巴肯页岩油开发最快。惠灵顿盆地海相巴肯页岩层横跨美国和加拿大，面积达 $7×10^4km^2$，估算可采资源量 $5.48×10^8t$ [35, 36]。埋藏深度 2600~3200m，共分为上中下三段。其中上下两段为富含有机质的黑色页岩，主要为生油层；中段就是正大规模商业开发的所谓页岩油层，为砂岩、石灰岩互层，储集轻质原油，厚度 3.1~12.2m，压力系数 1.2~1.5，孔隙度 3%~9%、平均渗透率 0.04mD。

巴肯页岩油藏的勘探开发经历了近 60 年的历史，早期主要是对美国得克萨斯州南部鹰滩页岩油单井初期产量超过 136.4t（1000bbl）/d，鹰滩页岩油储层平均厚度在 30~90m，深度在 1200~3000m 左右，总孔隙度为 3.4%~14.6%，R_o 为 1.0%~1.27%，有机碳含量为 2%~6.5% [37]。2006 年开始采用水平井分段压裂和"工厂化"作业等先进技术，勘探开发获得突破性进展，产量大幅攀升；2009 年巴肯页岩的直井平均初期产量超过 13.2t/d，水平井的初期产量为 26.4~398.9t/d；2010 年 4 月，美国 Brigham 勘探公司完钻的一口巴肯页岩油井初期产油达 572t/d，产气 $13.6×10^4m^3/d$ [38, 39]。2015 年巴肯页岩油平均日产油 $130×10^4bbl$。

在落基山脉周边的奈厄布拉勒组、莫里（Mowry）页岩和希思（Heath）页岩也发现了页岩油，在美国粉河盆地奈厄布拉勒组页岩油层完钻的一口井，初期产油达 150t/d，产气 $5.2×10^4m^3/d$，预测奈厄布拉勒组页岩油的技术可采资源量为 $3067×10^4t$、气为 $64×10^8m^3$、凝析油 $177×10^4t$。

页岩油的主要开发技术与页岩气相似，其储层致密、低渗透的特点使常规的直井和压裂方法难以产生商业价值，因此大部分采用水平井分段压裂等先进技术来提高产能和效益。水平井水平段长度 1200~4000m，多数 3000m 左右，压裂段数最多可达 20 段。关键技术是井眼轨迹控制技术、随钻测井技术、钻井液技术和分段压裂技术 [40]。与页岩气发展历史类似，美国页岩油也是通过多年艰苦探索取得工程技术（特别是水平井及分段压裂）重大突破后，单井产量大幅提高，才实现大规模经济开发。不同的是，页岩气的发展不仅依靠技术进步，还得到政府大量财税支持，而美国页岩油成功开发主要得益于先进技术的重大突破和高油价支持。技术突破主要包括如下 3 个方面：（1）页岩油资源评价和富集区预测技术，主要解决页岩油资源与地质目标评价和优质储层识别与预测问题；（2）超长水平快速钻完井及分段压裂技术，主要解决单井产量低的问题；（3）页岩油产能评价与开发优化技术，主要解决页岩油整体经济开发问题 [41-43]。

2. 国内页岩油发展现状

中国已发现的页岩油均分布在陆相泥页岩地层，面积变化较大，介于 $0.1×10^4$~$10×10^4km^2$。中国含油陆相页岩地层地质时代跨度较大，东部松辽、渤海湾等盆地主要分布在白垩系和古近系、中部鄂尔多斯、四川等盆地主要分布在三叠系和侏罗系，西北地区准噶尔、三塘湖、柴达木等盆地主要分布在二叠系、古近系和侏罗系。陆相页岩有效厚度一般大于 30m，最大超过 1000m；有机质类型主体为 Ⅰ—Ⅱ 型；非均质性强，有机质丰度变化较大，TOC 在 0.01%~25.27%；热成熟度较低，R_o 值主体分布在 0.6%~1.1%，T_{max} 一般介于 430~450℃。值得一提的是，虽然四川盆地和柴达木盆地页岩的生油条件较差，页岩层系也获得了规模工业产量。

四川盆地自 20 世纪 50 年代和 60 年代两次石油会战以来，共发现桂花、莲池、公山庙、中台山、金华等5个小油田，探明页岩油储量8118×10^4t，可采储量536×10^4t，形成工业油气井733口，50多年已累计产油486×10^4t。2011年产油7×10^4t，单井平均产量0.98t/d，采收率仅3%~6%。松辽盆地北部页岩油勘探始于60年代，1992年在齐家地区青山口组发现了页岩油，埋藏深度1800~2500m，有利勘探区面积2800km^2，探井180口井，测试初期直井单井日产量0.16~7.2t，其中齐家南约1000km^{2}范围估算资源量4×10^8t。在齐家古龙凹陷埋深大于2200m的扶杨油层亦发育页岩岩油层，分布面积3960km^2，区内140口探井均见含油显示，厚度15~50m，其中工业油流井14口，低产油流34口。长期以来，由于缺乏大幅度提高单井产量技术，页岩油勘探开发实践一直未能获得重大突破。

渤海湾盆地济阳坳陷800余口探井在泥页岩中见到油气显示，35口井获工业油气流，估算济阳坳陷理论可动油量39×10^8t。2011—2012年济阳坳陷沾化凹陷和东营凹陷针对沙河街组部署实施了罗69井、樊页1井、牛页1井、利页1井、渤页平1井、渤页平2井等井，压裂测试均获得了低产油流；江汉盆地潜江凹陷沉积了厚达6000m的潜江组盐系地层，初步评价其资源量3.95×10^8t，钻井过程中油气显示丰富，均为油浸云质页岩显示，槽面油花以上显示井122口，50多口井获工业油流，累计采油近10×10^4t；在泌阳凹陷针对核桃园组核三段实施了两口页岩油水平井（泌页HF-1井和泌页HF-2井），压裂测试均获得了日产超过20m^{3}的页岩油流，目前单井累计产量均超过2000t；苏北盆地洛河油田长7页岩层系埋深800~1100m，目前共完钻23口水平井，其中19口井见油，单井初产油最高13.8t/d，单井累计产油平均710t，最高单井累计产油2421t；川北中下侏罗统多口井在页岩层系见到油流，石平2-1H井在大二段累计产油超过2600t。

总体上看，中国陆相富有机质页岩具有地层时代新、分布局限、相变频繁、有机质类型多、演化程度低、脆性矿物含量低、黏土含量高等特点，尤其是有机质成熟度普遍较低，高成熟度泥页岩面积相对局限且埋藏比较深，具有成藏机理和成藏条件特殊以及不利于后期改造等特点，且石油具有密度大、黏度高、含蜡量高等特征，这些因素制约了中国页岩油的勘探开发。随着中国油气需求快速增长，油气生产保障压力不断增大，页岩油将成为中国油气工业可持续发展的重要接替资源。

二、"甜点区/段"形成分布与资源潜力

页岩油"甜点区/段"指在源储共生含油页岩地层发育区（段），目前经济技术条件下可优先勘探开发的页岩油目标区（段）。中国陆相页岩油"甜点区/段"，一般具有较大分布范围（几千平方千米）、一定厚度规模（一般大于15m）、优质烃源岩（TOC一般大于2%）、较大储集空间（孔隙度一般大于3%）、较高含油气饱和度（一般大于50%）、较轻油质、较高地层能量（高气油比、高地层压力）、较高脆性矿物含量（一般大于40%）、天然裂缝与局部构造发育等特征。页岩油具有两个基本特征：（1）石油大面积连续分布，资源丰度低；（2）无自然工业产能，经"人工"改造产油。因此，页岩油"甜点区/段"评价包括寻找"较高资源丰度区/段"和易于形成"人工渗透率区/段"两个内容。在目前技术条件下，依靠水平井体积压裂、平台式"工厂化"作业等技术，"较高资源丰度区/段"一般为分布面积较大、厚度较大、较高有机质丰度、成熟度较高的有利区带/段，这是"甜点区/段"评价的地质属性；"人工渗透率区/段"一般为天然裂缝发育、脆性矿物

含量较高、水平应力差较小的有利区带/段，这是"甜点区/段"评价的工程属性。本节主要就页岩油的地质属性展开论述。

中国陆相页岩油沉积环境主要可分为陆相淡水湖泊和陆相咸水湖泊两类，形成以硅质泥页岩和钙质泥页岩为主的生油岩。湖泊环境水体范围有限，变化较大，一般为数千平方千米。长期持续沉降的凹陷，利于有机质保存和优质烃源岩形成。半深水—深水湖泊相，是烃源岩形成的最有利相带，沉积有机质丰度高，可以形成高丰度的页岩有利区（段）。绝大多数湖相页岩都形成于深湖或大型永久湖之中，在温暖潮湿气候条件，湖盆易于保持一定的水体深度，有机质丰盛，水介质具有一定的盐度，有利于富有机质页岩的形成。鄂尔多斯盆地长7段、松辽盆地青一段、渤海湾盆地沙三下段等沉积期，湖盆范围、气候条件、保存条件等均有利于世界级陆相富有机质页岩的形成[44,45]。

中国陆上富有机质黑色页岩类型多，时代广，分布范围大，为页岩油形成提供了良好物质基础。湖相富有机质黑色页岩形成于二叠纪、三叠纪、侏罗纪、白垩纪、新近纪和古近纪的陆相裂谷盆地、坳陷盆地。二叠纪湖相富有机质黑色页岩发育在准噶尔盆地，分布于准噶尔盆地西部—南部坳陷，包括风城组（P_1f）、夏子街组（P_2x）、乌尔禾组（$P_{2-3}w$）3套页岩。三叠纪湖相页岩发育在鄂尔多斯盆地，长9段（T_3ch^9）、长7段（T_3ch^7）页岩最好，分布在盆地中南部。侏罗纪在中西部地区为大范围含煤建造，但在四川盆地为内陆浅湖—半深水湖相沉积，早—中侏罗世发育了自流井组（$J_{1-2}z$）页岩，在川中、川北和川东地区广泛分布。白垩纪湖相页岩发育在松辽盆地，包括下白垩统青山口组、嫩江组、沙河子组和营城组页岩，在全盆地分布。古近纪湖相页岩在渤海湾盆地广泛发育，以沙河街组一段（E_3s^1）、三段（E_3s^3）、四段（E_3s^4）为主，分布于渤海湾盆地各凹陷，黄骅和济阳坳陷还存在孔店组页岩（E_3k）。湖相富有机质黑色页岩为中国陆上松辽、渤海湾、鄂尔多斯、准噶尔等大型产油区的主力油源岩。

页岩油的资源潜力，主要决定于页岩地层中已生成尚未排出的滞留烃量。目前经济技术条件下，中—高成熟度、高丰度页岩是页岩油勘探开发的理想对象。根据陆相I型干酪根生排油演化模型，中—高成熟度（R_o大于0.9%）富有机质页岩中，滞留液态烃量可达20%~50%，孔隙较为发育，轻质油、凝析油含量较高，气油比较高，地层能量较强，流体整体流行性较强。中国的页岩油资源潜力巨大，2013年EIA预测中国有$320×10^8$t页岩油资源。国土资源部油气中心（2011）初步估算中国部分盆地页岩油地质资源量为$152.92×10^8$t。初步评价主要盆地可采页岩油资源量估算中国主要盆地可采页岩油资源量大约为$30×10^8$~$60×10^8$t[33]。2010年以来，受北美地区"非常规油气革命"影响和启发，中国长庆、大庆、胜利、大港等油田不断攻关页岩油"甜点区/段"预测、钻完井降本提产等关键技术，积极开展中—高成熟度纯页岩段孔隙型石油开发试验，多层系页岩段取得进展，如渤海湾盆地沧东凹陷两口井在孔二段页岩层系中试获高产工业油流，又如鄂尔多斯盆地8口井于长7段页岩地层获工业油流、松辽盆地古龙凹陷两口井于青一段页岩获工业油流、济阳坳陷8口直井、4口水平井试获工业油流或见到良好油气显示、江汉盆地潜江组盐间页岩见良好油气显示等，孔隙型页岩油展现出有资源潜力，但单井产量低、稳产工艺技术尚在探索之中。

中低成熟度页岩油的资源规模也非常丰富。根据陆相I型干酪根生排油演化模型，中—低成熟度（$0.5\%<R_o<0.9\%$）富有机质页岩中，滞留石油可达40%~60%、未转化有

机质可达40%~100%。理论上，通过大规模原位体积加热转化，高效覆盖目的区域内的页岩系统，可实现富有机质页岩中的重质油、沥青和各类有机物，大规模转化为轻质油和凝析油，同时伴生新的地下天然缝网系统、超压和气体，形成新的人工有效驱替系统，最终获得高品质油品。原位加热转化页岩油，可实现从高能耗高污染的"地上炼油厂"模式，发展到优质清洁的"地下炼油厂"模式。2015年以来，重点对松辽盆地吉林探区青山口组页岩开展原位转化技术探索与现场先导试验，通过国际合作、取心分析和现场试验，论证了页岩原位转化试验下限标准，利用压裂燃烧、化学干馏、临界水等方法，现场试验获得少量人造页岩油。近期，针对鄂尔多斯盆地长7段页岩，中国石油勘探开发研究院通过密闭取心综合分析，开展了原位转化可行性研究，研究提出了利用地下"水平井电加热轻质化"高效转化技术，开发利用页岩油资源。初步评价，中国页岩油原位转化潜力巨大，技术可采资源量石油约400×10^8~500×10^8t。基于原位转化（in-situ conversion process，简写为ICP）水平井电加热技术适用的基本地质条件，综合考虑鄂尔多斯盆地延长组长7段页岩厚度、页岩有机质丰度、热演化程度和现今埋深等关键地质参数，优选富有机质页岩规模、最大埋深和现今埋深等3个参数，叠加优选出试验有利区评价优选试验有利区。优选试验有利区主要分布在盆地东南部，构造上位于伊陕斜坡南部和渭河地堑北部，分布面积约1.2×10^4km²（其中50%以上的区域埋深小于1500m）（图8-13）。试验有利区内，延长组长7段页岩底界地史时期最大埋深一般浅于2600m（对应R_o一般小于0.8%），页岩厚度×TOC大于100（m×%），延长组长7段页岩底界现今埋深主体在700~1700m，拥有较为便利的钻井、地面设施、交通通信和输运管网等基础设施。

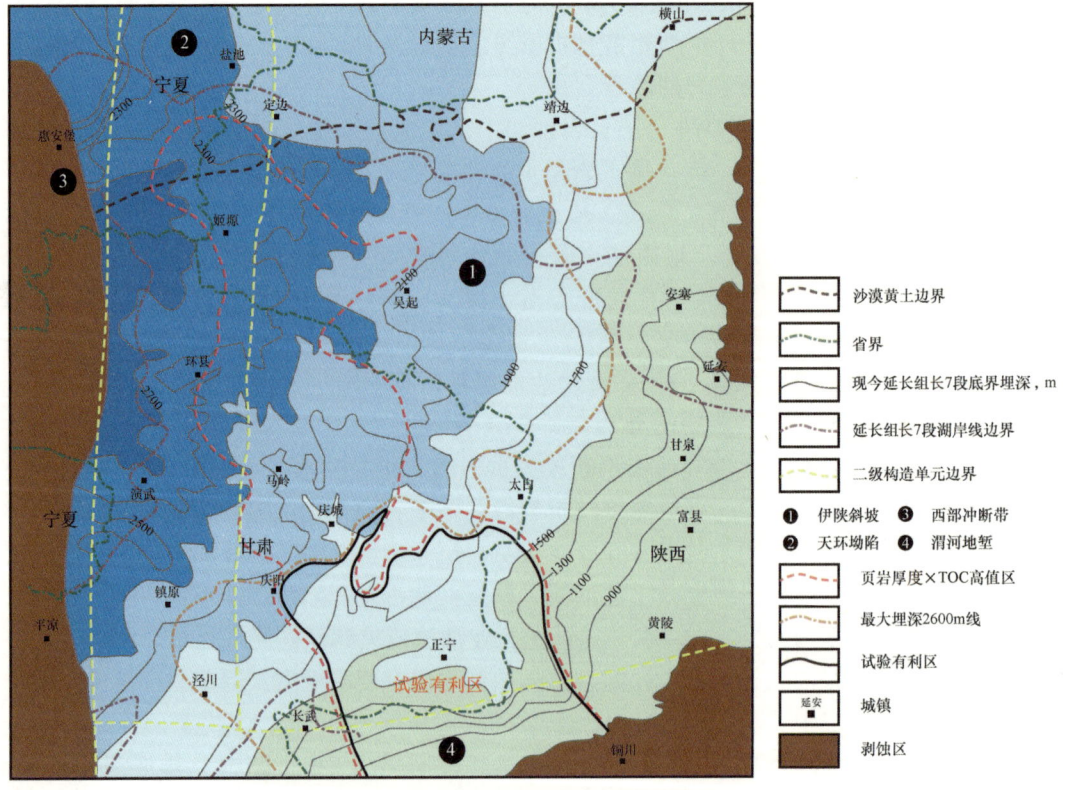

图8-13 鄂尔多斯盆地延长组长7段页岩ICP/IUP技术试验有利区综合评价图

三、主要理论、技术进展

中国陆相页岩油勘探开发尚处于起步阶段，没有成型的针对性的理论、技术发放。截至 2015 年 12 月国家科学技术部共设立中国陆相致密油（页岩油）形成机理与富集规律、中国东部古近系陆相页岩油富集机理与分布规律等国家"973"项目两项，围绕页岩油资源分布形成及富集机理展开基础研究。

项目从中国陆相泥页岩特征出发，提出成分—构造—结构—有机碳等多因素综合岩相分类方案，开发集成了泥页岩孔隙结构、孔隙体积与连通性多尺度表征技术。提出了有利岩相是页岩油富集的基础，适宜演化程度是页岩油富集的条件，充足游离组分是页岩油富集的关键，良好可压性能是页岩油有效开发的保证，初步建立陆相页岩油选区评价指标体系。考虑黏土定向性、三孔隙、垂直缝、水平缝及流体动态相互作用，构建一种新的页岩多尺度正交岩各向异性复杂岩石物理模型，已建立矿物组分、TOC、物性、含油气性、储层压力、力学性质参数等测井评价模型与方法。初步形成了陆相页岩油"地质甜点"（成熟度、岩相、裂缝、TOC、孔隙度、压力）和"工程甜点"（脆性、地应力、流动性）地球物理预测技术。初步明确了低成熟度页岩油加热开采机理，将不可动的烃类转化为可采烃类，TOC 裂解生油，采收率可以大幅度提高，初步建立了页岩油热解烃量预测评价方法。建立了高温条件下的地层渗透率测试方法，获得页岩加热过程中地层渗透率变化规律。

四、面临的挑战与发展前景

页岩油勘探开发主体技术包括页岩油储层评价技术、地震甜点识别和预测技术、含油性分析技术、地质选区评价技术、页岩油原位改质技术、长水平井钻井技术等（图 8-14）。目前，除了在页岩油储层评价技术、地质选区评价技术等取得初步进展外，其他技术都处于攻关研究阶段，未形成成熟技术系列。

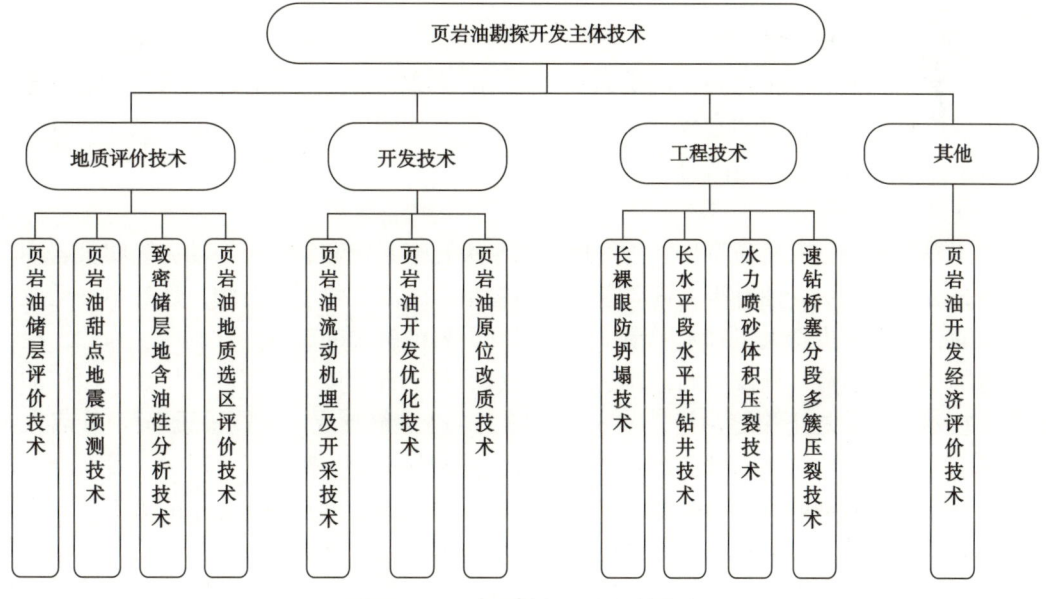

图 8-14　页岩油勘探开发主体技术

1. 面临的挑战

页岩油储层具有微纳米级孔喉、粒度小、非均质性强的特点。现有的理论与技术已无法有效支撑页岩油进一步扩大勘探成果。制约中国页岩油工业化发展的技术瓶颈主要包括以下4个方面。

1）细粒沉积学与富集区评价优选

建立"细粒沉积学"研究细粒沉积物的物化性质、沉积作用、沉积过程，为明确细粒致密储层、富有机质页岩分布预测、有利沉积相带和富集区优选提供基础依据，已成为必然趋势。常规油气的成藏理论与评价方法，面对页岩油藏已无能为力，致使页岩油的滞留聚集量及赋存状态不清。需要建立不同类型的页岩油藏地质预测评价方法，开展大尺度页岩油分布物理与数值模拟，揭示地层条件下页岩油的分布与富集规律等；评价优选页岩油富集区与重点勘探区；同时，重视技术可采资源量与储量的计算。

2）页岩油开发成本及经济效益

页岩油储层致密，单井产量低，能否商业开采对钻完井及压裂工程作业等成本费用非常敏感。美国巴肯页岩油钻井周期已由2009年30d降低到至"十二五"的10d左右，费用降幅达60%以上，大大促进了美国页岩油的快速发展。目前，国内对页岩油层物性和特性研究较少，实践经验不足，钻井和完井周期长，如四川盆地钻井周期60~90d，完井作业甚至达40d，平均单井产量低（仅0.8~1t/d），成本高，经济效益差。

3）长水平井钻完井技术

中国水平井分段压裂主要引进国外的技术、工具、材料及配套设备。虽然近年来在某些方面已取得突破，但还处于现场试验阶段，尚未形成有效、成熟的关键技术，制约了页岩油气的快速发展。目前国外多趋向于采用2000~3400m超长水平段，大幅度提高了单井产量。但大量实测数据表明，相当数量水平井30%~50%压裂段对产量没有贡献。因此，如何保证超长水平井钻完井成功及各个压裂段的有效性是工程设计和施工作业面临的关键技术难题。

4）页岩油的可流动性评价

具有致密、低孔、低渗特征的页岩油，常用的热解参数、氯仿沥青"A"含量不能独立作为评价页岩油含油率的参数。开发过程中不仅要评价层系中残余油的含量，而且更要评价多少具有可流动性，但国内外学者的相关研究仍处于探索阶段。

2. 发展前景

中国发育陆相富有机质页岩，已发现有纳米级孔喉系统和裂缝页岩油，表明页岩油资源类型客观存在，页岩油有很大资源潜力。不管是中—高成熟度页岩油，还是中—低成熟度页岩油，均需要进行人工技术干预，才能实现页岩油资源的有效开发利用。为此，提出页岩地层"人工油藏"开发内涵，即通过人工水平井平台建设，利用体积压裂、原位加热转化等技术，构建地下裂缝网络，改变应力场，人造裂缝形成"人造渗透率"，开启人工渗流通道，人工建立地下石油产出系统，形成"甜点区/段"整体工业产量。目前全球范围内，对陆相页岩油的研究与探索刚刚开始，对赋存在陆相页岩或泥岩中的页岩油是否能够形成规模化开采，还远没有达成共识。如何尽快突破陆相页岩油开采技术难关，将有着巨大发展潜力的页岩油资源转化成产量，是石油勘探开发的长期目标。陆相页岩油是科技挑战最大的石油资源类型，坚持"人工油藏"不懈探索，陆相页岩油有可能是非常规石油的又一个革命者,有望在中国率先成功。

参 考 文 献

[1] 贾承造. 油砂资源状况与储量评估方法[M]. 北京:石油工业出版社,2007.

[2] 薛成,冯乔,田华. 中国油砂资源分布及勘探开发前景[J]. 新疆石油地质,2011,32(4):348-350.

[3] 陈贵标. 川西北龙门山北段古生界油砂地质特征及成藏模式[D]. 长春:吉林大学,2014.

[4][2] 刘洛夫,赵建章,张水昌,等. 塔里木盆地志留系沥青砂岩的形成期次及演化[J]. 沉积学报,2000,18(3):475-479.

[5] 何宏,包书景. 中国油砂资源分布特征及成矿地质条件探讨[C]. 第三届中国石油地质年会,2009.

[6] 单玄龙,车长波,李剑,等. 国内外油砂资源研究现状[J]. 世界地质,2007,26(4):459-464.

[7] 单玄龙,罗洪浩,孙晓猛,等. 四川盆地厚坝侏罗系大型油砂矿藏的成藏主控因素[J]. 吉林大学学报(地球科学版),2010,40(4):897-902.

[8] 黄文华,谢宗瑞,牛伟,等. 准噶尔盆地风城油砂矿有效厚度下限确定[J]. 新疆石油地质,2014,35(4):399-402.

[9] 曹占元,梁晓飞,张晓宝,等. 鱼卡地区油砂矿地质特征及其成矿模式[J]. 特种油气藏,2015,22(4):47-50.

[10] 周文,于雷,张银德,等. 准噶尔盆地乌尔禾地区油砂成矿的因素[J]. 新疆石油地质,2008,29(6):710-712.

[11] 郝玉鸿,张银德,周文,等. 准噶尔盆地西北缘风城油砂分布特征及成矿条件[J]. 物探化探计算技术,2013,35(6):675-682.

[12] 魏伟,杨海军,杨芝林,等. 塔里木盆地喀什凹陷北部油砂分布特征[J]. 中国石油勘探,2006,11(3):76-78.

[13] 臧春艳,单玄龙,李剑,等. 准噶尔盆地西北缘中生代油砂分布特征及开发前景[J]. 世界地质,2006,25(1):49-53.

[14] 刘兴兵,黄文辉. 准噶尔盆地西北缘油气运移与油砂成矿分析[J]. 四川地质学报,2011,31(3):297-301.

[15] 吴元燕,平俊彪,吕修祥,等. 准噶尔盆地西北缘油气藏保存及破坏定量研究[J]. 石油学报,2002,23(6):24-28.

[16] 金文辉,周文,张银德,等. 准噶尔盆地西北缘白碱滩油砂成矿因素分析[J]. 特种油气藏,2009,16(6):19-21.

[17] 拜文华,刘人和,李凤春,等. 中国斜坡逸散型油砂成矿模式及有利区预测[J]. 地质调查与研究,2009,33(3):228-234.

[18] 梁峰,刘人和,拜文华,等. 风城地区白垩系沉积特征及油砂成矿富集规律[J]. 大庆石油学院学报,2010,34(4):35-39.

[19] 赵群,王红岩,刘人和,等. 挤压型盆地油砂富集条件及成矿模式[J]. 天然气工业,2008,28(4):121-126.

[20] 臧焕荣,拜文华,赵卫东,等. 应用激电法勘查隐蔽型油砂矿——以二连盆地包楞油砂矿为例[J]. 地质调查与研究,2013,36(2):151-158.

[21] 郑德温,王红岩,等. 非常规油气资源勘探开发技术[M]. 北京:石油工业出版社,2013.

[22] Michael S, Alan R K.A review of the reactivity of organic compounds with oxygen-containing functionality in superheated water[J]. Journal Analytical and Applied Pyrolysis, 2000, 54: 193-214.

[23] 张秋民, 关珺, 何德民. 几种典型的油页岩干馏技术[J]. 吉林大学学报: 地球科学版, 2006, 36(6): 1019-1026.

[24] 王红岩, 赵群, 刘洪林. 中国油页岩资源分布及技术进展[M]. 北京: 石油工业出版社, 2013.

[25] Clark P D, Hyne J B. Studies on the chemical reactions of heavy oils under steam stimulation condition[J]. AOSTRA Journal of Research, 1990, 6(29): 29-39.

[26] Soone J, Doilov S. Sustainable utilization of oil shale resources and comparison of contemporary technologies use for oil shale processing[J]. Oil Shale, 2003, 20(3): 311-323.

[3] Lewan M D. Experiments on the role of water in petroleum formation[J]. Geochimica et Cosmochirnica Acta, 1997, 61(17): 3691-3723.

[28] Barth T, Borgund A E, Hopland A L. Generation of organic compounds by hydrous pyrolysis of Kemmeridge oil shale-bulk results and activation energy calculations[J]. Org Geochem, 1989, 14: 69-76.

[29] 钱家麟, 王剑秋, 李术元, 等. 世界油页岩综述[J]. 中国能源, 2006, 28(8): 16-19.

[30] 刘招君, 董清水, 叶松青, 等. 中国油页岩资源现状[J]. 吉林大学学报: 地球科学版, 2006, 36(6): 869-876.

[31] 韩晓辉, 卢桂萍, 孙朝辉, 等. 国外油页岩干馏工艺研究开发进展[J]. 中外能源, 2016, 16(4): 69-74.

[32] 刘德勋, 王红岩, 郑德温, 等. 世界油页岩原位开采技术进展[J]. 天然气工业, 2009, 29(5): 128-132.

[33] 邹才能, 杨智, 崔景伟, 等. 页岩油形成机制, 地质特征及发展对策[J]. 石油勘探与开发, 2013, 40(1): 14-26.

[34] 焦姣, 胡秋平, 胡文海, 等. 全球最新页岩油气资源评价结果——全球页岩油气资源潜力巨大, 页岩油技术可采储量473亿t, 页岩气技术可采储207万亿m^3[J]. 世界石油工业, 2014(1): 24-28.

[35] 侯明扬, 杨国丰. 美国页岩油气资源开发现状及未来展望[J]. 国际石油经济, 2014, 22(8): 63-68.

[36] 罗承先, 周韦慧. 美国页岩油开发现状及其巨大影响[J]. 中外能源, 2013(3): 33-40.

[37] Chen Z, Osadetz K G, Jiang C, et al. Spatial variation of Bakken or Lodgepole oils in the Canadian Williston Basin[J]. AAPG bulletin, 2009, 93(6): 829-851.

[38] Denne R A, Hinote R E, Breyer J A, et al. The Cenomanian-Turonian Eagle Ford Group of South Texas: Insights on timing and paleoceanographic conditions from geochemistry and micropaleontologic analyses[J]. Palaeogeography, Palaeoclimatology, Palaeoecology, 2014, 413: 2-28.

[39] Ferrill D A, McGinnis R N, Morris A P, et al. Control of mechanical stratigraphy on bed-restricted jointing and normal faulting: Eagle Ford Formation, south-central Texas[J]. AAPG Bulletin, 2014, 98(11): 2477-2506.

[40] Han G Z, Ai C. Applications of Mud Pulse MWD/LWD System in Bakken Formation, North Dakota, USA[J]. Applied Mechanics and Materials, 2013, 415: 672-676.

[41] Kuhn P, Di Primio R, Horsfield B. Bulk composition and phase behaviour of petroleum sourced by

the Bakken Formation of the Williston Basin [C]. Geological Society, London, Petroleum Geology Conference series. Geological Society of London, 2010, 7: 1065-1077.

[42] Harkrider J D, Barham M, Besler M R, et al. Optimized Production in the Bakken Shale: South Antelope Case Study [C]. Unconventional Resources Technology Conference (URTEC), 2014.

[43] 罗佐县. 美国页岩油勘探开发前景展望及其影响分析 [J]. 技术经济与管理研究, 2014 (3): 84-89.

[44] 赵文智, 胡素云, 侯连华. 页岩油地下原位转化的内涵与战略地位 [J]. 石油勘探与开发, 2018, 45 (4): 537-545.

[45] 杨智, 侯连华, 陶士振, 等. 致密油与页岩油形成条件与"甜点区"评价 [J]. 石油勘探与开发, 2015, 42 (5): 555-565.

第九章　发展规划与远景

通过"十一五""十二五"科技攻关，非常规油气勘探开发取得重要进展，在国内油气对外依存度不断加大的大背景下，非常规油气产量将成为确保油气供给安全的重要保障之一。非常规油勘探已在多个盆地取得重大进展，是未来国内原来产量保持稳定的基础[1,2]。非常规天然气产量已经形成规模，将逐步成为中国天然气产量的主体[3-5]。在国家宏观政策指引和财政优惠政策的扶持下，随着资源认识和工程技术的不断进步，非常规油气勘探开发将大有可为，中国石油作为国内最大的油气生产企业在非常规领域将持续引领国内发展。"十三五"期间，中国石油将在非常规油领域重点开展致密油和页岩油的有效开采技术攻关及现场示范试验，在非常规天然气领域重点开展致密气高效开采技术、深层页岩气有效开发技术和煤层气高效开采技术等攻关研究，并积极探索天然气水合物的示范试验。

第一节　面临的机遇与挑战

中国非常规油勘探在多个盆地均有重大进展，但受资源品位和工程技术水平限制，规模效益开发尚未取得突破；非常规天然气产量已经形成规模，在天然气产量中占有重要比例，预计未来将逐步成为天然气生产的主体，但非常规油气发展仍面临机遇和挑战。

一、非常规油气勘探开发面临的机遇

随着国民经济的持续快速增长和人们生活水平的日益提高，油气作为优质高效能源资源的需要快速增长，国内油气供给安全形势面临严峻考验，非常规油气勘探开发进入战略机遇期。

1. 国内油气消费需求快速增长

中国油气需求缺口将进一步扩大，非常规油气开发前景广阔。中国能源需求可能在2030年前后达到峰值，约 44×10^8t 油当量。中国人口基数大，油气资源相对匮乏，因此需从国情出发寻求一条低能耗可持续发展之路。参考英国、德国、法国、日本等发达国家人均能源消费量 2.9~3.5t 油当量，结合中国经济和人口发展情况，人均能源消费量需控制在 3.0t 油当量/人水平以下。根据国家卫生和计划生育委员会预计，2030年中国人口达到峰值的14.5亿人，2050年13.8亿人。依此，预测2030年中国能源消费将达到高峰 44×10^8t 油当量，2050年将下降至 40×10^8t 油当量。初步预测，中国原油消费需求总体趋稳，天然气需求量呈现快速增长趋势。预计2020年，中国原油消费需求量将达到 5.8×10^8t，2030年超过 6×10^8t，之后总体趋于稳定；2020年，中国天然气需求量达到 3500×10^8m^3，2030年 5500×10^8~6000×10^8m^3，2040年 6500×10^8~7000×10^8m^3，2050年 500×10^8~7000×10^8m^3（图9-1）。

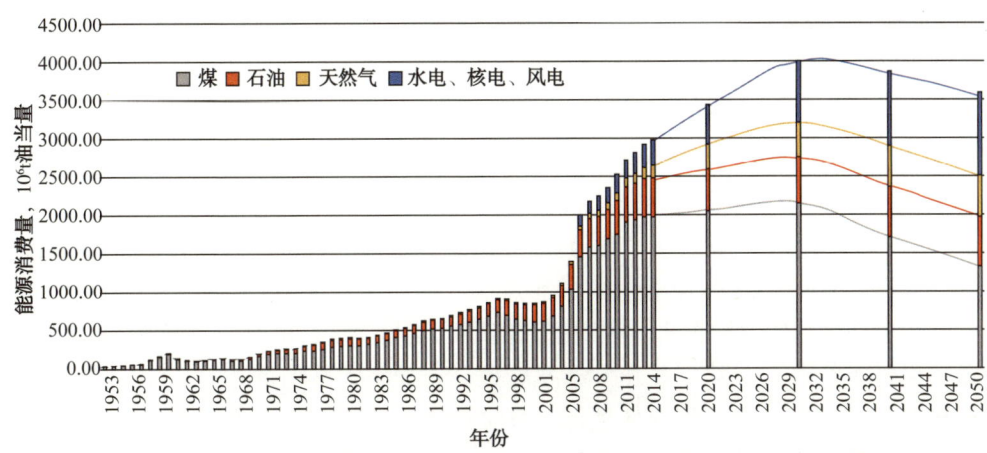

图 9-1 2016—2050 年中国能源发展预测图

2. 国内油气供给安全形势紧迫

从国家能源发展战略出发，需要加快推进非常规油气的产业化发展。常规油气资源增储上产难度加大，油气资源勘探开发向深层、超低渗透、非常规和海洋等领域发展。大庆、胜利、辽河等一批大型油气田稳产难度加大，进入自然递减阶段，加快页岩气等新领域油气资源的勘探开发，是中国油气发展的必然选择。从国家能源安全出发，中国迫切需要加强页岩气和致密油等非常规油气资源开发。2015 年，中国原油和天然气消费量分别为 5.41×10^8 t 和 $1932 \times 10^8 m^3$，对外依存度达到 60.6% 和 30.1%，已成为全球第二大石油消费国和第三大天然气消费国。能源的供需矛盾日益突出，迫切需要加强非常规油气资源的开发，保障国家能源安全。

3. 国家大力支持非常规油气勘探开发

"十二五"期间，国家能源局牵头在大型油气田与煤层气开发科技重大专项中增设了非常规油气项目板块，增设了一批非常规油气勘探开发技术攻关项目和示范工程。"十三五"将开展非常规重大专项持续攻关。同时，国家在煤层气和页岩气勘探开发方面给予优惠的财税扶持政策。

在煤层气方面，2007 年财政部颁布了《关于煤层气（瓦斯）开发利用补贴的实施意见》（财建〔2007〕114 号），中央财政按 0.2 元 $/m^3$ 煤层气标准对煤层气开采企业进行补贴；为进一步鼓励煤层气开发利用，根据《国务院办公厅关于进一步加快煤层气（煤矿瓦斯）抽采利用的意见》（国办发〔2013〕93 号）等文件精神，"十三五"期间煤层气（瓦斯）开采利用中央财政补贴标准从 0.2 元 $/m^3$ 提高到 0.3 元 $/m^3$。

在页岩气方面，2012 年财政部和国家能源局颁布了《关于出台页岩气开发利用补贴政策的通知》（财建〔2012〕847 号），对 2012—2015 年开发利用的页岩气补贴 0.4 元 $/m^3$；2015 年发布《关于页岩气开发利用财政补贴政策的通知》（财建〔2015〕112 号），确定 2016—2018 年开发利用的页岩气补贴 0.3 元 $/m^3$、2019—2020 年补贴 0.2 元 $/m^3$。

二、非常规油气勘探开发面临的挑战

受地理和地质等条件限制，中国非常规油气勘探开发面临资源品位相对较差、采收率偏低和开发成本相对较高等挑战。

1. 非常规油气资源品位较差

与美洲大陆相比，中国大陆地质条件相对复杂、陆相地层发育，非常规油气"甜点区"面积偏小，"甜点段"厚度偏薄，受多期构造活动影响部分区域油气藏遭到破坏。中上扬子地区五峰—龙马溪组页岩气储层受多期构造活动影响，可供开发的3500m以浅的"甜点区"面积约1×10^4km^2，"甜点段"厚度10~25m，局部断裂发育区页岩气藏遭到破坏，与北美地区Marcellus页岩气田"甜点区"面积13.7×10^4km^{2}相比差距较大；鄂尔多斯、准噶尔和松辽等盆地页岩油和致密油储层以陆相为主，由于油质偏稠、储层不连续和渗透率偏低等特点具有其单井开采难度更大；与加拿大艾伯塔相比，油砂资源规模较小、砂体分布不稳定、含油率总体偏低，开采成本高；煤层气开发过程中，高煤阶储层构造煤发育，渗透率偏低，单井产量低，受构造活动影响中低煤阶含气量偏低开发经济效益差；油页岩资源总量大，但纵向厚度相对较薄，含油率偏低，壳牌公司直井电加热原位开采技术不适用。

2. 非常油气采收率普遍偏低

非常规油气储层致密低渗，油气在原始储层中的流动性极差，单井产量低，采收率偏低。以页岩储层为例，孔隙直径50~100nm，渗透率10^{-9}~10^{-3}mD。大量分析测试数据表明，页岩有机质体系内纳米级孔隙孔喉系统发育，占页岩内总孔隙的90%以上。采用分子动力学模拟，考虑页岩表面水膜的影响甲烷可动的孔喉半径临界值2.4~7.8nm，均值为5.0nm。通过氩离子抛光电镜观察，中国蜀南五峰组—龙马溪组富有机质页岩孔隙直径集中分布于150~400nm，孔喉半径介于10~30nm，页岩孔隙度介于2%~12%，渗透率介于0.02~1.73mD。页岩油气的开采需要建立"人造页岩油气藏"，形成密集缝网，人工干预实现油气规模有效开发。因此，"人造页岩油气藏"规模直接影响油气采的出程度。通常情况下，中高煤阶煤层气的采收率30%~50%、致密气采收率10%~25%、页岩气采收率5%~15%、致密油和页岩油采收率1%~6%。

3. 非常规油气开发成本较高

非常规油气资源富集区地层地表条件复杂、钻完井难度大，有效开发成本仍然较大。目前非常规油气开发区地面条件复杂、人口密集、水资源环境脆弱。致密油气资源富集的鄂尔多斯盆地表为黄土塬，水资源缺乏，生态环境脆弱；页岩气资源富集的中上扬子地区地表为山地和丘陵，人口密集，耕地面积有限；煤层气资源富集的沁水盆地和鄂东地区地表为丘陵/黄土塬，人口密集，水资源缺乏。复杂的地表条件使"工厂化"作业面临挑战。北美单个平台可钻水平井80口以上，而中国受地表条件复杂，野外施工难度大，如南方地区单个平台钻水平井3~8口，"工厂化"作业效率与北美差距大。受多期构造活动影响，非常规油气富集区地质条件相对复杂，钻完井难度较大。以四川盆地威远区块页岩气开发为例，水平主应力差值超过15MPa，使长水平段水平井钻完井在钻井过程中更易垮塌，且增产改造过程中难以形成体积缝网。目前页岩气开发单井综合成本约5500×10^4元以上，与北美地区同等水平的水平井单井成本2000×10^4~3000×10^4元相比差距较大。

第二节　非常规油气开发前景

在国家宏观政策指引和财政优惠政策的扶持下,随着资源认识和工程技术的不断进步,非常规油气勘探开发将大有可为,中国石油作为国内最大的油气生产企业在非常规领域将持续引领国内发展。

一、非常规油开发前景预测

"十三五"非常规油以示范试验为主,"十四五"是规模开发突破期,预计 2030 年产量 $300 \times 10^4 \sim 1000 \times 10^4 t$,其中中国石油产量 $200 \times 10^4 \sim 800 \times 10^4 t$。按照目前国内原油生产形势,未来常规油勘探很难取得巨大突破,预计 2020 年常规油产量将递减至 $1.9 \times 10^8 t$,2030 年将递减至 $1.8 \times 10^8 t$。根据非常规油资源规模、技术条件和环境风险等综合分析,致密油和页岩油开发将首先取得突破,初步预测了高、中、低 3 种产量峰值情景预测模式(图 9-2、表 9-1)。

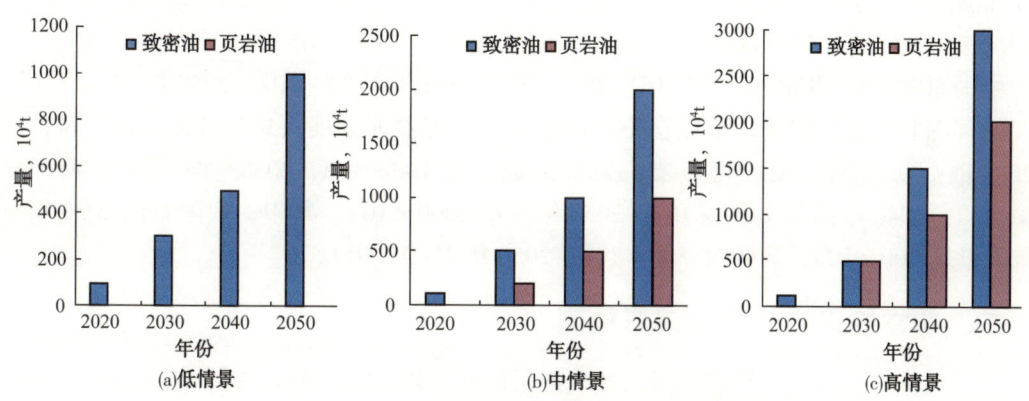

图 9-2　不同情景下中国非常规油开发前景预测

表 9-1　中国非常规油开发前景预测

年份	低情景,$10^4 t$		中情景,$10^4 t$		高情景,$10^4 t$	
	致密油	页岩油	致密油	页岩油	致密油	页岩油
2020	100	0	100	0	100	0
2030	300	0	500	200	500	500
2040	500	0	1000	500	1500	1000
2050	1000	0	2000	1000	3000	2000

1. 低情景

致密油开发在"十四五"末取得突破,2030 年非常规油产量达到 $300 \times 10^4 t$,其中中国石油产量 $200 \times 10^4 t$。"十三五"期间,重点在准噶尔、鄂尔多斯、松辽和渤海湾等盆地开展致密油开发示范试验,在 2025 年前后致密油开发取得重要突破,2030 年实现致密油产量 $200 \times 10^4 t$,2040 年产量 $500 \times 10^4 t$,2050 年产量 $1000 \times 10^4 t$。其中,中国石油 2030

年致密油产量达 150×10^4t，2040 年 400×10^4t，2050 年 800×10^4t。

2. 中情景

致密油开发在"十三五"末取得突破，页岩油开发在"十四五"末取得突破，2030 年非常规油产量达到 700×10^4t，其中中国石油产量 550×10^4t。"十三五"期间，重点在准噶尔、鄂尔多斯、松辽和渤海湾等盆地开展致密油开发示范试验，在 2020 年前后致密油开发取得重要突破，2030 年实现致密油产量 500×10^4t，2040 年产量 1000×10^4t，2050 年产量 2000×10^4t。其中，中国石油 2030 年致密油产量达 400×10^4t，2040 年 800×10^4t，2050 年 1500×10^4t。"十三五""十四五"期间，重点在松辽和鄂尔多斯等盆地开展页岩油开发示范试验，在 2025 年前后页岩油开发取得重要突破，2030 年实现页岩油产量 200×10^4t，2040 年产量 500×10^4t，2050 年产量 1000×10^4t。其中，中国石油 2030 年页岩油产量达 150×10^4t，2040 年 400×10^4t，2050 年 800×10^4t。

3. 高情景

致密油和页岩油开发均在"十三五"末取得突破，2030 年非常规油产量达到 1000×10^4t，其中中国石油产量 800×10^4t。"十三五"期间，重点在准噶尔、鄂尔多斯、松辽和渤海湾等盆地开展致密油开发示范试验，在 2020 年前后致密油开发取得重要突破，2030 年实现致密油产量 500×10^4t，2040 年产量 1500×10^4t，2050 年产量 3000×10^4t。其中，中国石油 2030 年致密油产量达 400×10^4t，2040 年 1200×10^4t，2050 年 2500×10^4t。"十三五""十四五"期间，重点在松辽和鄂尔多斯等盆地开展页岩油开发示范试验，在 2025 年前后页岩油开发取得重要突破并形成产量 100×10^4t，2030 年实现页岩油产量 500×10^4t，2040 年产量 1000×10^4t，2050 年产量 2000×10^4t。其中，中国石油 2030 年页岩油产量达 400×10^4t，2040 年 800×10^4t，2050 年 1500×10^4t。

二、非常规天然气开发前景预测

"十三五""十四五"是非常规天然气产量的快速增长期，预计 2030 年全国非常规天然气产量 $1000\times10^8\sim1200\times10^8\text{m}^3$，其中中国石油产量 $750\times10^8\sim900\times10^8\text{m}^3$。根据不同类型的资源、储量、产量和成本情况，初步预测了高、中、低 3 种产量峰值情景预测模式（图 9-3、表 9-2）。

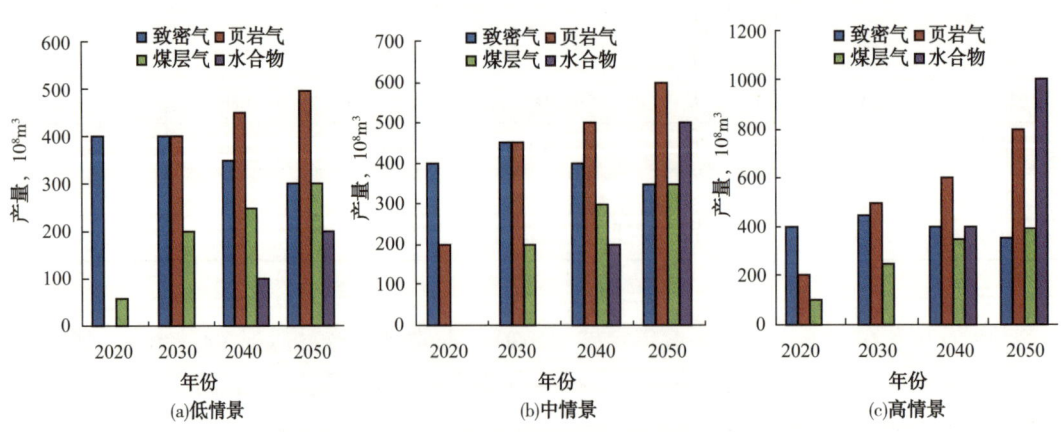

图 9-3 不同情景下中国非常规天然气开发前景预测

表 9-2　中国非常规天然气开发前景预测

年份	低情景，$10^8 m^3$				中情景，$10^8 m^3$				高情景，$10^8 m^3$			
	致密气	页岩气	煤层气	水合物	致密气	页岩气	煤层气	水合物	致密气	页岩气	煤层气	水合物
2020	400	150~200	60~100	0	400	200	60~100	0	400	200	100	0
2030	400	400	200	0~50	450	450	200	0~50	450	500	250	0~50
2040	350	450	250	100	400	500	300	200	400	600	350	500
2050	300	500	300	200	350	600	350	500	350	800	400	1000

1. 低情景

非常规气产量在现有领域稳步上升，预计 2030 年全国非常规天然气产量 $1000 \times 10^8 m^3$，其中中国石油 $750 \times 10^8 m^3$。致密气产量总体稳定，预计 2020 年 $400 \times 10^8 m^3$，之后保持稳产至 2030 年，2050 年将递减至 $300 \times 10^8 m^3$，其中中国石油 2020 年产量 $350 \times 10^8 m^3$、2030 年 $350 \times 10^8 m^3$ 和 2050 年 $250 \times 10^8 m^3$。页岩气以海相为重点，保持持续增长态势，预计 2020 年产量 $150 \times 10^8 \sim 200 \times 10^8 m^3$，2030 年可达到 $400 \times 10^8 m^3$，2050 年达到 $500 \times 10^8 m^3$，其中中国石油 2020 年产量 $100 \times 10^8 m^3$、2030 年 $350 \times 10^8 m^3$ 和 2050 年 $400 \times 10^8 m^3$。煤层气产量继续稳步增长，2020 年有望达到 $60 \times 10^8 \sim 100 \times 10^8 m^3$，2030 年可达到 $200 \times 10^8 m^3$，2050 年产量 $300 \times 10^8 m^3$；其中中国石油 2020 年产量 $30 \times 10^8 m^3$、2030 年 $100 \times 10^8 m^3$ 和 2050 年 $150 \times 10^8 m^3$。天然气水合物开发将在 2030 年前后取得突破性进展，2040 年实现产量 $100 \times 10^8 m^3$，2050 年产量 $200 \times 10^8 m^3$，其中中国石油 2050 年产量 $50 \times 10^8 m^3$。

2. 中情景

非常规天然气在现有领域产量相对较快增长，预计 2030 年全国非常规天然气产量 $1100 \times 10^8 m^3$，其中中国石油 $850 \times 10^8 m^3$。致密气产量在 2030 年前后达到峰值产量，预计 2020 年 $400 \times 10^8 m^3$，2030 年 $450 \times 10^8 m^3$，2050 年将递减至 $350 \times 10^8 m^3$，其中中国石油 2020 年产量 $350 \times 10^8 m^3$、2030 年 $400 \times 10^8 m^3$ 和 2050 年 $300 \times 10^8 m^3$。海相、陆相和海陆过渡相页岩气均实现有效开发，2020 年有望达到 $200 \times 10^8 m^3$，2030 年可达到 $450 \times 10^8 m^3$，2050 年达到 $600 \times 10^8 m^3$，其中中国石油 2020 年产量 $100 \times 10^8 m^3$、2030 年 $350 \times 10^8 m^3$ 和 2050 年 $500 \times 10^8 m^3$。煤层气产量相对较快增长，2020 年有望达到 $60 \times 10^8 \sim 100 \times 10^8 m^3$，2030 年可达到 $200 \times 10^8 m^3$，2050 年产量 $350 \times 10^8 m^3$，其中中国石油 2020 年产量 $30 \times 10^8 m^3$、2030 年 $100 \times 10^8 m^3$ 和 2050 年 $200 \times 10^8 m^3$。天然气水合物开发在 2030 年突破后产量较快增长，2040 年实现产量 $200 \times 10^8 m^3$，2050 年产量 $500 \times 10^8 m^3$，其中中国石油 2040 年产量 $100 \times 10^8 m^3$，2050 年产量 $200 \times 10^8 m^3$。

3. 高情景

非常规天然气产量持续快速增长，预计 2030 年全国非常规天然气产量 $1200 \times 10^8 m^3$，其中中国石油 $1000 \times 10^8 m^3$。致密气产量在 2030 年前后达到峰值产量，预计 2020 年 $400 \times 10^8 m^3$，2030 年 $450 \times 10^8 m^3$，2050 年将递减至 $350 \times 10^8 m^3$，其中中国石油 2020 年产量 $350 \times 10^8 m^3$、2030 年 $400 \times 10^8 m^3$ 和 2050 年 $300 \times 10^8 m^3$。海相、陆相和海陆过渡相页岩气全面实现有效开发，2020 年有望达到 $200 \times 10^8 m^3$，2030 年可达到 $500 \times 10^8 m^3$，

2050年达到800×10^{8}m^3，其中中国石油2020年产量120×10^{8}m^3、2030年350×10^{8}m^{3}和2050年600×10^{8}m^3。煤层气产量快速增长，2020年有望达到100×10^{8}m^3，2030年可达到250×10^{8}m^3，2050年产量400×10^{8}m^3，其中中国石油2020年产量40×10^{8}m^3、2030年150×10^{8}m^{3}和2050年250×10^{8}m^3。天然气水合物开发将在2030年突破后产量快速增长，2040年实现产量500×10^{8}m^3，2050年产量1000×10^{8}m^3，其中中国石油2040年产量200×10^{8}m^3，2050年产量400×10^{8}m^3。

第三节　非常规油气科技攻关方向

结合中国非常规油气资源特点、工程技术水平和开发情景等，"十三五"期间中国石油在非常规油领域重点开展致密油和页岩油的有效开采技术攻关及现场示范试验，在非常规天然气领域重点开展致密气高效开采技术、深层页岩气有效开发技术和煤层气高效开采技术等攻关研究，并积极探索天然气水合物的示范试验。

一、非常规油重点攻关领域

1. 致密油有效开采技术

针对致密油陆相沉积为主、储层非均质性强、分布规模小、构造改造复杂、油质重等独特属性，效益开发仍面临诸多挑战和问题，"十四五"期间重点开展富集规律及目标区评价优选、储层精细描述、提产增产技术、提高采收率等领域攻关。

（1）致密油富集规律及资源评价技术：针对中国致密油形成机理、富集条件、资源潜力和有利区分布不清楚，以及资源评价方法尚未建立等难点，开展致密油地质评价、经济评估、潜力预测和有利区优选，开发致密油储层评价、资源评价、选区评价等关键技术。

（2）致密油精细地质评价技术：围绕细粒砂岩、泥岩和页岩沉积组合、致密储层裂缝与基质耦合关系和致密油精细评价方法等关键科学技术问题，通过储层特征和油藏特征的精细描述和评价研究，深化致密油富集规律研究，建立盆地不同类型致密油精细评价方法。

（3）致密油渗流机理及开发方式优化：针对致密油油藏特征和体积压裂水平井开发特征，探索致密油渗流机理，研究致密油准自然能量和补充能量方式的水平井开发规律，优选与致密油油藏特征相适配的合理补充能量开发方式和注入介质，形成致密油主体开发技术政策。

（4）致密油产能评价及经济开采技术：针对致密油储层致密、单井产能低、采收率低、投资与操作成本高等问题，开展致密油经济开采技术研究，研究致密油高效开发模式，为中国致密油藏的开发提供技术支撑。

2. 页岩油原位改质（ICP）技术

已发现的页岩油均产自裂缝，纯页岩基质尚无工业产能井，针对页岩油赋存产出机理复杂，吸附态石油难以解析，储层孔隙以纳米级孔为主的特征，现有致密油开采水平井体积压裂不适合页岩油开发，动用难度大，规模效益开发挑战大，目前少量井页岩段获工业油流等开发难题，"十三五"期间重点落实页岩油可采资源规模、关键工程技术装备和高效开采工艺等领域攻关。

（1）页岩油原位改质资源潜力分析：结合页岩油原位改质技术使用的资源条件，评价落实中国石油矿区去内原位改造技术条件下页岩油气的开采资源,并提出原位改造示范试验有利目标区。

(2)原位改质关键工程技术及装备研发:分析研究区 ICP 技术适应条件,开展电加热、盐加热、气体加热、流体加热等不同类型 ICP 技术优选,并在此基础上研发配套使用装备系列。

(3)高效开采工艺技术研究:针对 ICP 技术特定,研发具有耐高温的油气开采工艺配套设备,优化生产工艺。

二、非常规天然气重点攻关领域

1. 致密气高效开发关键技术

针对致密砂岩气藏大面积"立体"含气,局部富集,低品位资源比重大,单井产量较低等技术特点,"十三五"重点开展致密砂岩气藏精细描述技术、致密气增产改造工艺技术、致密气渗流机理及可动用储量评价技术和多层系致密气藏立体开发优化技术等攻关研究。

(1)致密砂岩气藏精细描述技术:针对中国陆相致密砂岩储层横向变化大、厚度分布不均的特点,结合地震、测井的多属性分析,精确描述致密砂岩储层空间展布,确定开发"甜点区"指导致密气藏井位部署和钻完井设计等。

(2)致密气增产改造工艺技术:针对致密气储层渗透率低,不增产改造难以实现经济有效开发的特点,通过对致密气储层特征评价,优化压裂改造方案,改进工艺水平,提高单井产量。

(3)致密气渗流机理及可动用储量评价技术:针对致密气藏气水关系复杂,储量动用程度低,须明确渗流机理,可动性评价方法,通过致密气生产动态分析,建立适合不同类型致密气产量递减模型,明确气水关系,为致密气藏储量动态评价和可动用储量评价提供坚实依据。

(4)多层系致密气藏立体开发优化技术:针对中国陆相致密气储层多层系纵向叠置的特点,通过储层砂体展布精细描述、钻井轨迹和井网井距优化,提高致密气单井产量,降低开发成本,实现致密气气藏经济有效开发。

2. 页岩气有效开发关键技术

针对南方海相五峰组—龙马溪组深层页岩气开发难度大、陆相和海陆过渡相页岩气勘探尚未取得突破等问题,"十三五"重点开展海相深层页岩气选区评价技术、深层页岩气水平井钻完井技术、深层页岩气高效压裂改造技术和陆相及海陆过渡相页岩气有效开发技术等攻关研究。

(1)海相深层页岩气选区评价技术:重点分析深层页岩储层储集机理复杂、地应力总体偏大和储层温度偏高的特点,分析页岩气井高产条件,优选评价深层页岩气开发"甜点区"。

(2)深层页岩气水平井钻完井技术:解决埋深超过 3500m 以上页岩气水平井钻完井过程中井筒垮塌严重、套管变形等工程技术及装备问题,以适应储层高地温、高应力和高水平应力差等工程技术难题。

(3)深层页岩气高效压裂改造技术:针对埋深超过 3500m 以上页岩储层温度高、地应力高等因素导致等水平分段压裂过程中加砂困难、设备强度不够等问题，形成适用技术，实现页岩气储层—体积改造。

（4）陆相及海陆过渡相页岩气有效开发技术：形成一套适用于陆相和海陆过渡相页岩气地质条件的目标优选技术和钻井完井技术、低成本高效的储层改造工艺技术体系，尽快实现中国陆相和海陆过渡性页岩气开发突破。

3. 煤层气高效开发关键技术

针对煤层气开发储量动用率低、中低煤阶煤层气富集理论及开发技术研究不够、煤层气开发逐渐转向深部和高效开发难度大等问题，"十三五"重点开展煤层气资源有效性及"甜点区"评价优选技术、中低煤阶煤层气规模开发区块优选评价技术、深部煤层气有利区块评价技术和煤层气高效增产技术等攻关研究。

（1）煤层气资源有效性及"甜点区"评价优选技术：综合煤层气含气性、技术可采性、经济性三类要素，完善有效资源评价指标体系；优化界定煤层气有利区块优选关键参数的临界值，精细评价优选"甜点区"。

（2）中低煤阶煤层气规模开发区块优选评价技术：深化中低煤阶煤层气成因、富集成藏机制，总结高产富集规律；加强中国低煤阶生物气形成有利地质条件研究，探索低煤阶生物采气潜力。

（3）深部煤层气有利区块评价技术：深化深部煤层气地质特征，形成深部煤层气富集区、高渗区预测方法，优选可供规模开发的有利区块。

（4）煤层气高效增产技术：加强老区煤层气低产区地质工程综合评价，开展老区低产井增产改造措施试验，盘活低产低效井；发展不同地质适用性的钻完井技术，形成针对煤层气区块特征的低煤阶厚煤层、南方薄煤层、构造煤等压裂改造技术和材料体系。

4. 天然气水合物有效开发试验技术

天然气水合物开发尚未取得实质性进展，针对水合物资源不落实、开发环境影响不明和有效开发技术不落实等问题，重点开展天然气水合物资源评价与有利区块优选技术、天然气水合物可采性评价技术和天然气水合物有效开采技术及装备等攻关研究。

（1）天然气水合物资源评价与有利区块优选技术：综合评价天然气水合物赋存区地质条件、地球物理参数、地球化学特征，分析水合物赋存控制因素，对比国外典型天然气水合物地质特征，提出水合物评价参数并建立资源评价方法；探索富集规律，并建立评价指标体系，优选有利区块。

（2）天然气水合物可采性评价技术：从安全、环境、技术、经济等方面综合评价天然气水合物可采性，形成抑制水合物快速分解、可控分解的安全环保技术，发展安全有效的钻完井技术、出砂防砂防护技术等，综合形成天然气水合物可采性评价技术。

（3）天然气水合物有效开采技术及装备研究：以海域天然气水合物资源为主的，针对其赋存条件重要有效水合有效开采工艺，研发天然气水合物水上钻井平台、钻完井装完、开采工艺配套设备等。

参 考 文 献

[1] 王红岩，赵群，刘洪林，等. 中国油页岩资源分布及技术进展 [M]. 北京：石油工业出版社，2013.
[2] 曹占元，梁晓飞，张晓宝，等. 鱼卡地区油砂矿地质特征及其成矿模式 [J]. 特种油气藏，2015，22

（4）：47-50.

［3］赵文智，王红军，徐春春，等.川中地区须家河组天然气藏大范围成藏机理与富集条件［J］.石油勘探与开发，2010，37（2）：146-156.

［4］邹才能，张国生，杨智，等.非常规油气概念、特征、潜力及技术——兼论非常规油气地质学［J］.石油勘探与开发，2013，40（4）：385-399.

［5］王志刚.涪陵页岩气勘探开发重大突破与启示［J］.石油与天然气地质，2015，36（1）：1-6.